# 백점 수학 무료 스마트러닝

**첫째** QR코드 스캔하여 1초 만에 바로 강의 시청

**둘째** 최적화된 강의 커리큘럼으로 학습 효과 UP!

❶ 단원별 핵심 개념 강의로 빈틈없는 개념 완성
❷ 응용 학습 문제 풀이 강의로 실력 향상

#백점 #초등수학 #무료

## 백점 **초등수학 5학년** 강의 목록

| 구분 | 개념 강의 | 교재 쪽수 | 문제 강의 | 교재 쪽수 |
|---|---|---|---|---|
| **1. 자연수의 혼합 계산** | 덧셈과 뺄셈이 섞여 있는 식의 계산 | 6 | □ 안에 들어갈 수 있는 수 구하기 | 18 |
| | 곱셈과 나눗셈이 섞여 있는 식의 계산 | 7 | 약속한 규칙에 맞게 계산하기 | 19 |
| | 덧셈, 뺄셈, 곱셈 / 덧셈, 뺄셈, 나눗셈이 섞여 있는 식의 계산 | 8 | 물건의 무게 구하기 | 20 |
| | 덧셈, 뺄셈, 곱셈, 나눗셈이 섞여 있는 식의 계산 | 9 | 수 카드로 식 만들고 계산하기 | 21 |
| **2. 약수와 배수** | 약수, 배수 | 28 | 조건을 모두 만족하는 수 구하기 | 46 |
| | 약수와 배수의 관계 | 29 | 직사각형으로 정사각형 만들기 | 47 |
| | 공약수, 최대공약수 | 30 | 최대공약수와 최소공배수를 알 때 모르는 수 구하기 | 48 |
| | 최대공약수 구하는 방법 | 31 | 공약수를 이용하여 어떤 수 구하기 | 49 |
| | 공배수, 최소공배수 | 32 | 공배수를 이용하여 어떤 수 구하기 | 50 |
| | 최소공배수 구하는 방법 | 33 | 동시에 출발하는 시각 구하기 | 51 |
| **3. 규칙과 대응** | 대응 관계 알기 | 58 | 자른 횟수 구하기 | 70 |
| | 규칙적인 배열에서 대응 관계 찾기 | 59 | 바둑돌의 수 구하기 | 71 |
| | 대응 관계를 찾아 식으로 나타내기 | 60 | 성냥개비의 수 구하기 | 72 |
| | 생활 속에서 대응 관계 찾기 | 61 | 자르는 데 걸리는 시간 구하기 | 73 |
| **4. 약분과 통분** | 크기가 같은 분수 | 80 | □ 안에 들어갈 수 있는 자연수의 개수 구하기 | 98 |
| | 크기가 같은 분수 만들기 | 81 | 조건을 만족하는 분수 구하기 | 99 |
| | 약분 | 82 | 약분하기 전의 분수 구하기 | 100 |
| | 통분 | 83 | 더하거나 뺀 수 구하기 | 101 |
| | 분수의 크기 비교 | 84 | 조건을 만족하는 기약분수 구하기 | 102 |
| | 분수와 소수의 크기 비교 | 85 | 수 카드로 만든 분수를 소수로 나타내기 | 103 |
| **5. 분수의 덧셈과 뺄셈** | 진분수의 덧셈 | 110 | 수 카드로 분수 만들어 계산하기 | 122 |
| | 대분수의 덧셈 | 111 | 바르게 계산한 값 구하기 | 123 |
| | 진분수의 뺄셈 | 112 | □ 안에 들어갈 수 있는 자연수 구하기 | 124 |
| | 대분수의 뺄셈 | 113 | 이어 붙인 색 테이프의 길이 구하기 | 125 |
| **6. 다각형의 둘레와 넓이** | 정다각형과 사각형의 둘레 | 132 | 이어 붙여 만든 도형의 둘레 구하기 | 150 |
| | $1\,cm^2$, $1\,m^2$, $1\,km^2$ | 133 | 도형의 둘레를 알 때 넓이 구하기 | 151 |
| | 직사각형의 넓이, 평행사변형의 넓이 | 134 | 색칠한 부분의 넓이 구하기 | 152 |
| | 삼각형의 넓이 | 135 | 다각형의 넓이 구하기 | 153 |
| | 마름모의 넓이 | 136 | 선분의 길이 구하기 | 154 |
| | 사다리꼴의 넓이 | 137 | 사다리꼴의 넓이 구하기 | 155 |

# 백점 수학

## 초등수학 5학년

# 학습 계획표

학습 계획표를 따라
차근차근 수학 공부를
시작해 보세요.
백점 수학과 함께라면
수학 공부, 어렵지 않습니다.

| 단원 | 교재 쪽수 | 학습한 날 | | | 단원 | 교재 쪽수 | 학습한 날 | | |
|---|---|---|---|---|---|---|---|---|---|
| 1. 자연수의 혼합 계산 | 6~9쪽 | 1일차 | 월 | 일 | 4. 약분과 통분 | 80~85쪽 | 19일차 | 월 | 일 |
| | 10~13쪽 | 2일차 | 월 | 일 | | 86~91쪽 | 20일차 | 월 | 일 |
| | 14~17쪽 | 3일차 | 월 | 일 | | 92~97쪽 | 21일차 | 월 | 일 |
| | 18~19쪽 | 4일차 | 월 | 일 | | 98~100쪽 | 22일차 | 월 | 일 |
| | 20~21쪽 | 5일차 | 월 | 일 | | 101~103쪽 | 23일차 | 월 | 일 |
| | 22~25쪽 | 6일차 | 월 | 일 | | 104~107쪽 | 24일차 | 월 | 일 |
| 2. 약수와 배수 | 28~33쪽 | 7일차 | 월 | 일 | 5. 분수의 덧셈과 뺄셈 | 110~113쪽 | 25일차 | 월 | 일 |
| | 34~39쪽 | 8일차 | 월 | 일 | | 114~117쪽 | 26일차 | 월 | 일 |
| | 40~45쪽 | 9일차 | 월 | 일 | | 118~121쪽 | 27일차 | 월 | 일 |
| | 46~48쪽 | 10일차 | 월 | 일 | | 122~123쪽 | 28일차 | 월 | 일 |
| | 49~51쪽 | 11일차 | 월 | 일 | | 124~125쪽 | 29일차 | 월 | 일 |
| | 52~55쪽 | 12일차 | 월 | 일 | | 126~129쪽 | 30일차 | 월 | 일 |
| 3. 규칙과 대응 | 58~61쪽 | 13일차 | 월 | 일 | 6. 다각형의 둘레와 넓이 | 132~137쪽 | 31일차 | 월 | 일 |
| | 62~65쪽 | 14일차 | 월 | 일 | | 138~143쪽 | 32일차 | 월 | 일 |
| | 66~69쪽 | 15일차 | 월 | 일 | | 144~149쪽 | 33일차 | 월 | 일 |
| | 70~71쪽 | 16일차 | 월 | 일 | | 150~152쪽 | 34일차 | 월 | 일 |
| | 72~73쪽 | 17일차 | 월 | 일 | | 153~155쪽 | 35일차 | 월 | 일 |
| | 74~77쪽 | 18일차 | 월 | 일 | | 156~159쪽 | 36일차 | 월 | 일 |

# 백점

BOOK 1 개념북

수학 5·1

# 구성과 특징

## BOOK 1 개념북 문제를 통한 3단계 개념 학습

초등수학에서 가장 중요한 **개념 이해**와 **응용력 높이기**, 두 마리 토끼를 잡을 수 있도록 구성하였습니다. **개념 학습**에서는 한 단원의 개념을 끊김없이 한번에 익힐 수 있도록 4～6개의 개념으로 제시하여 드릴형 문제와 함께 빠르고 쉽게 학습할 수 있습니다. **문제 학습**에서는 개념별로 다양한 유형의 문제를 제시하여 개념 이해 정도를 확인하고 실력을 다질 수 있습니다. **응용 학습**에서는 각 단원의 개념과 이전 학습의 개념이 통합된 문제까지 해결할 수 있도록 자주 제시되는 주제별로 문제를 구성하여 응용력을 높일 수 있습니다.

### 1 개념 학습

핵심 개념과 드릴형 문제로 쉽고 빠르게 개념을 익힐 수 있습니다. QR을 통해 원리 이해를 돕는 **개념 강의**가 제공됩니다.

### 2 문제 학습

**교과서 공통 핵심 문제**로 여러 출판사의 핵심 유형 문제를 풀면서 실력을 쌓을 수 있습니다.

개념 학습

1 덧셈과 뺄셈이 섞여 있는 식의 계산

※ 정답 1쪽

- 덧셈과 뺄셈이 섞여 있는 식은 앞에서부터 차례로 계산합니다.
- 덧셈과 뺄셈이 섞여 있고 ( )가 있는 식은 ( ) 안을 먼저 계산합니다.

$27-5+8=22+8=30$ | $27-(5+8)=27-13=14$

( )가 없는 식과 계산 결과가 달라요.

개념 강의

- ( )가 없는 식과 ( )가 있는 식의 계산 순서가 같으면 계산 결과도 같습니다.

예 $27-5+8=22+8=30$, $(27-5)+8=22+8=30$

1 계산 순서를 바르게 나타낸 것에 ○표 하세요.

(1) $27+16-4$ / $27+16-4$ ( ) ( )

(2) $58-9+23$ / $58-9+23$ ( ) ( )

(3) $40-(15+7)$ / $40-(15+7)$ ( ) ( )

(4) $36+(20-9)$ / $36+(20-9)$ ( ) ( )

2 □ 안에 알맞은 수를 써넣으세요.

(1) $18+13-5=\square-5=\square$

(2) $52-25+8=\square+8=\square$

(3) $29+(26-14)=29+\square=\square$

(4) $41-(16+11)=41-\square=\square$



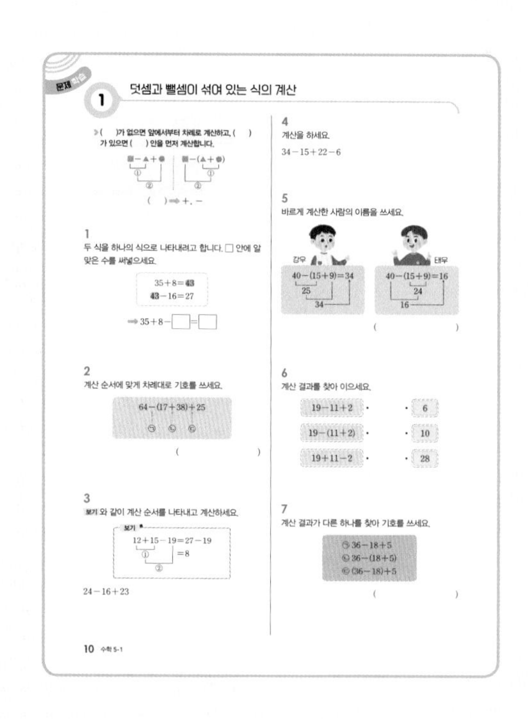

문제 학습

1 덧셈과 뺄셈이 섞여 있는 식의 계산

( )가 없으면 앞에서부터 차례로 계산하고, ( )가 있으면 ( ) 안을 먼저 계산합니다.

■－▲＋● | ■－(▲＋●)

( ) ⇒ +, −

1
두 식을 하나의 식으로 나타내려고 합니다. □ 안에 알맞은 수를 써넣으세요.

$35+8=43$
$43-16=27$

⇒ $35+8-\square=\square$

2
계산 순서에 맞게 차례대로 기호를 쓰세요.

$64-(17+38)+25$ ㉠ ㉡ ㉢

( )

3
보기 와 같이 계산 순서를 나타내고 계산하세요.

보기 $12+15-19=27-19=8$

$24-16+23$

4
계산을 하세요.

$34-15+22-6$

5
바르게 계산한 사람의 이름을 쓰세요.

강우 $40-(15+9)=34$
태우 $40-(15+9)=16$

( )

6
계산 결과를 찾아 이으세요.

$19-11+2$ · · 6
$19-(11+2)$ · · 10
$19+11-2$ · · 28

7
계산 결과가 다른 하나를 찾아 기호를 쓰세요.

㉠ $36-18+5$
㉡ $36-(18+5)$
㉢ $(36-18)+5$

( )

## 3 응용 학습

응용력을 높일 수 있는 문제를 유형으로 묶어 구성하여 실력을 쌓을 수 있습니다. QR을 통해 **문제 풀이 강의**가 제공됩니다.

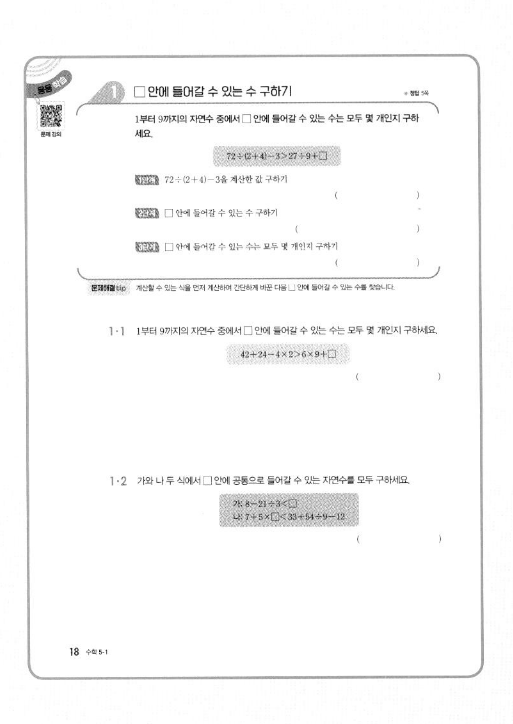

# BOOK 2 평가북

## 학교 시험에 딱 맞춘 평가대비

### 단원 평가

단원 학습의 성취도를 확인하는 단원 평가에 대비할 수 있도록 기본/심화 2가지 수준의 평가로 구성하였습니다.

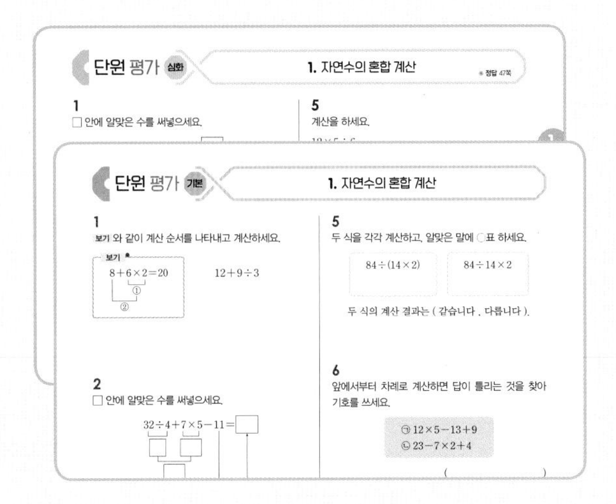

### 수행 평가

수시로 치러지는 수행 평가에 대비할 수 있도록 주제별로 구성하였습니다.

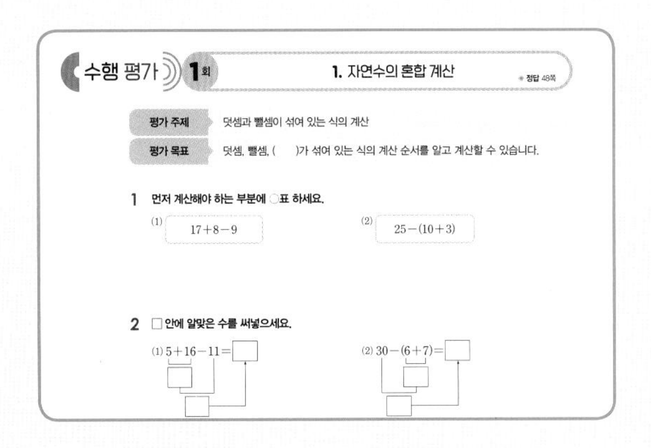

차례

# 자연수의 혼합 계산

▶ 학습을 완료하면 V표를 하면서 학습 진도를 체크해요.

| | 개념 학습 | | | | 문제 학습 | | |
|---|---|---|---|---|---|---|---|
| 백점 쪽수 | 6 | 7 | 8 | 9 | 10 | 11 | 12 |
| 확인 | | | | | | | |

| | 문제 학습 | | | | | 응용 학습 | |
|---|---|---|---|---|---|---|---|
| 백점 쪽수 | 13 | 14 | 15 | 16 | 17 | 18 | 19 |
| 확인 | | | | | | | |

| | 응용 학습 | | 단원 평가 | | | |
|---|---|---|---|---|---|---|
| 백점 쪽수 | 20 | 21 | 22 | 23 | 24 | 25 |
| 확인 | | | | | | |

개념 학습

# 1 덧셈과 뺄셈이 섞여 있는 식의 계산

정답 1쪽

- 덧셈과 뺄셈이 섞여 있는 식은 앞에서부터 차례로 계산합니다.
- 덧셈과 뺄셈이 섞여 있고 ( )가 있는 식은 ( ) 안을 먼저 계산합니다.

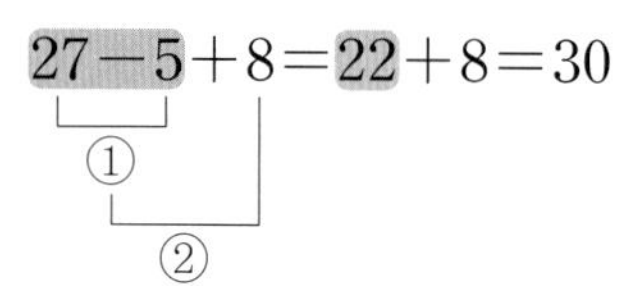

$27-5+8=22+8=30$

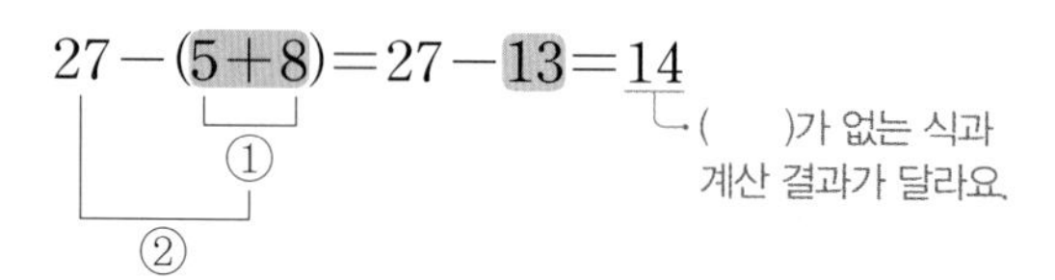

$27-(5+8)=27-13=14$

( )가 없는 식과 계산 결과가 달라요.

개념 강의

- ( )가 없는 식과 ( )가 있는 식의 계산 순서가 같으면 계산 결과도 같습니다.

예 $27-5+8=22+8=30$, $(27-5)+8=22+8=30$

**1** 계산 순서를 바르게 나타낸 것에 ○표 하세요.

(1)

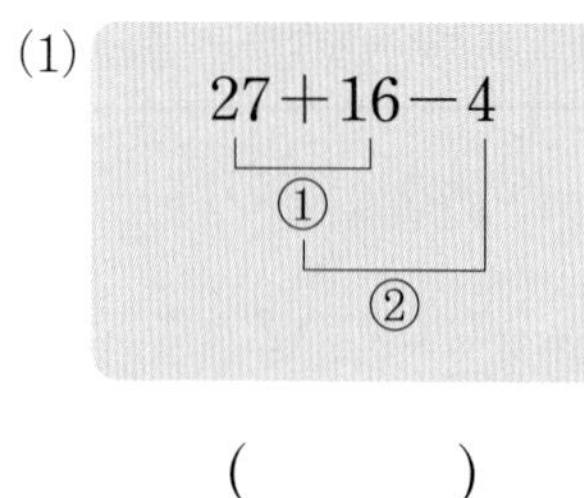

$27+16-4$ ( )　　$27+16-4$ ( )

(2)

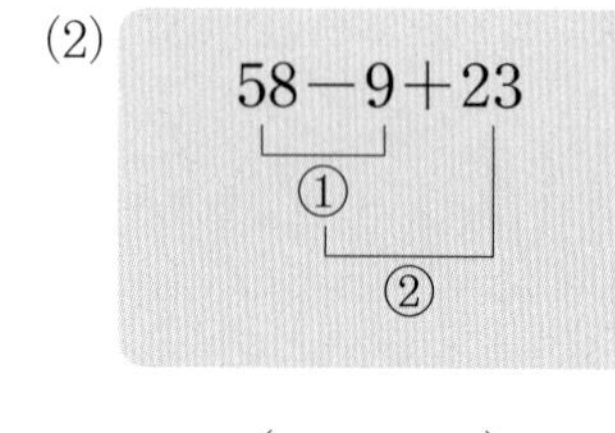

$58-9+23$ ( )　　$58-9+23$ ( )

(3)

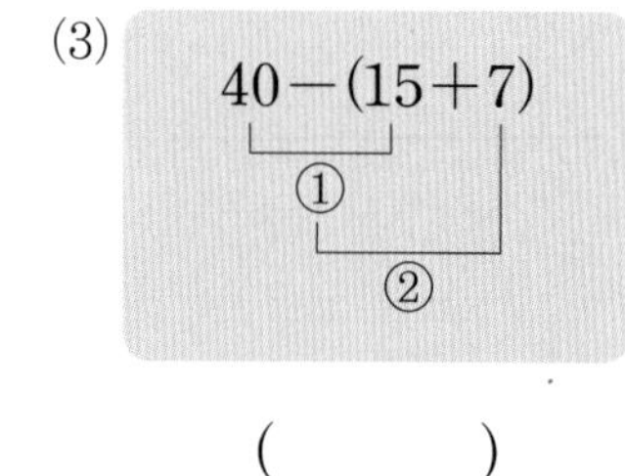

$40-(15+7)$ ( )　　$40-(15+7)$ ( )

(4) $36+(20-9)$ ( )　　$36+(20-9)$ ( )

**2** □ 안에 알맞은 수를 써넣으세요.

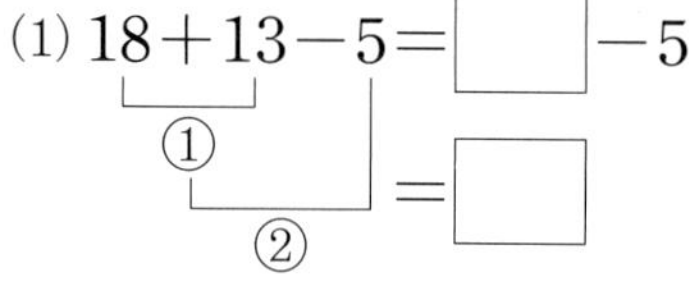

(1) $18+13-5=\square-5$
$=\square$

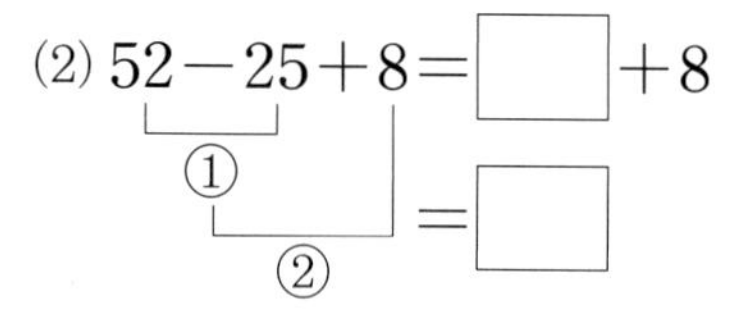

(2) $52-25+8=\square+8$
$=\square$

(3) $29+(26-14)=29+\square$
$=\square$

(4) $41-(16+11)=41-\square$
$=\square$

# 2 곱셈과 나눗셈이 섞여 있는 식의 계산

● 정답 1쪽

- 곱셈과 나눗셈이 섞여 있는 식은 앞에서부터 차례로 계산합니다.
- 곱셈과 나눗셈이 섞여 있고 ( )가 있는 식은 ( ) 안을 먼저 계산합니다.

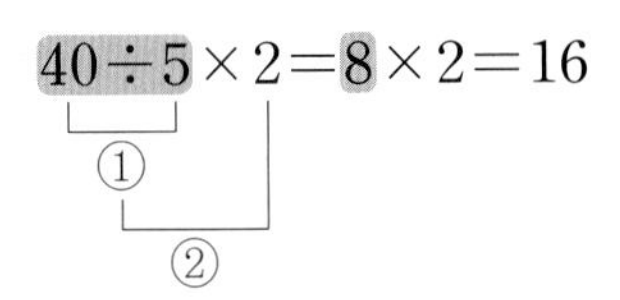


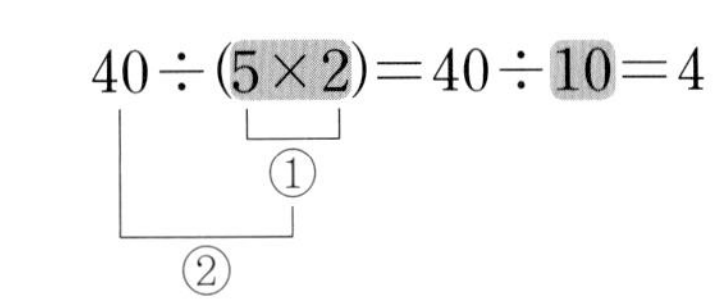


1 단원

- ( )가 없는 식과 ( )가 있는 식의 계산 순서가 같으면 계산 결과도 같습니다.
  예 $40 \div 5 \times 2 = 8 \times 2 = 16$, $(40 \div 5) \times 2 = 8 \times 2 = 16$

**1** 계산 순서를 바르게 나타낸 것에 ○표 하세요.

(1)

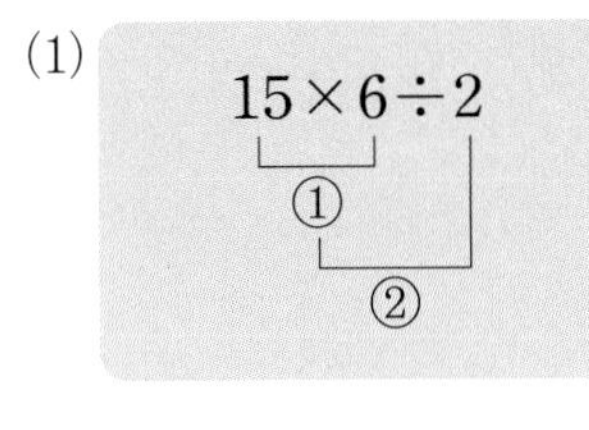


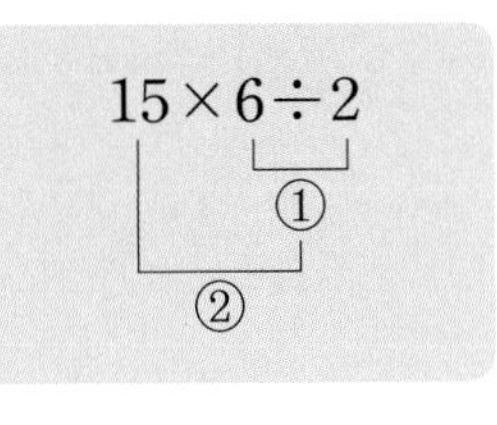


( ) ( )

(2)

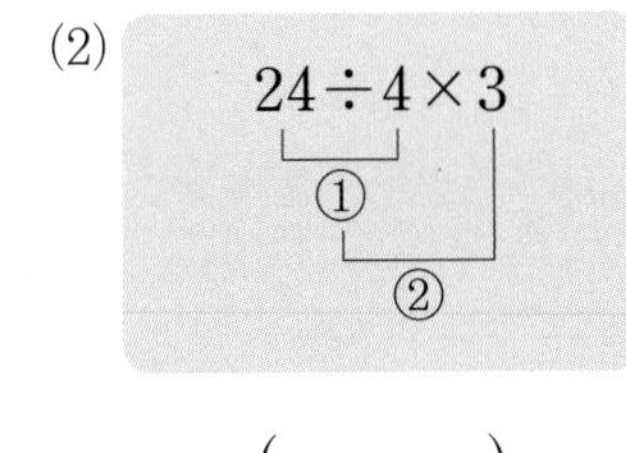


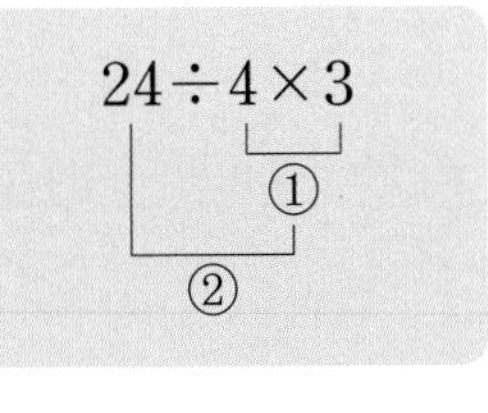


( ) ( )

(3)

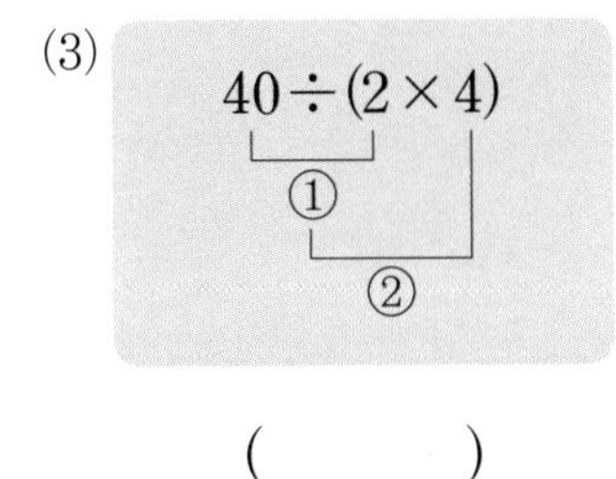


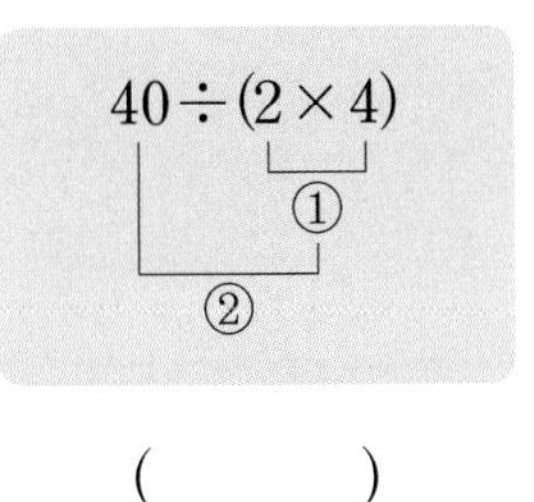


( ) ( )

(4)

$12 \times (6 \div 3)$

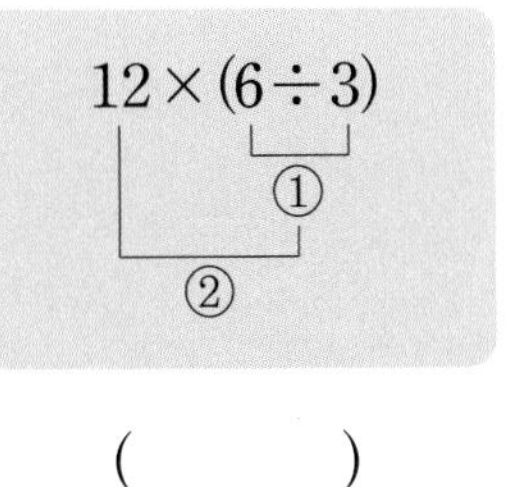


( ) ( )

**2** □ 안에 알맞은 수를 써넣으세요.

(1) $4 \times 12 \div 3 = \square \div 3$
$= \square$

(2) $35 \div 5 \times 2 = \square \times 2$
$= \square$

(3) $9 \times (20 \div 4) = 9 \times \square$
$= \square$

(4) $28 \div (2 \times 7) = 28 \div \square$
$= \square$

개념 학습

# 3 덧셈, 뺄셈, 곱셈 / 덧셈, 뺄셈, 나눗셈이 섞여 있는 식의 계산

정답 1쪽

## 덧셈, 뺄셈, 곱셈이 섞여 있는 식의 계산

- 덧셈, 뺄셈, 곱셈이 섞여 있는 식은 곱셈을 먼저 계산합니다.
- 덧셈, 뺄셈, 곱셈이 섞여 있고 (　　)가 있는 식은 (　　) 안을 먼저 계산합니다.

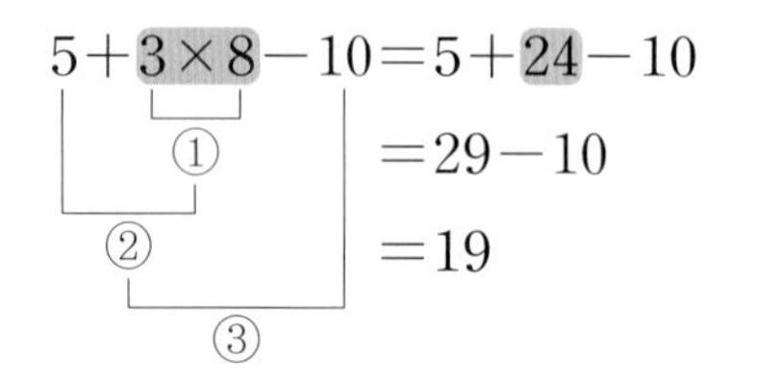


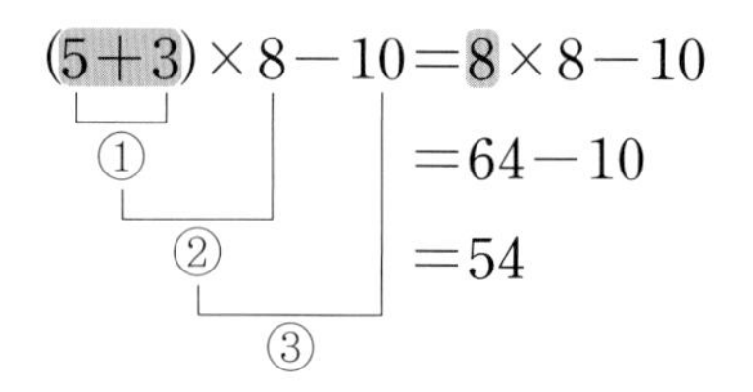


## 덧셈, 뺄셈, 나눗셈이 섞여 있는 식의 계산

- 덧셈, 뺄셈, 나눗셈이 섞여 있는 식은 나눗셈을 먼저 계산합니다.
- 덧셈, 뺄셈, 나눗셈이 섞여 있고 (　　)가 있는 식은 (　　) 안을 먼저 계산합니다.

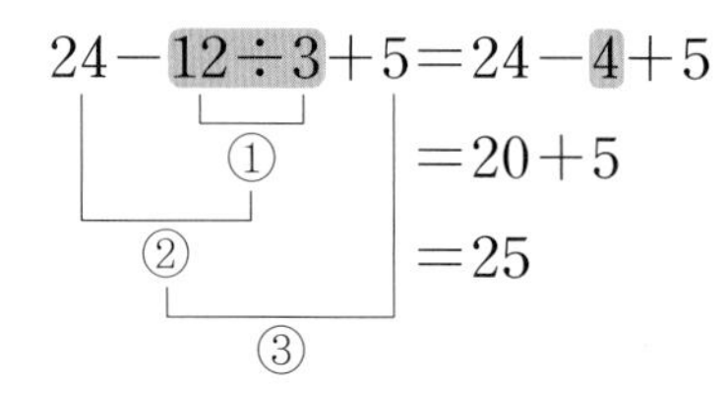


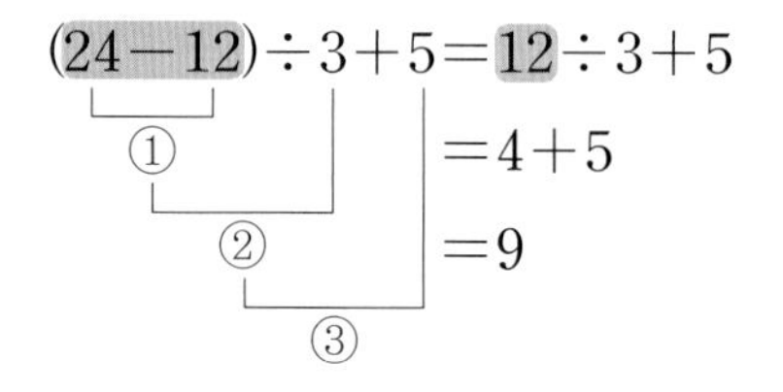


개념 강의

- (　　) 안 ➡ 곱셈 ➡ 덧셈, 뺄셈 또는 (　　) 안 ➡ 나눗셈 ➡ 덧셈, 뺄셈의 순서로 계산합니다.
  이때 덧셈과 뺄셈은 앞에서부터 차례로 계산합니다.

**1** 가장 먼저 계산해야 하는 부분을 찾아 기호를 쓰세요.

(1)

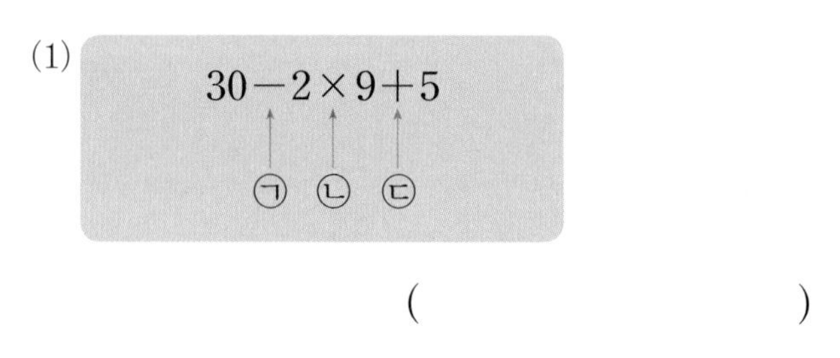


(　　　　　　　　　　)

(2)

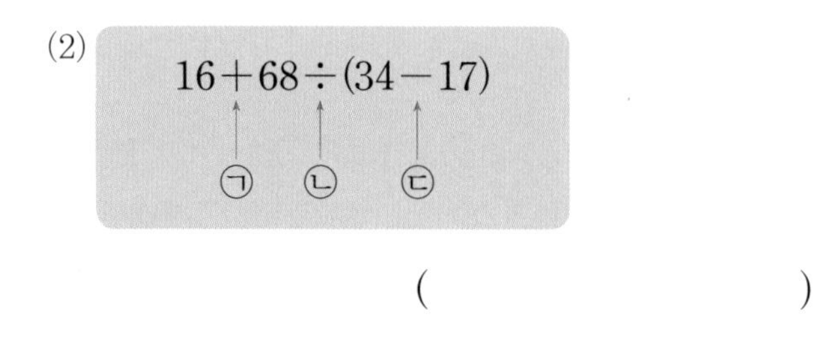


(　　　　　　　　　　)

**2** □ 안에 알맞은 수를 써넣으세요.

(1) $72-12\div4+26=$ □

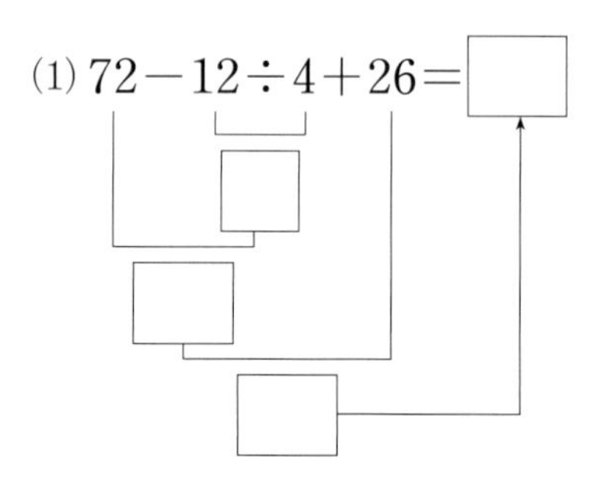

(2) $26+4\times(13-5)=$ □

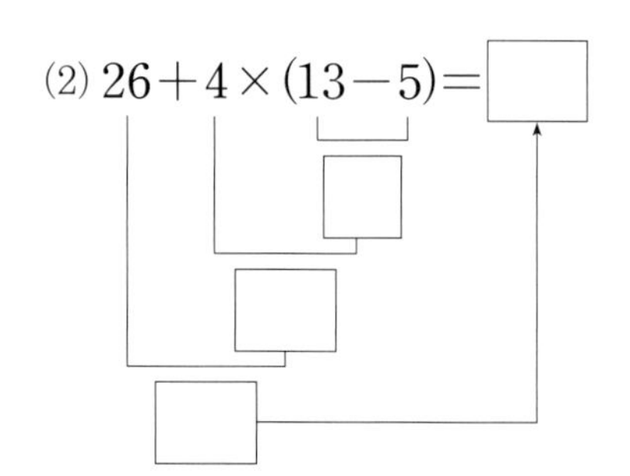

# 덧셈, 뺄셈, 곱셈, 나눗셈이 섞여 있는 식의 계산

● 정답 1쪽

- 덧셈, 뺄셈, 곱셈, 나눗셈이 섞여 있는 식은 곱셈과 나눗셈을 먼저 계산합니다.
- 덧셈, 뺄셈, 곱셈, 나눗셈이 섞여 있고 (    )가 있는 식은 (    ) 안을 먼저 계산합니다.

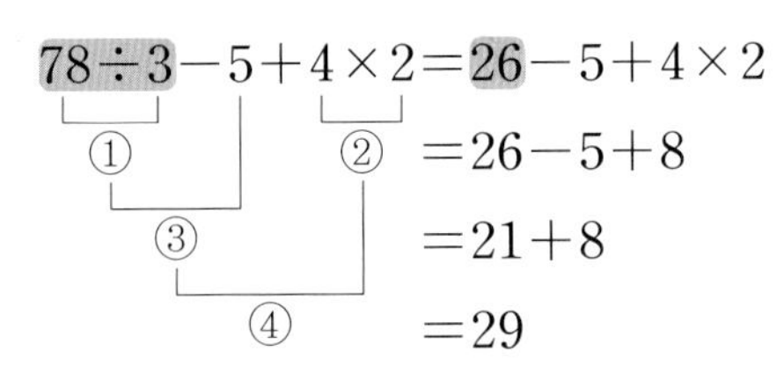


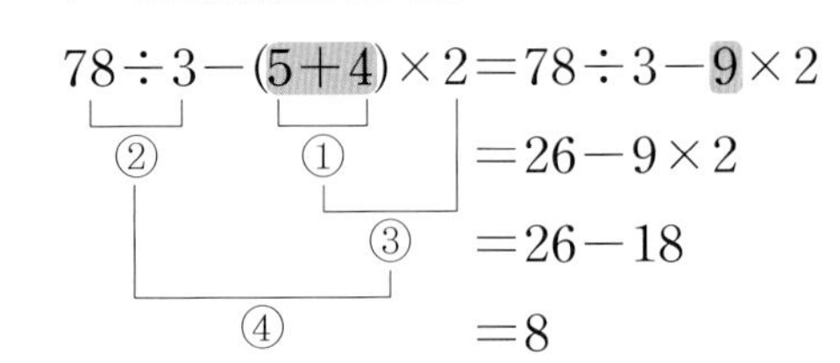

● (    ) 안 ➡ 곱셈, 나눗셈 ➡ 덧셈, 뺄셈의 순서로 계산합니다.
이때 곱셈과 나눗셈, 덧셈과 뺄셈은 앞에서부터 차례로 계산합니다.

**1** 가장 먼저 계산해야 하는 부분을 찾아 기호를 쓰세요.

(1)

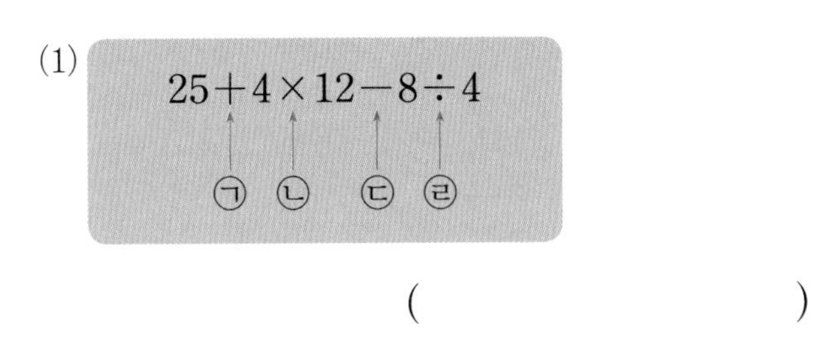


(                    )

(2)

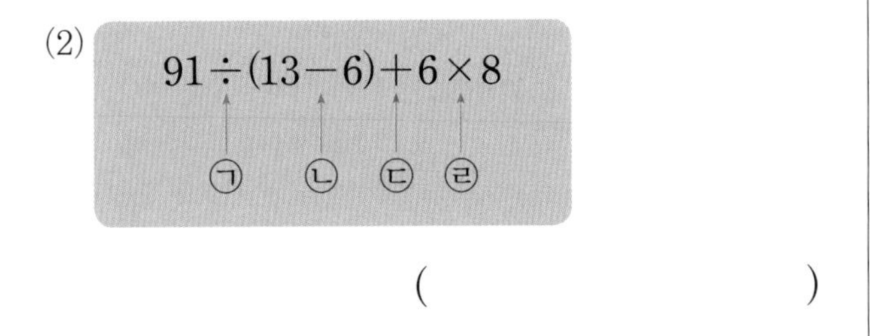


(                    )

(3)

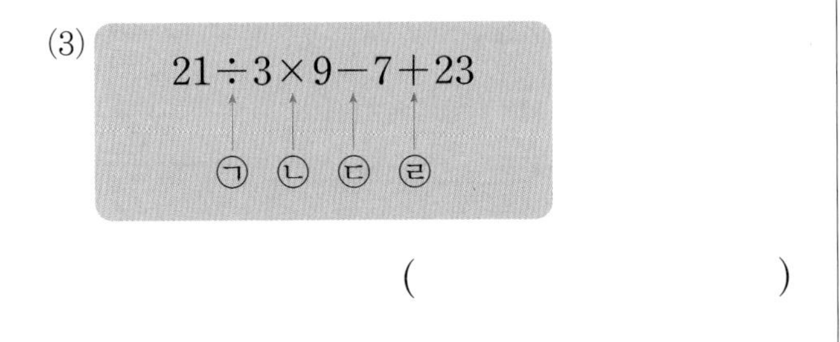


(                    )

(4)

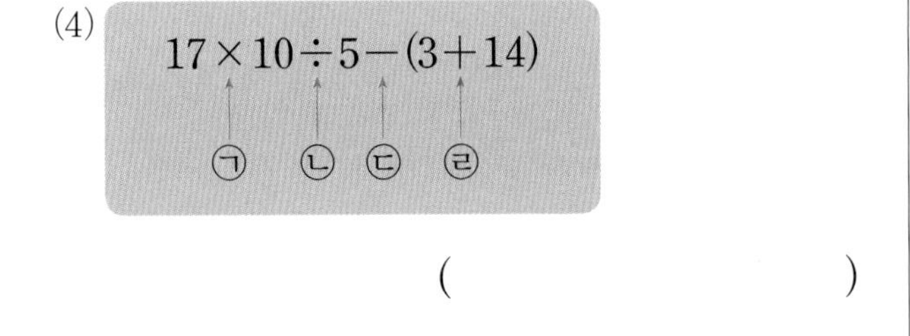


(                    )

**2** □ 안에 알맞은 수를 써넣으세요.

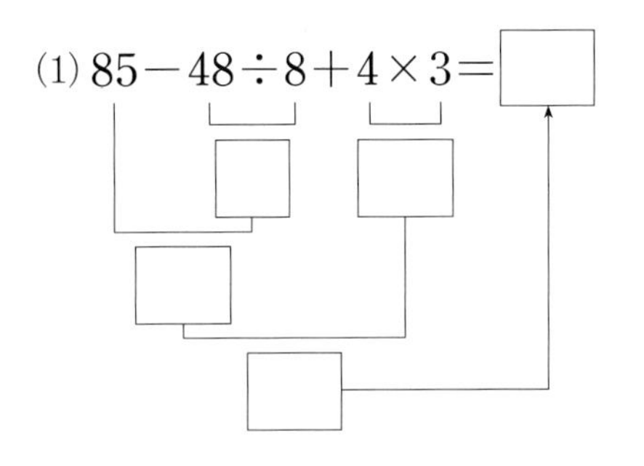


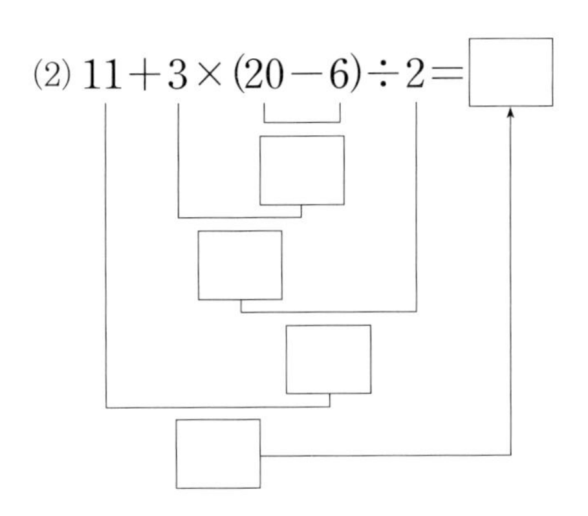


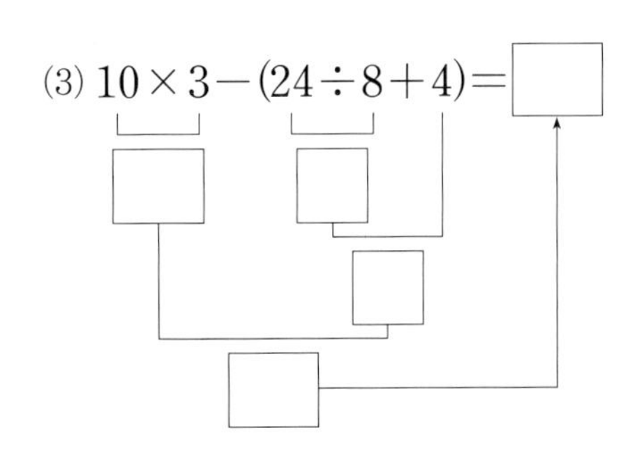

# 1 덧셈과 뺄셈이 섞여 있는 식의 계산

> ( )가 없으면 앞에서부터 차례로 계산하고, ( )가 있으면 ( ) 안을 먼저 계산합니다.

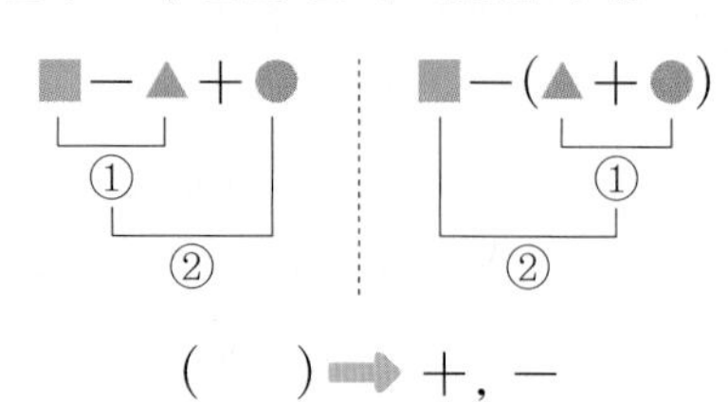

( ) ➡ +, −

### 1
두 식을 하나의 식으로 나타내려고 합니다. □ 안에 알맞은 수를 써넣으세요.

$35+8=43$
$43-16=27$

➡ $35+8-\square=\square$

### 2
계산 순서에 맞게 차례대로 기호를 쓰세요.

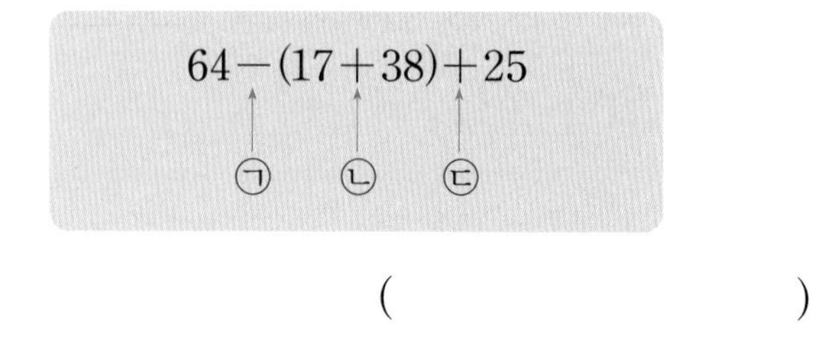


( )

### 3
보기 와 같이 계산 순서를 나타내고 계산하세요.

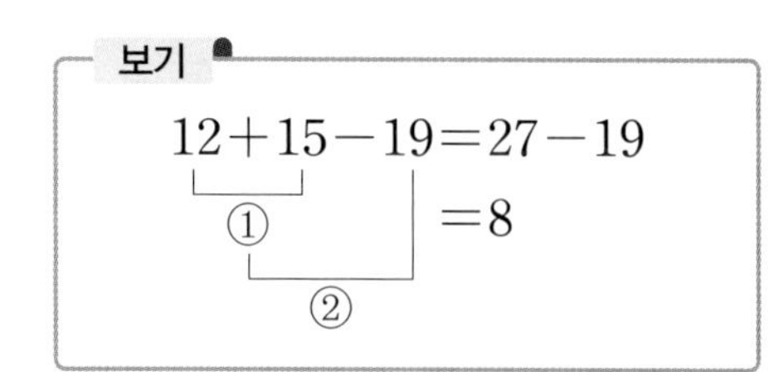


$24-16+23$

### 4
계산을 하세요.

$34-15+22-6$

### 5
바르게 계산한 사람의 이름을 쓰세요.

( )

### 6
계산 결과를 찾아 이으세요.

| | |
|---|---|
| $19-11+2$ • | • 6 |
| $19-(11+2)$ • | • 10 |
| $19+11-2$ • | • 28 |

### 7
계산 결과가 다른 하나를 찾아 기호를 쓰세요.

㉠ $36-18+5$
㉡ $36-(18+5)$
㉢ $(36-18)+5$

( )

**8**

계산 결과를 비교하여 ○ 안에 >, =, <를 알맞게 써넣으세요.

(1) $62+28-43$ ○ $44-19+28$

(2) $51-23+7$ ○ $83-(18+36)$

**9** 10종 교과서

다음을 하나의 식으로 나타내어 구하세요.

63에서 28과 17의 합을 뺀 수

식

답

**10**

다음 문제를 식으로 바르게 나타낸 것은 어느 것일까요? (　　　)

빨간색 끈의 길이는 60 cm입니다. 노란색 끈은 빨간색 끈보다 23 cm 더 짧고, 초록색 끈은 노란색 끈보다 16 cm 더 깁니다. 초록색 끈의 길이는 몇 cm일까요?

① $60+23+16$　② $60-23+16$
③ $60+23-16$　④ $60-(23+16)$
⑤ $60-23-16$

**11**

분식집에서 파는 음식의 가격을 나타낸 것입니다. 정우는 돈가스를 먹었고, 주영이는 김밥과 떡볶이를 먹었습니다. 정우는 주영이보다 얼마를 더 내야 하는지 하나의 식으로 나타내어 구하세요.

| 메뉴 | 김밥 | 떡볶이 | 돈가스 | 칼국수 |
|---|---|---|---|---|
| 가격(원) | 3000 | 2500 | 7000 | 5500 |

식

답

**12** 10종 교과서

소현이네 반 학급 문고에는 동화책이 63권, 위인전이 29권 있습니다. 그중에서 45권을 친구들이 빌려 갔다면 남은 책은 몇 권인지 하나의 식으로 나타내어 구하세요.

식

답

**13**

식에 알맞은 문제를 만들고, 답을 구하세요.

$12-5+9$

문제

답

# 2 곱셈과 나눗셈이 섞여 있는 식의 계산

› (     )가 없으면 앞에서부터 차례로 계산하고, (     ) 가 있으면 (     ) 안을 먼저 계산합니다.

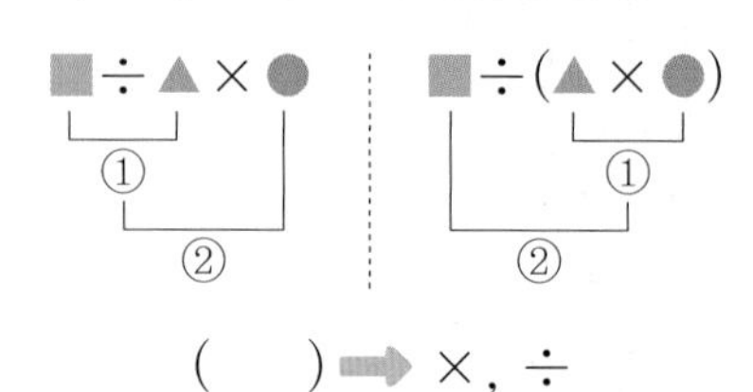


(     ) ➡ ×, ÷

## 1

두 식을 하나의 식으로 나타내려고 합니다. □ 안에 알맞은 수를 써넣으세요.

$8\times9=72$
$72\div2=36$

➡ $8\times9\div$ □ $=$ □

## 2

□ 안에 알맞은 수를 써넣으세요.

(1) $14\times3\div7=$ □ $\div7=$ □

(2) $54\div(3\times6)=54\div$ □ $=$ □

## 3

보기 와 같이 계산 순서를 나타내고 계산하세요.

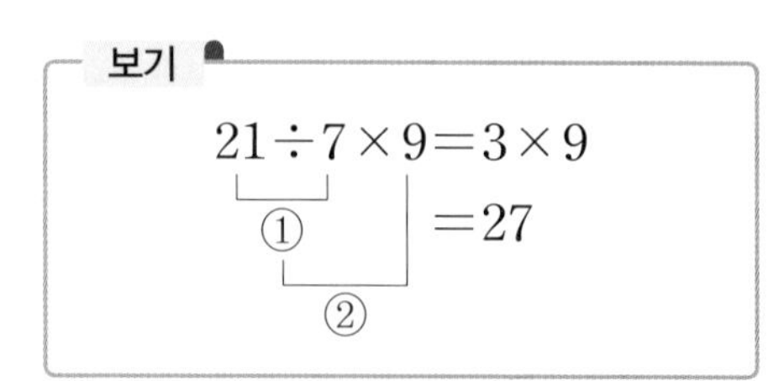


$8\times4\div2$

## 4

바르게 계산한 것을 찾아 ○표 하세요.

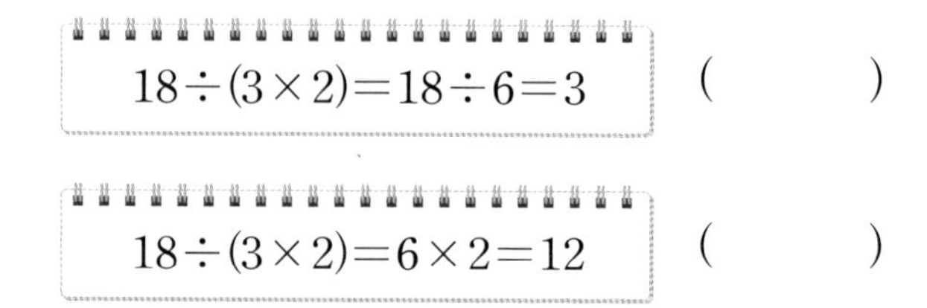


(     )

(     )

## 5

계산을 하세요.

$4\times12\div8$

## 6

계산 결과를 찾아 이으세요.

| | |
|---|---|
| $5\times12\div3$ • | • 4 |
| $28\div4\times5$ • | • 20 |
| $64\div(8\times2)$ • | • 35 |

## 7 ⊕ 10종 교과서

계산 결과가 더 작은 식에 색칠하세요.

$15\times4\div6$    $63\div7\times3$

**8**

두 식의 계산 결과의 합을 구하세요.

$18 \times 5 \div 10$ $32 \div (8 \times 2)$

( )

**9**

( )가 없어도 계산 결과가 같은 식을 쓴 사람의 이름을 쓰세요.

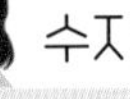

수지 $80 \div (4 \times 5)$

태우 $36 \times (6 \div 3)$

준서 $54 \div (2 \times 3)$

( )

**10**

계산 결과가 큰 것부터 차례대로 기호를 쓰세요.

㉠ $24 \div 6 \times 3$
㉡ $72 \div (2 \times 4)$
㉢ $35 \times 2 \div 7$

( )

**11**

한 상자에 들어 있는 쿠키는 몇 개인지 하나의 식으로 나타내어 구하세요.

식

답

**12** 10종 교과서

한 사람이 한 시간에 종이 상자를 4개씩 만들 수 있다고 합니다. 6명이 종이 상자 96개를 만들려면 몇 시간이 걸리는지 하나의 식으로 나타내어 구하세요.

식

답

**13**

□ 안에 알맞은 수를 써넣으세요.

$42 \div 7 \times \square = 54$

문제 학습

# 3 덧셈, 뺄셈, 곱셈 / 덧셈, 뺄셈, 나눗셈이 섞여 있는 식의 계산

› ( )가 없으면 곱셈 또는 나눗셈을 먼저 계산하고, ( )가 있으면 ( ) 안을 먼저 계산합니다.

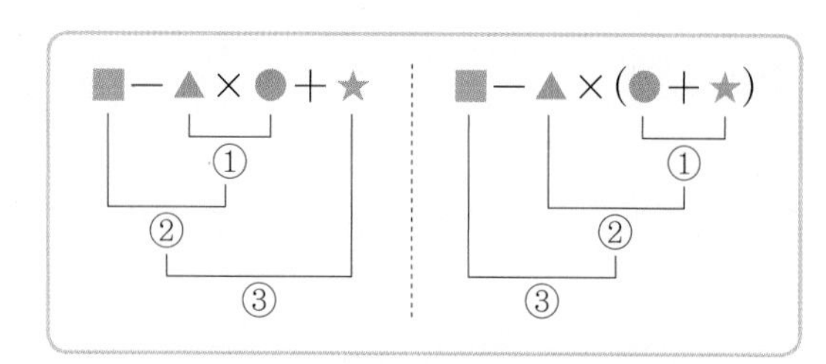


( ) ➡ × ➡ +, −

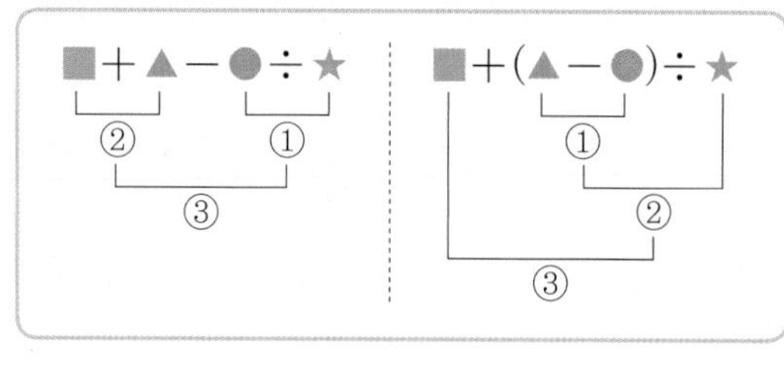


( ) ➡ ÷ ➡ +, −

## 1

가장 먼저 계산해야 하는 부분에 ○표 하세요.

(1) $23-11+4\times9$

(2) $14-(7+35)\div7$

## 2

보기 와 같이 계산 순서를 나타내고 계산하세요.

보기

$23-7\times2+38=23-14+38$

$=9+38$

$=47$

$45+27-3\times6$

## 3

계산을 하세요.

(1) $164-8\times(2+17)$

(2) $45-8+75\div5$

## 4

계산 결과를 비교하여 ○ 안에 >, =, <를 알맞게 써넣으세요.

$(13-4)\times2+9$ ○ $56\div7+14-6$

## 5

계산 결과가 큰 것부터 빈 곳에 1, 2, 3을 써넣으세요.

$15+7-(8\div2)$ — ○

$35-(3\times9)+16$ — ○

$24-(6+24)\div6$ — ○

## 6

문제를 읽고 식으로 바르게 나타낸 사람의 이름을 쓰세요.

사탕 30개를 남학생 4명과 여학생 3명에게 2개씩 나누어 주었습니다. 남은 사탕은 몇 개일까요?

( )

## 7

계산이 잘못된 부분을 찾아 바르게 계산하세요.

$$16+5\times2-6=21\times2-6$$
$$=42-6$$
$$=36$$

↓

바른 계산

$$16+5\times2-6$$

## 8 10종 교과서

지혜와 수지가 말한 식의 계산 결과의 차를 구하세요.

$(32-13)+3\times4$

$18+60\div5-3$

수지

( )

## 9

계산 결과가 23인 식을 찾아 기호를 쓰세요.

㉠ $33+7\times2-25$
㉡ $42-96\div8+7$
㉢ $8+4\times(12-9)$
㉣ $56\div(11-7)+9$

( )

## 10 10종 교과서

수민이의 나이는 12살이고 동생의 나이는 수민이보다 4살 적습니다. 수민이 아버지의 나이는 몇 살인지 하나의 식으로 나타내어 구하세요.

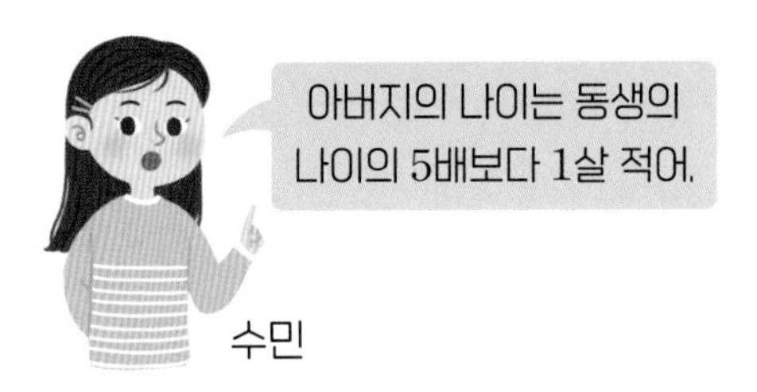


식

답

## 11

길이가 75 cm인 빨간색 테이프를 5등분 한 것 중의 한 도막과 길이가 32 cm인 초록색 테이프를 4등분 한 것 중의 한 도막을 2 cm만큼 겹쳐지도록 이어 붙였습니다. 이어 붙인 색 테이프의 전체 길이는 몇 cm인지 하나의 식으로 나타내어 구하세요.

2 cm

식

답

## 12

어떤 수에 6을 곱하고 3을 뺀 다음 15를 더했더니 42가 되었습니다. 어떤 수를 구하세요.

( )

# 4 덧셈, 뺄셈, 곱셈, 나눗셈이 섞여 있는 식의 계산

( )가 없으면 곱셈, 나눗셈을 먼저 계산하고,
( )가 있으면 ( ) 안을 먼저 계산합니다.

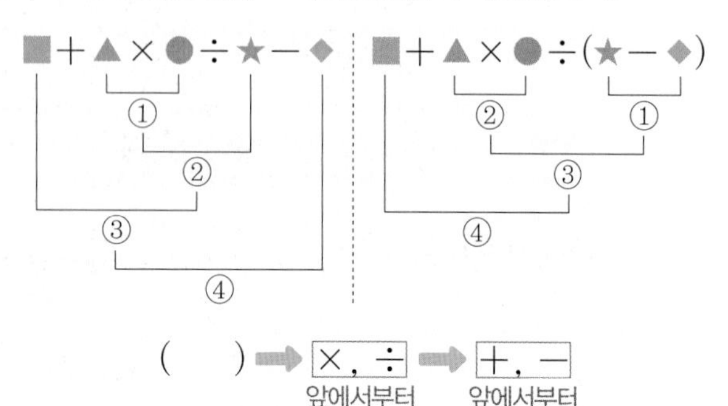

( ) ➡ ×, ÷ 앞에서부터 ➡ +, − 앞에서부터

## 1

가장 먼저 계산해야 하는 부분은 어느 것일까요?

( )

$3\times6+45\div(9-6)+4$

① $3\times6$ ② $6+45$ ③ $45\div9$
④ $9-6$ ⑤ $6+4$

## 2

보기 와 같이 계산 순서를 나타내고 계산하세요.

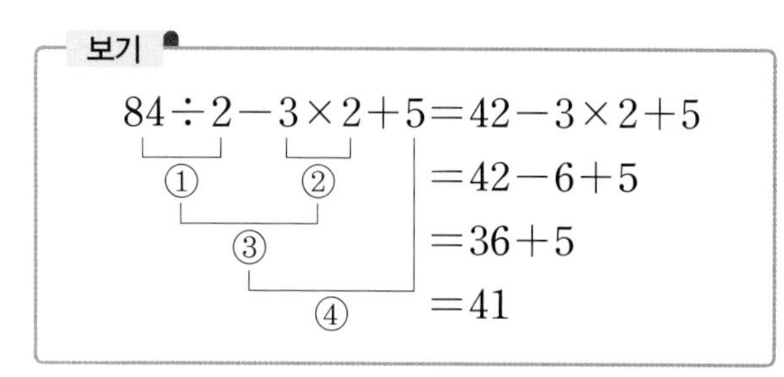


$45-27\div3\times4+6$

## 3

계산을 하세요.

$30-(6+15)\times8\div7$

## 4

계산 결과를 찾아 이으세요.

| | |
|---|---|
| $5\times7+12\div3-6$ • | • 33 |
| $51-9\times4\div6+15$ • | • 55 |
| $32+33\div3\times4-21$ • | • 60 |

## 5

계산 결과가 더 큰 식이 적힌 팻말에 색칠하세요.

$8+4\times24-9\div3$

$8+4\times(24-9)\div3$

## 6

두 식의 계산 결과의 합을 구하세요.

• $26+3\times4-49\div7$
• $38\div2\times4-68+19$

( )

7

계산이 잘못된 부분을 찾아 바르게 계산하세요.

틀린 계산

$$9+4\times(15-9)\div3=13\times(15-9)\div3$$
$$=13\times6\div3$$
$$=78\div3$$
$$=26$$

바른 계산

$$9+4\times(15-9)\div3$$

8 10종 교과서

식이 성립하도록 (　　)로 묶으세요.

$$10 - 27 \div 3 + 6 \times 2 = 4$$

9 10종 교과서

식이 성립하도록 ○ 안에 ×, ÷를 한 번씩 알맞게 써 넣으세요.

$$26+21 \bigcirc 7-9 \bigcirc 3=2$$

10

□ 안에 알맞은 수를 구하세요.

$$4\times3+\square\div7-15=6$$

(　　　　　　　　)

11

온도를 나타내는 단위에는 섭씨(℃)와 화씨(°F)가 있습니다. 현재 기온은 화씨로 77 °F입니다. 준서의 설명을 보고 현재 기온을 섭씨로 나타내면 몇 ℃인지 하나의 식으로 나타내어 구하세요.

화씨온도에서 32를 뺀 수에 5를 곱하고 9로 나누면 섭씨온도가 돼.

준서

식

답

12 10종 교과서

카레 4인분을 만들려고 합니다. 10000원으로 필요한 채소를 사고 남는 돈은 얼마인지 하나의 식으로 나타내어 구하세요.

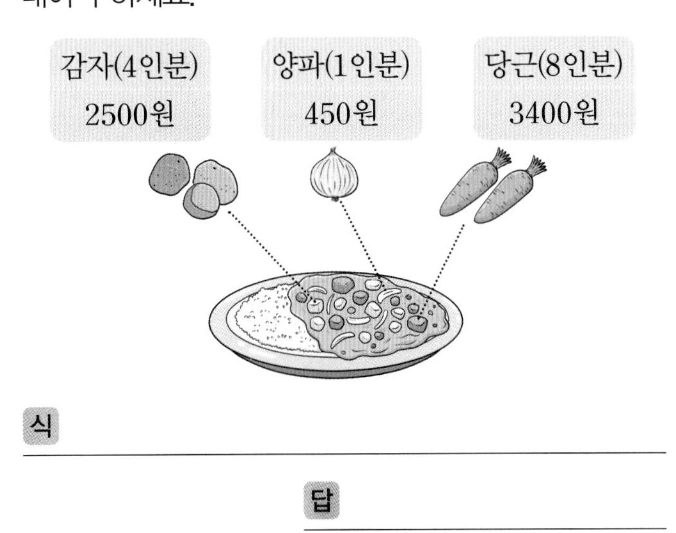


식

답

응용 학습

## 1 □ 안에 들어갈 수 있는 수 구하기

● 정답 5쪽

1부터 9까지의 자연수 중에서 □ 안에 들어갈 수 있는 수는 모두 몇 개인지 구하세요.

$72\div(2+4)-3>27\div9+\square$

**1단계** $72\div(2+4)-3$을 계산한 값 구하기

(　　　　　　　　)

**2단계** □ 안에 들어갈 수 있는 수 구하기

(　　　　　　　　)

**3단계** □ 안에 들어갈 수 있는 수는 모두 몇 개인지 구하기

(　　　　　　　　)

**문제해결 tip** 계산할 수 있는 식을 먼저 계산하여 간단하게 바꾼 다음 □ 안에 들어갈 수 있는 수를 찾습니다.

**1·1** 1부터 9까지의 자연수 중에서 □ 안에 들어갈 수 있는 수는 모두 몇 개인지 구하세요.

$42+24-4\times2>6\times9+\square$

(　　　　　　　　)

**1·2** 가와 나 두 식에서 □ 안에 공통으로 들어갈 수 있는 자연수를 모두 구하세요.

가: $8-21\div3<\square$
나: $7+5\times\square<33+54\div9-12$

(　　　　　　　　)

## 2 약속한 규칙에 맞게 계산하기

정답 5쪽

기호 ♣의 계산 방법을 다음과 같이 약속할 때, 태우와 지혜가 계산한 값의 차를 구하세요.

가♣나=가×나÷(가−나)

태우: 9♣6

지혜: 12♣4

**1단계** 태우가 계산한 값 구하기

(                    )

**2단계** 지혜가 계산한 값 구하기

(                    )

**3단계** 태우와 지혜가 계산한 값의 차 구하기

(                    )

**문제해결 tip** 약속한 규칙에 맞게 가 대신 ♣ 앞의 수를 넣고, 나 대신 ♣ 뒤의 수를 넣어 식을 만들고 계산 순서에 따라 계산합니다.

**2·1** 기호 ◎의 계산 방법을 다음과 같이 약속할 때, 7◎3의 값과 5◎2의 값의 합을 구하세요.

가◎나=가+2×(가−나)

(                    )

**2·2** 기호 ★의 계산 방법을 다음과 같이 약속할 때, 3★(4★20)의 값을 구하세요. (단, ★과 (  )가 있는 식은 (  ) 안을 먼저 계산합니다.)

가★나=나+나÷가−가

(                    )

응용 학습

문제 강의

## 3 물건의 무게 구하기

정답 6쪽

**똑같은 책 5권이 들어 있는 상자의 무게를 재어 보니 800 g이었습니다. 여기에 똑같은 책 3권을 더 넣고 무게를 재어 보니 1250 g이었습니다. 빈 상자의 무게는 몇 g인지 구하세요.**

**1단계** 책 5권의 무게를 하나의 식으로 나타내기

$$(1250-800)\div\square\times 5$$

**2단계** 빈 상자의 무게를 하나의 식으로 나타내기

$$\square-(1250-800)\div\square\times 5$$

**3단계** 빈 상자의 무게 구하기

( )

**문제해결 tip** (빈 상자의 무게)=(책 5권이 들어 있는 상자의 무게)−(책 5권의 무게)입니다.

**3·1** 똑같은 컵 4개가 들어 있는 상자의 무게를 재어 보니 415 g이었습니다. 여기에 똑같은 컵 5개를 더 넣고 무게를 재어 보니 540 g이었습니다. 빈 상자의 무게는 몇 g인지 구하세요.

( )

**3·2** 무게가 같은 사과 10개가 들어 있는 바구니의 무게를 재어 보니 2 kg이었습니다. 여기에서 사과 2개를 빼고 무게를 재어 보니 1 kg 660 g이었습니다. 같은 빈 바구니에 무게가 같은 귤 5개를 담아 무게를 재어 보니 600 g이었습니다. 귤 1개의 무게는 몇 g인지 구하세요.

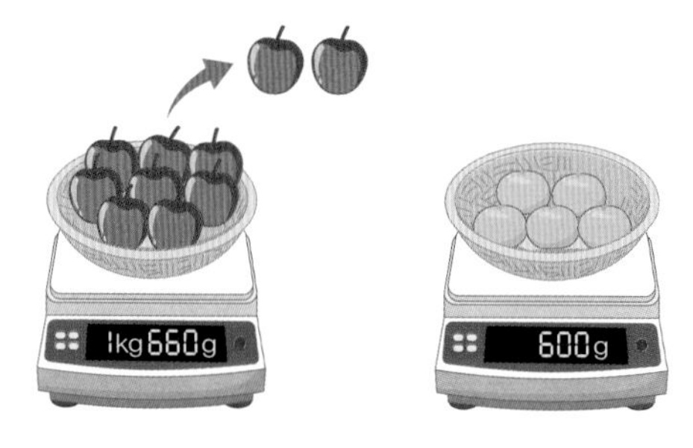


( )

## 4 수 카드로 식 만들고 계산하기

● 정답 6쪽

□ 안에 수 카드의 수를 한 번씩만 써넣어 식을 만들려고 합니다. 계산 결과가 가장 클 때와 가장 작을 때는 각각 얼마인지 구하세요.

1 3 5 ➡ $45\div(\square\times\square)+\square$

**1단계** 계산 결과의 크기에 따른 나누는 수의 크기 알아보기

계산 결과를 가장 크게 만들려면 나누는 수를 가장 ( 작게 , 크게 ) 하고,
계산 결과를 가장 작게 만들려면 나누는 수를 가장 ( 작게 , 크게 ) 합니다.

**2단계** 계산 결과가 가장 클 때의 식을 쓰고 계산하기

$$45\div(1\times\square)+\square=\square$$

**3단계** 계산 결과가 가장 작을 때의 식을 쓰고 계산하기

$$45\div(5\times\square)+\square=\square$$

**문제해결 tip** 45를 큰 수로 나누면 계산 결과는 작아지고, 작은 수로 나누면 계산 결과는 커집니다.

**4·1** □ 안에 수 카드의 수를 한 번씩만 써넣어 식을 만들려고 합니다. 계산 결과가 가장 클 때와 가장 작을 때는 각각 얼마인지 구하세요.

2 3 7 ➡ $42\div(\square\times\square)+\square$

가장 클 때 (　　　　　　　　)
가장 작을 때 (　　　　　　　　)

**4·2** 수 카드 4, 5, 8 을 □ 안에 하나씩 놓아 식을 만들려고 합니다. 계산 결과가 가장 클 때와 가장 작을 때의 차를 구하세요.

$(\square-\square)\times9+\square$

(　　　　　　　　)

# 1 자연수의 혼합 계산

정답 6쪽

(　　)가 없을 때와 있을 때의 계산 결과가 다를 수 있으므로 (　　)가 있을 때는 반드시 (　　) 안을 먼저 계산합니다.

## ❶ 덧셈, 뺄셈 / 곱셈, 나눗셈이 섞여 있는 식의 계산

- (　　)가 없는 식은 앞에서부터 차례로 계산합니다.

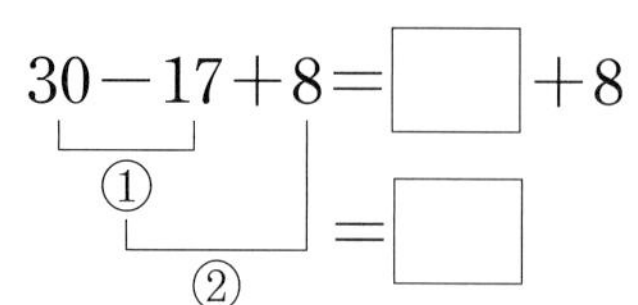

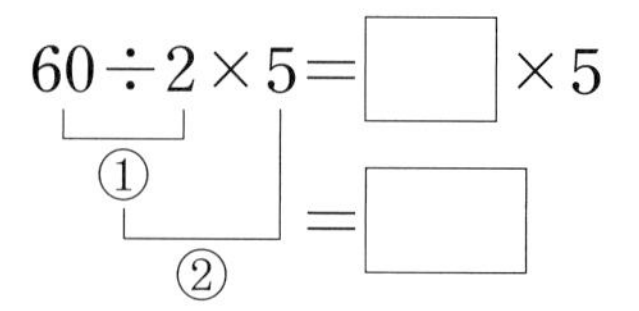

- (　　)가 있는 식은 (　　) 안을 먼저 계산합니다.

$30-(17+8)=30-\square=\square$

$60\div(2\times5)=60\div\square=\square$

덧셈, 뺄셈, 곱셈이 섞여 있으면 곱셈을 먼저 계산합니다.
덧셈, 뺄셈, 나눗셈이 섞여 있으면 나눗셈을 먼저 계산합니다. 단, 덧셈과 뺄셈은 앞에서부터 차례로 계산합니다.

## ❷ 덧셈, 뺄셈, 곱셈 / 덧셈, 뺄셈, 나눗셈이 섞여 있는 식의 계산

- 덧셈, 뺄셈, 곱셈이 섞여 있는 식은 □을 먼저 계산합니다.
- 덧셈, 뺄셈, 나눗셈이 섞여 있는 식은 □을 먼저 계산합니다.
- (　　)가 있는 식은 (　　) 안을 먼저 계산합니다.

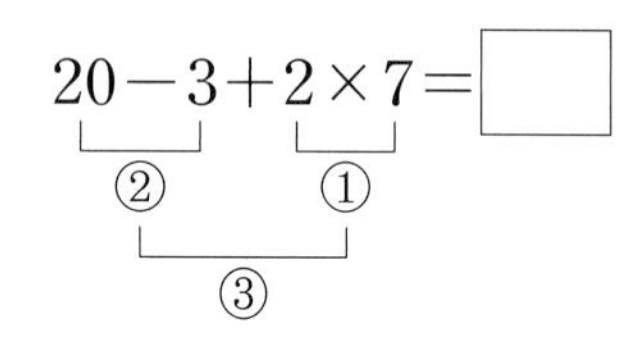

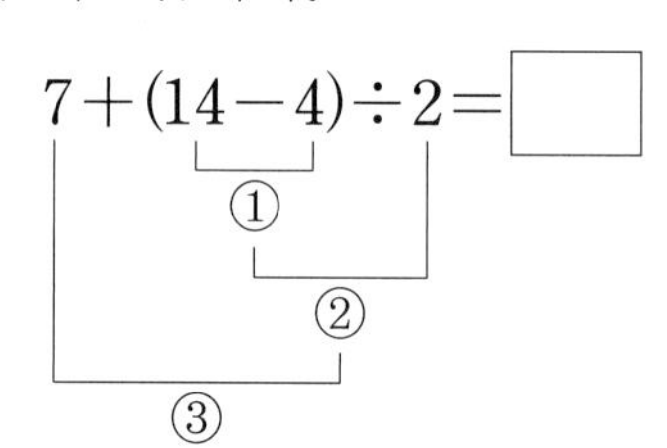

나열된 수와 연산 기호의 순서가 같더라도 (　　)가 없는 식과 (　　)가 있는 식은 계산 순서가 다릅니다.

## ❸ 덧셈, 뺄셈, 곱셈, 나눗셈이 섞여 있는 식의 계산

(　　) ➡ 곱셈, □ ➡ □, 뺄셈 순서로 계산합니다.

- (　　)가 없는 식

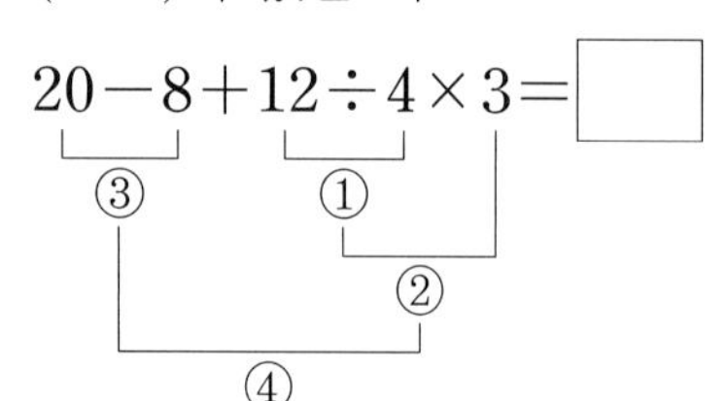

- (　　)가 있는 식

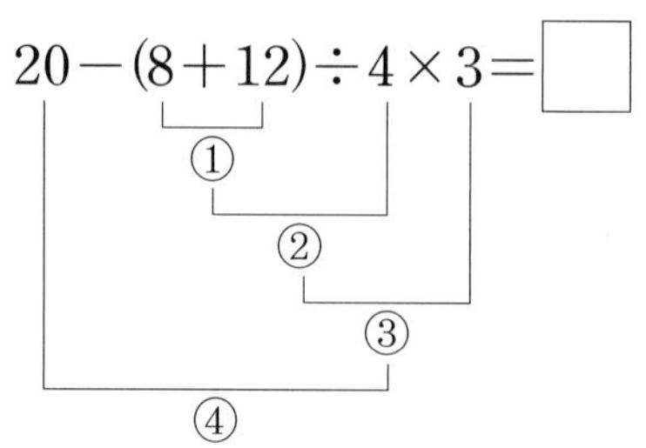

# 1. 자연수의 혼합 계산

정답 6쪽



## 1

바르게 계산한 사람의 이름을 쓰세요.

| 수민 | 준서 |
| --- | --- |
| $13+5\times4=33$ <br> 20 <br> 33 | $39-8\times3=93$ <br> 31 <br> 93 |

(　　　　　　　　)

## 2

□ 안에 알맞은 수를 써넣으세요.

$72-(16+27)=$ □

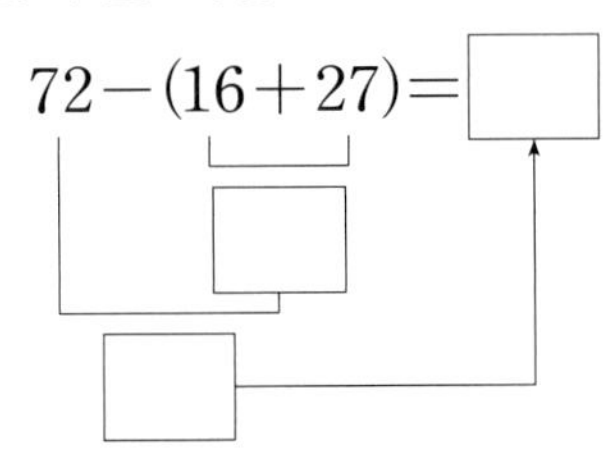

## 3

계산 순서에 맞게 차례대로 기호를 쓰세요.

$16+54\div(9-3)\times2$

㉠ ㉡ ㉢ ㉣

(　　　　　　　　)

## 4

계산을 하세요.

$64\div8+(22-17)\times3$

## 5

두 식을 하나의 식으로 나타내세요.

$4\times5=20,\ 20-28\div2=6$

식

## 6

계산 결과를 찾아 이으세요.

|  |  |
| --- | --- |
| $37-7\times3+5$ • | • 24 |
| $84\div(4\times7)+19$ • | • 21 |
| $6+2\times(12-3)$ • | • 22 |

## 7 서술형

계산이 잘못된 부분을 찾아 잘못된 이유를 쓰고, 바르게 계산하세요.

**틀린 계산**

$13-7+45\div3=6+45\div3$
$=51\div3$
$=17$

↓

**바른 계산**

$13-7+45\div3$

이유

**8**

(투호: 화살을 던져 병 속에 넣는 놀이 / 비사치기: 돌을 던져 세워 놓은 돌을 맞히는 놀이)

체육 시간에 윤수네 반 학생 중 9명은 투호를 하였고, 21명은 비사치기를 하였습니다. 윤수네 반의 여학생이 16명이라면 남학생은 몇 명인지 하나의 식으로 나타내어 구하세요.

식 ______

답 ______

**9**

계산 결과가 더 큰 식에 ○표 하세요.

| $24+8\div4-7$ | $(24+8)\div4-7$ |
|---|---|
| (　　) | (　　) |

**10** 서술형

태우와 수지가 쓴 식의 계산 결과의 차는 얼마인지 해결 과정을 쓰고, 답을 구하세요.

태우: $30-63\div3+11$

수지: $41-(5+8)\times2$

______

______

______

(　　　　)

**11**

앞에서부터 차례로 계산하는 식을 찾아 기호를 쓰세요.

㉠ $27+8\times7-4$
㉡ $51\div17+11-2$
㉢ $15-36\div12+5$

(　　　　)

**12**

두 식의 계산 결과가 같을 때, □ 안에 알맞은 수를 써넣으세요.

| $16+3\times(\square\div5)$ | $5\times(12-7)$ |
|---|---|

**13**

(　)가 없어도 계산 결과가 같은 것은 어느 것일까요? (　　)

① $(6+9)\div3-1$　② $18\div(2\times3)+3$
③ $5\times(16+3)-7$　④ $(24\div8)+11\times2$
⑤ $(34-15)\times2-3$

**14**

현수는 종이배를 30개 만들었습니다. 만든 종이배를 친구 4명에게 3개씩 나누어 주고 종이배 5개를 더 만들었습니다. 지금 현수가 가지고 있는 종이배는 몇 개인지 하나의 식으로 나타내어 구하세요.

식 ______

답 ______

## 15 서술형

문구점에서 파는 물건의 가격을 나타낸 것입니다. 연서는 필통 1개, 공책 2권, 물감 1상자를 사려고 합니다. 연서가 10000원을 냈다면 거스름돈으로 얼마를 받아야 하는지 해결 과정을 쓰고, 답을 구하세요.

| 물건 | 필통 | 공책 | 물감 |
|---|---|---|---|
| 가격(원) | 4000 | 700 | 3000 |

(                    )

## 16

어떤 수를 4로 나눈 다음 28을 더해야 할 것을 잘못하여 4를 곱한 다음 28을 뺐더니 68이 되었습니다. 바르게 계산하면 얼마인지 구하세요.

(                    )

## 17

식이 성립하도록 (    )로 묶으세요.

$$12 + 48 \div 12 - 4 \times 3 = 30$$

## 18

식이 성립하도록 ○ 안에 +, −, ×, ÷ 중에서 알맞은 기호를 써넣으세요.

$$4 \times 3 - 6 \bigcirc 8 \bigcirc 2 = 10$$

## 19

□ 안에 들어갈 수 있는 자연수를 모두 구하세요.

$$23 - 80 \div 5 + 3 < \square < 5 \times (11 - 3) - 27$$

(                    )

## 20

지수네 집에서 할머니 댁까지의 거리는 161 km입니다. 지수네 가족은 집에서부터 자동차를 타고 한 시간에 70 km를 가는 빠르기로 할머니 댁에 가고 있습니다. 지금까지 2시간을 왔다면 남은 거리는 몇 km인지 하나의 식으로 나타내어 구하세요.

## 쉬어 가기

# 미로를 따라 길을 찾아보세요.

정답 45쪽

# 약수와 배수

▶ 학습을 완료하면 V표를 하면서 학습 진도를 체크해요.

| | 개념학습 | | | | | | 문제학습 |
|---|---|---|---|---|---|---|---|
| 백점 쪽수 | 28 | 29 | 30 | 31 | 32 | 33 | 34 |
| 확인 | | | | | | | |

| | 문제학습 | | | | | | |
|---|---|---|---|---|---|---|---|
| 백점 쪽수 | 35 | 36 | 37 | 38 | 39 | 40 | 41 |
| 확인 | | | | | | | |

| | 문제학습 | | | | 응용학습 | | |
|---|---|---|---|---|---|---|---|
| 백점 쪽수 | 42 | 43 | 44 | 45 | 46 | 47 | 48 |
| 확인 | | | | | | | |

| | 응용학습 | | | 단원평가 | | | |
|---|---|---|---|---|---|---|---|
| 백점 쪽수 | 49 | 50 | 51 | 52 | 53 | 54 | 55 |
| 확인 | | | | | | | |

개념 학습

# 1 약수, 배수

● 정답 8쪽

## 약수

- 약수: 어떤 수를 나누어떨어지게 하는 수
- 8의 약수 구하기

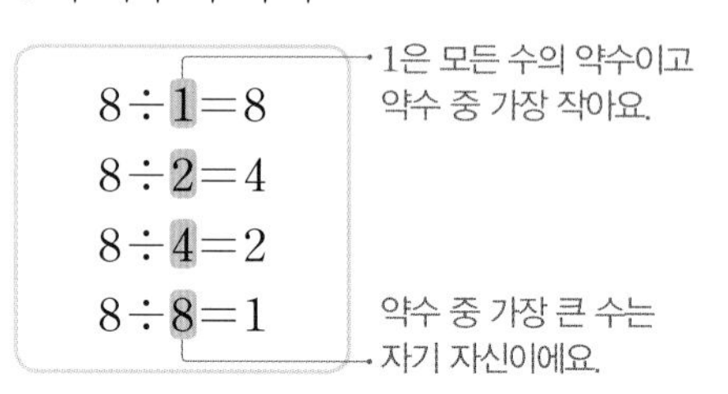


➡ 8의 약수: 1, 2, 4, 8

## 배수

- 배수: 어떤 수를 1배, 2배, 3배, ... 한 수
- 8의 배수 구하기

배수 중 가장 작은 수는 자기 자신이에요.

8을 1배 한 수 → $8\times1=8$
8을 2배 한 수 → $8\times2=16$
8을 3배 한 수 → $8\times3=24$
8을 4배 한 수 → $8\times4=32$
⋮

➡ 8의 배수: 8, 16, 24, 32, ...

개념 강의 

- 약수는 셀 수 있지만 배수는 셀 수 없이 많습니다.
- 0이 아닌 어떤 수 ●의 약수에는 1과 ●가 항상 포함됩니다.

**1** □ 안에 알맞은 수를 써넣고, 주어진 수의 약수를 모두 쓰세요.

(1)
$6\div\square=6$　$6\div2=3$
$6\div3=2$　$6\div\square=1$

6의 약수 (　　　　　　　　)

(2)
$9\div1=9$　$9\div\square=3$　$9\div9=1$

9의 약수 (　　　　　　　　)

(3)
$12\div1=12$　$12\div\square=6$　$12\div3=4$
$12\div4=3$　$12\div\square=2$　$12\div12=1$

12의 약수 (　　　　　　　　)

(4)
$25\div1=25$　$25\div5=5$　$25\div\square=1$

25의 약수 (　　　　　　　　)

**2** □ 안에 알맞은 수를 써넣으세요. (단, 배수는 작은 수부터 쓰세요.)

(1)
4를 1배 한 수는 $4\times1=4$
4를 2배 한 수는 $4\times\square=\square$
4를 3배 한 수는 $4\times\square=\square$
4를 4배 한 수는 $4\times\square=\square$
4를 5배 한 수는 $4\times\square=\square$

4의 배수: 4, □, □, □, □, ...

(2)
7을 1배 한 수는 $7\times1=7$
7을 2배 한 수는 $7\times\square=\square$
7을 3배 한 수는 $7\times\square=\square$
7을 4배 한 수는 $7\times\square=\square$
7을 5배 한 수는 $7\times\square=\square$

7의 배수: 7, □, □, □, □, ...

## 2 약수와 배수의 관계

● 정답 8쪽

### ◎ 곱으로 나타내어 약수와 배수의 관계 알아보기

●=▲×■일 때 ▲, ■는 ●의 약수이고 ●는 ▲, ■의 배수입니다.

| 12의 약수 | 12의 약수 | 12의 약수 |
|---|---|---|
| $12=1\times12$ | $12=2\times6$ | $12=3\times4$ |
| 1, 12의 배수 | 2, 6의 배수 | 3, 4의 배수 |

➡ 1, 2, 3, 4, 6, 12는 12의 약수입니다.
12는 1, 2, 3, 4, 6, 12의 배수입니다.

개념 강의

• $20=2\times2\times5$ ➡ 1, 2, 4($2\times2$), 5, 10($2\times5$), 20은 20의 약수입니다.
20은 1, 2, 4($2\times2$), 5, 10($2\times5$), 20의 배수입니다.

2 단원

**1** 식을 보고 알맞은 말에 ○표 하세요.

(1) $8=2\times4$

• 8은 2의 ( 약수 , 배수 )입니다.
• 4는 8의 ( 약수 , 배수 )입니다.

(2) $15=3\times5$

• 3은 15의 ( 약수 , 배수 )입니다.
• 15는 5의 ( 약수 , 배수 )입니다.

(3) $18=9\times2$

• 9는 18의 ( 약수 , 배수 )입니다.
• 18은 2의 ( 약수 , 배수 )입니다.

(4) $42=6\times7$

• 42는 7의 ( 약수 , 배수 )입니다.
• 6은 42의 ( 약수 , 배수 )입니다.

**2** 식을 보고 □ 안에 알맞은 수를 써넣으세요.

(1) $14=1\times14$ $14=2\times7$

14는 1, □, 7, □의 배수이고,
1, □, 7, □는 14의 약수입니다.

(2) $32=1\times32$ $32=2\times16$ $32=4\times8$

32는 □, □, □, □, □, □의 배수이고, 1, □, □, □, □, □는 32의 약수입니다.

(3) $45=1\times45$ $45=3\times15$ $45=5\times9$

45는 □, □, □, □, □, □의 배수이고, 1, □, □, □, □, □는 45의 약수입니다.

# 3 공약수, 최대공약수

정답 8쪽

## 공약수와 최대공약수

- 공약수: 두 수의 공통된 약수
- 최대공약수: 공약수 중에서 가장 큰 수

| 12의 약수 | 1, 2, 3, 4, 6, 12 |
|---|---|
| 18의 약수 | 1, 2, 3, 6, 9, 18 |

➡ 12와 18의 공약수: 1, 2, 3, 6
12와 18의 최대공약수: 6

1은 모든 수의 약수이므로 공약수에는 1이 반드시 포함돼요.

## 공약수와 최대공약수의 관계

두 수의 공약수는 두 수의 최대공약수의 약수와 같습니다.

12와 18의 공약수
1, 2, 3, 6 (최대공약수: 6)
=
12와 18의 최대공약수의 약수
6의 약수 ➡ 1, 2, 3, 6

개념 강의 

- 두 수의 최대공약수를 알 때, 최대공약수의 약수를 구하면 두 수의 공약수를 알 수 있습니다.
- 1은 모든 수의 약수이고 두 수의 최소공약수는 항상 1이므로 따로 구할 필요가 없습니다.

**1** 공약수와 최대공약수를 각각 구하세요.

(1)

| 4의 약수 | 1, 2, 4 |
|---|---|
| 12의 약수 | 1, 2, 3, 4, 6, 12 |

공약수 ( )
최대공약수 ( )

(2)

| 20의 약수 | 1, 2, 4, 5, 10, 20 |
|---|---|
| 24의 약수 | 1, 2, 3, 4, 6, 8, 12, 24 |

공약수 ( )
최대공약수 ( )

(3)

| 16의 약수 | 1, 2, 4, 8, 16 |
|---|---|
| 56의 약수 | 1, 2, 4, 7, 8, 14, 28, 56 |

공약수 ( )
최대공약수 ( )

**2** □ 안에 알맞은 수나 말을 써넣으세요.

(1)
- 8과 28의 공약수: □, □, □
- 8과 28의 최대공약수: □
- 8과 28의 최대공약수의 약수: □, □, □
- 8과 28의 공약수는 최대공약수의 □와 같습니다.

(2)
- 27과 45의 공약수: □, □, □
- 27과 45의 최대공약수: □
- 27과 45의 최대공약수의 약수: □, □, □
- 27과 45의 □는 최대공약수의 약수와 같습니다.

# 4 최대공약수 구하는 방법

정답 8쪽

## 24와 30의 최대공약수 구하는 방법

**방법 1** 두 수의 곱으로 나타낸 곱셈식 이용하기

공통으로 들어 있는 수 중에서 가장 큰 수를 찾습니다.

| | | | |
|---|---|---|---|
| $24=1\times24$ | $24=2\times12$ | $24=3\times8$ | $24=4\times6$ |
| $30=1\times30$ | $30=2\times15$ | $30=3\times10$ | $30=5\times6$ |

24와 30의 최대공약수 ➡ 6

**방법 2** 여러 수의 곱으로 나타낸 곱셈식 이용하기

공통으로 들어 있는 곱셈식을 찾습니다.

$24=2\times2\times2\times3$　　$30=5\times2\times3$

24와 30의 최대공약수 ➡ $2\times3=6$

**방법 3** 두 수의 공약수 이용하기

두 수의 공약수로 나누고 나눈 공약수들의 곱을 구합니다.

24와 30의 공약수 → 2 ) 24 30

12와 15의 공약수 → 3 ) 12 15

4 5 → 1 이외의 공약수가 없을 때까지 나눠요.

24와 30의 최대공약수 ➡ $2\times3=6$

- 두 수의 공약수로 나눌 때는 작은 수부터 나누는 것이 쉽지만 순서와 관계없이 최대공약수는 같습니다.

**1** 식을 보고 □ 안에 알맞은 수를 써넣으세요.

(1) $8=2\times2\times2$　　$12=2\times2\times3$

8과 12의 최대공약수 ➡ □×□=□

(2) $30=2\times3\times5$　　$50=2\times5\times5$

30과 50의 최대공약수 ➡ □×□=□

(3) $24=2\times2\times2\times3$　　$54=2\times3\times3\times3$

24와 54의 최대공약수 ➡ □×□=□

**2** 식을 보고 □ 안에 알맞은 수를 써넣으세요.

(1)
2 ) 12 18
3 ) 6 9
　 2 3

12와 18의 최대공약수 ➡ □×□=□

(2)
2 ) 20 30
5 ) 10 15
　 2 3

20과 30의 최대공약수 ➡ □×□=□

(3)
3 ) 42 63
7 ) 14 21
　 2 3

42와 63의 최대공약수 ➡ □×□=□

2 단원

# 5 공배수, 최소공배수

정답 8쪽

## 공배수와 최소공배수

- 공배수: 두 수의 공통된 배수
- 최소공배수: 공배수 중에서 가장 작은 수

| 2의 배수 | 2, 4, 6, 8, 10, 12, 14, 16, 18, 20, 22, 24, ... |
|---|---|
| 3의 배수 | 3, 6, 9, 12, 15, 18, 21, 24, 27, 30, 33, ... |

➡ 2와 3의 공배수: 6, 12, 18, 24, ...
2와 3의 최소공배수: 6

## 공배수와 최소공배수의 관계

두 수의 공배수는 두 수의 최소공배수의 배수와 같습니다.

2와 3의 공배수
6, 12, 18, 24, ...
최소공배수

=

2와 3의 최소공배수의 배수
6의 배수 ➡ 6, 12, 18, 24, ...

개념 강의 

- 두 수의 최소공배수를 알 때, 최소공배수의 배수를 구하면 두 수의 공배수를 알 수 있습니다.
- 공배수는 셀 수 없이 많으므로 최대공배수는 구할 수 없습니다.

**1** 공배수와 최소공배수를 각각 구하세요. (단, 공배수는 가장 작은 수부터 3개만 쓰세요.)

(1)

| 2의 배수 | 2, 4, 6, 8, 10, 12, 14, 16, 18, 20, 22, 24, 26, 28, 30, ... |
|---|---|
| 5의 배수 | 5, 10, 15, 20, 25, 30, ... |

공배수 (　　　　　　　　)
최소공배수 (　　　　　　　　)

(2)

| 4의 배수 | 4, 8, 12, 16, 20, 24, 28, 32, 36, 40, 44, 48, 52, 56, 60, ... |
|---|---|
| 10의 배수 | 10, 20, 30, 40, 50, 60, ... |

공배수 (　　　　　　　　)
최소공배수 (　　　　　　　　)

**2** □ 안에 알맞은 수나 말을 써넣으세요. (단, 공배수와 배수는 가장 작은 수부터 쓰세요.)

(1)
- 6과 8의 공배수: □, □, ...
- 6과 8의 최소공배수: □
- 6과 8의 최소공배수의 배수: □, □, ...
- 6과 8의 공배수는 6과 8의 최소공배수의 □와 같습니다.

(2)
- 9와 15의 공배수: □, □, ...
- 9와 15의 최소공배수: □
- 9와 15의 최소공배수의 배수: □, □, ...
- 9와 15의 □는 9와 15의 최소공배수의 배수와 같습니다.

# 6 최소공배수 구하는 방법

● 정답 9쪽

## 12와 20의 최소공배수 구하는 방법

**방법 1** 두 수의 곱으로 나타낸 곱셈식 이용하기

공통으로 들어 있는 가장 큰 수와 남은 수들의 곱을 구합니다.

$12=1\times12$　　$12=2\times6$　　$12=3\times4$

$20=1\times20$　　$20=2\times10$　　$20=5\times4$

12와 20의 최소공배수 ➡ $3\times5\times4=60$

**방법 2** 여러 수의 곱으로 나타낸 곱셈식 이용하기

공통으로 들어 있는 곱셈식과 남은 수들의 곱을 구합니다.

$12=3\times2\times2$　　$20=5\times2\times2$

12와 20의 최소공배수 ➡ $3\times5\times2\times2=60$

**방법 3** 두 수의 공약수 이용하기

두 수의 공약수로 나누고 나눈 공약수들과 남은 수들의 곱을 구합니다.

12와 20의 공약수 → 2 ) 12　20

6과 10의 공약수 → 2 ) 6　10

　　　　　　　　　　　3　5

1 이외의 공약수가 없을 때까지 나눠요.

12와 20의 최소공배수 ➡ $2\times2\times3\times5=60$

- 곱셈식을 이용하여 최소공배수를 구할 때 수가 커서 두 수의 곱으로 계산하기 어려울 때는 여러 수의 곱으로 나타냅니다.

**1** 식을 보고 □ 안에 알맞은 수를 써넣으세요.

(1) $4=2\times2$　　$6=2\times3$

4와 6의 최소공배수

➡ 2×□×□=□

(2) $9=3\times3$　　$21=3\times7$

9와 21의 최소공배수

➡ 3×□×□=□

(3) $8=2\times2\times2$　　$12=2\times2\times3$

8과 12의 최소공배수

➡ 2×2×□×□=□

**2** 식을 보고 □ 안에 알맞은 수를 써넣으세요.

(1) 7 ) 14　21

　　　2　3

14와 21의 최소공배수

➡ 7×□×□=□

(2) 2 ) 12　16

2 ) 6　8

　　3　4

12와 16의 최소공배수

➡ □×□×□×□=□

(3) 3 ) 30　45

5 ) 10　15

　　2　3

30과 45의 최소공배수

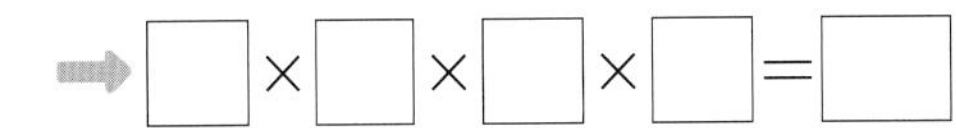

➡ □×□×□×□=□

문제 학습

# 1 약수, 배수

▶ **약수는 나눗셈식을, 배수는 곱셈식을 이용하여 구합니다.**

• 4의 약수: 1, 2, 4

$4 \div 1 = 4$ $4 \div 2 = 2$ $4 \div 4 = 1$

4를 나누어떨어지게 하는 수

• 4의 배수: 4, 8, 12, 16, ...

4 $4 \times 1$ $4 \times 2$ $4 \times 3$ $4 \times 4$ ...

1배 2배 3배 4배

배수는 셀 수 없이 많아요.

## 1

24의 약수가 아닌 것은 어느 것일까요? ( )

① 2 ② 3 ③ 5
④ 8 ⑤ 12

## 2

수 배열표를 보고 5의 배수에는 ○표, 7의 배수에는 △표 하세요.

| 11 | 12 | 13 | 14 | 15 |
|---|---|---|---|---|
| 16 | 17 | 18 | 19 | 20 |
| 21 | 22 | 23 | 24 | 25 |
| 26 | 27 | 28 | 29 | 30 |
| 31 | 32 | 33 | 34 | 35 |
| 36 | 37 | 38 | 39 | 40 |
| 41 | 42 | 43 | 44 | 45 |

## 3

6의 배수를 모두 찾아 쓰세요.

12 16 30 32 42 56

( )

## 4

15의 약수를 모두 구하세요.

( )

## 5

다음 수의 약수 중에서 가장 큰 수와 가장 작은 수를 각각 구하세요.

28

가장 큰 수 ( )
가장 작은 수 ( )

## 6

어떤 수의 배수를 가장 작은 수부터 차례대로 쓴 것입니다. 14번째 수를 구하세요.

8, 16, 24, 32, 40, ...

( )

**7**

20보다 크고 30보다 작은 3의 배수를 모두 구하세요.

( )

**8** 10종 교과서

약수의 개수가 많은 수부터 차례대로 쓰세요.

14 25 32

( )

**9**

50부터 100까지의 수 중에서 18의 배수는 모두 몇 개일까요?

( )

**10**

13의 배수 중에서 50에 가장 가까운 수를 구하세요.

( )

**11**

조건 을 모두 만족하는 어떤 수를 구하세요.

조건
- 어떤 수는 30의 약수입니다.
- 어떤 수의 약수를 모두 더하면 18입니다.

( )

**12**

젤리 42개를 학생들에게 남김없이 똑같이 나누어 주려고 합니다. 나누어 줄 수 있는 방법은 모두 몇 가지일까요? (단, 한 명에게 모두 주지는 않습니다.)

( )

**13** 10종 교과서

놀이공원의 순환 버스가 매표소에서 오전 10시부터 8분 간격으로 출발합니다. 오전 11시까지 순환 버스는 모두 몇 번 출발할까요?

( )

문제 학습

# 2 약수와 배수의 관계

> 곱으로 나타낼 수 있거나 나누어떨어지면 약수와 배수의 관계입니다.

●=▲×■, ●÷▲=■, ●÷■=▲

➡ ▲, ■는 ●의 약수입니다.
●는 ▲, ■의 배수입니다.

**1**

45를 두 수의 곱으로 나타내어 약수와 배수의 관계를 알아보려고 합니다. 물음에 답하세요.

(1) 45를 두 수의 곱으로 나타내세요.

45=1×□

45=□×15

45=5×□

(2) 45는 □, □, □, □, □, □의 배수입니다.

(3) 45의 약수를 모두 쓰세요.

(　　　　　　　　　　)

**2**

18을 여러 수의 곱으로 나타낸 것입니다. □ 안에 알맞은 수를 써넣으세요.

18=2×3×3

(1) 18은 1, □, □, □, □, 18의 배수입니다.

(2) 1, □, □, □, □, 18은 18의 약수입니다.

**3**

9는 72의 약수이고 72는 9의 배수입니다. 이 관계를 나타내는 곱셈식을 쓰세요.

식 ______________________

**4**

두 수가 약수와 배수의 관계이면 ○표, 아니면 ×표 하세요.

(1) 3 21 (　　　)

(2) 28 8 (　　　)

**5**

다음 곱셈식을 보고 바르게 설명한 것을 모두 고르세요.

(　　　　)

8×7=56

① 56은 8의 약수입니다.
② 8은 7의 배수입니다.
③ 7은 56의 약수입니다.
④ 8과 7은 56의 배수입니다.
⑤ 56은 7의 배수입니다.

**6**

약수와 배수의 관계인 것을 모두 찾아 기호를 쓰세요.

㉠ (3, 42)　㉡ (6, 56)
㉢ (56, 4)　㉣ (60, 8)

(　　　　　　　　)

7 10종 교과서

두 수가 약수와 배수의 관계인 것을 모두 찾아 이으세요.

8

보기 에서 약수와 배수의 관계인 수를 모두 찾아 쓰세요.

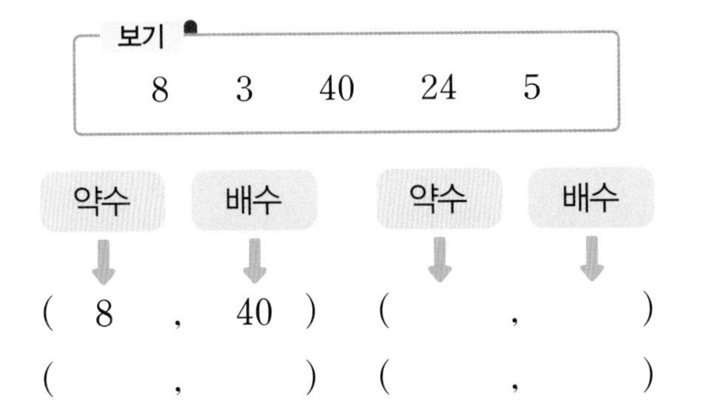


9

16과 약수와 배수의 관계인 수를 모두 찾아 쓰세요.

4 6 8 36 48

( )

10

두 수가 약수와 배수의 관계가 되도록 빈칸에 1 이외의 알맞은 수를 써넣으세요.

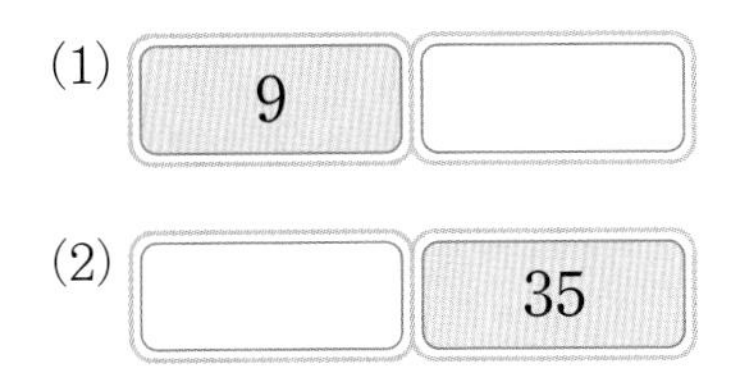


11 10종 교과서

대화를 읽고 두 사람이 공통으로 설명하는 수는 얼마인지 구하세요.

( )

12

왼쪽 수는 오른쪽 수의 배수입니다. ㉠에 들어갈 수 있는 자연수는 모두 몇 개인지 구하세요.

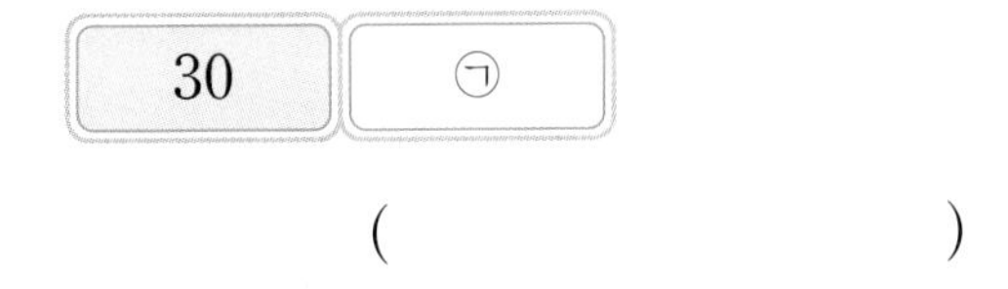


( )

문제 학습

# 3 공약수, 최대공약수

**두 수의 공약수는 최대공약수의 약수와 같습니다.**

공약수

16의 약수 ➡ 1, 2, 4, 8, 16

20의 약수 ➡ 1, 2, 4, 5, 10, 20

최대공약수

16과 20의 공약수 1, 2, 4는 최대공약수 4의 약수와 같습니다.

## 1

수 배열표를 보고 12와 18의 공약수와 최대공약수를 구하려고 합니다. 물음에 답하세요.

| 1 | 2 | 3 | 4 | 5 | 6 | 7 | 8 | 9 | 10 |
|---|---|---|---|---|---|---|---|---|---|
| 11 | 12 | 13 | 14 | 15 | 16 | 17 | 18 | 19 | 20 |

(1) 12의 약수에 ○표 하세요.

(2) 18의 약수에 △표 하세요.

(3) 수 배열표에서 12와 18의 공약수를 모두 찾아 쓰세요.

( )

(4) 12와 18의 최대공약수를 찾아 쓰세요.

( )

## 2

두 수의 공약수와 최대공약수를 각각 구하세요.

(1) (20, 30)

공약수 ( )

최대공약수 ( )

(2) (15, 36)

공약수 ( )

최대공약수 ( )

## 3

18과 24의 공약수와 최대공약수의 관계를 알아보려고 합니다. 빈칸에 알맞은 수를 써넣고, 알맞은 말에 ○표 하세요.

| 공약수 | |
|---|---|
| 최대공약수 | |
| 최대공약수의 약수 | |

18과 24의 공약수는 최대공약수의 ( 약수 , 배수 )와 같습니다.

## 4

32와 40의 공약수가 아닌 것은 어느 것일까요?

( )

① 1 ② 2 ③ 4
④ 5 ⑤ 8

## 5

12와 54의 공약수에 모두 ○표 하세요.

2 4 3 8 6 12

**6** 10종 교과서

두 수의 최대공약수를 보고 공약수를 모두 구하세요.

27　45 ➡ 최대공약수: 9

공약수 (　　　　　　　　)

**7**

12의 약수이면서 28의 약수인 수를 모두 쓰세요.

(　　　　　　　　)

**8** 10종 교과서

대화를 읽고 잘못 설명한 사람을 찾아 이름을 쓰세요.

강우: 15와 24의 공약수 중에서 가장 작은 수는 1이야.

지혜: 15와 24의 공약수 중에서 가장 큰 수는 8이야.

수민: 15와 24의 공약수는 두 수를 모두 나누어떨어지게 하는 수야.

(　　　　　　　　)

**9**

36과 48의 공약수의 합을 구하세요.

(　　　　　　　　)

**10**

어떤 두 수의 최대공약수가 14일 때, 두 수의 공약수를 모두 구하세요.

(　　　　　　　　)

**11**

24와 60을 각각 어떤 수로 나누면 두 수 모두 나누어떨어집니다. 어떤 수 중에서 가장 큰 수를 구하세요.

(　　　　　　　　)

**12**

32와 어떤 수의 최대공약수는 16입니다. 32와 어떤 수의 공약수는 모두 몇 개인지 구하세요.

(　　　　　　　　)

2 단원

# 4 최대공약수 구하는 방법

24와 60을 공약수로 나누고 나눈 공약수들의 곱을 구하면 24와 60의 최대공약수입니다.

$$\begin{array}{r|rr} 2 & 24 & 60 \\ \hline 2 & 12 & 30 \\ \hline 3 & 6 & 15 \\ \hline & 2 & 5 \end{array}$$

← 1 이외의 공약수가 없을 때까지 나눠요.

➡ 24와 60의 최대공약수: $2\times2\times3=12$

## 1

곱셈식을 보고 12와 28의 최대공약수를 구하세요.

$12=2\times2\times3$    $28=2\times2\times7$

(                    )

## 2

□ 안에 알맞은 수를 써넣어 두 수의 최대공약수를 구하세요.

$$\begin{array}{r|rr} \square & 35 & 20 \\ \hline & 7 & 4 \end{array}$$

35와 20의 최대공약수 ➡ □

## 3

30과 54를 공약수로 나누어 두 수의 최대공약수를 구하세요.

$$\begin{array}{r|rr} & 30 & 54 \\ \hline \end{array}$$

(                    )

## 4

49와 56의 최대공약수를 두 가지 방법으로 구하세요.

**방법 1** 곱셈식으로 나타내어 최대공약수 구하기

**방법 2** 공약수로 나누어 최대공약수 구하기

## 5

두 수의 최대공약수를 구하세요.

(1) 15  18

(                    )

(2) 27  45

(                    )

## 6

최대공약수를 잘못 구한 것에 ×표 하세요.

$$\begin{array}{r|rr} 2 & 24 & 40 \\ \hline 2 & 12 & 20 \\ \hline & 6 & 10 \end{array}$$

최대공약수: 4

(      )

$$\begin{array}{r|rr} 2 & 36 & 52 \\ \hline 2 & 18 & 26 \\ \hline & 9 & 13 \end{array}$$

최대공약수: 4

(      )

정답 11쪽

**7**

두 수의 최대공약수가 가장 큰 것을 찾아 기호를 쓰세요.

㉠ (24, 30)　㉡ (42, 28)　㉢ (32, 40)

(　　　　　　)

**8**

두 수 ㉠과 ㉡의 최대공약수가 14일 때, ㉠, ㉡에 알맞은 수를 각각 구하세요.

```
□ ) ㉠   ㉡
 7 ) 21   35
      3    5
```

㉠ (　　　　　　)
㉡ (　　　　　　)

**9**

두 수 ㉠과 ㉡의 최대공약수는 10입니다. □ 안에 들어갈 수 있는 가장 작은 수는 얼마일까요?

㉠$=2\times2\times5\times7$
㉡$=2\times3\times$□

(　　　　　　)

**10** 10종 교과서

연필 42자루와 공책 24권을 최대한 많은 친구에게 남김없이 똑같이 나누어 주려고 합니다. 최대 몇 명에게 나누어 줄 수 있을까요?

(　　　　　　)



**11**

그림과 같은 직사각형 모양의 색종이를 크기가 같은 정사각형 모양으로 남는 부분 없이 자르려고 합니다. 가장 큰 정사각형 모양으로 자르려면 정사각형의 한 변은 몇 cm로 해야 할까요?

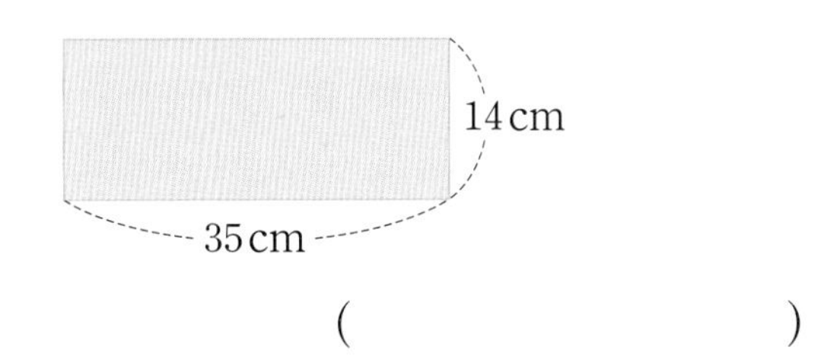


(　　　　　　)

**12** 10종 교과서

장미 36송이와 튤립 20송이를 최대한 많은 꽃병에 남김없이 똑같이 나누어 꽂으려고 합니다. 꽃병 한 개에 장미와 튤립을 각각 몇 송이씩 꽂을 수 있는지 구하세요.

장미 (　　　　　　)
튤립 (　　　　　　)

# 5 공배수, 최소공배수

두 수의 공배수는 최소공배수의 배수와 같습니다.

3의 배수 ➡ 3, 6, 9, 12, 15, 18, 21, 24, ...

4의 배수 ➡ 4, 8, 12, 16, 20, 24, 28, 32, ...

(공배수, 최소공배수)

3과 4의 공배수 12, 24, 36, ...은 최소공배수 12의 배수와 같습니다.

**1**

수 배열표를 보고 2와 5의 공배수와 최소공배수를 구하려고 합니다. 물음에 답하세요.

| 1 | 2 | 3 | 4 | 5 | 6 | 7 | 8 | 9 | 10 |
|---|---|---|---|---|---|---|---|---|---|
| 11 | 12 | 13 | 14 | 15 | 16 | 17 | 18 | 19 | 20 |
| 21 | 22 | 23 | 24 | 25 | 26 | 27 | 28 | 29 | 30 |

(1) 2의 배수에 ○표 하세요.

(2) 5의 배수에 △표 하세요.

(3) 수 배열표에서 2와 5의 공배수를 모두 찾아 쓰세요.

( )

(4) 2와 5의 최소공배수를 찾아 쓰세요.

( )

**2**

두 수의 공배수와 최소공배수를 각각 구하세요. (단, 공배수는 가장 작은 수부터 3개만 쓰세요.)

(1) (6, 9)

공배수 ( )

최소공배수 ( )

(2) (10, 15)

공배수 ( )

최소공배수 ( )

**3**

4와 14의 공배수와 최소공배수의 관계를 알아보려고 합니다. 빈칸에 알맞은 수를 써넣고, 알맞은 말에 ○표 하세요. (단, 공배수와 최소공배수의 배수는 가장 작은 수부터 3개만 쓰세요.)

| 공배수 | |
|---|---|
| 최소공배수 | |
| 최소공배수의 배수 | |

4와 14의 공배수는 최소공배수의 ( 약수 , 배수 )와 같습니다.

**4**

9와 12의 공배수를 모두 찾아 쓰세요.

9 12 24 36 48 72

( )

**5**

두 수의 공배수 중에서 가장 작은 수를 구하세요.

3 5

( )

**6**

두 수의 최소공배수를 보고 공배수를 구하세요. (단, 가장 작은 수부터 3개만 쓰세요.)

21 28 ➡ 최소공배수: 84

공배수 ( )

**7**

50보다 작은 수 중에서 6의 배수이면서 8의 배수인 수를 모두 구하세요.

( )

**8** 10종 교과서

최소공배수가 12인 두 수의 공배수를 작은 수부터 3개만 쓰세요.

( )

**9**

어떤 두 수의 최소공배수가 24일 때, 두 수의 공배수가 아닌 것에 모두 ○표 하세요.

24 48 60 72 98

**10** 10종 교과서

다음에서 설명하는 수를 구하세요.

- 18과 27의 공배수입니다.
- 50보다 크고 80보다 작습니다.

( )

**11**

어떤 두 수의 최소공배수는 35입니다. 이 두 수의 공배수 중에서 가장 작은 세 자리 수를 구하세요.

( )

**12**

50보다 크고 100보다 작은 수 중에서 4의 배수이면서 7의 배수인 수를 모두 구하세요.

( )

# 6 최소공배수 구하는 방법

> 30과 42를 공약수로 나누고 나눈 공약수들과 남은 수들의 곱을 구하면 30과 42의 최소공배수입니다.

```
2 ) 30  42
3 ) 15  21
     5   7  ← 1 이외의 공약수가 없을 때까지 나눠요.
```

➡ 30과 42의 최소공배수: $2 \times 3 \times 5 \times 7 = 210$

**1**

곱셈식을 보고 20과 28의 최소공배수를 구하세요.

$20 = 2 \times 2 \times 5 \qquad 28 = 2 \times 2 \times 7$

(　　　　　　　　)

**2**

30과 45를 여러 수의 곱으로 나타내고, 두 수의 최소공배수를 구하세요.

$30 = \square \times \square \times \square$

$45 = \square \times \square \times \square$

30과 45의 최소공배수

➡ $\square \times \square \times \square \times \square = \square$

**3**

10과 25를 공약수로 나누어 두 수의 최소공배수를 구하세요.

```
 ) 10  25
```

(　　　　　　　　)

**4**

두 수 가와 나의 공배수를 가장 작은 수부터 3개만 쓰세요.

가: $2 \times 2 \times 3$　　나: $2 \times 2 \times 5$

(　　　　　　　　)

**5**

두 수의 최소공배수를 구하세요.

(1) 10　18

(　　　　　　　　)

(2) 16　40

(　　　　　　　　)

**6**

25의 배수도 되고 30의 배수도 되는 수 중에서 가장 작은 수를 구하세요.

(　　　　　　　　)

## 7

두 수 ㉠과 ㉡의 최소공배수가 120일 때, ㉠, ㉡에 알맞은 수를 각각 구하세요.

```
□ ) ㉠   ㉡
5 ) 15   20
     3    4
```

㉠ (                    )

㉡ (                    )

## 8 ⊕ 10종 교과서

대화를 읽고 두 사람이 공통으로 설명하는 수는 얼마인지 구하세요.

(                    )

## 9

14로 나누어도 나누어떨어지고, 21로 나누어도 나누어떨어지는 가장 작은 세 자리 수를 구하세요.

(                    )

## 10

지후네 집 거실에 두 개의 화분이 있습니다. ㉮ 화분에는 6일마다, ㉯ 화분에는 8일마다 물을 준다고 합니다. 오늘 두 화분에 동시에 물을 주었다면 다음번에 두 화분에 동시에 물을 주는 날은 며칠 뒤인지 구하세요.

(                    )

## 11

혜수는 4일마다, 민지는 6일마다 수영장에 갑니다. 4월 3일에 혜수와 민지가 수영장에서 만났다면 다음번에 두 사람이 수영장에서 다시 만나는 날은 몇 월 며칠일까요?

(                    )

## 12 ⊕ 10종 교과서

정민이는 2일마다, 영준이는 3일마다 일기를 씁니다. 12월 1일에 정민이와 영준이가 일기를 썼다면 12월에 두 사람이 일기를 동시에 쓰는 날은 모두 몇 번일까요?

12월

| 일 | 월 | 화 | 수 | 목 | 금 | 토 |
|---|---|---|---|---|---|---|
|  |  | 1 | 2 | 3 | 4 | 5 |
| 6 | 7 | 8 | 9 | 10 | 11 | 12 |
| 13 | 14 | 15 | 16 | 17 | 18 | 19 |
| 20 | 21 | 22 | 23 | 24 | 25 | 26 |
| 27 | 28 | 29 | 30 | 31 |  |  |

(                    )

2 단원

응용 학습

문제 강의

# 1 조건을 모두 만족하는 수 구하기

정답 13쪽

주어진 조건을 모두 만족하는 수를 구하세요.

조건
- 24의 약수입니다.
- 42의 약수가 아닙니다.
- 약수를 모두 더하면 28입니다.

**1단계** 24의 약수 구하기

( )

**2단계** 42의 약수 구하기

( )

**3단계** 조건을 모두 만족하는 수 구하기

( )

문제해결 tip 24와 42의 약수를 구하고 42의 약수가 아닌 24의 약수 중에서 약수의 합이 28인 수를 찾습니다.

**1·1** 세 사람이 말하는 조건을 모두 만족하는 수를 구하세요.

( )

**1·2** 주어진 조건을 모두 만족하는 수를 구하세요.

- 4의 배수입니다.
- 32의 약수입니다.
- 약수의 수가 5개입니다.

( )

## 2 직사각형으로 정사각형 만들기

정답 14쪽

**가로가 36 cm, 세로가 42 cm인 직사각형 모양의 종이를 크기가 같은 정사각형 모양으로 남는 부분 없이 잘라 여러 장의 종이를 만들려고 합니다. 가장 큰 정사각형 모양으로 자르면 만들 수 있는 종이는 모두 몇 장인지 구하세요.**

**1단계** 가장 큰 정사각형 모양의 한 변의 길이 구하기

(　　　　　　　　)

**2단계** 만들 수 있는 종이는 모두 몇 장인지 구하기

(　　　　　　　　)



**문제해결 tip** 정사각형은 네 변의 길이가 모두 같으므로 한 변의 길이는 36과 42의 공약수입니다.

**2·1** 가로가 32 cm, 세로가 56 cm인 직사각형 모양의 도화지를 크기가 같은 정사각형 모양으로 남는 부분 없이 잘라 여러 장의 도화지를 만들려고 합니다. 가장 큰 정사각형 모양으로 자르면 만들 수 있는 도화지는 모두 몇 장인지 구하세요.

(　　　　　　　　)

**2·2** 그림과 같은 직사각형 모양의 포장지를 겹치지 않게 빈틈없이 늘어놓아 가장 작은 정사각형을 만들려고 합니다. 필요한 포장지는 모두 몇 장인지 구하세요.

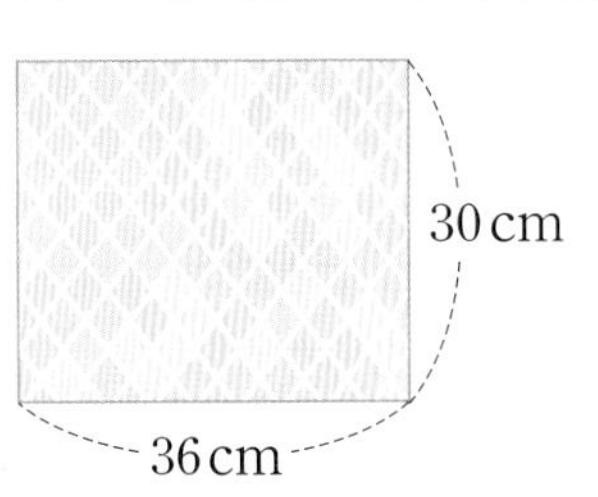


(　　　　　　　　)

응용 학습

문제 강의

## 3 최대공약수와 최소공배수를 알 때 모르는 수 구하기

정답 14쪽

36과 ㉠의 최대공약수는 9이고, 최소공배수는 108입니다. ㉠에 알맞은 수를 구하세요.

$$\begin{array}{r|rr} 9 & 36 & ㉠ \\ \hline & 4 & ㉡ \end{array}$$

**1단계** ㉡에 알맞은 수 구하기

(　　　　　　　　)

**2단계** ㉠에 알맞은 수 구하기

(　　　　　　　　)

**문제해결 tip**

$$\begin{array}{r|rr} ● & 가 & 나 \\ \hline & ▲ & ★ \end{array}$$

가와 나의 최대공약수가 ●일 때, 가=●×▲, 나=●×★이고 최소공배수는 ●×▲×★입니다.

**3·1** 최대공약수가 4이고, 최소공배수가 80인 두 수가 있습니다. 한 수가 20이면 다른 한 수는 얼마인지 구하세요.

(　　　　　　　　)

**3·2** 18과 어떤 수의 최대공약수는 6이고, 최소공배수는 90입니다. 두 수의 차는 얼마인지 구하세요.

(　　　　　　　　)

## 4 공약수를 이용하여 어떤 수 구하기

정답 14쪽

**어떤 수로 74를 나누면 나머지가 2이고, 67을 나누면 나머지가 1입니다. 어떤 수가 될 수 있는 수를 모두 구하세요.**

**1단계** 조건을 다르게 표현하기

74－□와 67－□을 어떤 수로 나누면 나누어떨어집니다.

**2단계** 어떤 수가 될 수 있는 가장 큰 수 구하기

(　　　　　　　　)

**3단계** 어떤 수가 될 수 있는 수 모두 구하기

(　　　　　　　　)

**문제해결 tip** 74÷(어떤 수)=■…2, 67÷(어떤 수)=▲…1이므로 72÷(어떤 수)=■, 66÷(어떤 수)=▲입니다.

**4·1** 어떤 수로 29를 나누면 나머지가 5이고, 64를 나누면 나머지가 4입니다. 어떤 수가 될 수 있는 수를 모두 구하세요.

(　　　　　　　　)

**4·2** 주어진 조건을 모두 만족하는 어떤 수 중 가장 큰 수와 가장 작은 수를 각각 구하세요.

- 33÷(어떤 수)=(몫)…5
- 73÷(어떤 수)=(몫)…3

가장 큰 수 (　　　　　　　　)

가장 작은 수 (　　　　　　　　)

2 단원

## 5 공배수를 이용하여 어떤 수 구하기

정답 15쪽

**12로 나누어도 나머지가 1이고, 30으로 나누어도 나머지가 1인 어떤 수가 있습니다. 어떤 수가 될 수 있는 수 중에서 가장 작은 수를 구하세요.**

**1단계** 조건을 다르게 표현하기

(어떤 수)−□을 12와 30으로 나누면 나누어떨어집니다.

**2단계** 12와 30의 최소공배수 구하기

(　　　　　　　　)

**3단계** 어떤 수가 될 수 있는 수 중에서 가장 작은 수 구하기

(　　　　　　　　)

**문제해결 tip** (어떤 수)−1을 12와 30으로 나누면 나누어떨어지므로 (어떤 수)−1은 12와 30의 공배수입니다.

**5·1** 어떤 수가 될 수 있는 수 중에서 가장 작은 수를 구하세요.

- 어떤 수를 24로 나누면 나머지가 4입니다.
- 어떤 수를 36으로 나누면 나머지가 4입니다.

(　　　　　　　　)

**5·2** 어떤 수를 28로 나누어도 나머지가 3이고, 42로 나누어도 나머지가 3입니다. 어떤 수가 될 수 있는 수 중에서 가장 작은 세 자리 수를 구하세요.

(　　　　　　　　)

## 6 동시에 출발하는 시각 구하기

● 정답 15쪽

어느 고속버스 터미널에 있는 버스 출발 시간표입니다. 두 버스가 오전 8시에 첫 번째로 동시에 출발했을 때, 세 번째로 동시에 출발하는 시각은 오전 몇 시인지 구하세요.

| 출발 횟수 | 1 | 2 | 3 | 4 | … |
|---|---|---|---|---|---|
| ㉮ 버스 | 오전 8시 | 오전 8시 12분 | 오전 8시 24분 | 오전 8시 36분 | … |
| ㉯ 버스 | 오전 8시 | 오전 8시 15분 | 오전 8시 30분 | 오전 8시 45분 | … |

**1단계** 두 버스가 몇 분마다 동시에 출발하는지 구하기

( )

**2단계** 세 번째로 동시에 출발하는 시각은 오전 몇 시인지 구하기

( )

**문제해결 tip** 두 버스가 각각 몇 분마다 출발하는지 찾고 몇 분마다 동시에 출발하는지 구합니다.

**6·1** 어느 도시의 도시 관광 버스 배차 간격입니다. 두 버스가 오전 9시에 첫 번째로 동시에 출발했을 때, 세 번째로 동시에 출발하는 시각은 오전 몇 시 몇 분인지 구하세요.

도시 관광 버스

| 버스 | 배차 간격 |
|---|---|
| ㉮ | 8분 |
| ㉯ | 10분 |

( )

**6·2** 어느 기차역에 있는 기차 출발 시간표입니다. 두 기차가 오전 6시에 첫 번째로 동시에 출발할 때, 오전 10시 이전에 동시에 출발하는 시각은 모두 몇 번인지 구하세요.

| 출발 횟수 | 1 | 2 | 3 | 4 | … |
|---|---|---|---|---|---|
| 대전행 | 오전 6:00 | 오전 6:14 | 오전 6:28 | 오전 6:42 | … |
| 부산행 | 오전 6:00 | 오전 6:35 | 오전 7:10 | 오전 7:45 | … |

( )

2 단원

# 2 약수와 배수

● 정답 15쪽

어떤 수의 약수에는 1과 어떤 수 자신이 항상 포함됩니다. 어떤 수의 배수는 무수히 많고 모든 수의 배수에는 자기 자신이 포함됩니다.

## ① 약수와 배수 구하기

$16\div1=16$  $16\div2=8$  $16\div4=4$  $16\div8=2$  $16\div16=1$

➡ 16의 약수: □, □, □, □, □

$16\times1=16$  $16\times2=32$  $16\times3=48$  $16\times4=64$ ...

➡ 16의 배수: □, □, □, □, ...

곱셈식에서 곱하는 수는 계산 결과의 약수이고, 계산 결과는 곱하는 수의 배수입니다.

## ② 약수와 배수의 관계 알기

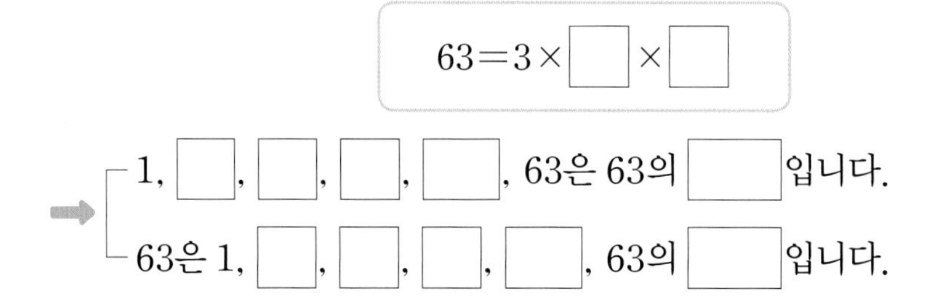


두 수를 1 이외의 공약수가 없을 때까지 나눕니다. 나눈 공약수들의 곱이 최대공약수입니다.

## ③ 최대공약수 구하기

• 곱셈식 이용하기

$12=2\times3\times2$

$42=2\times3\times7$

12와 42의 최대공약수

: □×□=□

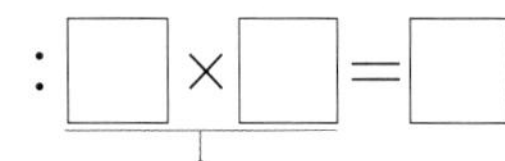


• 공약수 이용하기

2 ) 12　42
3 )　6　21
　　2　7

12와 42의 최대공약수

: □×□=□

두 수를 1 이외의 공약수가 없을 때까지 나눕니다. 나눈 공약수들과 밑에 남은 수들의 곱이 최소공배수입니다.

## ④ 최소공배수 구하기

• 곱셈식 이용하기

$24=2\times3\times2\times2$

$30=2\times3\times5$

24와 30의 최소공배수

: □×□×□×□×□

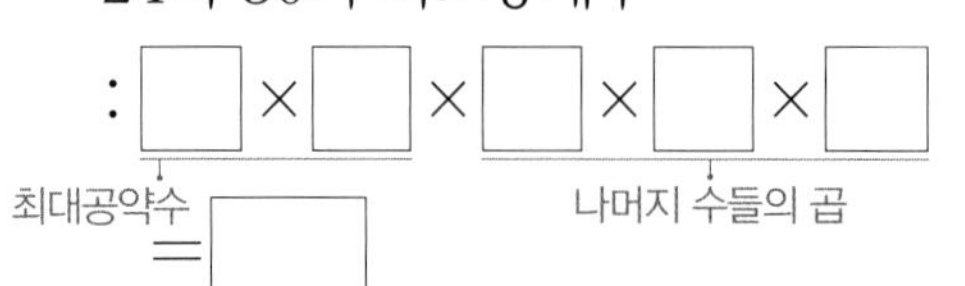


=□

• 공약수 이용하기

2 ) 24　30
3 ) 12　15
　　4　5

24와 30의 최소공배수

: □×□×□×□

=□

# 2. 약수와 배수



## 1

□ 안에 알맞은 수를 써넣고, 21의 약수를 모두 구하세요.

$21 \div \square = 21$　　$21 \div \square = 7$

$21 \div \square = 3$　　$21 \div \square = 1$

(　　　　　　　　　　)

## 2

6의 배수를 가장 작은 수부터 4개만 쓰세요.

(　　　　　　　　　　)

## 3

$4 \times 9 = 36$을 보고 바르게 말한 사람을 찾아 이름을 쓰세요.

9는 4의 배수야.　　4는 36의 약수야.　　36은 9의 약수야.

수민　　태우　　지혜

(　　　　　　　　　　)

## 4

35와 28을 여러 수의 곱으로 나타내어 최대공약수를 구하려고 합니다. □ 안에 알맞은 수를 써넣으세요.

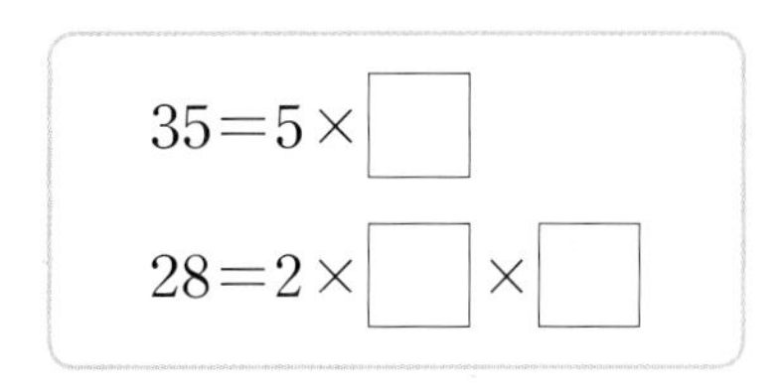

$35 = 5 \times \square$

$28 = 2 \times \square \times \square$

➡ 35와 28의 최대공약수: □



## 5

24와 30을 공약수로 나누어 두 수의 최소공배수를 구하세요.

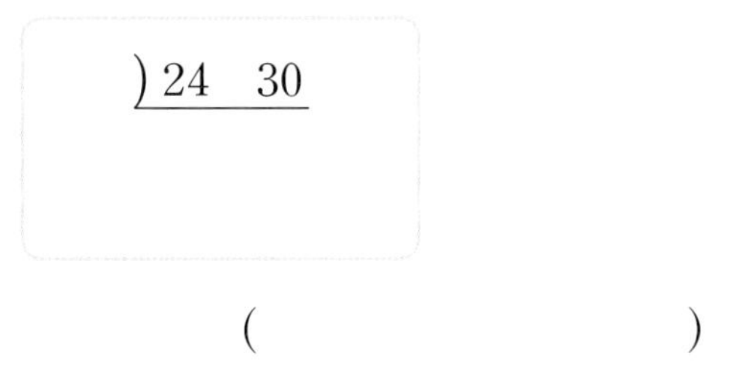

) 24　30

(　　　　　　　　　　)

## 6

약수의 개수가 가장 많은 수에 ○표 하세요.

| 16 | 32 | 81 |
|---|---|---|
| (　　) | (　　) | (　　) |

## 7

3의 배수인 어떤 수가 있습니다. 이 수의 약수를 모두 더하였더니 13이 되었습니다. 어떤 수를 구하세요.

(　　　　　　　　　　)

## 8

50부터 100까지의 수 중에서 12의 배수는 모두 몇 개인지 구하세요.

(　　　　　　　)

## 9 서술형

지하철역에서 놀이동산으로 가는 버스가 오전 10시부터 7분 간격으로 출발합니다. 오전 11시까지 버스는 몇 번 출발하는지 해결 과정을 쓰고, 답을 구하세요.

(　　　　　　　)

## 10

두 수가 약수와 배수의 관계가 되도록 빈칸에 들어갈 수 있는 수에 모두 ○표 하세요.

| 21 | |
|---|---|

( 7　11　63　42　69 )

## 11 서술형

오른쪽 수가 왼쪽 수의 배수일 때, □ 안에 들어갈 수 있는 수는 모두 몇 개인지 해결 과정을 쓰고, 답을 구하세요.

(□, 54)

(　　　　　　　)

## 12

어떤 두 수의 최대공약수가 81일 때, 두 수의 공약수를 모두 구하세요.

(　　　　　　　)

## 13

두 수의 최대공약수가 가장 큰 것부터 차례대로 기호를 쓰세요.

㉠ (27, 63)　㉡ (28, 70)　㉢ (24, 60)

(　　　　　　　)

## 14

어떤 두 수의 공배수를 가장 작은 수부터 차례대로 나열한 것입니다. 이 두 수의 최소공배수를 구하세요.

13, 26, 39, 52, 65, ...

(　　　　　　　)

## 15

6과 9의 공배수 중에서 100에 가장 가까운 수는 얼마인지 구하세요.

(                    )

## 16 서술형

과자 36개와 사탕 28개를 최대한 많은 사람에게 남김없이 똑같이 나누어 주려고 합니다. 한 명이 과자와 사탕을 각각 몇 개씩 받을 수 있는지 해결 과정을 쓰고, 답을 구하세요.

과자 (                    ), 사탕 (                    )

## 17

두 수 가와 나의 최대공약수가 6일 때, 최소공배수를 구하세요. (단, ♠의 약수는 1과 ♠뿐입니다.)

가$=2\times3\times5$
나$=2\times2\times2\times$♠

(                    )

## 18

가로가 28 m, 세로가 35 m인 직사각형 모양의 목장의 가장자리를 따라 일정한 간격으로 나무를 심으려고 합니다. 나무를 가장 적게 심으려고 할 때, 필요한 나무는 모두 몇 그루인지 구하세요. (단, 네 모퉁이에는 반드시 나무를 심습니다.)

(                    )

## 19

재훈이는 1부터 70까지의 수를 차례대로 말하면서 다음 규칙 으로 놀이를 했습니다. 손뼉을 치면서 동시에 제자리 뛰기를 해야 하는 수를 모두 구하세요.

규칙
- 4의 배수에서는 말하는 대신 손뼉을 칩니다.
- 10의 배수에서는 말하는 대신 제자리 뛰기를 합니다.

(                    )

## 20

준서와 지우가 아래와 같은 규칙에 따라 각각 바둑돌 80개를 놓을 때, 같은 자리에 흰 바둑돌을 놓는 경우는 모두 몇 번인지 구하세요.

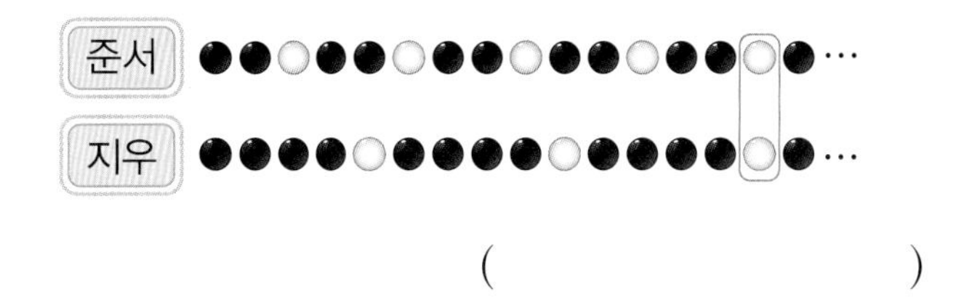


(                    )

# 다른 그림을 찾아보세요.

정답 45쪽

다른 곳이 15군데 있어요.

# 규칙과 대응

▶ 학습을 완료하면 V표를 하면서 학습 진도를 체크해요.

| | 개념학습 | | | | 문제학습 | | |
|---|---|---|---|---|---|---|---|
| 백점 쪽수 | 58 | 59 | 60 | 61 | 62 | 63 | 64 |
| 확인 | | | | | | | |

| | 문제학습 | | | | | 응용학습 | |
|---|---|---|---|---|---|---|---|
| 백점 쪽수 | 65 | 66 | 67 | 68 | 69 | 70 | 71 |
| 확인 | | | | | | | |

| | 응용학습 | | 단원평가 | | | |
|---|---|---|---|---|---|---|
| 백점 쪽수 | 72 | 73 | 74 | 75 | 76 | 77 |
| 확인 | | | | | | |

개념 학습 1

# 대응 관계 알기

정답 17쪽

## 두발자전거의 수와 바퀴의 수 사이의 대응 관계 알아보기

두발자전거 1대
바퀴 2개

두발자전거 2대
바퀴 4개

두발자전거 3대
바퀴 6개

두발자전거 4대
바퀴 8개

두발자전거 5대
바퀴 10개

① 표를 이용하여 대응 관계 찾기

(두발자전거의 수는 +1씩, 바퀴의 수는 +2씩 늘어남. 5 → 10: ×2)

| 두발자전거의 수(대) | 1 | 2 | 3 | 4 | 5 | … |
|---|---|---|---|---|---|---|
| 바퀴의 수(개) | 2 | 4 | 6 | 8 | 10 | … |

② 대응 관계 설명하기

- 두발자전거의 수가 1대씩 늘어날 때, 바퀴의 수는 2개씩 늘어납니다.
- 바퀴의 수는 두발자전거의 수의 2배입니다.
- 두발자전거의 수는 바퀴의 수의 반과 같습니다.

개념 강의 

- 한 양이 변할 때, 다른 양이 그에 따라 일정하게 변하는 관계를 대응 관계라고 합니다.

**1** 메뚜기의 수와 다리의 수 사이의 대응 관계를 표를 이용하여 알아보려고 합니다. 물음에 답하세요.

(1) 빈칸에 알맞은 수를 써넣으세요.

| 메뚜기의 수(마리) | 1 | 2 | 3 | 4 | 5 | … |
|---|---|---|---|---|---|---|
| 다리의 수(개) | 6 | | | | | … |

(2) □ 안에 알맞은 수를 써넣으세요.

메뚜기의 수가 1마리씩 늘어날 때, 다리의 수는 □개씩 늘어납니다.

(3) □ 안에 알맞은 수를 써넣으세요.

다리의 수는 메뚜기의 수의 □배입니다.

**2** 도형의 수와 꼭짓점의 수 사이의 대응 관계를 표를 이용하여 알아보려고 합니다. 물음에 답하세요.

(1) 빈칸에 알맞은 수를 써넣으세요.

| 삼각형의 수(개) | 1 | 2 | 3 | 4 | 5 | … |
|---|---|---|---|---|---|---|
| 꼭짓점의 수(개) | 3 | | | | | … |

(2) □ 안에 알맞은 수를 써넣으세요.

삼각형의 수가 1개씩 늘어날 때, 꼭짓점의 수는 □개씩 늘어납니다.

(3) □ 안에 알맞은 수를 써넣으세요.

꼭짓점의 수는 삼각형의 수의 □배입니다.

# 2 규칙적인 배열에서 대응 관계 찾기

● 정답 17쪽

## 사각형 조각의 수와 삼각형 조각의 수 사이의 대응 관계 알아보기

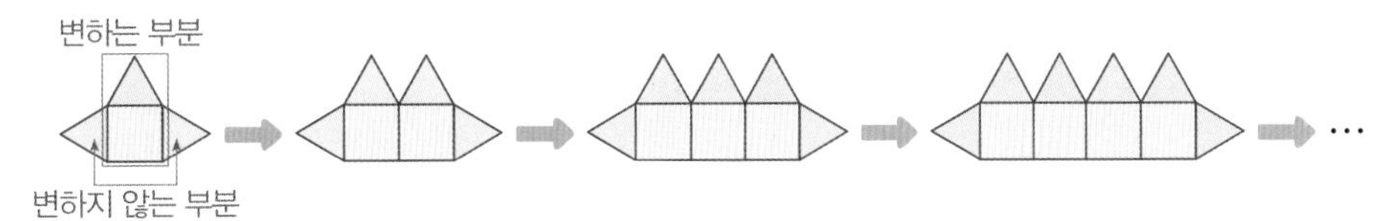


① 변하는 부분과 변하지 않는 부분을 생각하며 표를 이용하여 대응 관계 찾기

| 사각형 조각의 수(개) | 1 | 2 | 3 | 4 | … |
|---|---|---|---|---|---|
| 삼각형 조각의 수(개) | 3 (2+1) | 4 (2+2) | 5 (2+3) | 6 (2+4) | … |

(사각형 조각의 수: +1, +1, +1 / 삼각형 조각의 수: +1, +1, +1 / 4 → 6: +2 / 변하지 않는 조각 수, 변하는 조각 수)

② 대응 관계 설명하기

- 사각형 조각의 수는 1, 2, 3, 4, ...로 1개씩 늘어나고, 삼각형 조각의 수는 3, 4, 5, 6, ...으로 1개씩 늘어납니다.
- 사각형 조각의 왼쪽, 오른쪽에 있는 삼각형 조각의 수는 변하지 않고, 사각형 조각과 사각형 조각 위에 있는 삼각형 조각의 수는 1개씩 늘어납니다.
- 삼각형 조각의 수는 사각형 조각의 수보다 2개 더 많습니다.

• 변하는 부분과 변하지 않는 부분을 알아보면 대응 관계에 있는 두 양이 어떻게 변하는지 찾기 쉽습니다.

**1** 도형으로 만든 규칙적인 배열을 보고 표를 완성하고, □ 안에 알맞은 수를 써넣으세요.

(1)

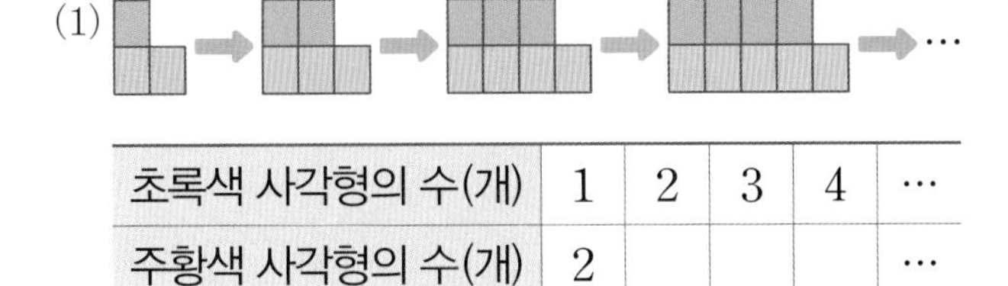

| 초록색 사각형의 수(개) | 1 | 2 | 3 | 4 | … |
|---|---|---|---|---|---|
| 주황색 사각형의 수(개) | 2 | | | | … |

주황색 사각형의 수는 초록색 사각형의 수보다 □개 더 많습니다.

(2)

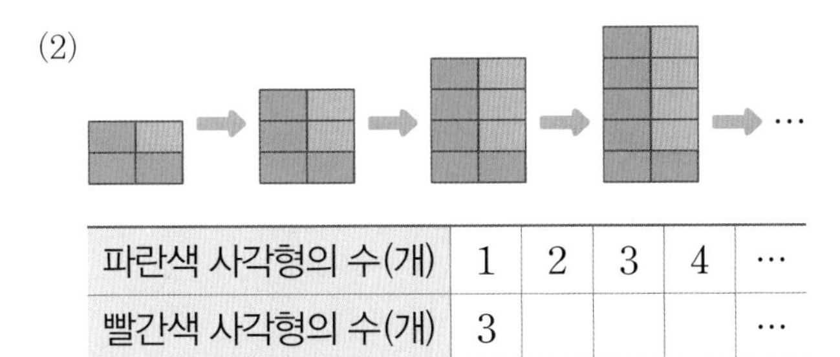

| 파란색 사각형의 수(개) | 1 | 2 | 3 | 4 | … |
|---|---|---|---|---|---|
| 빨간색 사각형의 수(개) | 3 | | | | … |

빨간색 사각형의 수는 파란색 사각형의 수보다 □개 더 많습니다.

**2** 도형으로 만든 규칙적인 배열을 보고 다음에 이어질 알맞은 모양을 그리세요.

(1)

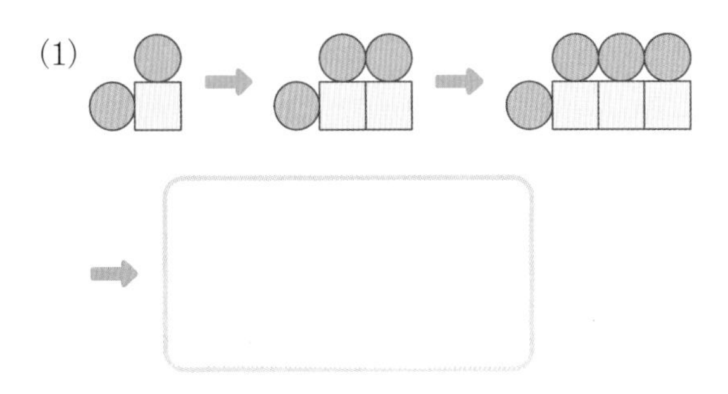

(2)

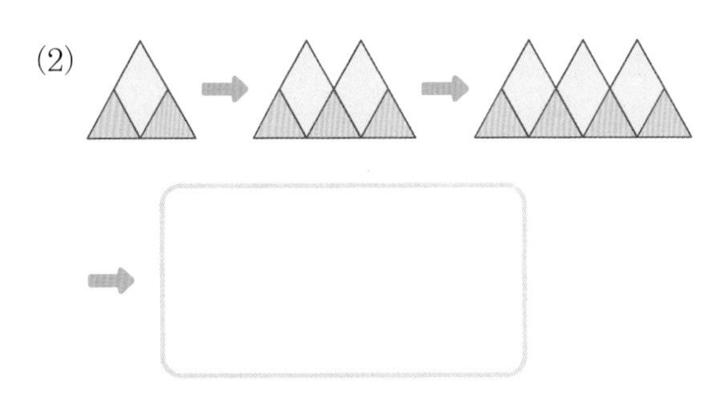

# 3 대응 관계를 찾아 식으로 나타내기

정답 17쪽

### 상자 수와 연필 수 사이의 대응 관계

상자 수(△)와 연필 수(□)

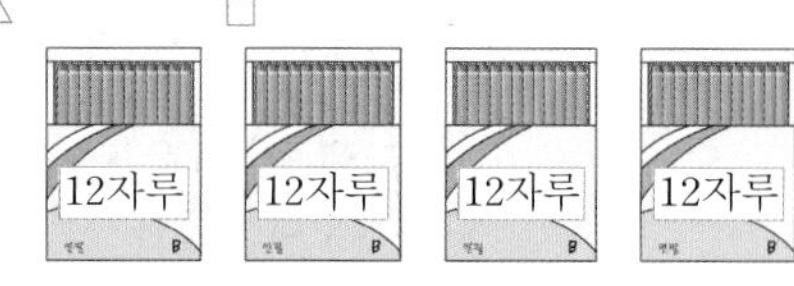


① 표를 이용하여 대응 관계 찾기

| 상자 수(개) | 1 | 2 | 3 | 4 | … |
|---|---|---|---|---|---|
| 연필 수(자루) | 12 | 24 | 36 | 48 | … |

(×12, ÷12)

- 연필 수는 상자 수의 12배입니다.
- 연필 수를 12로 나누면 상자 수와 같습니다.

② 대응 관계를 식으로 나타내기

- (상자 수)×12=(연필 수)
  ➡ △×12=□
- (연필 수)÷12=(상자 수)
  ➡ □÷12=△

### 자른 횟수와 도막 수 사이의 대응 관계

자른 횟수(○)와 도막 수(☆)

① 표를 이용하여 대응 관계 찾기

| 자른 횟수(번) | 1 | 2 | 3 | 4 | … |
|---|---|---|---|---|---|
| 도막 수(도막) | 2 | 3 | 4 | 5 | … |

(+1, −1)

- 도막 수는 자른 횟수보다 1만큼 더 큽니다.
- 자른 횟수는 도막 수보다 1만큼 더 작습니다.

② 대응 관계를 식으로 나타내기

- (자른 횟수)+1=(도막 수)
  ➡ ○+1=☆
- (도막 수)−1=(자른 횟수)
  ➡ ☆−1=○

개념 강의

- 두 양 사이의 대응 관계를 식으로 간단하게 나타낼 때는 각 양을 ○, △, □, ☆ 등과 같은 기호로 표현할 수 있습니다.

**1** 대응 관계를 식으로 나타내려고 합니다. □ 안에 알맞은 수를 써넣으세요.

(1)

| ◇ | 6 | 7 | 8 | 9 | 10 | … |
|---|---|---|---|---|---|---|
| ♡ | 8 | 9 | 10 | 11 | 12 | … |

식 ◇+□=♡

(2)

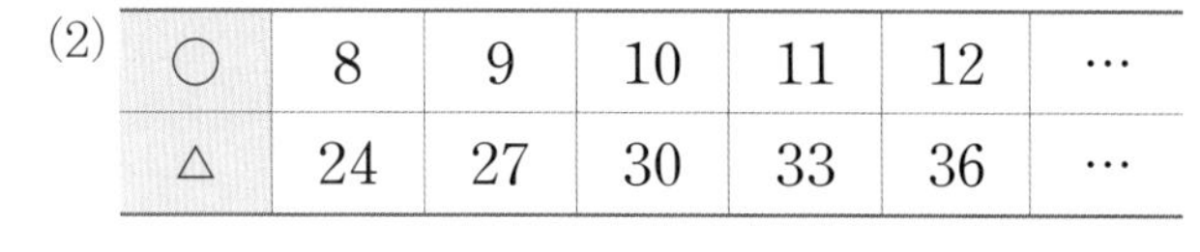

| ○ | 8 | 9 | 10 | 11 | 12 | … |
|---|---|---|---|---|---|---|
| △ | 24 | 27 | 30 | 33 | 36 | … |

식 ○×□=△

(3)

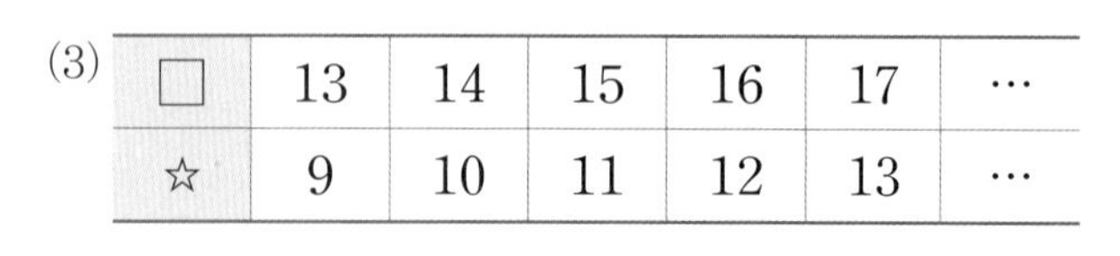

| □ | 13 | 14 | 15 | 16 | 17 | … |
|---|---|---|---|---|---|---|
| ☆ | 9 | 10 | 11 | 12 | 13 | … |

식 □−□=☆

**2** ◎와 ◇ 사이의 대응 관계가 주어진 식이 되도록 표를 완성하세요.

(1)

| ◎ | 1 | 2 | 3 | 4 | 5 | 6 | … |
|---|---|---|---|---|---|---|---|
| ◇ | 5 | 10 | | | | | … |

(2) ◎+3=◇

| ◎ | 5 | 6 | 7 | 8 | 9 | 10 | … |
|---|---|---|---|---|---|---|---|
| ◇ | 8 | 9 | | | | | … |

(3) ◎×2=◇

| ◎ | 13 | 14 | 15 | 16 | 17 | 18 | … |
|---|---|---|---|---|---|---|---|
| ◇ | 26 | 28 | | | | | … |

# 생활 속에서 대응 관계 찾기

● 정답 17쪽

| 대응 관계가 있는 두 양 | | 대응 관계를 식으로 나타내기 | |
|---|---|---|---|
| 팔걸이 | 의자의 수: △<br>팔걸이의 수: □ | (의자의 수)+1=(팔걸이의 수)<br>(팔걸이의 수)−1=(의자의 수) | △+1=□<br>□−1=△ |
| | 달걀판의 수: ☆<br>달걀의 수: ○ | (달걀판의 수)×10=(달걀의 수)<br>(달걀의 수)÷10=(달걀판의 수) | ☆×10=○<br>○÷10=☆ |
| 매운맛 라면<br>가격: 700원 | 팔린 라면의 수: ◇<br>판매 금액: ◎ | (팔린 라면의 수)×700=(판매 금액)<br>(판매 금액)÷700=(팔린 라면의 수) | ◇×700=◎<br>◎÷700=◇ |

개념 강의

• 같은 두 양의 대응 관계를 식으로 나타내더라도 기준이 무엇인지에 따라 나타낸 식이 다릅니다.

**1** 대응 관계를 나타낸 표를 보고 □ 안에 알맞은 수나 말을 써넣으세요.

(1)

| 동생의 나이(살) | 10 | 11 | 12 | 13 |
|---|---|---|---|---|
| 주영이의 나이(살) | 12 | 13 | 14 | 15 |

주영이의 나이는 동생의 나이보다 □살 더 많습니다.

➡ (동생의 나이)+□=(주영이의 나이)

(2)

| 입장객의 수(명) | 1 | 2 | 3 | 4 |
|---|---|---|---|---|
| 입장료(원) | 3000 | 6000 | 9000 | 12000 |

□는 입장객의 수의 3000배입니다.

➡ (입장객의 수)×3000=(□)

(3)

| 도화지의 수(장) | 1 | 2 | 3 | 4 |
|---|---|---|---|---|
| 누름 못의 수(개) | 2 | 3 | 4 | 5 |

누름 못의 수는 도화지의 수보다 □만큼 더 큽니다.

➡ (도화지의 수)+□=(누름 못의 수)

**2** 대응 관계를 나타낸 표를 보고 두 양 사이의 대응 관계를 기호를 사용하여 식으로 나타내세요.

(1)

| 상자의 수(개) | 1 | 2 | 3 | 4 |
|---|---|---|---|---|
| 도넛의 수(개) | 6 | 12 | 18 | 24 |

상자의 수: ◇, 도넛의 수: ◎

식 

(2)

| 은지가 말한 수 | 11 | 12 | 13 | 14 |
|---|---|---|---|---|
| 준서가 답한 수 | 7 | 8 | 9 | 10 |

은지가 말한 수: □, 준서가 답한 수: ☆

식 

(3)

| 봉지의 수(개) | 1 | 2 | 3 | 4 |
|---|---|---|---|---|
| 사탕의 수(개) | 20 | 40 | 60 | 80 |

봉지의 수: △, 사탕의 수: ○

식 

# 1 대응 관계 알기

> 자동차의 수와 바퀴의 수 사이의 대응 관계를 알면 자동차 10대의 바퀴 수를 구할 수 있습니다.

| 자동차의 수(대) | 1 | 2 | 3 | 4 | 5 |
|---|---|---|---|---|---|
| 바퀴의 수(개) | 4 | 8 | 12 | 16 | 20 |

(자동차의 수: +1, +1, +1, +1 / 바퀴의 수: +4, +4, +4, +4 / ×4)

자동차 바퀴의 수는 자동차 수의 4배입니다.

➡ 자동차 10대의 바퀴는 40개입니다.

**[1-3] 세발자전거의 수와 바퀴의 수 사이의 대응 관계를 알아보려고 합니다. 물음에 답하세요.**

**1**

□ 안에 알맞은 수를 써넣으세요.

(1) 세발자전거가 1대일 때, 바퀴는 □개입니다.

(2) 세발자전거가 2대일 때, 바퀴는 □개입니다.

(3) 세발자전거가 3대일 때, 바퀴는 □개입니다.

(4) 세발자전거가 4대일 때, 바퀴는 □개입니다.

**2**

세발자전거의 수와 바퀴의 수 사이의 대응 관계를 표를 이용하여 알아보려고 합니다. 빈칸에 알맞은 수를 써넣으세요.

| 세발자전거의 수(대) | 1 | 2 | 3 | 4 | … |
|---|---|---|---|---|---|
| 바퀴의 수(개) | | | | | … |

**3**

알맞은 수에 ○표 하세요.

(1) 세발자전거의 수가 1대씩 늘어날 때, 바퀴의 수는 ( 1 , 2 , 3 )개씩 늘어납니다.

(2) 바퀴의 수는 세발자전거의 수의 ( 1 , 2 , 3 )배입니다.

**[4-6] 그림의 수와 집게의 수 사이의 대응 관계를 알아보려고 합니다. 물음에 답하세요.**

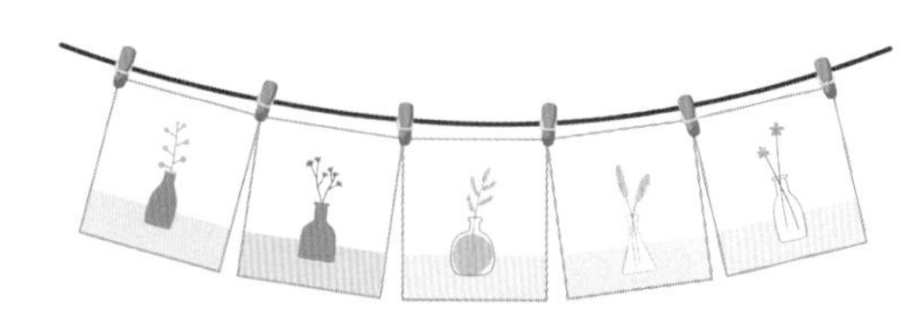

**4**

그림의 수와 집게의 수 사이의 대응 관계를 표를 이용하여 알아보려고 합니다. 빈칸에 알맞은 수를 써넣으세요.

| 그림의 수(장) | 1 | 2 | 3 | 4 | 5 | … |
|---|---|---|---|---|---|---|
| 집게의 수(개) | | | | | | … |

**5**

그림의 수와 집게의 수 사이의 대응 관계를 나타낸 것입니다. □ 안에 알맞은 말을 써넣으세요.

> □의 수는 □의 수보다 1만큼 더 작습니다.

**6**

그림이 20장일 때, 집게는 모두 몇 개가 필요한지 구하세요.

(　　　　　　)

**[7-8] 컵의 수와 빨대의 수 사이의 대응 관계를 알아보려고 합니다. 물음에 답하세요.**

## 7

컵의 수와 빨대의 수 사이의 대응 관계를 표를 이용하여 알아보려고 합니다. 빈칸에 알맞은 수를 써넣으세요.

| 컵의 수(개) | 1 | 2 | 3 | 4 | 5 | … |
|---|---|---|---|---|---|---|
| 빨대의 수(개) | | | | | | … |

## 8

10종 교과서

컵의 수와 빨대의 수 사이의 대응 관계를 나타낸 것입니다. □ 안에 알맞은 수를 써넣으세요.

빨대의 수는 컵의 수의 □배입니다.

**[9-10] 탁자의 수와 의자의 수 사이의 대응 관계를 알아보려고 합니다. 물음에 답하세요.**

## 9

탁자의 수와 의자의 수 사이의 대응 관계를 표를 이용하여 알아보려고 합니다. 빈칸에 알맞은 수를 써넣으세요.

| 탁자의 수(개) | 1 | 2 | 3 | 4 | 5 | … |
|---|---|---|---|---|---|---|
| 의자의 수(개) | | | | | | … |

## 10

10종 교과서

탁자의 수와 의자의 수 사이의 대응 관계를 쓰세요.

(　　　　　　　　　　　　　　　　)

**[11-13] 꽃병의 수와 꽃의 수 사이의 대응 관계를 알아보려고 합니다. 물음에 답하세요.**

## 11

꽃병의 수와 꽃의 수 사이의 대응 관계를 표를 이용하여 알아보려고 합니다. 빈칸에 알맞은 수를 써넣으세요.

| 꽃병의 수(개) | 1 | 2 | 3 | 4 | 5 | … |
|---|---|---|---|---|---|---|
| 꽃의 수(송이) | 6 | | | | | … |

## 12

꽃병의 수와 꽃의 수 사이의 대응 관계를 바르게 나타낸 것에 ○표 하세요.

꽃의 수가 1송이씩 늘어날 때, 꽃병의 수는 6개씩 늘어납니다. (　　　)

꽃병의 수에 6을 곱하면 꽃의 수가 됩니다. (　　　)

꽃의 수는 꽃병의 수보다 6만큼 더 큽니다. (　　　)

## 13

10종 교과서

꽃병 7개에 꽂혀 있는 꽃은 모두 몇 송이인지 구하세요.

(　　　　　　　　)

문제 학습

# 2 규칙적인 배열에서 대응 관계 찾기

> 변하는 부분과 변하지 않는 부분을 찾으면 다음에 이어질 모양을 찾기 쉽습니다.

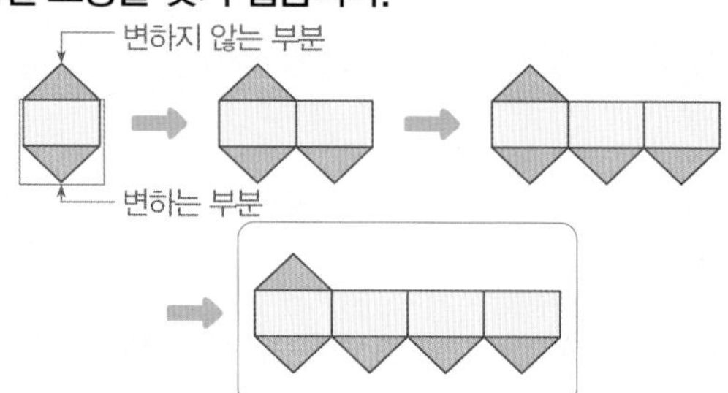


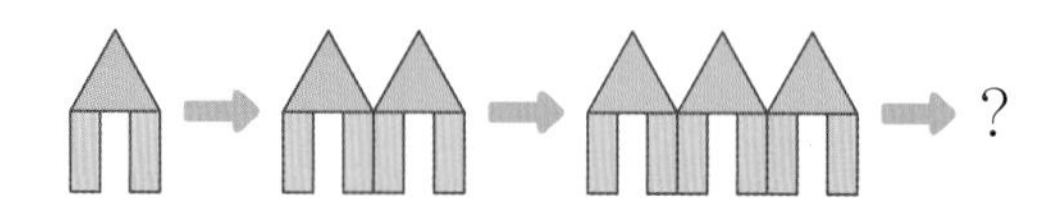

[1-2] 삼각형과 사각형으로 규칙적인 배열을 만들고 있습니다. 물음에 답하세요.

**1**

삼각형의 수와 사각형의 수 사이의 대응 관계를 생각하며 □ 안에 알맞은 수를 써넣으세요.

삼각형이 1개일 때, 사각형은 □개입니다.

삼각형이 2개일 때, 사각형은 □개입니다.

삼각형이 3개일 때, 사각형은 □개입니다.

**2** ⊕ 10종 교과서

다음에 이어질 알맞은 모양을 그리세요.

[3-6] 사각형과 삼각형으로 규칙적인 배열을 만들고 있습니다. 물음에 답하세요.

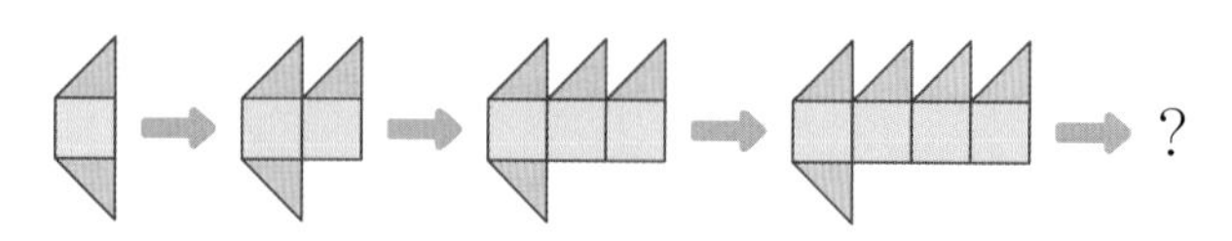

**3**

다음에 이어질 알맞은 모양을 그리세요.

**4**

사각형의 수와 삼각형의 수가 어떻게 변하는지 표를 이용하여 알아보려고 합니다. 빈칸에 알맞은 수를 써넣으세요.

| 사각형의 수(개) | 1 | 2 | 3 | 4 | … |
|---|---|---|---|---|---|
| 삼각형의 수(개) | | | | | … |

**5**

사각형의 수와 삼각형의 수 사이의 대응 관계를 바르게 설명한 것을 찾아 기호를 쓰세요.

㉠ 사각형의 수는 삼각형의 수보다 1개 더 많습니다.
㉡ 삼각형의 수는 사각형의 수보다 1개 더 많습니다.

( )

**6**

□ 안에 알맞은 수를 써넣으세요.

사각형이 9개일 때, 삼각형은 □개 필요합니다.

**[7-10] 사각형과 원으로 규칙적인 배열을 만들고 있습니다. 물음에 답하세요.**

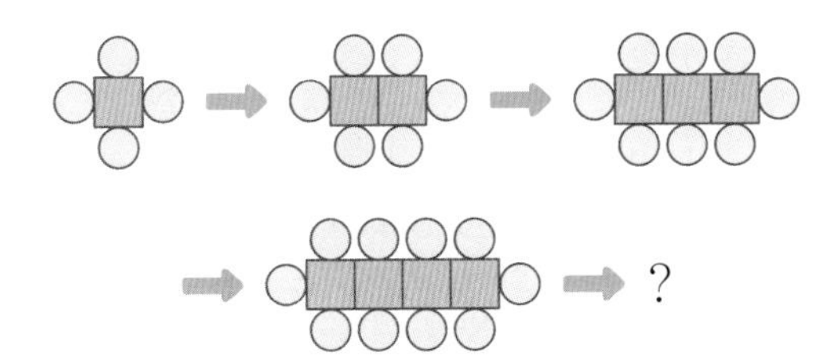

## 7

다음에 이어질 알맞은 모양을 그리세요.

## 8

사각형의 수와 원의 수가 어떻게 변하는지 표를 이용하여 알아보려고 합니다. 빈칸에 알맞은 수를 써넣으세요.

| 사각형의 수(개) | 1 | 2 | 3 | 4 | 5 | … |
|---|---|---|---|---|---|---|
| 원의 수(개) | | | | | | … |

## 9

사각형의 수가 1개씩 늘어날 때, 원의 수는 몇 개씩 늘어나는지 쓰세요.

( )

## 10

10종 교과서

사각형이 7개일 때, 원은 몇 개 필요할까요?

( )

**[11-13] 빨간색 사각형과 초록색 사각형으로 규칙적인 배열을 만들고 있습니다. 물음에 답하세요.**

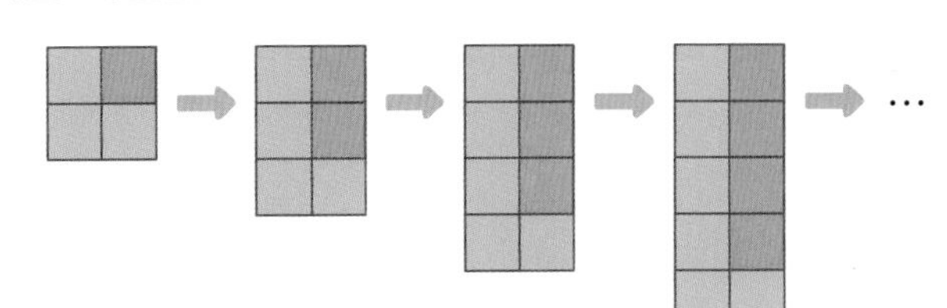



## 11

빨간색 사각형의 수와 초록색 사각형의 수가 어떻게 변하는지 표를 이용하여 알아보려고 합니다. 빈칸에 알맞은 수를 써넣으세요.

| 빨간색 사각형의 수(개) | 1 | 2 | 3 | 4 | … |
|---|---|---|---|---|---|
| 초록색 사각형의 수(개) | | | | | … |

## 12

빨간색 사각형의 수와 초록색 사각형의 수 사이의 대응 관계를 쓰세요.

( )

## 13

초록색 사각형이 10개일 때, 빨간색 사각형은 몇 개 필요할까요?

( )

문제 학습

# 3 대응 관계를 찾아 식으로 나타내기

> 두 양(□, △) 사이의 대응 관계를 찾아 +, −, ×, ÷를 사용하여 식으로 나타낼 수 있습니다.

| □+△=♣<br>합이 일정한 경우 | □−△=♣<br>차가 일정한 경우 |
|---|---|
| □×△=♣<br>곱이 일정한 경우 | □÷△=♣<br>몫이 일정한 경우 |

**1**

○와 ☆ 사이의 대응 관계를 나타낸 표를 보고 두 양 사이의 대응 관계를 식으로 나타내세요.

| ○ | 4 | 5 | 6 | 7 | 8 | 9 | ⋯ |
|---|---|---|---|---|---|---|---|
| ☆ | 12 | 15 | 18 | 21 | 24 | 27 | ⋯ |

식 ____________________

**2**

대응 관계를 바르게 나타낸 식에 ○표 하세요.

(1)

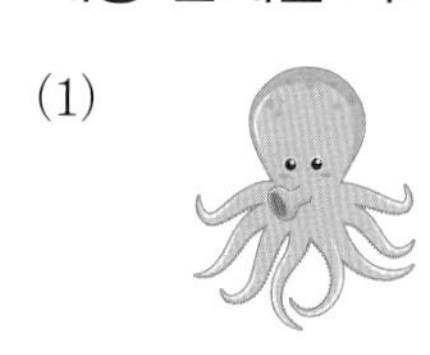

문어의 수: ○
문어 다리의 수: △

○×8=△　　　○÷8=△

(　　)　　　(　　)

(2)

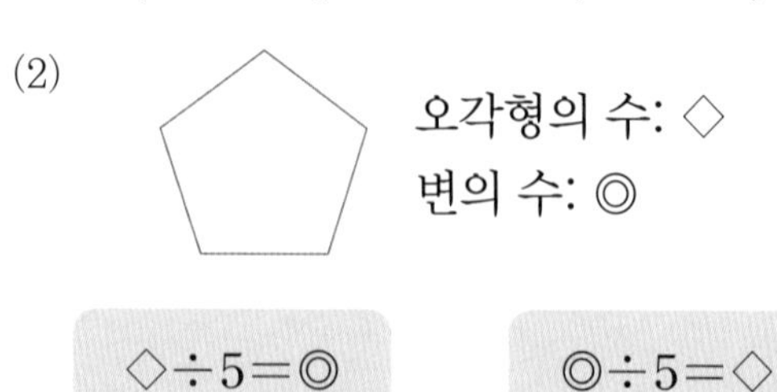

오각형의 수: ◇
변의 수: ◎

◇÷5=◎　　　◎÷5=◇

(　　)　　　(　　)

**3**

△와 ♡ 사이의 대응 관계를 나타낸 식을 보고 빈칸에 알맞은 수를 써넣으세요.

△−6=♡

| △ | 11 | 12 | 13 | 14 | 15 | 16 | ⋯ |
|---|---|---|---|---|---|---|---|
| ♡ | 5 | | | | | | ⋯ |

**4**

○와 □ 사이의 대응 관계를 나타낸 표입니다. ㉠과 ㉡에 알맞은 수의 합을 구하세요.

| ○ | 3 | 4 | 5 | 6 | ㉠ | 8 |
|---|---|---|---|---|---|---|
| □ | 12 | 13 | 14 | ㉡ | 16 | 17 |

(　　　　　　)

**[5-6] 그림을 보고 물음에 답하세요.**

**5**

버스의 수와 바퀴의 수 사이의 대응 관계를 표를 이용하여 알아보려고 합니다. 빈칸에 알맞은 수를 써넣으세요.

| 버스의 수(대) | 1 | 2 | 3 | 4 | ⋯ |
|---|---|---|---|---|---|
| 바퀴의 수(개) | 4 | | | | ⋯ |

**6** ⊕ 10종 교과서

버스의 수를 □, 바퀴의 수를 ○라고 할 때, 두 양 사이의 대응 관계를 식으로 나타내세요.

식 ____________________

**[7-9] 그림과 같이 종이에 누름 못을 꽂아서 게시판에 붙이고 있습니다. 물음에 답하세요.**

## 7

종이의 수와 누름 못의 수 사이의 대응 관계를 표를 이용하여 알아보려고 합니다. 빈칸에 알맞은 수를 써넣으세요.

| 종이의 수(장) | 1 | 2 | 3 | 4 | … |
|---|---|---|---|---|---|
| 누름 못의 수(개) | 2 | | | | … |

## 8

종이의 수와 누름 못의 수 사이의 대응 관계를 쓰세요.

(                                        )

## 9

종이의 수를 □, 누름 못의 수를 ♡라 할 때, 대응 관계를 바르게 나타낸 사람의 이름을 쓰세요.

준서: 종이의 수와 누름 못의 수 사이의 대응 관계는 ♡−1=□로 나타낼 수 있어.

태우: 종이의 수와 누름 못의 수 사이의 대응 관계는 ♡+1=□로 나타낼 수 있어.

(                    )

## 10

그림과 같이 점선을 따라 색 테이프를 자르려고 합니다. 색 테이프를 자른 횟수를 □, 도막의 수를 △라고 할 때, 두 양 사이의 대응 관계를 식으로 나타내세요.

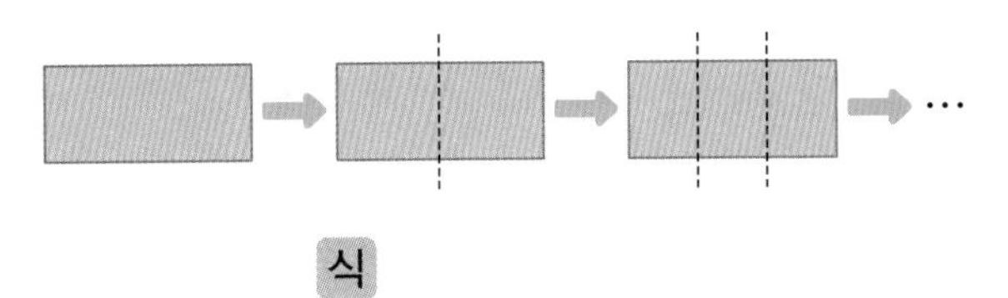

식 

## 11 ⊕ 10종 교과서

한 모둠에 학생이 6명씩 있습니다. 모둠의 수를 ◎, 학생의 수를 ☆이라고 할 때, 모둠의 수와 학생의 수 사이의 대응 관계를 식으로 나타내세요.

식 

## 12

지유는 친구들과 함께 색종이를 이용하여 운동회에서 사용할 응원 도구를 만들었습니다. 응원 도구를 만들기 위해 사용한 색종이의 수(○)와 만든 응원 도구의 수(△) 사이의 대응 관계를 나타낸 표를 보고 대응 관계를 기호를 사용하여 식으로 나타내세요.

| 색종이 수(장) | 14 | 21 | 28 | 35 | 42 | 49 | … |
|---|---|---|---|---|---|---|---|
| 응원 도구의 수(개) | 2 | 3 | 4 | 5 | 6 | 7 | … |

식 

문제 학습

# 4 생활 속에서 대응 관계 찾기

› 연도를 ○, 현수의 나이를 □라고 할 때, 두 양 사이의 대응 관계를 +, −를 사용하여 식으로 나타낼 수 있습니다.

| 연도(년) | 2022 | 2023 | 2024 | 2025 | 2026 |
|---|---|---|---|---|---|
| 현수의 나이(살) | 12 | 13 | 14 | 15 | 16 |

(+2010, −2010)

• (현수의 나이)+2010=(연도)

➡ □+2010=○

• (연도)−2010=(현수의 나이)

➡ ○−2010=□

**[1-2] 그림과 같이 성냥개비로 정사각형을 만들고 있습니다. 물음에 답하세요.**

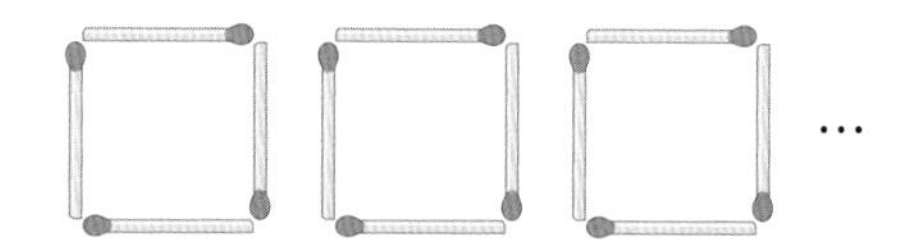

## 1

정사각형의 수와 성냥개비의 수 사이의 대응 관계를 알아보려고 합니다. 표를 완성하고, □ 안에 알맞은 수를 써넣으세요.

| 정사각형의 수(개) | 1 | 2 | 3 | 4 | 5 | … |
|---|---|---|---|---|---|---|
| 성냥개비의 수(개) | 4 | 8 | | | | … |

➡ (정사각형의 수)×□=(성냥개비의 수)

## 2

정사각형을 12개 만드는 데 필요한 성냥개비는 몇 개인지 구하세요.

(　　　　　　　　)

**[3-4] 어느 날 서울과 파리의 시각 사이의 대응 관계를 나타낸 표입니다. 물음에 답하세요.**

| 서울의 시각 | 오전 9시 | 오전 10시 | 오전 11시 | 낮 12시 | 오후 1시 |
|---|---|---|---|---|---|
| 파리의 시각 | 오전 1시 | 오전 2시 | 오전 3시 | 오전 4시 | 오전 5시 |

## 3

서울과 파리의 시각 사이의 대응 관계를 쓰세요.

(　　　　　　　　　　　　　　　　)

## 4

같은 날 서울의 시각이 오후 6시일 때, 파리의 시각은 몇 시일까요?

(　　　　　　　　)

## 5

현지와 민수가 대응 관계 알아맞히기 놀이를 하고 있습니다. 현지가 말한 수와 민수가 답한 수를 나타낸 표를 보고 두 양 사이의 대응 관계를 기호를 사용한 식으로 나타내세요.

| 현지가 말한 수 | 13 | 14 | 15 | 16 | 17 | … |
|---|---|---|---|---|---|---|
| 민수가 답한 수 | 24 | 25 | 26 | 27 | 28 | … |

현지가 말한 수를 ◎, 민수가 답한 수를 □라고 할 때, 두 양 사이의 대응 관계를 식으로 나타내면 [　　　　　　] 입니다.

**[6-8] 만화 영화를 1초 동안 상영하려면 그림이 25장 필요합니다. 물음에 답하세요.**

## 6

만화 영화를 상영하는 시간과 필요한 그림의 수 사이의 대응 관계를 표를 이용하여 알아보려고 합니다. 빈칸에 알맞은 수를 써넣으세요.

| 시간(초) | 1 | 2 | 3 | 4 | 5 | … |
| --- | --- | --- | --- | --- | --- | --- |
| 그림의 수(장) | | | | | | … |

## 7 10종 교과서

만화 영화를 상영하는 시간을 ◇, 필요한 그림의 수를 ♡라고 할 때, ◇와 ♡ 사이의 대응 관계를 식으로 나타내세요.

식 ______

## 8

만화 영화를 20초 동안 상영하려면 그림이 몇 장 필요할까요?

( )

**[9-10] 준서의 나이는 12살이고, 이모의 나이는 29살입니다. 준서의 나이를 △, 이모의 나이를 ☆이라고 할 때, 물음에 답하세요.**

## 9

준서의 나이와 이모의 나이 사이의 대응 관계를 기호를 사용하여 식으로 나타내세요.

식 ______

## 10

준서의 나이가 30살이 되면 이모의 나이는 몇 살이 될까요?

( )

## 11 10종 교과서

대응 관계를 나타낸 식을 보고 식에 알맞은 상황을 쓰세요.

$○ \times 4 = △$

상황 ______

## 12

그림과 같이 한쪽에 의자를 2개씩 놓는 식탁이 있습니다. 식탁 6개를 한 줄로 이어 놓는다면 의자는 몇 개 필요할까요?

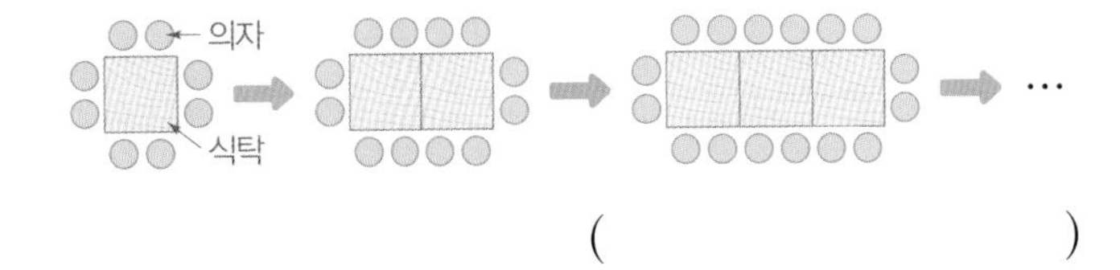


( )

응용 학습

QR 문제 강의

## 1 자른 횟수 구하기

정답 19쪽

**길이가 91 cm인 리본을 한 도막의 길이가 7 cm가 되도록 자르려고 합니다. 모두 몇 번 잘라야 하는지 구하세요. (단, 자른 리본 도막의 길이는 모두 같습니다.)**

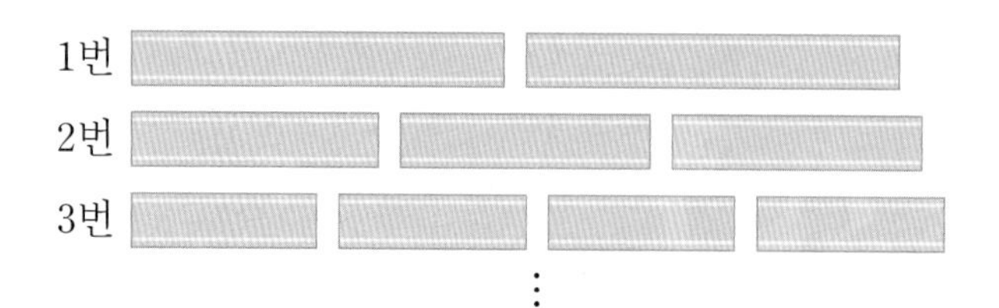


**1단계** 한 도막의 길이가 7 cm일 때, 도막의 수 구하기

(　　　　　　　　)

**2단계** 자른 횟수와 도막의 수 사이의 대응 관계를 표와 식으로 나타내기

| 자른 횟수(번) | 1 | 2 | 3 | 4 | 5 | … |
|---|---|---|---|---|---|---|
| 도막의 수(도막) | 2 | 3 | | | | … |

➡ (자른 횟수)=(도막의 수)−☐

**3단계** 한 도막의 길이가 7 cm일 때, 자른 횟수 구하기

(　　　　　　　　)

**문제해결 tip** 리본을 몇 개의 도막으로 잘라야 한 도막의 길이가 7 cm가 되는지 구한 다음 자른 횟수와 도막의 수 사이의 대응 관계를 이용합니다.

**1·1** 길이가 95 cm인 가래떡이 있습니다. 이 가래떡을 한 도막의 길이가 5 cm가 되도록 자르려고 합니다. 모두 몇 번 잘라야 하는지 구하세요. (단, 자른 가래떡 도막의 길이는 모두 같습니다.)

(　　　　　　　　)

**1·2** 승기와 민서는 각각 길이가 60 cm인 철사를 가지고 있습니다. 승기는 철사를 한 도막의 길이가 4 cm가 되도록 잘랐고, 민서는 한 도막의 길이가 3 cm가 되도록 잘랐습니다. 두 사람이 철사를 자른 횟수의 차는 몇 번인지 구하세요. (단, 자른 철사 도막의 길이는 각각 같습니다.)

(　　　　　　　　)

## 2 바둑돌의 수 구하기

정답 19쪽

**바둑돌로 규칙적인 배열을 만들고 있습니다. 배열 순서(□)와 바둑돌의 수(○) 사이의 대응 관계를 찾아 일곱째에 필요한 바둑돌은 몇 개인지 구하세요.**

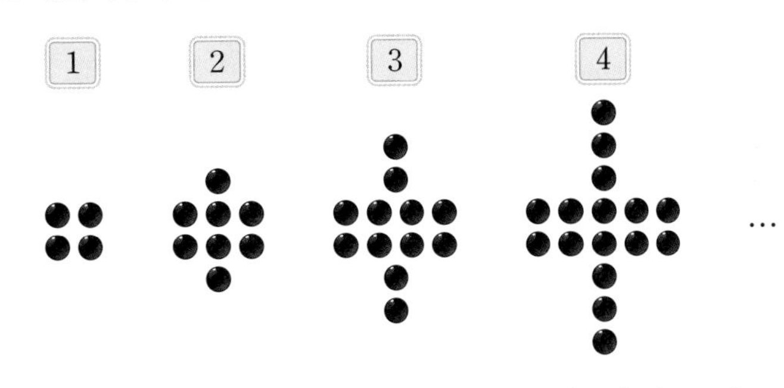

**1단계** 배열 순서(□)와 바둑돌의 수(○) 사이의 대응 관계를 식으로 나타내기

식 ____________________

**2단계** 일곱째에 필요한 바둑돌은 몇 개인지 구하기

( )

**문제해결 tip** 배열 순서와 바둑돌의 수 사이의 대응 관계를 표를 이용하여 알아보고 식으로 나타냅니다.

**2·1** 바둑돌로 규칙적인 배열을 만들고 있습니다. 배열 순서와 바둑돌의 수 사이의 대응 관계를 찾아 열째에 필요한 바둑돌은 몇 개인지 구하세요.

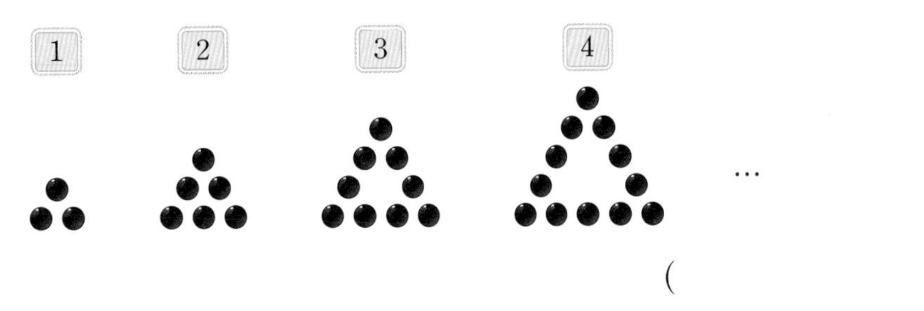

( )

**2·2** 바둑돌로 규칙적인 배열을 만들고 있습니다. 배열 순서와 바둑돌의 수 사이의 대응 관계를 찾아 바둑돌 81개로 만든 모양은 몇째인지 구하세요.

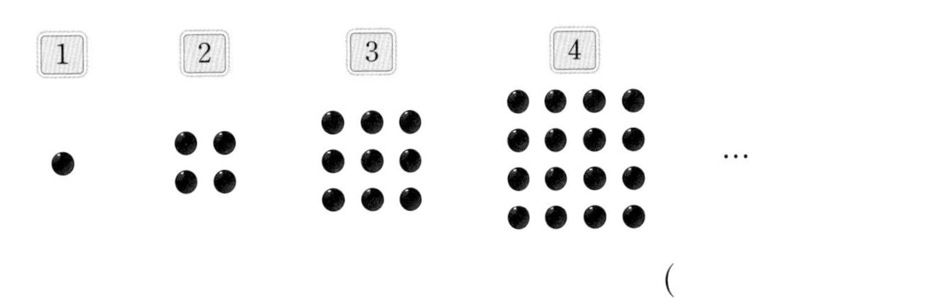

( )

## 3 성냥개비의 수 구하기

정답 20쪽

그림과 같이 성냥개비로 정삼각형을 만들고 있습니다. 정삼각형을 15개 만들 때, 필요한 성냥개비는 몇 개인지 구하세요.

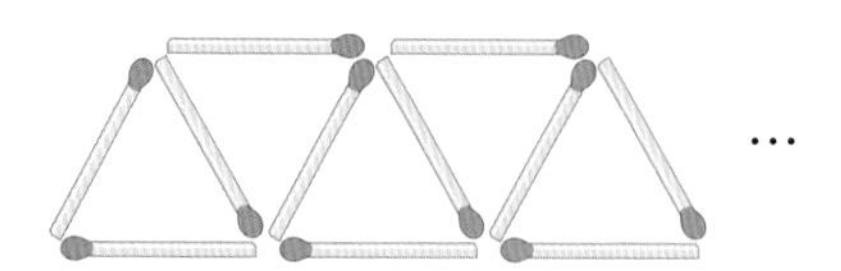

**1단계** 정삼각형의 수와 성냥개비의 수 사이의 대응 관계를 표와 식으로 나타내기

| 정삼각형의 수(개) | 1 | 2 | 3 | 4 | 5 | 6 | … |
|---|---|---|---|---|---|---|---|
| 성냥개비의 수(개) | | | | | | | … |

➡ (정삼각형의 수)×□+1=(성냥개비의 수)

**2단계** 정삼각형을 15개 만들 때, 필요한 성냥개비는 몇 개인지 구하기

(　　　　　　　)

**문제해결 tip** 첫 번째 정삼각형을 만드는 데 필요한 성냥개비의 수와 정삼각형이 1개씩 늘어날 때마다 필요한 성냥개비의 수가 다르다는 것에 주의합니다.

**3·1** 그림과 같이 성냥개비로 정사각형을 만들고 있습니다. 정사각형을 20개 만들 때, 필요한 성냥개비는 몇 개인지 구하세요.

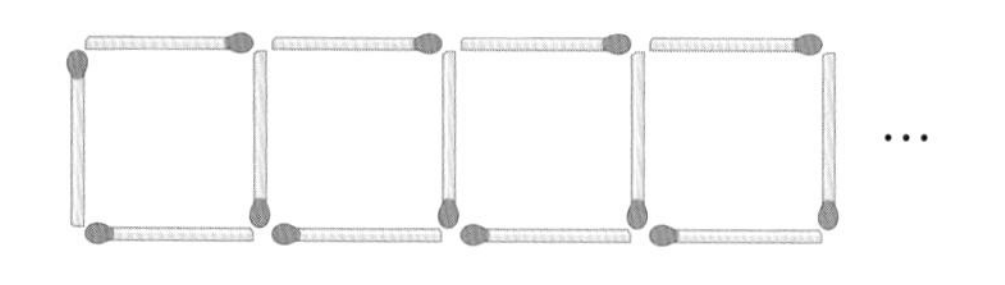

(　　　　　　　)

**3·2** 그림과 같이 수수깡으로 정육각형을 만들고 있습니다. 수수깡 76개로 만들 수 있는 정육각형은 몇 개인지 구하세요.

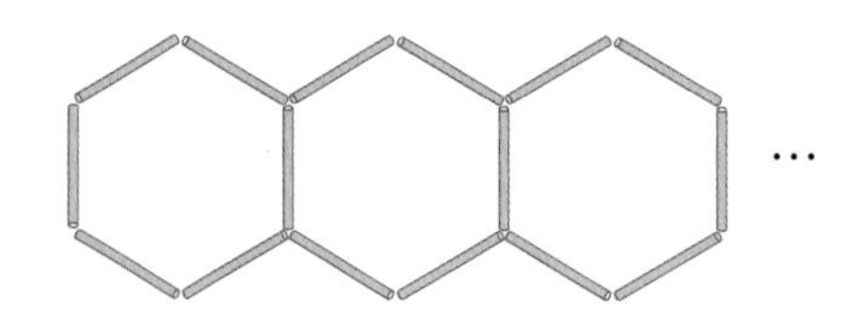

(　　　　　　　)

## 4 자르는 데 걸리는 시간 구하기

정답 20쪽



어느 공사 현장에서 철근 1개를 한 번 자르는 데 3분이 걸리고, 한 번 자를 때마다 10초씩 쉰다고 합니다. 이 철근을 20도막으로 자르는 데 걸리는 시간은 몇 분인지 구하세요.

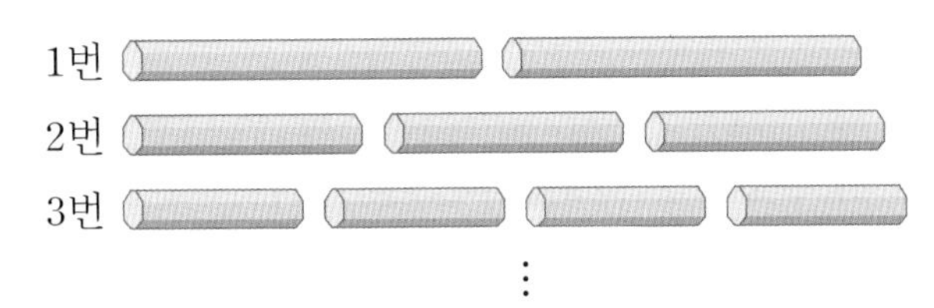


**1단계** 철근 1개를 20도막으로 자르려면 몇 번 잘라야 하는지 구하기

( )

**2단계** 철근 1개를 20도막으로 자르는 동안 쉬는 횟수 구하기

( )

**3단계** 20도막으로 자르는 데 걸리는 시간은 몇 분인지 구하기

( )

**문제해결 tip** 물건을 ●도막으로 자를 때 (자른 횟수)=●−1, (쉬는 횟수)=●−2입니다.

**4·1** 통나무 1개를 톱으로 한 번 자르는 데 4분이 걸리고, 한 번 자를 때마다 2분씩 쉰다고 합니다. 이 통나무를 15도막으로 자르는 데 걸리는 시간은 몇 시간 몇 분인지 구하세요.

( )

**4·2** 그림과 같이 반으로 접은 끈을 한 번 자르는 데 20초가 걸립니다. 쉬지 않고 11도막으로 자르는 데 걸리는 시간은 몇 분 몇 초인지 구하세요.

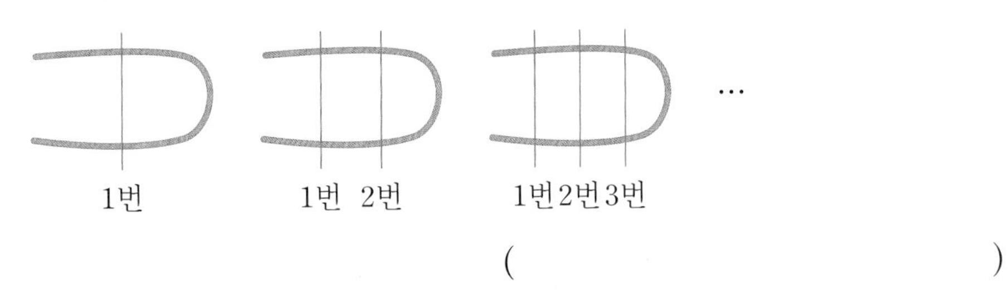


( )

# 3 규칙과 대응

● 정답 20쪽

한 양이 변할 때, 다른 양이 그에 따라 일정하게 변하면 두 양은 대응 관계입니다.

## ① 규칙적인 배열에서 대응 관계 찾기

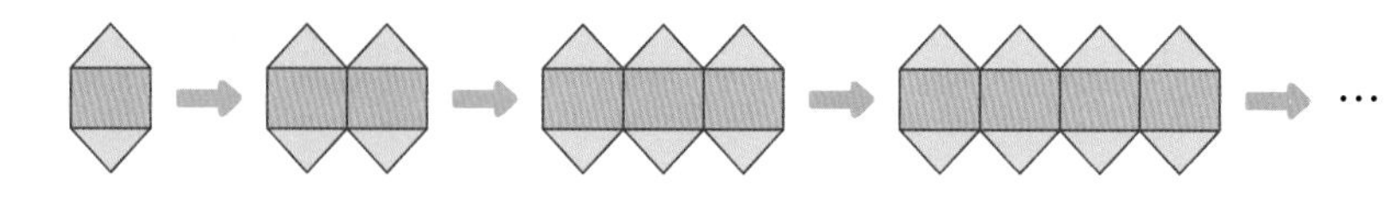

| 사각형의 수(개) | 1 | 2 | 3 | 4 | … |
|---|---|---|---|---|---|
| 삼각형의 수(개) | | | | | … |

• 사각형의 수가 1개씩 늘어날 때, 삼각형의 수는 ☐개씩 늘어납니다.

• 삼각형의 수는 사각형의 수의 ☐배입니다.

규칙적인 배열에서 변하는 부분과 변하지 않는 부분을 생각하면 두 양 사이의 대응 관계를 알기 쉽습니다.

## ② 대응 관계를 이용하여 다음에 이어질 모양 그리기

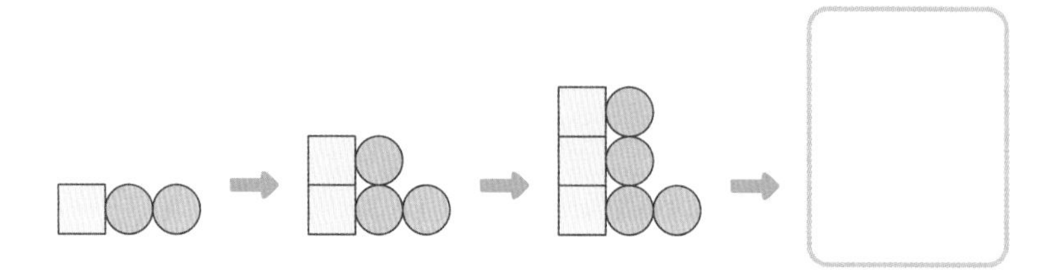

• 원의 수는 사각형의 수보다 ☐개 더 많습니다.

• 사각형이 20개일 때, 원은 ☐개 필요합니다.

• 두 수 사이의 관계가 많고 적음을 나타내면 덧셈과 뺄셈을 이용하여 식으로 나타냅니다.
• 두 수 사이의 관계가 서로 약수와 배수가 되면 곱셈과 나눗셈을 이용하여 식으로 나타냅니다.

## ③ 대응 관계를 식으로 나타내기

| 서로 관계가 있는 두 양 | 대응 관계를 식으로 나타내기 |
|---|---|
| ㉠ 개미의 수, 다리의 수 | (개미의 수)×6=(다리의 수)<br>(☐의 수)÷☐=(☐의 수) |
| ㉡ 줄의 수, 매듭의 수 | (줄의 수)−1=(매듭의 수)<br>(☐)+☐=(☐) |

| 대응 관계 | 기호를 사용한 식으로 나타내기 |
|---|---|
| 형의 나이(♡)는 내 나이(△)보다 5살 더 많습니다. | ☐+5=☐ 또는 ☐−5=☐ |
| 바퀴의 수(☆)는 자동차의 수(◯)의 4배입니다. | ☐×4=☐ 또는 ☐÷4=☐ |

# 3. 규칙과 대응

● 정답 20쪽

**[1-2] 바구니 한 개에 귤이 4개씩 담겨 있습니다. 물음에 답하세요.**

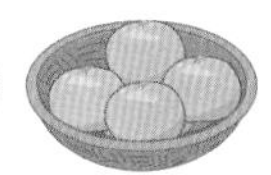

## 1

바구니의 수와 귤의 수 사이의 대응 관계를 나타낸 표입니다. 빈칸에 알맞은 수를 써넣고, 대응 관계를 식으로 나타내세요.

| 바구니의 수(개) | 1 | 2 | 3 | 4 | … |
|---|---|---|---|---|---|
| 귤의 수(개) | | | | | … |

식

## 2

바구니가 16개일 때, 귤은 몇 개일까요?

( )

## 3

그림에서 서로 관계가 있는 두 양을 찾아 쓰고, 대응 관계를 식으로 나타내세요.

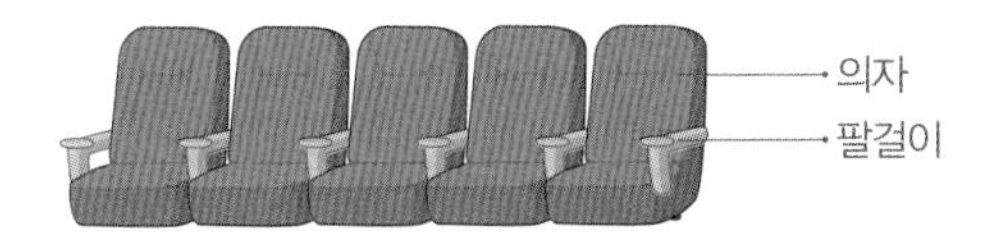


| 대응 관계가 있는 두 양 | 의자의 수 | |
|---|---|---|
| 대응 관계 | | |

## 4

◎와 □ 사이의 대응 관계를 나타낸 표입니다. ◎가 84일 때, □는 얼마인지 구하세요.

| ◎ | 7 | 14 | 21 | 28 | 35 | 42 | … |
|---|---|---|---|---|---|---|---|
| □ | 1 | 2 | 3 | 4 | 5 | 6 | … |

( )

**[5-7] 삼각형으로 규칙적인 배열을 만들고 있습니다. 물음에 답하세요.**

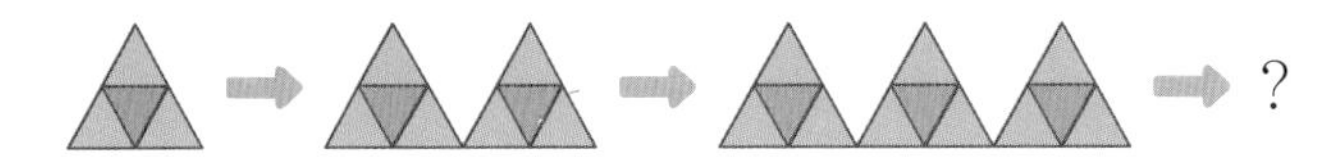

## 5

다음에 이어질 알맞은 모양을 그리세요.

## 6

빨간색 삼각형의 수와 초록색 삼각형의 수 사이의 대응 관계를 표를 이용하여 알아보려고 합니다. 빈칸에 알맞은 수를 써넣으세요.

| 빨간색 삼각형의 수(개) | 1 | 2 | 3 | 4 | … |
|---|---|---|---|---|---|
| 초록색 삼각형의 수(개) | 3 | | | | … |

## 7

빨간색 삼각형이 30개일 때, 초록색 삼각형은 몇 개 필요할까요?

( )

## 8 서술형

대응 관계를 나타낸 식을 보고, 식에 알맞은 상황을 쓰세요.

◎+3=△

상황

## [9-11] 지우와 동생이 매주 저금을 하려고 합니다. 지우는 가지고 있던 1500원을 먼저 저금통에 넣었고, 두 사람은 다음 주부터 1주일에 1000원씩 저금을 하기로 했습니다. 물음에 답하세요.

## 9

지우가 모은 돈과 동생이 모은 돈 사이의 대응 관계를 표를 이용하여 알아보려고 합니다. 빈칸에 알맞은 수를 써넣으세요.

| | 지우가 모은 돈(원) | 동생이 모은 돈(원) |
|---|---|---|
| 저금 시작 | 1500 | 0 |
| 1주일 후 | 2500 | 1000 |
| 2주일 후 | | |
| 3주일 후 | | |
| … | … | … |

## 10

지우가 모은 돈과 동생이 모은 돈 사이의 대응 관계를 식으로 나타내세요.

식

## 11

지우가 모은 돈을 △, 동생이 모은 돈을 ☆이라고 할 때, 두 양 사이의 대응 관계를 식으로 나타내세요.

식

## 12

지혜가 수를 말하면 강우가 답을 하고 있습니다. 지혜가 말한 수를 ☆, 강우가 답한 수를 ◇라고 할 때, 강우가 만든 대응 관계를 식으로 나타내세요.

식

## [13-14] 그림과 같이 면봉을 쌓아 탑을 만들고 있습니다. 물음에 답하세요.

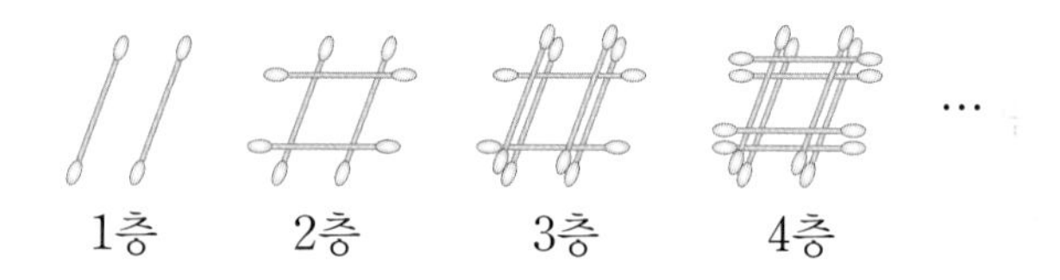


## 13

빈칸에 알맞은 수를 써넣고, 탑의 층수를 △, 면봉의 수를 ○라고 할 때, 탑의 층수와 면봉의 수 사이의 대응 관계를 식으로 나타내세요.

| 탑의 층수(층) | 1 | 2 | 3 | 4 | 5 | … |
|---|---|---|---|---|---|---|
| 면봉의 수(개) | | | | | | … |

식

## 14

면봉 38개를 사용하여 쌓은 탑은 몇 층일까요?

( )

3 단원

## 15 서술형

♡와 △ 사이의 대응 관계를 나타낸 표입니다. ㉠, ㉡에 알맞은 수의 차는 얼마인지 해결 과정을 쓰고, 답을 구하세요.

| ♡ | 28 | 32 | 36 | 40 | ㉠ | 48 |
|---|---|---|---|---|---|---|
| △ | 7 | 8 | ㉡ | 10 | 11 | 12 |

( )

**[16-17] 어느 날 필리핀의 수도 마닐라의 시각과 인도의 항구 도시 뭄바이의 시각 사이의 대응 관계를 나타낸 표입니다. 물음에 답하세요.**

| 마닐라의 시각 | 오전 10:00 | 오후 1:00 | 오후 4:00 | 오후 7:00 |
|---|---|---|---|---|
| 뭄바이의 시각 | 오전 7:30 | 오전 10:30 | 오후 1:30 | 오후 4:30 |

## 16

마닐라의 시각과 뭄바이의 시각 사이의 대응 관계를 바르게 나타낸 것을 찾아 기호를 쓰세요.

㉠ (뭄바이의 시각)−2시간 30분=(마닐라의 시각)
㉡ (마닐라의 시각)+2시간 30분=(뭄바이의 시각)
㉢ (마닐라의 시각)−2시간 30분=(뭄바이의 시각)

( )

## 17

같은 날 마닐라의 시각이 오전 5시일 때, 뭄바이의 시각은 몇 시 몇 분일까요?

( )

## 18

정육각형에 점을 찍어 규칙적인 배열을 만들고 있습니다. 배열 순서와 점의 수 사이의 대응 관계를 찾아 열다섯째에 찍히는 점은 몇 개인지 구하세요.

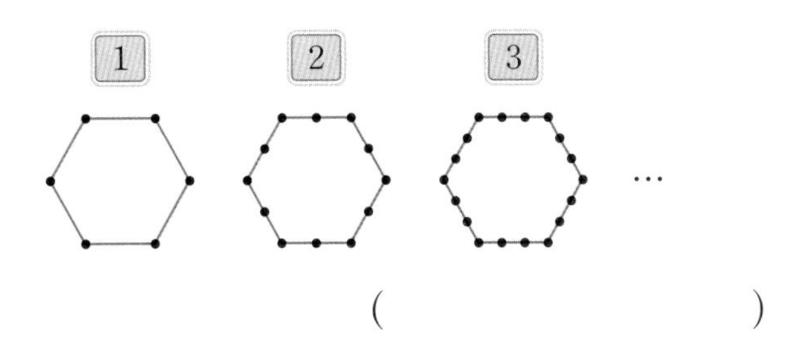


( )

## 19

쿠키를 한 개 만드는 데 밀가루 20 g이 필요합니다. 쿠키 60개를 만드는 데 필요한 밀가루는 몇 g인지 구하세요.

( )

## 20 서술형

준혁이네 집 샤워기에서는 1분에 9 L의 물이 나옵니다. 준혁이가 샤워를 하면서 사용한 물의 양이 126 L일 때, 준혁이가 샤워기를 사용한 시간은 몇 분인지 해결 과정을 쓰고, 답을 구하세요.

( )

# 숨은 그림을 찾아보세요.

정답 45쪽

# 약분과 통분

▶ 학습을 완료하면 V표를 하면서 학습 진도를 체크해요.

| | 개념학습 | | | | | | 문제학습 |
|---|---|---|---|---|---|---|---|
| 백점 쪽수 | 80 | 81 | 82 | 83 | 84 | 85 | 86 |
| 확인 | | | | | | | |

| | 문제학습 | | | | | | |
|---|---|---|---|---|---|---|---|
| 백점 쪽수 | 87 | 88 | 89 | 90 | 91 | 92 | 93 |
| 확인 | | | | | | | |

| | 문제학습 | | | | 응용학습 | | |
|---|---|---|---|---|---|---|---|
| 백점 쪽수 | 94 | 95 | 96 | 97 | 98 | 99 | 100 |
| 확인 | | | | | | | |

| | 응용학습 | | | 단원평가 | | | |
|---|---|---|---|---|---|---|---|
| 백점 쪽수 | 101 | 102 | 103 | 104 | 105 | 106 | 107 |
| 확인 | | | | | | | |

개념 학습 1

# 크기가 같은 분수

● 정답 22쪽

## 크기가 같은 분수 알아보기

분수만큼 색칠한 부분의 크기가 같으면 분수의 크기가 같습니다.

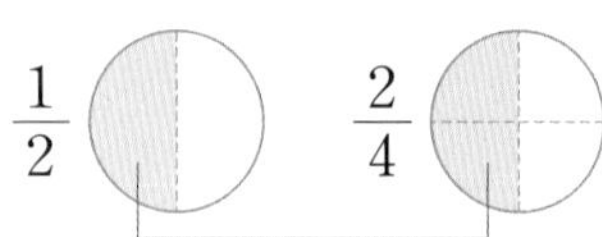


➡ $\frac{1}{2}$, $\frac{2}{4}$는 크기가 같은 분수입니다.

$\frac{1}{4}$ $\frac{2}{8}$ $\frac{3}{12}$

➡ $\frac{1}{4}$, $\frac{2}{8}$, $\frac{3}{12}$은 크기가 같은 분수입니다.

- 분모와 분자의 수가 달라도 색칠한 부분의 크기가 같으면 크기가 같은 분수입니다.
- 크기가 같은 분수는 분수만큼 색칠했을 때 전체에 대한 색칠한 부분의 크기가 같습니다.

**1** 분수만큼 색칠하고, 알맞은 말에 ○표 하세요.

(1)

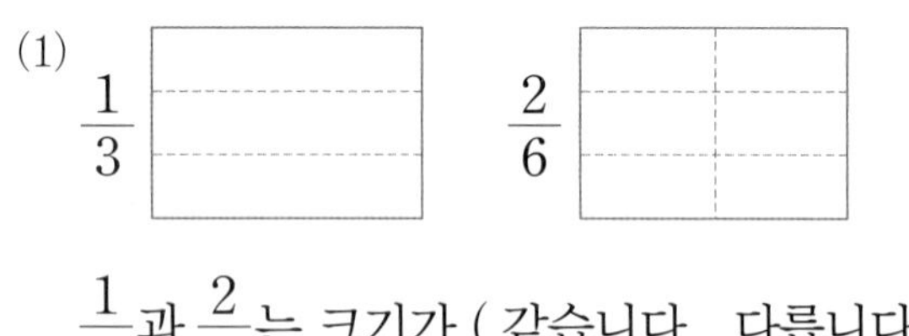


$\frac{1}{3}$과 $\frac{2}{6}$는 크기가 ( 같습니다 , 다릅니다 ).

(2)

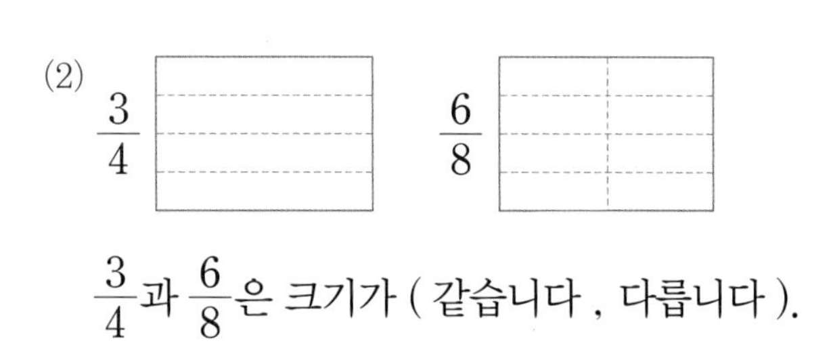


$\frac{3}{4}$과 $\frac{6}{8}$은 크기가 ( 같습니다 , 다릅니다 ).

(3)

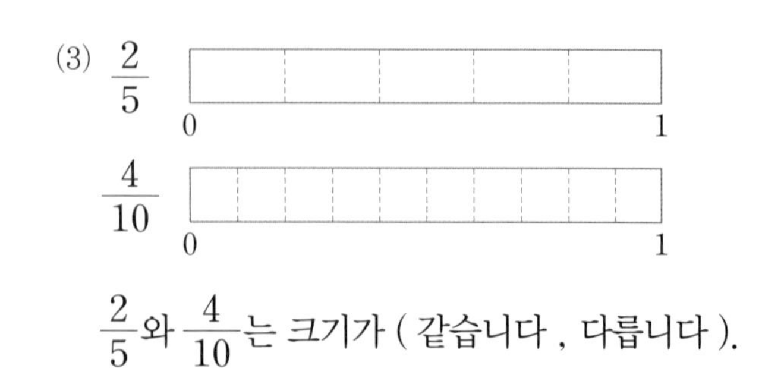


$\frac{2}{5}$와 $\frac{4}{10}$는 크기가 ( 같습니다 , 다릅니다 ).

**2** 그림을 보고 크기가 같은 두 분수를 찾아 ○표 하세요.

(1)

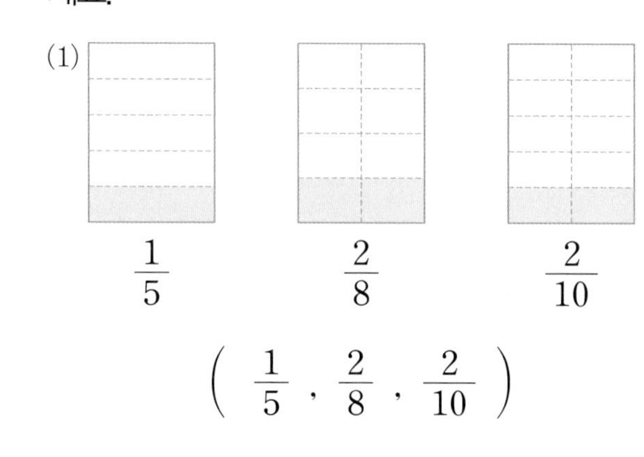

$\frac{1}{5}$ $\frac{2}{8}$ $\frac{2}{10}$

( $\frac{1}{5}$ , $\frac{2}{8}$ , $\frac{2}{10}$ )

(2)

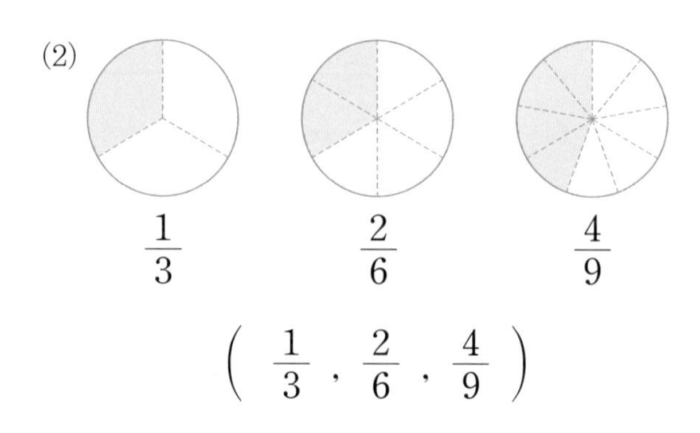


( $\frac{1}{3}$ , $\frac{2}{6}$ , $\frac{4}{9}$ )

# 2 크기가 같은 분수 만들기

● 정답 22쪽

## 곱셈을 이용하여 만들기

분모와 분자에 각각 0이 아닌 같은 수를 곱하면 크기가 같은 분수가 됩니다.

$$\frac{1}{2}=\frac{1\times2}{2\times2}=\frac{1\times3}{2\times3}=\cdots \Rightarrow \frac{1}{2}=\frac{2}{4}=\frac{3}{6}=\cdots$$

곱셈을 이용하면 크기가 같은 분수를 무수히 많이 만들 수 있어요.

## 나눗셈을 이용하여 만들기

분모와 분자를 각각 0이 아닌 같은 수로 나누면 크기가 같은 분수가 됩니다.

$$\frac{4}{12}=\frac{4\div2}{12\div2}=\frac{4\div4}{12\div4} \Rightarrow \frac{4}{12}=\frac{2}{6}=\frac{1}{3}$$

분모를 ★로 나누면 분자도 ★로 나눠요.

개념 강의 

- 어떤 수에 0을 곱하면 0이 되므로 분모와 분자에 각각 0이 아닌 같은 수를 곱합니다.
- 어떤 수를 0으로 나눌 수 없으므로 분모와 분자를 각각 0이 아닌 같은 수로 나눕니다.

**1** 그림을 보고 크기가 같은 분수가 되도록 □ 안에 알맞은 수를 써넣으세요.

(1) 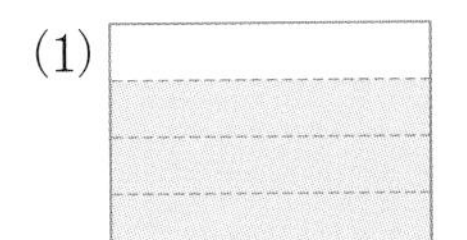 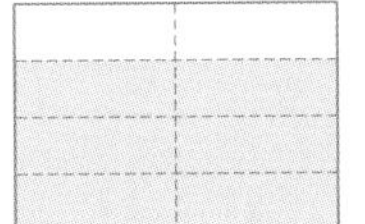 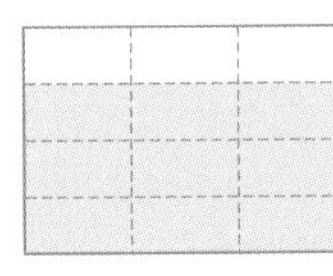

$$\frac{3}{4}=\frac{3\times\square}{4\times2}=\frac{3\times\square}{4\times3}$$

$$\Rightarrow \frac{3}{4}=\frac{\square}{8}=\frac{\square}{12}$$

(2) 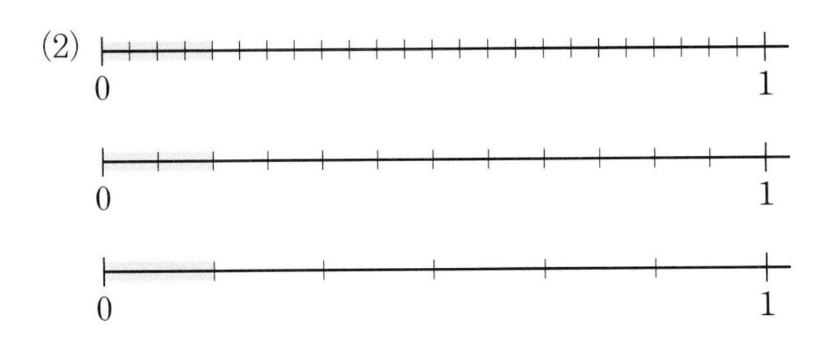


$$\frac{4}{24}=\frac{4\div\square}{24\div2}=\frac{4\div\square}{24\div4}$$

$$\Rightarrow \frac{4}{24}=\frac{\square}{12}=\frac{\square}{6}$$

**2** 크기가 같은 분수를 만들려고 합니다. □ 안에 알맞은 수를 써넣으세요.

(1) $\frac{2}{5}=\frac{2\times\square}{5\times4}=\frac{\square}{20}$

$\frac{2}{5}=\frac{2\times5}{5\times\square}=\frac{10}{\square}$

(2) $\frac{3}{7}=\frac{3\times\square}{7\times6}=\frac{\square}{42}$

$\frac{3}{7}=\frac{3\times8}{7\times\square}=\frac{24}{\square}$

(3) $\frac{24}{40}=\frac{24\div\square}{40\div2}=\frac{\square}{20}$

$\frac{24}{40}=\frac{24\div4}{40\div\square}=\frac{6}{\square}$

(4) $\frac{18}{45}=\frac{18\div\square}{45\div3}=\frac{\square}{15}$

$\frac{18}{45}=\frac{18\div9}{45\div\square}=\frac{2}{\square}$

# 3 약분

정답 22쪽

- 약분한다: 분모와 분자를 공약수로 나누어 간단한 분수로 만드는 것
- $\frac{8}{20}$을 약분하기

① 분모와 분자의 공약수를 구합니다. ➡ 1, 2, 4

② 1을 제외한 공약수로 분모와 분자를 나눕니다. — 1로 나누면 자기 자신이 되므로 1을 제외한 공약수 2, 4로 나눠요.

➡ $\frac{8\div2}{20\div2}=\frac{4}{10}$, $\frac{\overset{4}{\cancel{8}}}{\underset{10}{\cancel{20}}}=\frac{4}{10}$  $\frac{8\div4}{20\div4}=\frac{2}{5}$, $\frac{\overset{2}{\cancel{8}}}{\underset{5}{\cancel{20}}}=\frac{2}{5}$

- 기약분수: 분모와 분자의 공약수가 1뿐인 분수
- $\frac{6}{24}$을 기약분수로 나타내기

분모와 분자의 공약수가 1이 될 때까지 약분합니다.

$\frac{\overset{3}{\cancel{6}}}{\underset{12}{\cancel{24}}}=\frac{\overset{1}{\cancel{3}}}{\underset{4}{\cancel{12}}}=\frac{1}{4}$ — 4와 1의 공약수가 1뿐이므로 기약분수예요.

$\frac{\overset{1}{\cancel{6}}}{\underset{4}{\cancel{24}}}=\frac{1}{4}$ — 분모와 분자를 두 수의 최대공약수로 나누면 바로 기약분수가 돼요.

개념 강의

- 약분하면 분모와 분자는 작아지고 분수의 크기는 변하지 않습니다.

**1** 분수를 약분하려고 합니다. □ 안에 알맞은 수를 써넣으세요.

(1) $\frac{8}{12}$ ➡ $\frac{□}{6}$, $\frac{□}{3}$

(2) $\frac{16}{28}$ ➡ $\frac{8}{□}$, $\frac{4}{□}$

(3) $\frac{15}{60}$ ➡ $\frac{□}{20}$, $\frac{□}{12}$, $\frac{□}{4}$

(4) $\frac{12}{54}$ ➡ $\frac{6}{□}$, $\frac{4}{□}$, $\frac{2}{□}$

**2** 분모와 분자를 두 수의 최대공약수로 나누어 기약분수로 나타내려고 합니다. □ 안에 알맞은 수를 써넣으세요.

(1) $\frac{15}{24}=\frac{15\div□}{24\div□}=\frac{□}{□}$

(2) $\frac{12}{30}=\frac{12\div□}{30\div□}=\frac{□}{□}$

(3) $\frac{40}{48}=\frac{40\div□}{48\div□}=\frac{□}{□}$

(4) $\frac{36}{81}=\frac{36\div□}{81\div□}=\frac{□}{□}$

# 4 통분

정답 22쪽

- 통분한다: 분모가 다른 분수들의 분모를 같게 하는 것
- 공통분모: 통분한 분모
- $\frac{1}{6}$과 $\frac{2}{9}$를 통분하기

**방법 1** 두 분모의 곱을 공통분모로 하여 통분하기

6과 9의 곱 → 54  $\left(\frac{1}{6}, \frac{2}{9}\right) \Rightarrow \left(\frac{1\times9}{6\times9}, \frac{2\times6}{9\times6}\right) \Rightarrow \left(\frac{9}{54}, \frac{12}{54}\right)$

두 분모의 최소공배수를 구하지 않아도 되어 편리해요.

**방법 2** 두 분모의 최소공배수를 공통분모로 하여 통분하기

6과 9의 최소공배수 → 18  $\left(\frac{1}{6}, \frac{2}{9}\right) \Rightarrow \left(\frac{1\times3}{6\times3}, \frac{2\times2}{9\times2}\right) \Rightarrow \left(\frac{3}{18}, \frac{4}{18}\right)$

두 분모의 곱을 공통분모로 하는 것보다 분모와 분자가 작아서 계산이 간단해요.



개념 강의

- 분모가 작을 때는 두 분모의 곱을, 분모가 클 때는 두 분모의 최소공배수를 공통분모로 하여 통분하는 방법이 간단합니다.

**1** 두 분모의 곱을 공통분모로 하여 통분하려고 합니다. □ 안에 알맞은 수를 써넣으세요.

(1) $\frac{1}{6}=\frac{1\times\square}{6\times\square}=\frac{\square}{\square}$

$\frac{3}{8}=\frac{3\times\square}{8\times\square}=\frac{\square}{\square}$

$\left(\frac{1}{6}, \frac{3}{8}\right) \Rightarrow \left(\frac{\square}{\square}, \frac{\square}{\square}\right)$

(2) $\frac{5}{9}=\frac{5\times\square}{9\times\square}=\frac{\square}{\square}$

$\frac{2}{3}=\frac{2\times\square}{3\times\square}=\frac{\square}{\square}$

$\left(\frac{5}{9}, \frac{2}{3}\right) \Rightarrow \left(\frac{\square}{\square}, \frac{\square}{\square}\right)$

**2** 두 분모의 최소공배수를 공통분모로 하여 통분하려고 합니다. □ 안에 알맞은 수를 써넣으세요.

(1) $\frac{7}{10}=\frac{7\times\square}{10\times\square}=\frac{\square}{\square}$

$\frac{1}{4}=\frac{1\times\square}{4\times\square}=\frac{\square}{\square}$

$\left(\frac{7}{10}, \frac{1}{4}\right) \Rightarrow \left(\frac{\square}{\square}, \frac{\square}{\square}\right)$

(2) $\frac{5}{6}=\frac{5\times\square}{6\times\square}=\frac{\square}{\square}$

$\frac{8}{15}=\frac{8\times\square}{15\times\square}=\frac{\square}{\square}$

$\left(\frac{5}{6}, \frac{8}{15}\right) \Rightarrow \left(\frac{\square}{\square}, \frac{\square}{\square}\right)$

개념 학습

# 5 분수의 크기 비교

정답 22쪽

## 두 분수의 크기 비교하기

• 분모가 다른 두 분수는 통분하여 분모를 같게 한 다음 분자의 크기를 비교합니다.

• $\frac{2}{5}$, $\frac{3}{7}$의 크기 비교하기

$$\left(\frac{2}{5}, \frac{3}{7}\right) \xrightarrow{\text{통분}} \left(\frac{14}{35}, \frac{15}{35}\right) \xrightarrow[14<15]{\text{분자의 크기 비교}} \frac{2}{5} < \frac{3}{7}$$

## 세 분수의 크기 비교하기

• 분모가 다른 세 분수는 두 분수끼리 통분하여 차례로 크기를 비교합니다.

• $\frac{3}{4}$, $\frac{1}{2}$, $\frac{4}{5}$의 크기 비교하기

$$\left(\frac{3}{4}, \frac{1}{2}\right) \xrightarrow{\text{통분}} \left(\frac{3}{4}, \frac{2}{4}\right) \xrightarrow[3>2]{\text{분자의 크기 비교}} \frac{3}{4} > \frac{1}{2}$$

$$\left(\frac{1}{2}, \frac{4}{5}\right) \xrightarrow{\text{통분}} \left(\frac{5}{10}, \frac{8}{10}\right) \xrightarrow[5<8]{\text{분자의 크기 비교}} \frac{1}{2} < \frac{4}{5}$$

$$\left(\frac{3}{4}, \frac{4}{5}\right) \xrightarrow{\text{통분}} \left(\frac{15}{20}, \frac{16}{20}\right) \xrightarrow[15<16]{\text{분자의 크기 비교}} \frac{3}{4} < \frac{4}{5}$$

$$\Rightarrow \frac{1}{2} < \frac{3}{4} < \frac{4}{5}$$

개념 강의

• 세 분수를 한꺼번에 통분하여 크기 비교하기: $\left(\frac{3}{4}, \frac{1}{2}, \frac{4}{5}\right) \Rightarrow \left(\frac{15}{20}, \frac{10}{20}, \frac{16}{20}\right) \Rightarrow \frac{1}{2} < \frac{3}{4} < \frac{4}{5}$

**1** $\frac{3}{5}$, $\frac{5}{8}$의 크기를 비교하려고 합니다. □ 안에 알맞은 수를 써넣고, ○ 안에 $>$, $=$, $<$를 알맞게 써넣으세요.

$$\frac{3}{5} = \frac{3\times\square}{5\times 8} = \frac{\square}{40}$$

$$\frac{5}{8} = \frac{5\times\square}{8\times 5} = \frac{\square}{40}$$

$$\Rightarrow \frac{3}{5} \bigcirc \frac{5}{8}$$

**2** $\frac{1}{4}$, $\frac{3}{14}$의 크기를 비교하려고 합니다. □ 안에 알맞은 수를 써넣고, ○ 안에 $>$, $=$, $<$를 알맞게 써넣으세요.

$$\frac{1}{4} = \frac{1\times\square}{4\times 7} = \frac{\square}{28}$$

$$\frac{3}{14} = \frac{3\times\square}{14\times 2} = \frac{\square}{28}$$

$$\Rightarrow \frac{1}{4} \bigcirc \frac{3}{14}$$

**3** $\frac{1}{2}$, $\frac{3}{8}$, $\frac{5}{12}$의 크기를 비교하려고 합니다. 물음에 답하세요.

(1) □ 안에 알맞은 수를 써넣고, ○ 안에 $>$, $=$, $<$를 알맞게 써넣으세요.

$$\left(\frac{1}{2}, \frac{3}{8}\right) \rightarrow \left(\frac{\square}{8}, \frac{\square}{8}\right)$$

$$\left(\frac{3}{8}, \frac{5}{12}\right) \rightarrow \left(\frac{\square}{24}, \frac{\square}{24}\right)$$

$$\left(\frac{1}{2}, \frac{5}{12}\right) \rightarrow \left(\frac{\square}{12}, \frac{\square}{12}\right)$$

$$\Rightarrow \frac{1}{2} \bigcirc \frac{3}{8}, \frac{3}{8} \bigcirc \frac{5}{12}, \frac{1}{2} \bigcirc \frac{5}{12}$$

(2) □ 안에 가장 작은 분수부터 차례대로 써넣으세요.

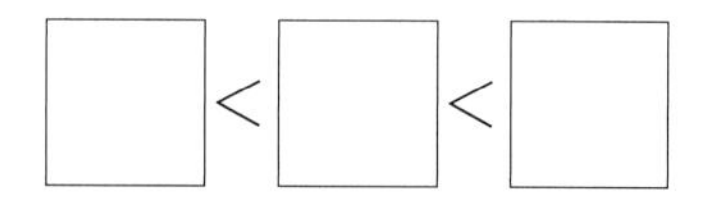

$\square < \square < \square$

# 6 분수와 소수의 크기 비교

정답 22쪽

### $\frac{2}{5}$와 0.3의 크기 비교하기

**방법 1** 분수를 소수로 나타내어 비교하기

분수를 소수로 나타낼 때는 분모를 10, 100, 1000, ...으로 고친 다음 소수로 나타냅니다.

$$\left(\frac{2}{5}, 0.3\right) \xrightarrow[\text{분수로 고치기}]{\text{분모가 10인}} \left(\frac{4}{10}, 0.3\right) \xrightarrow[\text{나타내기}]{\text{분수를 소수로}} (0.4, 0.3) \xrightarrow[0.4>0.3]{\text{소수의 크기 비교}} \frac{2}{5}>0.3$$

**방법 2** 소수를 분수로 나타내어 비교하기

소수를 분수로 나타낼 때는 분모가 10, 100, 1000, ...인 분수로 나타냅니다.

$$\left(\frac{2}{5}, 0.3\right) \xrightarrow[\text{나타내기}]{\text{소수를 분수로}} \left(\frac{2}{5}, \frac{3}{10}\right) \xrightarrow{\text{통분}} \left(\frac{4}{10}, \frac{3}{10}\right) \xrightarrow[4>3]{\text{분자의 크기 비교}} \frac{2}{5}>0.3$$

개념 강의 

- 분모가 2, 5이면 분모가 10인 분수로, 분모가 4, 20, 25, 50이면 분모가 100인 분수로, 분모가 8, 40, 125, 200, 500이면 분모가 1000인 분수로 나타낼 수 있습니다.

4 단원

**1** 분수를 소수로 나타내어 크기를 비교하려고 합니다. □ 안에 알맞은 수를 써넣고, ○ 안에 >, =, <를 알맞게 써넣으세요.

(1) $\frac{6}{20}=\frac{□}{10}=□$ $\quad \frac{6}{20}$ ○ 0.4

(2) 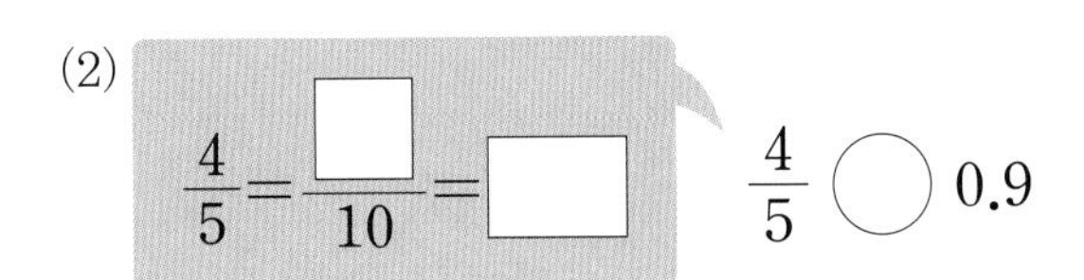

$\frac{4}{5}=\frac{□}{10}=□$ $\quad \frac{4}{5}$ ○ 0.9

(3) 0.41 ○ $\frac{7}{20}$

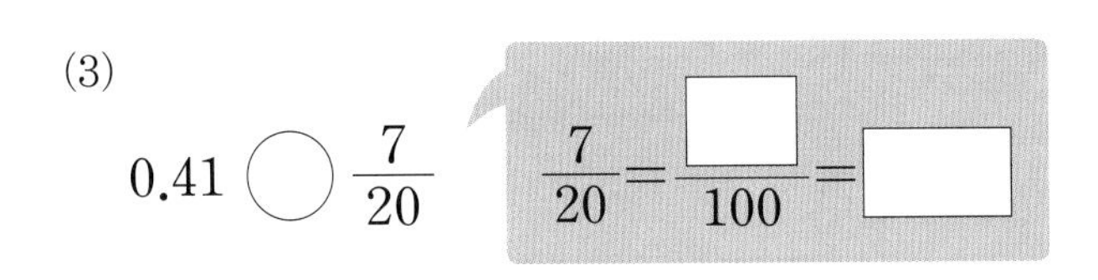

$\frac{7}{20}=\frac{□}{100}=□$

(4) 0.18 ○ $\frac{11}{50}$

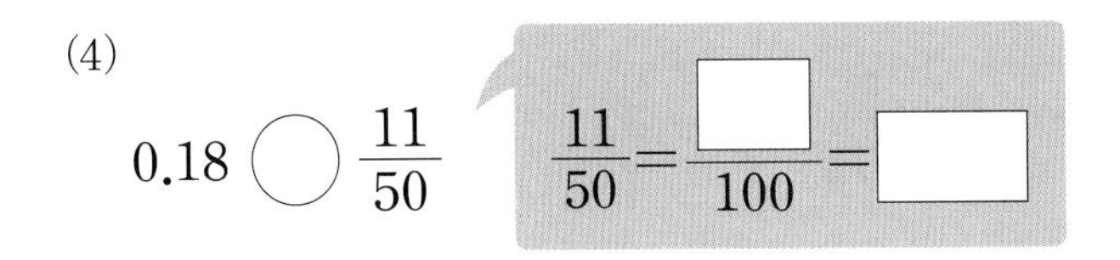

$\frac{11}{50}=\frac{□}{100}=□$

**2** 소수를 분수로 나타내어 크기를 비교하려고 합니다. □ 안에 알맞은 수를 써넣고, ○ 안에 >, =, <를 알맞게 써넣으세요.

(1) $0.2=\frac{□}{10}=\frac{□}{20}$ $\quad 0.2$ ○ $\frac{3}{20}$

(2) $\frac{12}{25}$ ○ 0.52 $\quad 0.52=\frac{□}{100}=\frac{□}{25}$

(3) $\frac{3}{5}=\frac{□}{10}$ $\quad \frac{3}{5}$ ○ 0.7 $\quad 0.7=\frac{□}{10}$

(4) $\frac{1}{2}=\frac{□}{10}$ $\quad \frac{1}{2}$ ○ 0.3 $\quad 0.3=\frac{□}{10}$

문제 학습

# 1 크기가 같은 분수

> 크기가 같은 분수는 분수만큼 색칠했을 때 색칠한 부분의 크기가 같습니다.

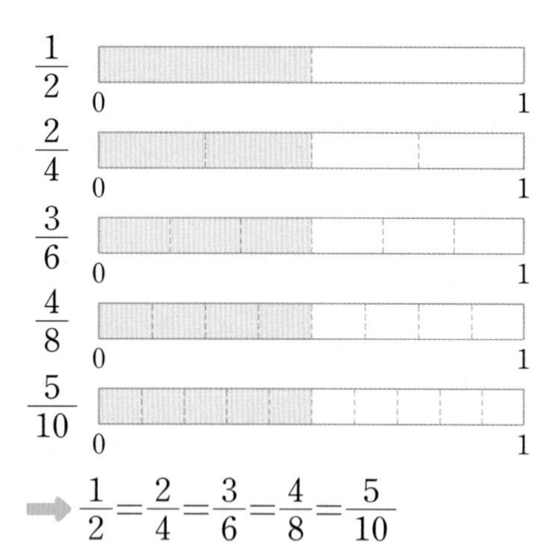

$\frac{1}{2}=\frac{2}{4}=\frac{3}{6}=\frac{4}{8}=\frac{5}{10}$

**1**

그림을 보고 □ 안에 알맞은 분수를 써넣으세요.

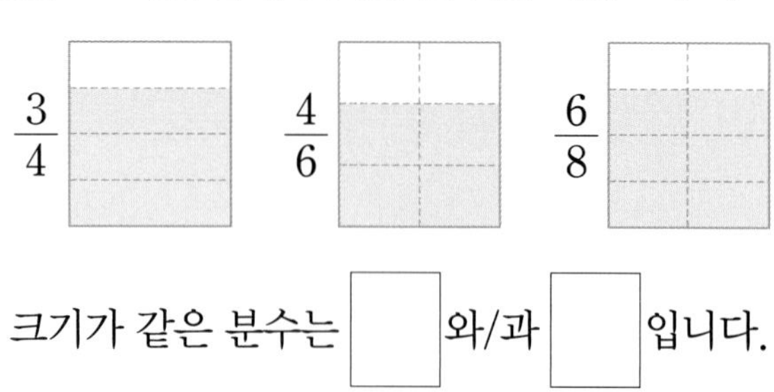

크기가 같은 분수는 □ 와/과 □ 입니다.

**2**

분수만큼 왼쪽에서부터 색칠하고, 알맞은 말에 ○표 하세요.

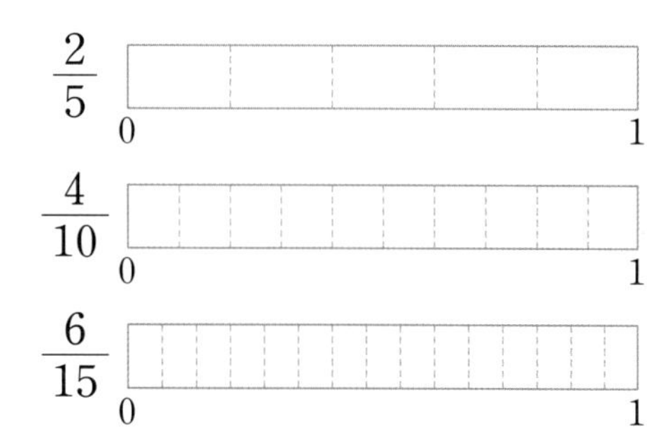

$\frac{2}{5}$, $\frac{4}{10}$, $\frac{6}{15}$은 크기가 ( 같은 , 다른 ) 분수입니다.

**3**

분수만큼 수직선에 ▬▬ 로 나타내고, □ 안에 알맞은 분수를 써넣으세요.

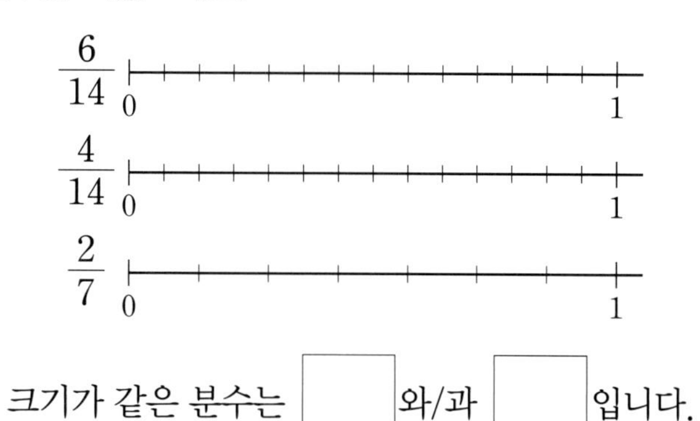

크기가 같은 분수는 □ 와/과 □ 입니다.

**4** ⊕ 10종 교과서

분수만큼 색칠하고, 크기가 같은 두 분수를 찾아 ○표 하세요.

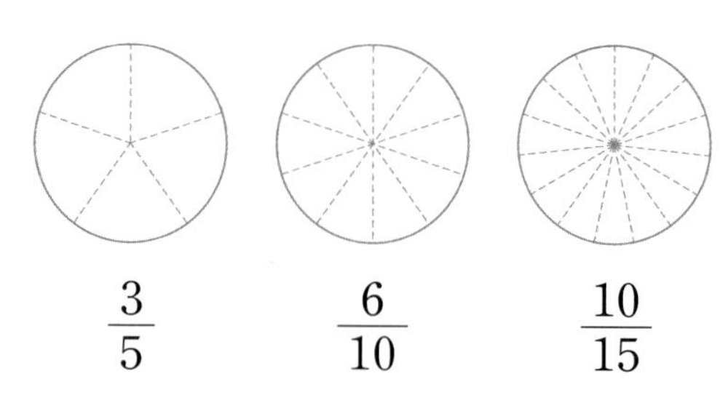

**5**

수직선에서 색칠한 부분과 크기가 같게 나머지 수직선에 나타내고, 크기가 같은 분수를 모두 찾아 ○표 하세요.

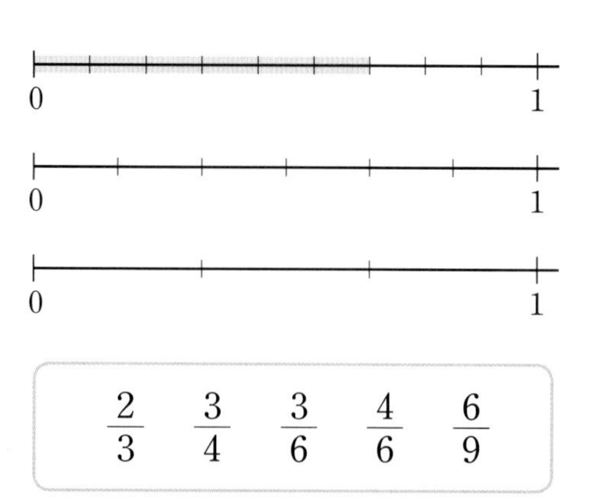

$\frac{2}{3}$ $\frac{3}{4}$ $\frac{3}{6}$ $\frac{4}{6}$ $\frac{6}{9}$

**6**

두 분수는 크기가 같은 분수입니다. 오른쪽 그림에 크기가 같게 색칠하고, □ 안에 알맞은 수를 써넣으세요.

$\frac{4}{5}$ 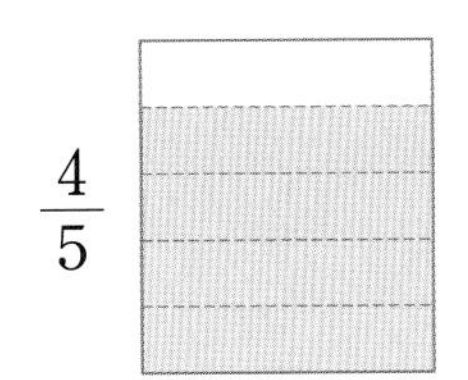 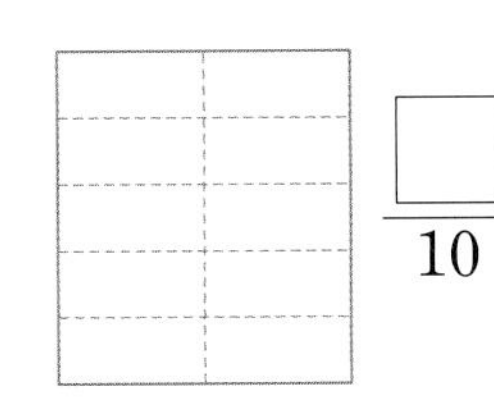 $\frac{\square}{10}$

**7**

그림에서 색칠한 부분과 크기가 같은 분수를 모두 찾아 ○표 하세요.

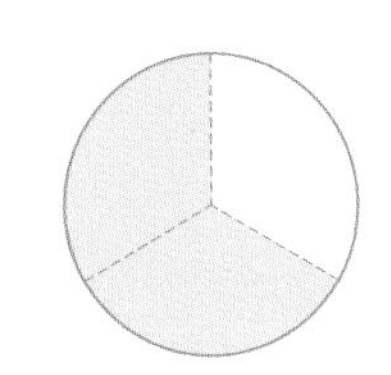

$\frac{2}{4}$ $\frac{4}{6}$ $\frac{2}{8}$ $\frac{7}{9}$ $\frac{8}{12}$

**8**

윤지는 케이크를 똑같이 6조각으로 나누어 한 조각을 먹었습니다. 민주는 윤지와 같은 크기의 케이크를 똑같이 12조각으로 나누었습니다. 윤지와 같은 양을 먹으려면 민주는 몇 조각을 먹어야 할까요?

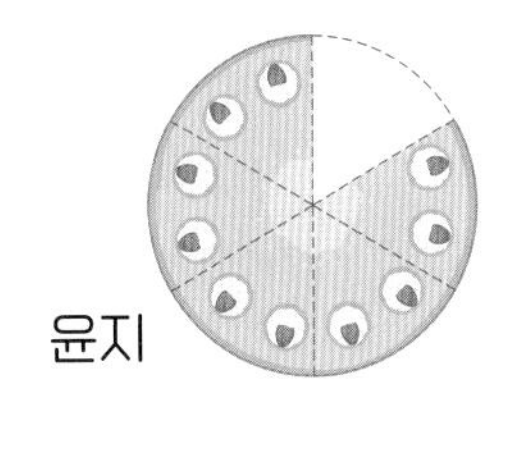


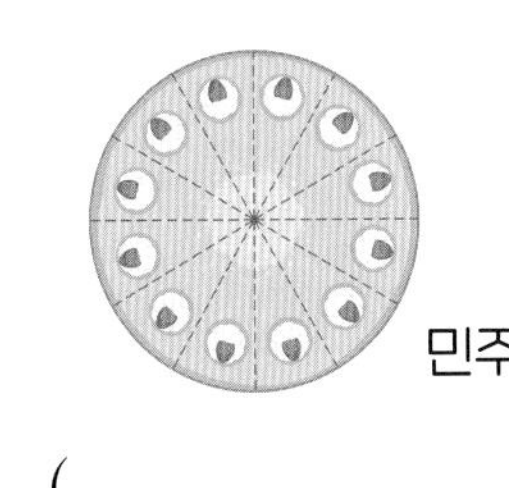


(                    )

**9** 10종 교과서

모양과 크기가 같은 컵에 음료가 담겨 있습니다. 그림을 보고 같은 양이 담긴 음료를 찾아 쓰세요.

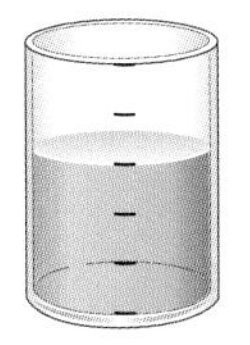
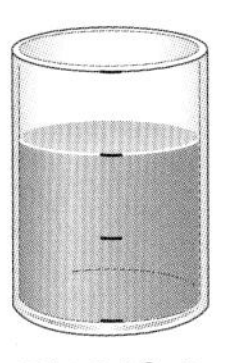
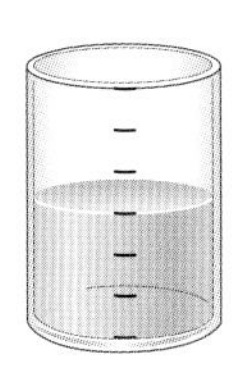

수박주스　알로에주스　포도주스　오렌지주스

(                    )

**10**

세 분수의 크기가 같게 색칠하고, □ 안에 알맞은 분수를 써넣으세요.

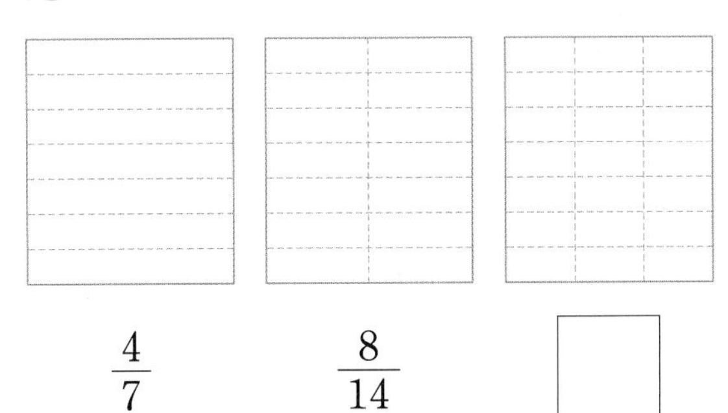

$\frac{4}{7}$ $\frac{8}{14}$ □

**11**

경민이는 고구마 피자 한 판을 8조각으로 똑같이 나누어 3조각을 먹었습니다. 같은 크기의 불고기 피자를 16조각으로 나누었을 때, 고구마 피자와 같은 양을 먹으려면 몇 조각을 먹어야 하는지 아래 그림에 분수만큼 색칠하고 구하세요.

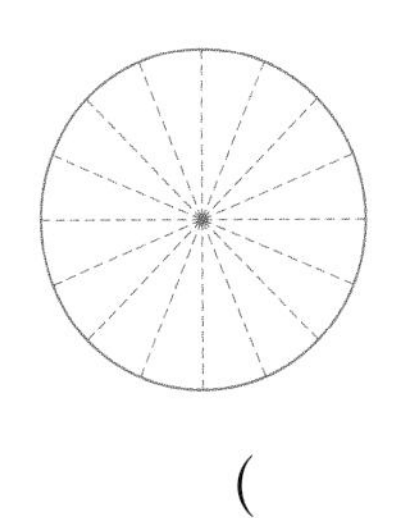

(                    )

# 2 크기가 같은 분수 만들기

› 분모와 분자에 각각 0이 아닌 같은 수를 곱하거나 분모와 분자를 각각 0이 아닌 같은 수로 나누면 크기가 같은 분수가 됩니다.

방법 1

$$\frac{▲}{■}=\frac{▲\times2}{■\times2}=\frac{▲\times3}{■\times3}=\frac{▲\times4}{■\times4}=\cdots$$

무수히 많이 만들 수 있어요.

방법 2

$$\frac{▲}{■}=\frac{▲\div★}{■\div★}$$

★은 0이 아닌 수이고, ■와 ▲의 공약수입니다.

## 1

□ 안에 알맞은 수를 써넣어 크기가 같은 분수를 만드세요.

(1) $\frac{3}{8}=\frac{\square}{16}=\frac{9}{\square}=\frac{\square}{32}$

(2) $\frac{15}{30}=\frac{\square}{10}=\frac{\square}{6}=\frac{1}{\square}$

## 2

크기가 같은 분수끼리 이으세요.

| | |
|---|---|
| $\frac{5}{6}$ • | • $\frac{4}{9}$ |
| $\frac{20}{45}$ • | • $\frac{20}{32}$ |
| $\frac{5}{8}$ • | • $\frac{25}{30}$ |

## 3

$\frac{9}{21}$와 크기가 같은 분수를 2가지 방법으로 만드세요.

방법 1

분모와 분자에 0이 아닌 같은 수를 곱하기

방법 2

분모와 분자를 0이 아닌 같은 수로 나누기

## 4

주어진 분수와 크기가 같은 분수를 2개 쓰세요.

(1) $\frac{2}{9}$ ➡ (　　　　　　　)

(2) $\frac{32}{40}$ ➡ (　　　　　　　)

## 5

크기가 같은 분수끼리 짝 지어진 것을 찾아 기호를 쓰세요.

㉠ $\left(\frac{4}{5}, \frac{12}{25}\right)$　㉡ $\left(\frac{2}{7}, \frac{10}{42}\right)$

㉢ $\left(\frac{20}{36}, \frac{4}{6}\right)$　㉣ $\left(\frac{30}{54}, \frac{5}{9}\right)$

(　　　　　　　)

**6**

$\frac{1}{4}$과 크기가 같은 분수를 모두 찾아 ○표 하세요.

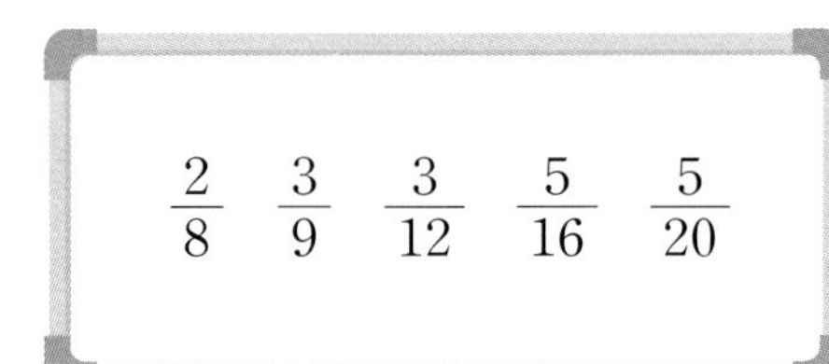

$\frac{2}{8}$ $\frac{3}{9}$ $\frac{3}{12}$ $\frac{5}{16}$ $\frac{5}{20}$

**7** 10종 교과서

$\frac{36}{48}$과 크기가 같은 분수를 모두 찾아 쓰세요.

$\frac{5}{6}$ $\frac{6}{8}$ $\frac{9}{14}$ $\frac{16}{20}$ $\frac{18}{24}$

( )

**8**

$\frac{8}{20}$과 크기가 같은 분수 중에서 분모가 5인 분수를 구하세요.

( )

**9** 10종 교과서

수 카드를 사용하여 $\frac{7}{12}$과 크기가 같은 분수를 만드세요.

14 21 28 36 60

( )

**10**

$\frac{5}{9}$와 크기가 같은 분수 중에서 분모와 분자의 합이 56인 분수를 구하세요.

( )

**11**

크기가 같은 분수를 같은 방법으로 만든 두 사람의 이름을 쓰세요.

윤석: $\frac{12}{18}$와 크기가 같은 분수에는 $\frac{2}{3}$가 있어.
지민: $\frac{6}{16}$과 크기가 같은 분수에는 $\frac{18}{48}$이 있어.
세아: $\frac{18}{40}$과 크기가 같은 분수에는 $\frac{9}{20}$가 있어.

( )

**12**

수영이는 와플 한 개의 $\frac{1}{2}$을 먹었습니다. 정민이는 같은 크기의 와플 한 개를 똑같이 8조각으로 나누었습니다. 정민이는 이 중 몇 조각을 먹어야 수영이가 먹은 양과 같을까요?

( )

## 3 약분

> 약분을 할 때에는 분모와 분자를 1을 제외한 공약수로 나눕니다.

50과 30의 공약수: 1, 2, 5, 10

➡ $\frac{\overset{15}{\cancel{30}}}{\underset{25}{\cancel{50}}}=\frac{15}{25}$, $\frac{\overset{6}{\cancel{30}}}{\underset{10}{\cancel{50}}}=\frac{6}{10}$, $\frac{\overset{3}{\cancel{30}}}{\underset{5}{\cancel{50}}}=\frac{3}{5}$

2로 약분　5로 약분　10으로 약분

50과 30의 최대공약수로 분모와 분자를 나누면 한 번에 기약분수로 나타낼 수 있습니다.

### 1

$\frac{32}{48}$를 약분하려고 합니다. 분모와 분자를 나눌 수 없는 수는 어느 것일까요? (　　　)

① 2　② 3　③ 4

④ 8　⑤ 16

### 2

분수를 기약분수로 나타내려고 합니다. □ 안에 알맞은 수를 써넣으세요.

(1) $\frac{30}{45}=\frac{30\div\square}{45\div\square}=\frac{\square}{\square}$

(2) $\frac{12}{42}=\frac{12\div\square}{42\div\square}=\frac{\square}{\square}$

### 3

$\frac{16}{24}$을 약분한 분수를 모두 쓰세요.

(　　　　　　　　　　)

### 4

기약분수로 나타내세요.

(1) $\frac{20}{36}$ ➡ (　　　　　　)

(2) $\frac{18}{63}$ ➡ (　　　　　　)

(3) $\frac{14}{28}$ ➡ (　　　　　　)

(4) $\frac{25}{75}$ ➡ (　　　　　　)

### 5

$\frac{42}{70}$를 약분한 분수 중에서 분모가 10인 분수를 구하세요.

(　　　　　　)

### 6

기약분수를 모두 찾아 ○표 하세요.

$\frac{6}{7}$　$\frac{9}{12}$　$\frac{15}{25}$　$\frac{3}{11}$　$\frac{4}{20}$

정답 24쪽

## 7

기약분수로 잘못 나타낸 사람의 이름을 쓰세요.

성훈: $\frac{35}{56} \Rightarrow \frac{5}{8}$　진영: $\frac{16}{36} \Rightarrow \frac{2}{9}$

윤아: $\frac{30}{42} \Rightarrow \frac{5}{7}$　경은: $\frac{20}{56} \Rightarrow \frac{5}{14}$

(　　　　　　　　)

## 8

$\frac{48}{84}$을 약분하였더니 $\frac{▲}{7}$가 되었습니다. 분모와 분자를 어떤 수로 나누었을까요?

(　　　　　　　　)

## 9

민혁이는 매일 $\frac{36}{45}$시간씩 운동을 합니다. 민혁이가 매일 운동하는 시간은 몇 시간인지 기약분수로 나타내세요.

(　　　　　　　　)

## 10

분모가 63인 진분수 중에서 기약분수로 나타내면 $\frac{4}{7}$가 되는 분수를 구하세요.

(　　　　　　　　)

## 11

어떤 분수의 분모와 분자를 7로 나누어 약분하였더니 $\frac{6}{11}$이 되었습니다. 어떤 분수를 구하세요.

(　　　　　　　　)

## 12 10종 교과서

$\frac{40}{56}$에 대해 바르게 말한 사람의 이름을 쓰세요.

수민: $\frac{40}{56}$을 약분하여 만들 수 있는 분수는 모두 2개야.

지혜: $\frac{40}{56}$을 기약분수로 나타내면 $\frac{5}{7}$야.

수지: $\frac{40}{56}$을 약분한 분수 중 분모와 분자가 가장 큰 분수는 $\frac{10}{28}$이야.

(　　　　　　　　)

## 13 10종 교과서

진분수 $\frac{\square}{10}$가 기약분수일 때, □ 안에 들어갈 수 있는 수를 모두 구하세요.

(　　　　　　　　)

## 4 통분

> 두 분수를 분모의 곱 또는 최소공배수를 공통분모로 하여 통분할 수 있습니다.

① 분모의 곱을 공통분모로 하여 통분하기

$\left(\frac{3}{8}, \frac{5}{12}\right) \Rightarrow \left(\frac{36}{96}, \frac{40}{96}\right)$

$8 \times 12 = 96$

② 분모의 최소공배수를 공통분모로 하여 통분하기

$\left(\frac{3}{8}, \frac{5}{12}\right) \Rightarrow \left(\frac{9}{24}, \frac{10}{24}\right)$

×3, ×2

### 1

두 분수를 주어진 공통분모로 통분하세요.

(1) $\left(\frac{1}{7}, \frac{5}{21}\right) \Rightarrow \left(\frac{\square}{42}, \frac{\square}{42}\right)$

(2) $\left(\frac{3}{4}, \frac{4}{9}\right) \Rightarrow \left(\frac{\square}{36}, \frac{\square}{36}\right)$

### 2

$\frac{5}{6}$, $\frac{7}{8}$과 크기가 같은 분수를 분모가 작은 것부터 차례대로 5개씩 쓰고, 그중에서 분모가 같은 분수를 짝 지으세요.

$\frac{5}{6}$ (　　　　　　　　)

$\frac{7}{8}$ (　　　　　　　　)

$\left(\frac{5}{6}, \frac{7}{8}\right) \Rightarrow$ (　　　,　　　)

### 3

$\frac{1}{6}$과 $\frac{7}{8}$을 통분하려고 합니다. 공통분모가 될 수 없는 수는 어느 것일까요? (　　　)

① 24　② 48　③ 60　④ 72　⑤ 96

### 4

두 분모의 곱을 공통분모로 하여 통분하세요.

(1) $\left(\frac{1}{5}, \frac{2}{7}\right) \Rightarrow$ (　　　,　　　)

(2) $\left(\frac{5}{6}, \frac{5}{8}\right) \Rightarrow$ (　　　,　　　)

### 5

두 분모의 최소공배수를 공통분모로 하여 통분하세요.

(1) $\left(\frac{3}{4}, \frac{5}{6}\right) \Rightarrow$ (　　　,　　　)

(2) $\left(\frac{11}{16}, \frac{7}{12}\right) \Rightarrow$ (　　　,　　　)

### 6

두 분수를 분모의 최소공배수를 공통분모로 하여 통분하려고 합니다. 공통분모가 더 큰 것의 기호를 쓰세요.

㉠ $\left(\frac{3}{20}, \frac{7}{15}\right)$　㉡ $\left(\frac{5}{18}, \frac{11}{24}\right)$

(　　　　　)

## 7

두 분수를 분모의 최소공배수를 공통분모로 하여 통분하려고 합니다. 통분한 두 분수의 분자의 차를 구하세요.

$\left(\frac{3}{4}, \frac{5}{18}\right)$

(　　　　　　　　)

## 8

두 분수를 분모의 최소공배수를 공통분모로 하여 통분하려고 합니다. 공통분모가 같은 것끼리 이으세요.

| | |
|---|---|
| $\left(\frac{7}{8}, \frac{5}{12}\right)$ • | • $\left(\frac{1}{4}, \frac{11}{18}\right)$ |
| $\left(\frac{7}{12}, \frac{2}{9}\right)$ • | • $\left(\frac{17}{30}, \frac{4}{15}\right)$ |
| $\left(\frac{5}{6}, \frac{8}{15}\right)$ • | • $\left(\frac{1}{6}, \frac{3}{8}\right)$ |

## 9

$\frac{3}{8}$과 $\frac{9}{10}$를 통분한 것을 모두 찾아 기호를 쓰세요.

㉠ $\left(\frac{6}{20}, \frac{18}{20}\right)$　㉡ $\left(\frac{15}{40}, \frac{36}{40}\right)$

㉢ $\left(\frac{30}{80}, \frac{72}{80}\right)$　㉣ $\left(\frac{45}{120}, \frac{99}{120}\right)$

(　　　　　　　　)

## 10

두 분모의 최소공배수를 공통분모로 하여 통분할 때, 공통분모가 다른 것을 찾아 기호를 쓰세요.

㉠ $\left(\frac{2}{5}, \frac{11}{40}\right)$　㉡ $\left(\frac{1}{4}, \frac{3}{10}\right)$　㉢ $\left(\frac{1}{8}, \frac{7}{20}\right)$

(　　　　　　　　)



## 11 10종 교과서

어떤 두 기약분수를 통분하였더니 다음과 같았습니다. 통분하기 전의 두 기약분수를 구하세요.

$\left(\frac{9}{24}, \frac{10}{\square}\right)$

(　　　　,　　　　)

## 12 10종 교과서

두 분수를 통분하려고 합니다. 공통분모가 될 수 있는 수 중에서 200보다 작은 수를 모두 구하세요.

$\left(\frac{7}{15}, \frac{2}{9}\right)$

(　　　　　　　　)

# 5 분수의 크기 비교

> 분모가 다른 분수는 통분하여 분모를 같게 한 다음 분자의 크기를 비교합니다.

$\frac{5}{6}$ ? $\frac{13}{16}$

① 통분하기

$\frac{40}{48}$ ? $\frac{39}{48}$

② 분자의 크기 비교하기

40 > 39

③ 분수의 크기 비교하기

$\frac{5}{6}$ > $\frac{13}{16}$

## 1

□ 안에 알맞은 수를 써넣고, ○ 안에 >, =, <를 알맞게 써넣으세요.

$\left(\frac{5}{8}, \frac{7}{10}\right) \Rightarrow \left(\frac{\square}{40}, \frac{\square}{40}\right)$

$\Rightarrow \frac{5}{8}$ ○ $\frac{7}{10}$

## 2

분수의 크기를 비교하여 ○ 안에 >, =, <를 알맞게 써넣으세요.

(1) $\frac{2}{3}$ ○ $\frac{5}{7}$

(2) $1\frac{3}{8}$ ○ $1\frac{1}{6}$

## 3

두 분수 중 더 큰 분수를 찾아 쓰세요.

$\frac{3}{4}$ $\frac{11}{14}$

( )

## 4

$\frac{3}{5}$, $\frac{1}{4}$, $\frac{5}{8}$의 크기를 비교하려고 합니다. ○ 안에 >, =, <를 알맞게 써넣고, 가장 큰 분수를 구하세요.

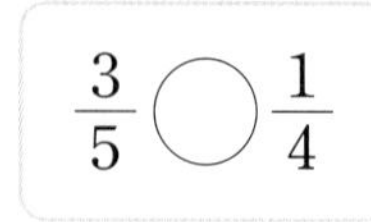
$\frac{3}{5}$ ○ $\frac{1}{4}$

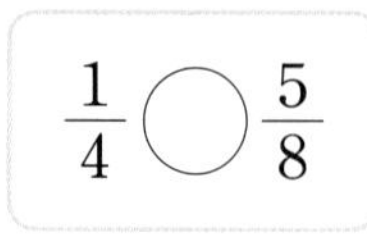
$\frac{1}{4}$ ○ $\frac{5}{8}$

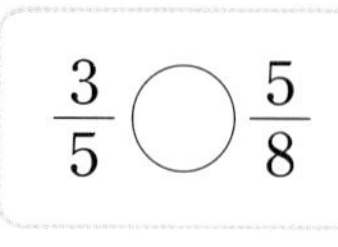
$\frac{3}{5}$ ○ $\frac{5}{8}$

( )

## 5 ⊕ 10종 교과서

짝 지어진 두 분수의 크기를 비교하여 더 큰 분수를 위의 빈 곳에 써넣으세요.

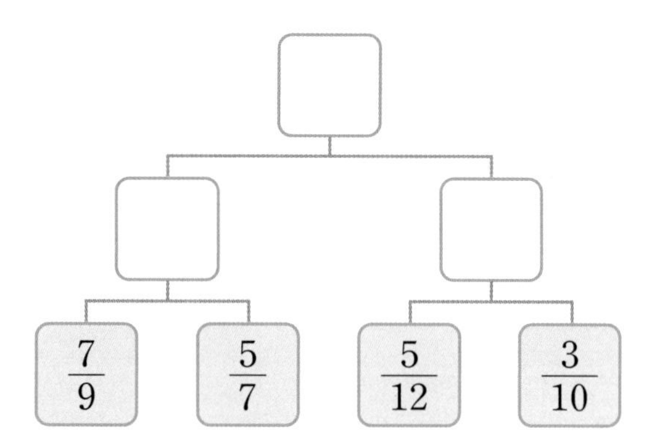


## 6

분수의 크기를 잘못 비교한 것을 찾아 기호를 쓰세요.

㉠ $\frac{5}{6}>\frac{3}{4}$　㉡ $\frac{5}{7}<\frac{4}{5}$

㉢ $\frac{9}{16}<\frac{11}{24}$　㉣ $\frac{5}{9}>\frac{5}{12}$

( )

## 7

$\frac{5}{9}$보다 작은 분수를 찾아 ○표 하세요.

$\frac{3}{4}$ $\quad$ $\frac{7}{15}$ $\quad$ $\frac{19}{30}$

## 8

세 분수의 크기를 비교하여 □ 안에 알맞은 분수를 써넣으세요.

$\frac{7}{18}$ $\quad$ $\frac{4}{9}$ $\quad$ $\frac{5}{12}$

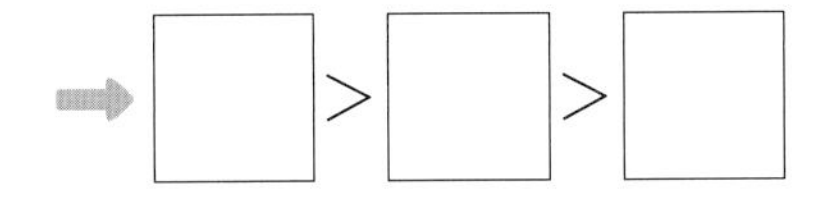

## 9

다음 분수 중에서 가장 작은 수를 찾아 쓰세요.

$\frac{1}{3}$ $\quad$ $\frac{7}{10}$ $\quad$ $\frac{5}{6}$

( )

## 10

□ 안에 들어갈 수 있는 자연수를 모두 구하세요.

$$\frac{\square}{5} < \frac{2}{3}$$

( )

## 11

준서와 강우 중 더 무거운 가방을 들고 있는 사람의 이름을 쓰세요.

내 가방의 무게는 $1\frac{8}{11}$ kg이야.

내 가방의 무게는 $1\frac{5}{6}$ kg이야.

준서

강우

( )

## 12

물을 준영이는 $\frac{13}{16}$ L, 세영이는 $\frac{3}{4}$ L 마셨습니다. 두 사람 중 물을 더 적게 마신 사람의 이름을 쓰세요.

( )

## 13 ⊕ 10종 교과서

시장에서 산 과일의 무게를 재었더니 사과가 $\frac{11}{15}$ kg, 배가 $\frac{2}{3}$ kg, 포도가 $\frac{7}{10}$ kg이었습니다. 무게가 가장 무거운 과일은 어느 것일까요?

( )

# 6 분수와 소수의 크기 비교

**소수를 분수로 고치고 통분하여 크기를 비교하거나 분수를 소수로 고치고 크기를 비교합니다.**

① 소수를 분수로 나타내어 분수끼리 비교하기

$\frac{3}{5}$ (?) 0.7 ➡ $\frac{3}{5}=\frac{6}{10}$ (<) $0.7=\frac{7}{10}$

분수끼리 크기 비교

② 분수를 소수로 나타내어 소수끼리 비교하기

$\frac{3}{5}$ (?) 0.7 ➡ $\frac{3}{5}=\frac{6}{10}=0.6$ (<) 0.7

소수끼리 크기 비교

## 1

$\frac{18}{30}$과 $\frac{16}{40}$의 크기를 2가지 방법으로 비교하려고 합니다. □ 안에 알맞은 수를 써넣고, ○ 안에 >, =, <를 알맞게 써넣으세요.

(1) 약분하여 크기 비교하기

$\left(\frac{18}{30}, \frac{16}{40}\right)$ ➡ $\left(\frac{\square}{5}, \frac{\square}{5}\right)$

➡ $\frac{18}{30}$ ○ $\frac{16}{40}$

(2) 소수로 고쳐서 크기 비교하기

$\left(\frac{18}{30}, \frac{16}{40}\right)$ ➡ $\left(\frac{\square}{10}, \frac{\square}{10}\right)$

➡ (□, □)

➡ $\frac{18}{30}$ ○ $\frac{16}{40}$

## 2

분수를 소수로 나타내어 크기를 비교하려고 합니다. □ 안에 알맞은 수를 써넣고, ○ 안에 >, =, <를 알맞게 써넣으세요.

(1) $\left(\frac{1}{2}, 0.45\right)$ ➡ (□, 0.45) ➡ $\frac{1}{2}$ ○ 0.45

(2) $\left(0.2, \frac{1}{8}\right)$ ➡ (0.2, □) ➡ 0.2 ○ $\frac{1}{8}$

## 3

소수를 분수로 나타내어 크기를 비교하려고 합니다. □ 안에 알맞은 수를 써넣고, ○ 안에 >, =, <를 알맞게 써넣으세요.

(1) $\left(\frac{3}{5}, 0.5\right)$ ➡ $\left(\frac{\square}{10}, \frac{\square}{10}\right)$

➡ $\frac{3}{5}$ ○ 0.5

(2) $\left(0.17, \frac{11}{50}\right)$ ➡ $\left(\frac{\square}{100}, \frac{\square}{100}\right)$

➡ 0.17 ○ $\frac{11}{50}$

## 4

분수와 소수의 크기를 비교하여 ○ 안에 >, =, <를 알맞게 써넣으세요.

(1) $\frac{2}{5}$ ○ 0.7

(2) 0.27 ○ $\frac{1}{4}$

## 5

두 사람이 종이에 각각 수를 썼습니다. 더 작은 수를 쓴 사람의 이름을 쓰세요.

| $\frac{17}{25}$ | 0.55 |
|---|---|
| 태우 | 지혜 |

(　　　　　　)

**6**

혜민이는 과자를 만드는 데 밀가루를 $\frac{18}{25}$ kg 사용하였고, 도넛을 만드는 데 0.64 kg 사용하였습니다. 과자와 도넛 중 밀가루가 더 적게 사용된 것은 어느 것인지 구하세요.

(　　　　　　　　　　)

**7**

두 수의 크기를 잘못 비교한 것은 어느 것일까요? (　　　)

① $\frac{1}{6}<\frac{5}{12}$　② $\frac{3}{4}<\frac{5}{6}$　③ $\frac{5}{8}>0.65$

④ $2.7>2\frac{8}{15}$　⑤ $1\frac{11}{12}>1\frac{7}{16}$

**8**

가장 큰 수에 ○표, 가장 작은 수에 △표 하세요.

1.7　$\frac{13}{25}$　$1\frac{11}{20}$

**9** 10종 교과서

분수와 소수의 크기를 비교하여 큰 수부터 차례대로 쓰세요.

3.36　$3\frac{3}{4}$　3.7　$3\frac{3}{5}$

(　　　　　　　　　　)

**10**

시소에 강우와 준서가 마주 보고 앉았습니다. 누가 앉은 쪽으로 시소가 내려갈까요?

(　　　　　　　　　　)

**11** 10종 교과서

우유를 수연이는 0.4 L, 민준이는 $\frac{3}{10}$ L, 서훈이는 0.28 L 마셨습니다. 우유를 적게 마신 사람부터 차례대로 이름을 쓰세요.

(　　　　　　　　　　)

**12**

세호가 미술 시간에 사용한 색 테이프의 길이입니다. 어떤 색 테이프를 가장 많이 사용했는지 구하세요.

| 색깔 | 빨간색 | 노란색 | 파란색 |
| --- | --- | --- | --- |
| 사용한 색 테이프의 길이 | $1\frac{1}{4}$ m | 1.58 m | $1\frac{7}{10}$ m |

(　　　　　　　　　　)

## 1 □ 안에 들어갈 수 있는 자연수의 개수 구하기

정답 28쪽

□ 안에 들어갈 수 있는 자연수는 모두 몇 개인지 구하세요.

$$\frac{1}{3}<\frac{\square}{36}<\frac{4}{9}$$

**1단계** 공통분모를 36으로 하여 통분하기

$$\frac{1}{3}<\frac{\square}{36}<\frac{4}{9} \Rightarrow \square<\frac{\square}{36}<\square$$

**2단계** □ 안에 들어갈 수 있는 자연수 구하기

(　　　　　　　　)

**3단계** □ 안에 들어갈 수 있는 자연수의 개수 구하기

(　　　　　　　　)

**문제해결 tip** 주어진 분수를 □가 있는 분수의 분모를 공통분모로 하여 통분하고 분자의 크기를 비교합니다.

**1·1** □ 안에 들어갈 수 있는 자연수는 모두 몇 개인지 구하세요.

$$\frac{3}{14}<\frac{\square}{28}<\frac{3}{7}$$

(　　　　　　　　)

**1·2** □ 안에 들어갈 수 있는 자연수는 모두 몇 개인지 구하세요.

$$\frac{1}{4}<\frac{\square}{6}<\frac{5}{8}$$

(　　　　　　　　)

## 2 조건을 만족하는 분수 구하기

정답 28쪽

$\frac{3}{5}$과 크기가 같은 분수 중에서 분모와 분자의 합이 20보다 크고 40보다 작은 분수를 모두 구하세요.

1단계 $\frac{3}{5}$과 크기가 같은 분수를 분모가 작은 것부터 차례대로 쓰기

$\frac{3}{5}=\square=\square=\square=\square=\cdots$

2단계 분모와 분자의 합이 20보다 크고 40보다 작은 분수 구하기

( )

4 단원

문제해결 tip 분모와 분자에 0이 아닌 같은 수를 곱하여 크기가 같은 분수를 만들고 분모와 분자의 합을 구합니다.

**2·1** $\frac{5}{6}$와 크기가 같은 분수 중에서 분모와 분자의 합이 40보다 크고 60보다 작은 분수를 모두 구하세요.

( )

**2·2** 조건 을 모두 만족하는 분수는 모두 몇 개인지 구하세요.

조건

- $\frac{3}{7}$과 크기가 같은 분수입니다.
- 분모와 분자의 차가 10보다 크고 25보다 작은 분수입니다.

( )

응용 학습

문제 강의

## 3 약분하기 전의 분수 구하기

● 정답 28쪽

**어떤 분수를 약분하여 기약분수로 나타내면 $\frac{5}{6}$입니다. 어떤 분수의 분모와 분자의 합이 99일 때, 어떤 분수를 구하세요.**

**1단계** $\frac{5}{6}$의 분모와 분자의 합 구하기

(　　　　　　　　)

**2단계** 99는 $\frac{5}{6}$의 분모와 분자의 합의 몇 배인지 구하기

(　　　　　　　　)

**3단계** 어떤 분수 구하기

(　　　　　　　　)

**문제해결 tip** 약분하기 전의 분수는 약분한 분수와 크기가 같은 분수입니다.

**3-1** 어떤 분수를 약분하여 기약분수로 나타내면 $\frac{3}{5}$입니다. 어떤 분수의 분모와 분자의 합이 112일 때, 어떤 분수를 구하세요.

(　　　　　　　　)

**3-2** 분모와 분자의 곱이 126인 분수를 약분하여 기약분수로 나타내면 $\frac{2}{7}$입니다. 약분하기 전의 분수를 구하세요.

(　　　　　　　　)

## 4 더하거나 뺀 수 구하기

● 정답 29쪽

$\frac{27}{50}$의 분모에 4를 더하고 분자에 ♣를 더한 다음 분모와 분자를 6으로 나누어 약분하였더니 $\frac{5}{9}$가 되었습니다. ♣에 알맞은 수를 구하세요.

**1단계** 6으로 나누어 약분하기 전의 분수 구하기

(                    )

**2단계** ♣에 알맞은 수 구하기

(                    )

4 단원

**문제해결 tip** 약분하여 나타낸 분수에 약분할 때 분모와 분자를 나눈 수를 각각 곱하여 약분하기 전의 분수를 구합니다.

**4·1** $\frac{13}{35}$의 분모에 ♠를 더하고 분자에 2를 더한 다음 분모와 분자를 5로 나누어 약분하였더니 $\frac{3}{8}$이 되었습니다. ♠에 알맞은 수를 구하세요.

(                    )

**4·2** $\frac{32}{72}$의 분모에서 54를 뺐을 때 크기가 변하지 않으려면 분자에서는 얼마를 빼야 하는지 구하세요.

(                    )

응용 학습

문제 강의

## 5 조건을 만족하는 기약분수 구하기

● 정답 29쪽

**$\frac{4}{9}$보다 크고 $\frac{7}{12}$보다 작은 분수 중에서 분모가 36인 기약분수를 모두 구하세요.**

**1단계** 두 분수를 36을 공통분모로 하여 통분하기

$\left(\frac{4}{9}, \frac{7}{12}\right)$ ➡ (　　　　　,　　　　　)

**2단계** $\frac{4}{9}$보다 크고 $\frac{7}{12}$보다 작은 분수 중에서 분모가 36인 분수 구하기

(　　　　　　　　　　　　　)

**3단계** 조건을 모두 만족하는 기약분수 구하기

(　　　　　　　　　)

**문제해결 tip** 분모가 36인 기약분수를 찾기 위해 주어진 분수를 36을 공통분모로 하여 통분합니다.

**5·1** $\frac{3}{4}$보다 크고 $\frac{5}{6}$보다 작은 분수 중에서 분모가 48인 기약분수를 구하세요.

(　　　　　　　　　)

**5·2** 두 사람이 공통으로 설명하는 분수는 모두 몇 개인지 구하세요.

0.5보다 크고 $\frac{5}{9}$보다 작아.

수민

분모가 90인 기약분수야.

수지

(　　　　　　　　　)

## 6 수 카드로 만든 분수를 소수로 나타내기

정답 29쪽

**수 카드 4장 중 2장을 뽑아 진분수를 만들려고 합니다. 만들 수 있는 진분수 중 가장 큰 수를 소수로 나타내세요.**

1 3 4 8

1단계 만들 수 있는 진분수 모두 쓰기

( )

2단계 만들 수 있는 진분수 중 가장 큰 수 찾기

( )

3단계 만들 수 있는 진분수 중 가장 큰 수를 소수로 나타내기

( )

문제해결 tip 분자가 1인 단위분수는 분모가 작을수록 큰 수이고, 분모가 같은 분수는 분자가 클수록 큰 수입니다.

**6·1** 수 카드 4장 중 2장을 뽑아 진분수를 만들려고 합니다. 만들 수 있는 진분수 중 가장 큰 수를 소수로 나타내세요.

3 4 5 8

( )

**6·2** 수 카드 4장 중 2장을 뽑아 가분수를 만들려고 합니다. 만들 수 있는 가분수 중 가장 작은 수를 소수로 나타내세요.

2 3 4 5

( )

4 단원

# 4 약분과 통분

정답 29쪽

크기가 같은 분수를 만들 때는 0을 곱하거나 0으로 나누지 않습니다.

## ① 크기가 같은 분수 만들기

• 분모와 분자에 각각 0이 아닌 같은 수 곱하기

$$\frac{4}{7}=\frac{8}{14}=\frac{\square}{21}=\frac{\square}{28}=\frac{20}{\square}=\frac{24}{\square}=\cdots$$

• 분모와 분자를 각각 0이 아닌 같은 수로 나누기

$$\frac{24}{60}=\frac{12}{30}=\frac{\square}{20}=\frac{\square}{15}=\frac{4}{\square}=\frac{2}{\square}$$

약분할 때는 분모와 분자의 공약수 중 1을 제외한 나머지 수로 분모와 분자를 나눕니다.
분모와 분자를 두 수의 최대공약수로 나누면 한 번에 기약분수로 나타낼 수 있습니다.

## ② 약분하기

42와 18의 공약수가 1, 2, 3, 6이므로 $\frac{18}{42}$의 분모와 분자를 2, □, □으로 나누어 약분합니다.

$$\Rightarrow \frac{18}{42}=\frac{18\div 2}{42\div 2}=\frac{9}{21},\ \frac{18}{42}=\frac{18\div\square}{42\div\square}=\frac{6}{14},\ \frac{18}{42}=\frac{18\div\square}{42\div\square}=\frac{3}{7}$$

두 분모의 최소공배수를 공통분모로 하여 통분하면 두 분모의 곱을 공통분모로 하는 것보다 분모와 분자가 작아서 계산이 간단합니다.

## ③ 통분하기

• 두 분모의 곱을 공통분모로 하여 통분하기

두 분모의 곱: $9\times12=108$

$$\left(\frac{4}{9},\ \frac{5}{12}\right)\Rightarrow\left(\frac{\square}{108},\ \frac{\square}{108}\right)$$

• 두 분모의 최소공배수를 공통분모로 하여 통분하기

두 분모의 최소공배수: 36

$$\left(\frac{4}{9},\ \frac{5}{12}\right)\Rightarrow\left(\frac{\square}{36},\ \frac{\square}{36}\right)$$

세 분수 ■, ▲, ●를 비교할 때는 ■와 ▲, ▲와 ●, ■와 ●를 차례로 비교하거나 ■, ▲, ● 세 분모의 최소공배수로 통분하여 한꺼번에 비교합니다.

## ④ 두 수의 크기 비교하기

• 분수의 크기 비교하기

$$\left(\frac{3}{4},\ \frac{7}{10}\right)\Rightarrow\left(\frac{\square}{\square},\ \frac{\square}{\square}\right)\Rightarrow\frac{3}{4}\ \bigcirc\ \frac{7}{10}$$

• 분수와 소수의 크기 비교하기

$$\left(\frac{2}{5},\ 0.41\right)\Rightarrow(\square,\ 0.41)\Rightarrow\frac{2}{5}\ \bigcirc\ 0.41$$

# 4. 약분과 통분

정답 30쪽

**1**

그림을 보고 크기가 같은 분수가 되도록 □ 안에 알맞은 수를 써넣으세요.

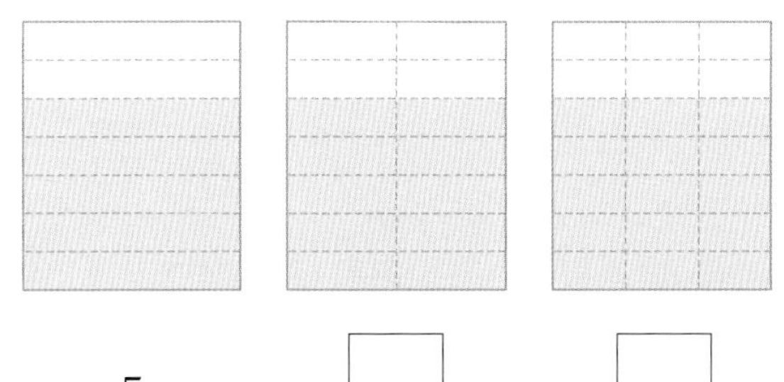

$\frac{5}{7} = \frac{\square}{14} = \frac{\square}{21}$

**2**

$\frac{14}{70}$를 약분할 때 분모와 분자를 나눌 수 있는 수를 모두 찾아 ○표 하세요.

2　3　6　7　10　14　25　70

**3**

분수를 기약분수로 나타내려고 합니다. □ 안에 알맞은 수를 써넣으세요.

$\frac{28}{36} = \frac{28 \div \square}{36 \div \square} = \frac{\square}{\square}$

**4**

두 분수를 통분하려고 합니다. 공통분모가 될 수 있는 수를 가장 작은 수부터 차례대로 3개 쓰세요.

$\left(\frac{1}{6}, \frac{7}{15}\right)$

(　　　　　　　　　　)

**5**

더 큰 분수에 ○표 하세요.

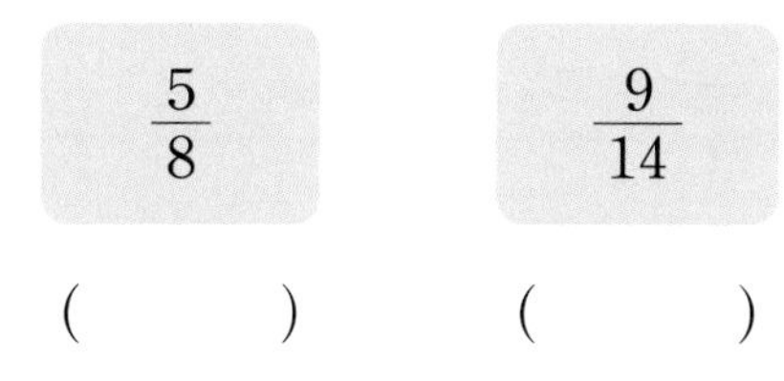


(　　　)　(　　　)

**6**

크기가 같은 분수끼리 이으세요.

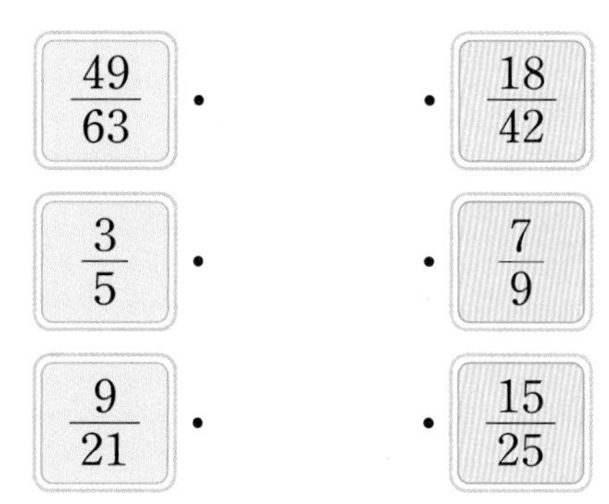


**7**

$\frac{16}{36}$과 크기가 같은 분수를 모두 찾아 쓰세요.

$\frac{4}{9}$　$\frac{8}{18}$　$\frac{8}{24}$　$\frac{28}{54}$　$\frac{32}{72}$

(　　　　　　　　　　)

## 8

조건 을 모두 만족하는 분수는 모두 몇 개인지 구하세요.

조건
- $\frac{3}{8}$과 크기가 같은 분수입니다.
- 분모가 30보다 크고 50보다 작은 분수입니다.

( )

## 9

기약분수는 모두 몇 개인지 쓰세요.

$\frac{6}{15}$ $\frac{9}{16}$ $\frac{15}{22}$ $\frac{18}{27}$ $\frac{14}{45}$

( )

## 10 서술형

분모가 8인 진분수 중에서 기약분수는 모두 몇 개인지 해결 과정을 쓰고, 답을 구하세요.

( )

## 11

준석이네 반에서 안경을 쓴 학생은 15명, 안경을 쓰지 않은 학생은 24명이라고 합니다. 안경을 쓴 학생은 안경을 쓰지 않은 학생의 몇 분의 몇인지 기약분수로 나타내세요.

( )

## 12

강우는 두 분수를 분모의 곱을 공통분모로 하여 통분하고, 태우는 두 분수를 분모의 최소공배수를 공통분모로 하여 통분하려고 합니다. 두 사람이 통분한 분수를 각각 쓰세요.

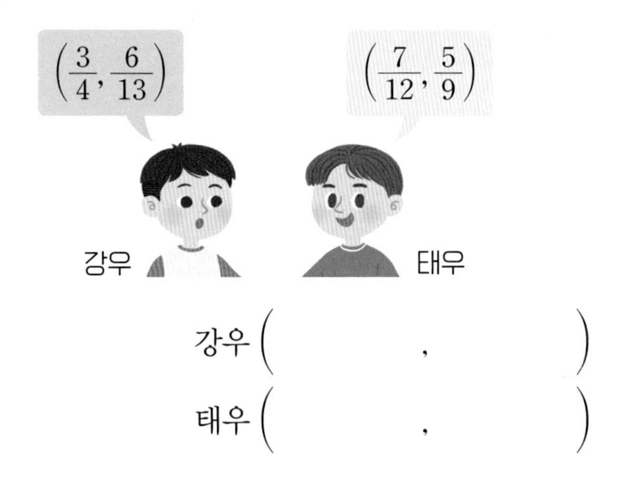


강우 ( , )

태우 ( , )

## 13

냉장고에 주스 $\frac{3}{8}$ L와 우유 $\frac{7}{20}$ L가 있습니다. 주스와 우유 중 양이 더 많은 것은 어느 것일까요?

( )

## 14

분수와 소수의 크기를 비교하여 큰 수부터 차례대로 쓰세요.

0.96 $1\frac{4}{25}$ 1.4

( )

**15** 서술형

세 사람이 미술 시간에 사용한 찰흙의 무게입니다. 찰흙을 가장 많이 사용한 사람은 누구인지 해결 과정을 쓰고, 답을 구하세요.

| 이름 | 세진 | 규민 | 윤호 |
|---|---|---|---|
| 찰흙의 무게(kg) | $\frac{1}{3}$ | 0.5 | $\frac{4}{15}$ |

( )

**16**

□ 안에 들어갈 수 있는 자연수를 모두 구하세요.

$$\frac{\square}{6} < \frac{5}{7}$$

( )

**17**

어떤 두 기약분수를 통분하였더니 $\frac{27}{36}$과 $\frac{24}{\square}$가 되었습니다. 통분하기 전의 두 기약분수를 구하세요.

( )

**18**

현아는 집에서 출발하여 은행까지 가려고 합니다. 공원을 지나 가는 길과 은행으로 바로 가는 길 중 어느 길로 가는 것이 더 가까울까요?

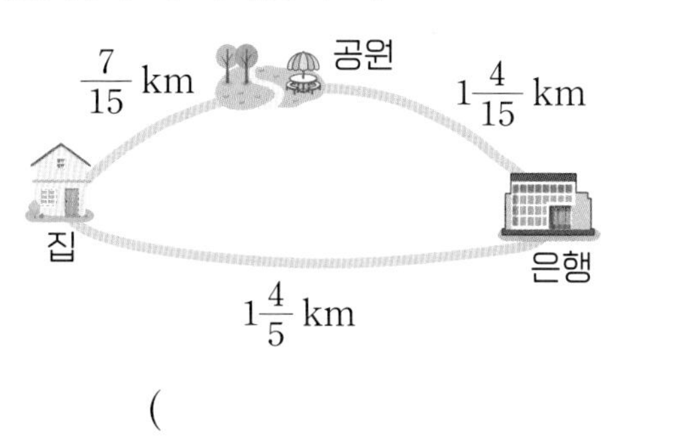


( )

**19**

$\frac{1}{6}$과 크기가 같은 분수 중에서 분모와 분자의 합이 20보다 크고 40보다 작은 분수는 모두 몇 개인지 구하세요.

( )

**20** 서술형

수 카드 3장 중 2장을 뽑아 진분수를 만들려고 합니다. 만들 수 있는 진분수 중 가장 큰 수를 소수로 나타내면 얼마인지 해결 과정을 쓰고, 답을 구하세요.

1 3 5

( )

쉬어 가기

## 미로를 따라 길을 찾아보세요.

정답 45쪽

# 5

# 분수의 덧셈과 뺄셈

학습을 완료하면 V표를 하면서 학습 진도를 체크해요.

| | 개념학습 | | | | 문제학습 | | |
|---|---|---|---|---|---|---|---|
| 백점 쪽수 | 110 | 111 | 112 | 113 | 114 | 115 | 116 |
| 확인 | | | | | | | |

| | 문제학습 | | | | | 응용학습 | |
|---|---|---|---|---|---|---|---|
| 백점 쪽수 | 117 | 118 | 119 | 120 | 121 | 122 | 123 |
| 확인 | | | | | | | |

| | 응용학습 | | 단원평가 | | | |
|---|---|---|---|---|---|---|
| 백점 쪽수 | 124 | 125 | 126 | 127 | 128 | 129 |
| 확인 | | | | | | |

개념 학습 1

# 진분수의 덧셈

정답 31쪽

## ◎ 분모가 다른 진분수의 덧셈 방법

**방법 1** 분모의 곱을 공통분모로 하여 통분한 후 계산하기

$$\frac{5}{6}+\frac{3}{4}=\frac{5\times4}{6\times4}+\frac{3\times6}{4\times6}=\frac{20}{24}+\frac{18}{24}=\frac{38}{24}=1\frac{14}{24}=1\frac{7}{12}$$

분모의 곱 24

가분수 → 대분수　약분

**방법 2** 분모의 최소공배수를 공통분모로 하여 통분한 후 계산하기 → 방법 1보다 계산이 간단해요.

$$\frac{5}{6}+\frac{3}{4}=\frac{5\times2}{6\times2}+\frac{3\times3}{4\times3}=\frac{10}{12}+\frac{9}{12}=\frac{19}{12}=1\frac{7}{12}$$

분모의 최소공배수 12

가분수 → 대분수

개념 강의

• 계산 결과가 가분수이면 대분수로 바꾸어 나타내고, 약분이 되면 약분하여 기약분수로 나타냅니다.

**1** 그림을 보고 □ 안에 알맞은 수를 써넣으세요.

(1)

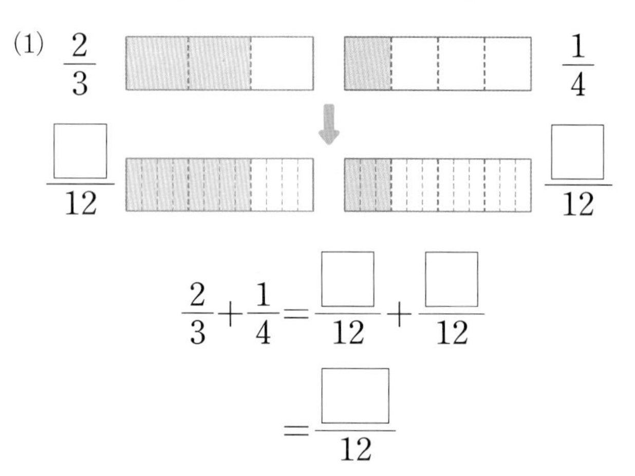

$$\frac{2}{3}+\frac{1}{4}=\frac{\square}{12}+\frac{\square}{12}=\frac{\square}{12}$$

(2)

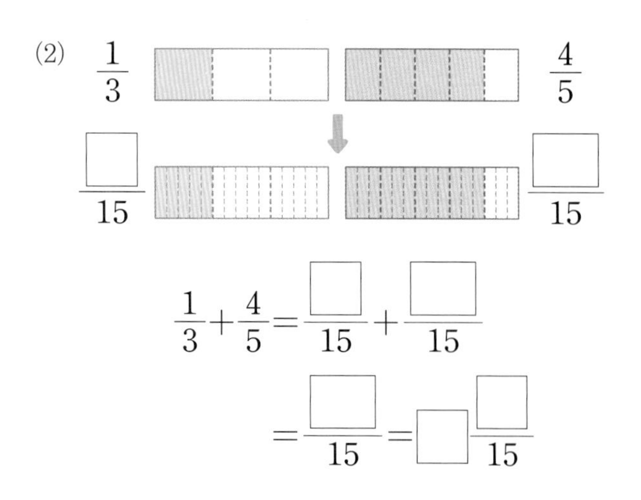

$$\frac{1}{3}+\frac{4}{5}=\frac{\square}{15}+\frac{\square}{15}=\frac{\square}{15}=\square\frac{\square}{15}$$

**2** 분모의 곱을 공통분모로 하여 계산하려고 합니다. □ 안에 알맞은 수를 써넣으세요.

$$\frac{5}{8}+\frac{5}{12}=\frac{5\times\square}{8\times12}+\frac{5\times\square}{12\times8}$$
$$=\frac{\square}{96}+\frac{\square}{96}=\frac{\square}{96}$$
$$=\square\frac{\square}{96}=\square\frac{\square}{24}$$

**3** 분모의 최소공배수를 공통분모로 하여 계산하려고 합니다. □ 안에 알맞은 수를 써넣으세요.

$$\frac{7}{12}+\frac{13}{18}=\frac{7\times\square}{12\times3}+\frac{13\times\square}{18\times2}$$
$$=\frac{\square}{36}+\frac{\square}{36}$$
$$=\frac{\square}{36}=\square\frac{\square}{36}$$

## 2 대분수의 덧셈

● 정답 31쪽

### ◎ 분모가 다른 대분수의 덧셈 방법

**방법 1** 자연수는 자연수끼리, 분수는 분수끼리 계산하기 → 분수 부분의 계산이 간단해요.

$$3\frac{1}{2}+1\frac{5}{9}=3\frac{9}{18}+1\frac{10}{18}=(3+1)+\left(\frac{9}{18}+\frac{10}{18}\right)$$

$$=4+\frac{19}{18}=4+1\frac{1}{18}=5\frac{1}{18}$$

가분수 → 대분수

**방법 2** 대분수를 가분수로 나타내어 계산하기

$$3\frac{1}{2}+1\frac{5}{9}=\frac{7}{2}+\frac{14}{9}=\frac{63}{18}+\frac{28}{18}=\frac{91}{18}=5\frac{1}{18}$$

가분수 → 대분수

개념 강의

• 분수끼리의 합이 가분수이면 대분수로 바꾸어 나타냅니다.



**1** 그림을 보고 □ 안에 알맞은 수를 써넣으세요.

(1)

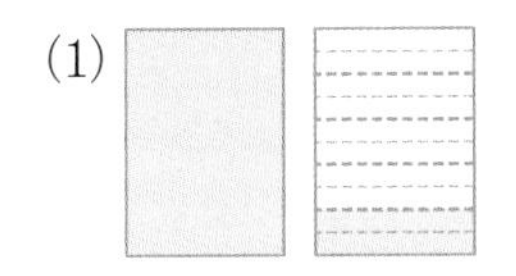

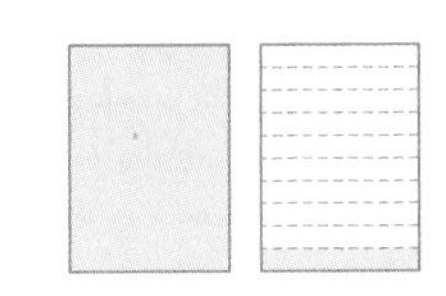

$1\frac{1}{5}=1\frac{\square}{10}$ $\qquad 1\frac{1}{10}$

$$1\frac{1}{5}+1\frac{1}{10}=(1+1)+\left(\frac{\square}{10}+\frac{1}{10}\right)$$

$$=\square+\frac{\square}{10}=\square\frac{\square}{10}$$

(2)

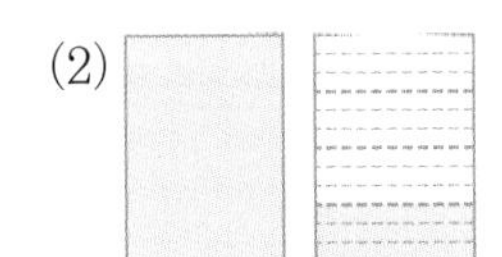

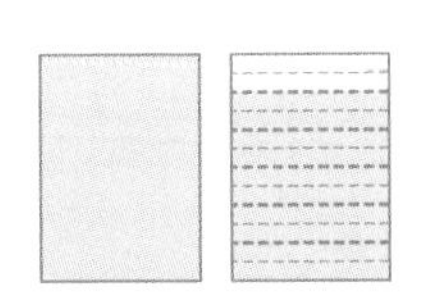

$1\frac{1}{4}=1\frac{\square}{12}$ $\qquad 1\frac{5}{6}=1\frac{\square}{12}$

$$1\frac{1}{4}+1\frac{5}{6}=(1+1)+\left(\frac{\square}{12}+\frac{\square}{12}\right)$$

$$=2+\frac{\square}{12}=2+\square\frac{\square}{12}$$

$$=\square\frac{\square}{12}$$

**2** 자연수는 자연수끼리, 분수는 분수끼리 계산하려고 합니다. □ 안에 알맞은 수를 써넣으세요.

$$2\frac{3}{4}+1\frac{3}{5}=2\frac{\square}{20}+1\frac{\square}{20}$$

$$=(2+1)+\left(\frac{\square}{20}+\frac{\square}{20}\right)$$

$$=\square+\frac{\square}{20}$$

$$=\square+\square\frac{\square}{20}=\square\frac{\square}{20}$$

**3** 대분수를 가분수로 나타내어 계산하려고 합니다. □ 안에 알맞은 수를 써넣으세요.

$$1\frac{7}{9}+1\frac{2}{3}=\frac{\square}{9}+\frac{\square}{3}$$

$$=\frac{\square}{9}+\frac{\square}{9}$$

$$=\frac{\square}{9}=\square\frac{\square}{9}$$

# 진분수의 뺄셈

정답 31쪽

## 분모가 다른 진분수의 뺄셈 방법

**방법 1** 분모의 곱을 공통분모로 하여 통분한 후 계산하기

$$\frac{3}{4}-\frac{1}{6}=\frac{3\times6}{4\times6}-\frac{1\times4}{6\times4}=\frac{18}{24}-\frac{4}{24}=\frac{14}{24}=\frac{7}{12}$$

분모의 곱 24 / 약분

**방법 2** 분모의 최소공배수를 공통분모로 하여 통분한 후 계산하기 → 방법 1보다 계산이 간단해요.

$$\frac{3}{4}-\frac{1}{6}=\frac{3\times3}{4\times3}-\frac{1\times2}{6\times2}=\frac{9}{12}-\frac{2}{12}=\frac{7}{12}$$

분모의 최소공배수 12

- 계산 결과가 약분이 되면 약분하여 기약분수로 나타냅니다.

**1** 그림을 보고 □ 안에 알맞은 수를 써넣으세요.

(1)

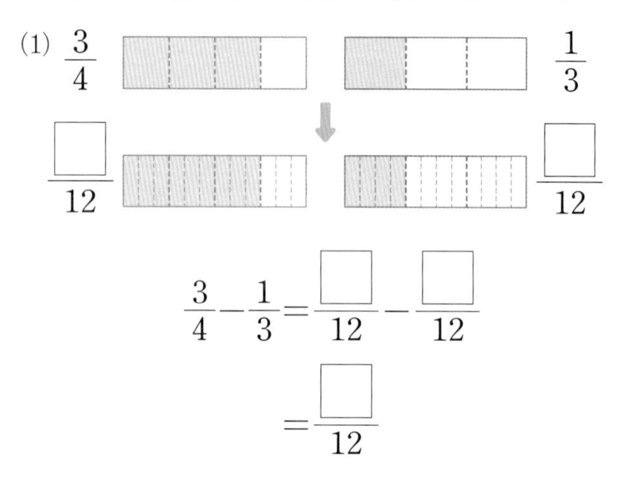

$$\frac{3}{4}-\frac{1}{3}=\frac{\square}{12}-\frac{\square}{12}=\frac{\square}{12}$$

(2)

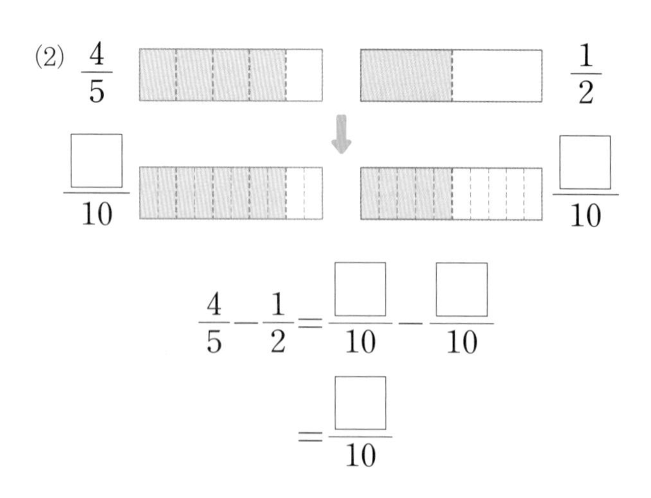

$$\frac{4}{5}-\frac{1}{2}=\frac{\square}{10}-\frac{\square}{10}=\frac{\square}{10}$$

**2** 분모의 곱을 공통분모로 하여 계산하려고 합니다. □ 안에 알맞은 수를 써넣으세요.

(1) $\frac{4}{7}-\frac{3}{8}=\frac{4\times\square}{7\times8}-\frac{3\times\square}{8\times7}=\frac{\square}{56}-\frac{\square}{56}=\frac{\square}{56}$

(2) $\frac{1}{3}-\frac{2}{15}=\frac{1\times\square}{3\times15}-\frac{2\times\square}{15\times3}=\frac{\square}{45}-\frac{\square}{45}=\frac{\square}{45}=\frac{\square}{5}$

**3** 분모의 최소공배수를 공통분모로 하여 계산하려고 합니다. □ 안에 알맞은 수를 써넣으세요.

(1) $\frac{5}{8}-\frac{5}{14}=\frac{5\times\square}{8\times7}-\frac{5\times\square}{14\times4}=\frac{\square}{56}-\frac{\square}{56}=\frac{\square}{56}$

(2) $\frac{3}{10}-\frac{1}{6}=\frac{3\times\square}{10\times3}-\frac{1\times\square}{6\times5}=\frac{\square}{30}-\frac{\square}{30}=\frac{\square}{30}=\frac{\square}{15}$

## 4 대분수의 뺄셈

● 정답 31쪽

### ◎ 분모가 다른 대분수의 뺄셈 방법

**방법 1** 자연수는 자연수끼리, 분수는 분수끼리 계산하기 → 분수 부분의 계산이 간단해요.

빼는 수의 분수 부분이 빼지는 수의 분수 부분보다 크면 자연수 부분에서 1을 받아내림합니다.

$1=\frac{2}{2}=\frac{3}{3}=\frac{4}{4}=\cdots$

$$3\frac{2}{9}-1\frac{5}{6}=3\frac{4}{18}-1\frac{15}{18}=2\frac{22}{18}-1\frac{15}{18}$$

$$=(2-1)+\left(\frac{22}{18}-\frac{15}{18}\right)=1+\frac{7}{18}=1\frac{7}{18}$$

**방법 2** 대분수를 가분수로 나타내어 계산하기

$$3\frac{2}{9}-1\frac{5}{6}=\frac{29}{9}-\frac{11}{6}=\frac{58}{18}-\frac{33}{18}=\frac{25}{18}=1\frac{7}{18}$$

가분수 → 대분수

• 자연수 부분에서 분수 부분으로 받아내림하려면 자연수 부분은 1만큼 빼고 분자에는 분모만큼 더한 수를 써서 나타냅니다.

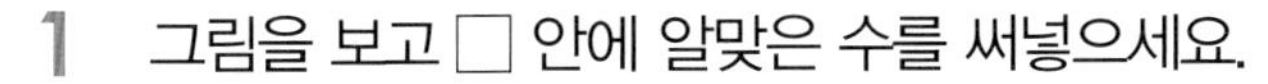

**1** 그림을 보고 □ 안에 알맞은 수를 써넣으세요.

(1)

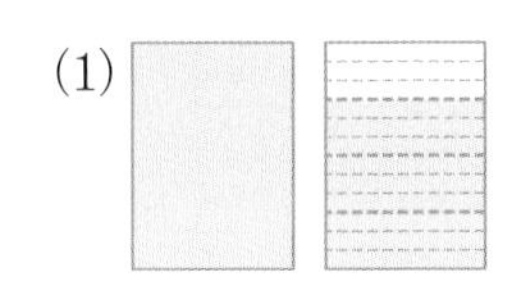
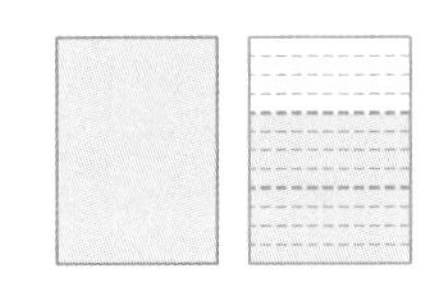

$1\frac{3}{4}=1\frac{\square}{12}$ $\quad$ $1\frac{2}{3}=1\frac{\square}{12}$

$1\frac{3}{4}-1\frac{2}{3}=1\frac{\square}{12}-1\frac{\square}{12}$

$=(1-1)+\left(\frac{\square}{12}-\frac{\square}{12}\right)=\frac{\square}{12}$

(2)

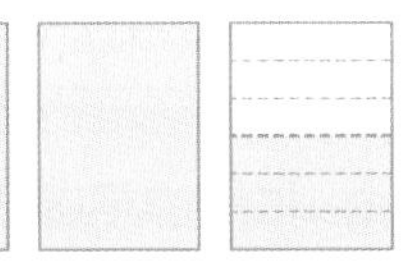
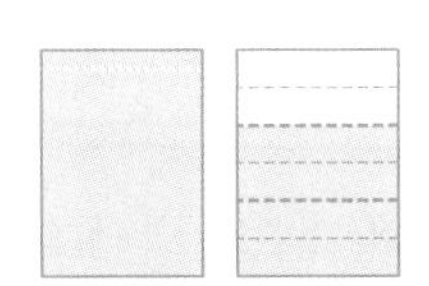

$2\frac{1}{2}=2\frac{\square}{6}$ $\quad$ $1\frac{2}{3}=1\frac{\square}{6}$

$2\frac{1}{2}-1\frac{2}{3}=2\frac{\square}{6}-1\frac{\square}{6}$

$=1\frac{\square}{6}-1\frac{\square}{6}$

$=(1-1)+\left(\frac{\square}{6}-\frac{\square}{6}\right)=\frac{\square}{6}$

**2** 자연수는 자연수끼리, 분수는 분수끼리 계산하려고 합니다. □ 안에 알맞은 수를 써넣으세요.

$3\frac{4}{15}-1\frac{4}{9}=3\frac{\square}{45}-1\frac{\square}{45}$

$=2\frac{\square}{45}-1\frac{\square}{45}$

$=(2-1)+\left(\frac{\square}{45}-\frac{\square}{45}\right)$

$=\square+\frac{\square}{45}=\square\frac{\square}{45}$

**3** 대분수를 가분수로 나타내어 계산하려고 합니다. □ 안에 알맞은 수를 써넣으세요.

$4\frac{2}{7}-2\frac{2}{3}=\frac{\square}{7}-\frac{\square}{3}$

$=\frac{\square}{21}-\frac{\square}{21}$

$=\frac{\square}{21}=\square\frac{\square}{21}$

문제 학습

# 1 진분수의 덧셈

**통분하여 분모가 같은 분수로 나타낸 다음 분자끼리 더합니다.**

방법 1 분모의 곱으로 통분하기

$\frac{5}{9}+\frac{5}{6}=\frac{30}{54}+\frac{45}{54}=\frac{75}{54}=1\frac{21}{54}=1\frac{7}{18}$

방법 2 분모의 최소공배수로 통분하기

$\frac{5}{9}+\frac{5}{6}=\frac{10}{18}+\frac{15}{18}=\frac{25}{18}=1\frac{7}{18}$

### 1

보기 와 같이 분모의 최소공배수로 통분하여 계산하세요.

보기

$\frac{3}{8}+\frac{1}{6}=\frac{3\times3}{8\times3}+\frac{1\times4}{6\times4}=\frac{9}{24}+\frac{4}{24}=\frac{13}{24}$

$\frac{5}{12}+\frac{2}{9}$

### 2

계산을 하세요.

(1) $\frac{2}{5}+\frac{1}{3}$ (2) $\frac{7}{12}+\frac{1}{8}$

(3) $\frac{6}{7}+\frac{5}{9}$ (4) $\frac{11}{15}+\frac{9}{10}$

### 3

□ 안에 알맞은 수를 써넣으세요.

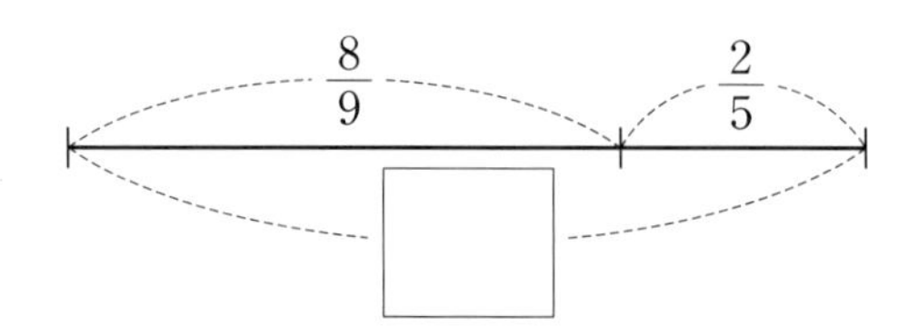


### 4

빈칸에 알맞은 수를 써넣으세요.

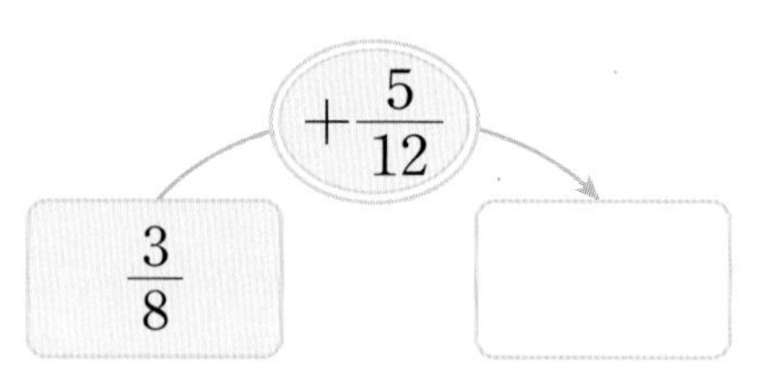


### 5

계산 결과가 1보다 큰 것에 ○표 하세요.

| $\frac{1}{7}+\frac{3}{4}$ | $\frac{5}{7}+\frac{9}{14}$ |
|---|---|
| (　　) | (　　) |

### 6

유진이는 수제비를 만들기 위해 그릇에 밀가루 $\frac{2}{3}$ kg과 달걀 $\frac{3}{8}$ kg을 넣었습니다. 그릇에 담긴 밀가루와 달걀은 모두 몇 kg일까요?

(　　　　　　)

**7** 10종 교과서

수정이는 다음과 같이 잘못 계산했습니다. 처음 잘못 계산한 부분을 찾아 ○표 하고, 바르게 계산하세요.

$$\frac{5}{6}+\frac{3}{8}=\frac{5\times4}{6\times4}+\frac{3}{8\times3}$$
$$=\frac{20}{24}+\frac{3}{24}=\frac{23}{24}$$

$\frac{5}{6}+\frac{3}{8}$ ______________________

**8** 10종 교과서

가장 큰 수와 가장 작은 수의 합을 구하세요.

$\frac{1}{6}$ $\frac{1}{8}$ $\frac{1}{10}$

( )

**9**

계산 결과가 더 큰 것의 기호를 쓰세요.

㉠ $\frac{2}{3}+\frac{4}{5}$ ㉡ $\frac{3}{4}+\frac{3}{10}$

( )

**10**

□ 안에 알맞은 수를 구하세요.

$$\square-\frac{3}{4}=\frac{1}{5}$$

( )

**11**

□ 안에 들어갈 수 있는 자연수를 모두 구하세요.

$$\frac{3}{10}+\frac{1}{4}>\frac{\square}{8}$$

( )

**12**

혜수와 민재가 학교에서 출발하여 서점까지 가려고 합니다. 혜수는 우체국을 지나 서점에 가고, 민재는 학교에서 서점으로 바로 가려고 합니다. 혜수와 민재 중 누가 가는 길이 더 가까울까요?

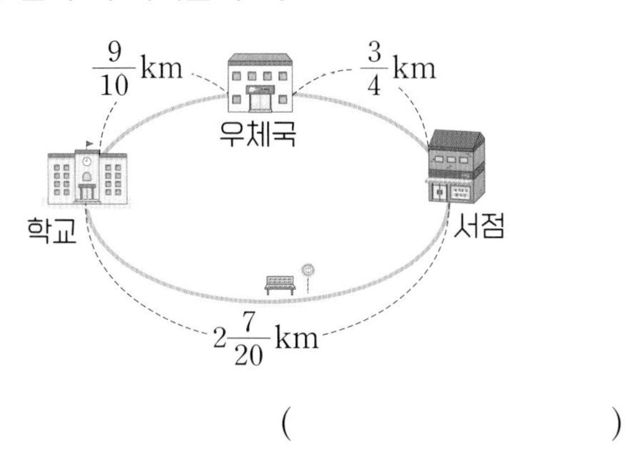


( )

문제 학습

# 2 대분수의 덧셈

› 자연수는 자연수끼리, 분수는 분수끼리 더할 때 분수끼리의 합이 가분수이면 자연수에 1을 받아올림하여 대분수로 나타냅니다.

$$4\frac{2}{3}+2\frac{3}{5}=4\frac{10}{15}+2\frac{9}{15}=6\frac{19}{15}=7\frac{4}{15}$$

$\frac{15}{15}=1$을 받아올림

**1**

$3\frac{3}{4}+2\frac{5}{6}$를 2가지 방법으로 계산하세요.

방법 1

자연수는 자연수끼리, 분수는 분수끼리 계산하기

방법 2

대분수를 가분수로 고쳐서 계산하기

**2**

계산을 하세요.

(1) $2\frac{2}{5}+1\frac{1}{3}$

(2) $1\frac{7}{12}+3\frac{5}{8}$

**3**

두 분수의 합을 구하세요.

$2\frac{1}{6}$ $4\frac{7}{15}$

( )

**4**

강아지와 고양이의 무게의 합은 몇 kg일까요?

$3\frac{7}{8}$ kg $2\frac{5}{12}$ kg

( )

**5**

빈칸에 알맞은 수를 써넣으세요.

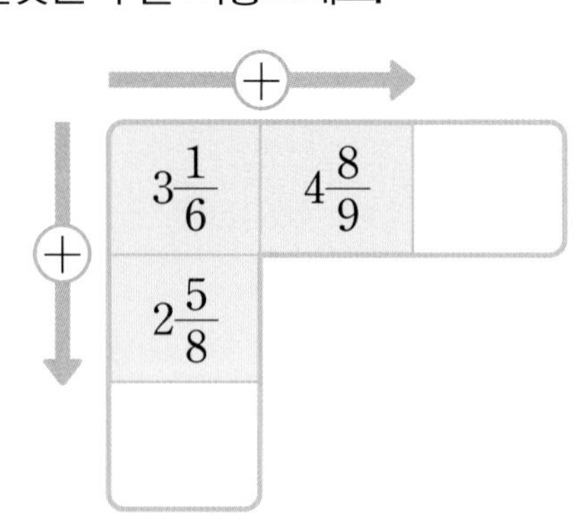


**6**

계산 결과를 비교하여 ○ 안에 >, =, <를 알맞게 써넣으세요.

$2\frac{5}{6}+2\frac{5}{9}$ ○ $1\frac{1}{3}+3\frac{1}{2}$

**7**

직사각형의 가로와 세로의 합은 몇 cm일까요?

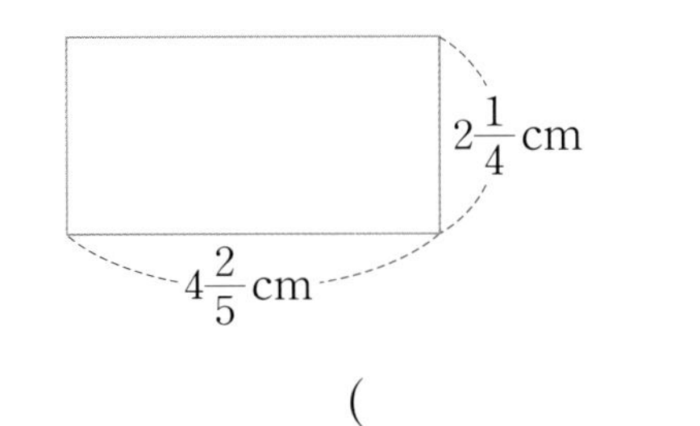


( )

**8** 10종 교과서

계산 결과가 큰 것부터 차례대로 ☆ 안에 1, 2, 3을 써넣으세요.

| ☆ | ☆ | ☆ |
|---|---|---|
| $4\frac{5}{12}+3\frac{1}{3}$ | $2\frac{1}{2}+5\frac{13}{18}$ | $3\frac{4}{9}+4\frac{3}{4}$ |

**9**

□ 안에 들어갈 수 있는 자연수 중에서 가장 작은 수를 구하세요.

$$4\frac{7}{8}+1\frac{5}{6}<6\frac{\square}{24}$$

( )

**10**

★을 다음과 같이 약속할 때, $4\frac{5}{12}★2\frac{2}{3}$의 값을 구하세요.

$$가★나=가+나+1\frac{1}{2}$$

( )

**11**

색 테이프를 두 도막으로 잘랐더니 한 도막은 $1\frac{1}{2}$ m이고, 다른 한 도막은 $2\frac{3}{5}$ m였습니다. 자르기 전 처음 색 테이프의 길이는 몇 m일까요?

( )

**12** 10종 교과서

서준이는 어제는 $2\frac{1}{4}$시간 동안, 오늘은 $2\frac{9}{10}$시간 동안 공부했습니다. 서준이가 어제와 오늘 공부한 시간은 모두 몇 시간일까요?

( )

문제 학습

# 3 진분수의 뺄셈

> **통분하여 분모가 같은 분수로 나타낸 다음 분자끼리 뺍니다.**

방법 1 분모의 곱으로 통분하기

$\frac{5}{6}-\frac{7}{15}=\frac{75}{90}-\frac{42}{90}=\frac{33}{90}=\frac{11}{30}$

방법 2 분모의 최소공배수로 통분하기

$\frac{5}{6}-\frac{7}{15}=\frac{25}{30}-\frac{14}{30}=\frac{11}{30}$

**1**

계산을 하세요.

(1) $\frac{6}{7}-\frac{1}{3}$　　(2) $\frac{5}{6}-\frac{3}{8}$

**[2-3]** 보기 의 계산 방법을 보고 물음에 답하세요.

보기

$\frac{11}{15}-\frac{2}{5}=\frac{11\times5}{15\times5}-\frac{2\times15}{5\times15}$

$=\frac{55}{75}-\frac{30}{75}=\frac{25}{75}=\frac{1}{3}$

**2**

보기 와 같이 분모의 곱으로 통분하여 계산하세요.

$\frac{7}{12}-\frac{1}{4}$

**3**

보기 와 다른 방법으로 계산하고, 계산 방법을 설명하세요.

$\frac{5}{6}-\frac{4}{9}$

방법

**4** 10종 교과서

지혜가 말한 수는 얼마인지 구하세요.

$\frac{4}{15}$보다 $\frac{1}{6}$만큼 더 작은 수

(　　　　　　)

**5**

왼쪽의 계산 결과를 찾아 ○표 하세요.

(1) $\frac{13}{18}-\frac{4}{9}$　|　$\frac{1}{3}$　$\frac{2}{9}$　$\frac{5}{18}$　$\frac{7}{27}$

(2) $\frac{9}{16}-\frac{5}{12}$　|　$\frac{1}{16}$　$\frac{11}{12}$　$\frac{13}{36}$　$\frac{7}{48}$

**6**

바르게 계산한 것을 모두 고르세요. (　　　　)

① $\frac{3}{5}-\frac{1}{3}=\frac{2}{15}$　② $\frac{4}{7}-\frac{1}{6}=\frac{8}{21}$

③ $\frac{7}{15}-\frac{3}{20}=\frac{19}{60}$　④ $\frac{7}{9}-\frac{7}{12}=\frac{1}{6}$

⑤ $\frac{7}{12}-\frac{1}{4}=\frac{1}{3}$

정답 33쪽



## 7

계산 결과가 더 큰 것의 기호를 쓰세요.

㉠ $\frac{7}{9}-\frac{1}{6}$ ㉡ $\frac{2}{3}-\frac{5}{12}$

( )

## 8

가방에 적힌 계산 결과가 큰 사람부터 차례대로 이름을 쓰세요.

( )

## 9 10종 교과서

주스를 재석이는 $\frac{1}{3}$ L 마셨고, 소연이는 $\frac{2}{5}$ L 마셨습니다. 소연이는 재석이보다 주스를 몇 L 더 많이 마셨는지 구하세요.

( )

## 10

미술 시간에 색 테이프를 정민이는 $\frac{7}{8}$ m 사용했고, 현지는 정민이보다 $\frac{1}{6}$ m 더 적게 사용했습니다. 현지가 사용한 색 테이프는 몇 m인지 구하세요.

( )

## 11

어떤 수에 $\frac{4}{9}$를 더했더니 $\frac{13}{15}$이 되었습니다. 어떤 수를 구하세요.

( )

## 12

수 카드 3장 중 2장을 사용하여 만들 수 있는 진분수 중에서 가장 큰 수와 가장 작은 수의 차는 얼마인지 구하세요.

5 4 7

( )

문제 학습

# 4 대분수의 뺄셈

> 자연수는 자연수끼리, 분수는 분수끼리 뺄 때 분수끼리 뺄 수 없으면 자연수에서 1을 받아내림하여 계산합니다.

$$5\frac{1}{4}-1\frac{2}{3}=5\frac{3}{12}-1\frac{8}{12}$$
$$=4\frac{15}{12}-1\frac{8}{12}=3\frac{7}{12}$$

## 1

$3\frac{5}{12}-1\frac{7}{8}$을 2가지 방법으로 계산하세요.

**방법 1**
자연수는 자연수끼리, 분수는 분수끼리 계산하기

**방법 2**
대분수를 가분수로 고쳐서 계산하기

## 2

계산을 하세요.

(1) $4\frac{4}{5}-1\frac{2}{15}$

(2) $6\frac{1}{4}-2\frac{7}{10}$

## 3

두 분수의 차를 구하세요.

$1\frac{5}{9}$ $5\frac{4}{15}$

(　　　　　　　　)

## 4

관계있는 것끼리 이으세요.

| | |
|---|---|
| $1\frac{1}{2}-\frac{1}{8}$ • | • $1\frac{1}{24}$ |
| $3\frac{5}{8}-2\frac{1}{6}$ • | • $1\frac{3}{8}$ |
| $2\frac{5}{12}-1\frac{3}{8}$ • | • $1\frac{11}{24}$ |

## 5

계산 결과가 더 큰 것에 ○표 하세요.

$3\frac{7}{10}-1\frac{1}{6}$ (　　)

$6\frac{4}{9}-4\frac{2}{5}$ (　　)

## 6

빈칸에 알맞은 수를 써넣으세요.

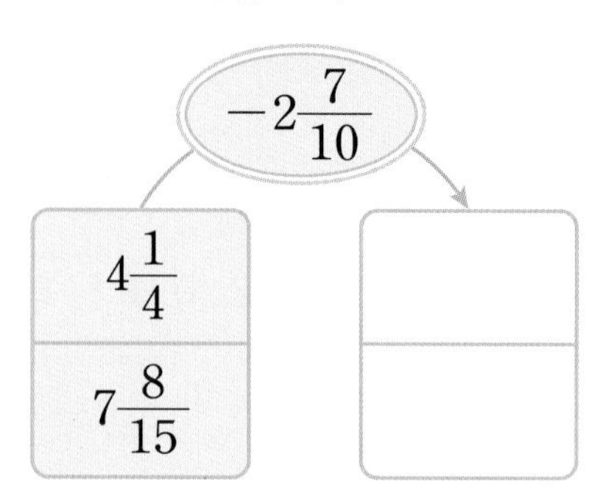

## 7

두 막대의 길이의 차는 몇 m일까요?

$2\frac{9}{16}$ m

$1\frac{2}{3}$ m

( )

## 8

물통에 물이 $6\frac{3}{8}$ L 들어 있었습니다. 이 중에서 $3\frac{7}{12}$ L를 사용하였습니다. 남은 물은 몇 L인지 식을 쓰고, 답을 구하세요.

식

답

## 9 10종 교과서

혜민이의 책가방은 $3\frac{13}{18}$ kg이고, 준영이의 책가방은 $1\frac{11}{12}$ kg입니다. 혜민이의 책가방은 준영이의 책가방보다 몇 kg 더 무거울까요?

( )

## 10 10종 교과서

□ 안에 알맞은 수를 구하세요.

□ ➡ $+1\frac{7}{15}$ ➡ 3

( )

## 11

분수 카드 3장 중 2장을 사용하여 분수의 차가 가장 크게 되도록 뺄셈식을 만들고 계산하세요.

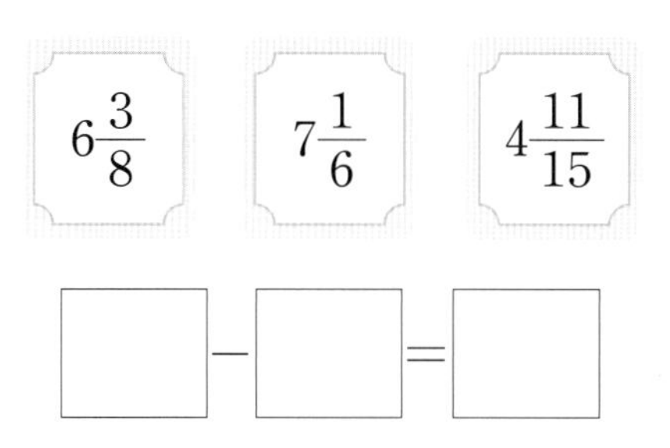

$6\frac{3}{8}$ $7\frac{1}{6}$ $4\frac{11}{15}$

□ − □ = □

## 12

□ 안에 들어갈 수 있는 자연수를 모두 구하세요.

$4\frac{2}{3}-1\frac{2}{7}<\square<7$

( )

## 13

㉠에 알맞은 수를 구하세요.

㉠ $\xrightarrow{+2\frac{1}{4}}$ □ $\xrightarrow{+1\frac{5}{6}}$ $6\frac{8}{9}$

( )

문제 강의

# 1 수 카드로 분수 만들어 계산하기

정답 34쪽

3장의 수 카드를 한 번씩만 사용하여 대분수를 만들려고 합니다. 만들 수 있는 가장 큰 대분수와 가장 작은 대분수의 합을 구하세요.

2 3 8

**1단계** 가장 큰 대분수와 가장 작은 대분수 구하기

가장 큰 대분수 (　　　　　　)

가장 작은 대분수 (　　　　　　)

**2단계** 가장 큰 대분수와 가장 작은 대분수의 합 구하기

(　　　　　　)

**문제해결 tip** 가장 큰 대분수는 자연수 부분에 가장 큰 수를 놓고, 가장 작은 대분수는 자연수 부분에 가장 작은 수를 놓은 다음 나머지 수로 진분수를 만듭니다.

**1·1** 3장의 수 카드를 한 번씩만 사용하여 대분수를 만들려고 합니다. 만들 수 있는 가장 큰 대분수와 가장 작은 대분수의 합을 구하세요.

2 5 7

(　　　　　　)

**1·2** 강우와 지혜는 각자 가지고 있는 수 카드를 한 번씩만 사용하여 대분수를 만들었습니다. 강우는 가장 큰 대분수를, 지혜는 가장 작은 대분수를 만들었다면 두 사람이 만든 대분수의 차를 구하세요.

(　　　　　　)

## 2 바르게 계산한 값 구하기

● 정답 35쪽

**어떤 수에서 $3\frac{1}{2}$을 빼야 할 것을 잘못하여 더했더니 $8\frac{1}{3}$이 되었습니다. 바르게 계산한 값을 구하세요.**

1단계 어떤 수를 □라 하여 잘못 계산한 식 쓰기

식 ______________________

2단계 어떤 수 구하기

(                    )

3단계 바르게 계산한 값 구하기

(                    )

문제해결 tip 덧셈과 뺄셈의 관계를 이용하여 어떤 수를 구합니다. ■+▲=● ➡ ●−■=▲, ●−▲=■

**2·1** 어떤 수에서 $2\frac{5}{6}$를 빼야 할 것을 잘못하여 더했더니 $7\frac{5}{8}$가 되었습니다. 바르게 계산한 값을 구하세요.

(                    )

**2·2** 어떤 수에 $1\frac{2}{3}$를 더해야 할 것을 잘못하여 뺐더니 $4\frac{7}{15}$이 되었습니다. 바르게 계산한 값을 구하세요.

(                    )

문제 강의

## 3 □ 안에 들어갈 수 있는 자연수 구하기

● 정답 35쪽

□ 안에 들어갈 수 있는 자연수를 모두 구하세요.

$$\frac{4}{15}+\frac{1}{10}<\frac{\square}{9}<\frac{2}{5}+\frac{7}{18}$$

**1단계** $\frac{4}{15}+\frac{1}{10}$과 $\frac{2}{5}+\frac{7}{18}$ 계산하기

$$\frac{4}{15}+\frac{1}{10}=\square,\ \frac{2}{5}+\frac{7}{18}=\square$$

**2단계** 통분하여 조건을 다시 나타내기

$$\frac{4}{15}+\frac{1}{10}<\frac{\square}{9}<\frac{2}{5}+\frac{7}{18} \Rightarrow \frac{\square}{90}<\frac{\square\times 10}{90}<\frac{\square}{90}$$

**3단계** □ 안에 들어갈 수 있는 자연수 구하기

( )

**문제해결 tip** 분수의 덧셈을 하고 통분하여 조건을 간단히 나타낸 다음 □ 안에 알맞은 수를 구합니다.

**3·1** □ 안에 들어갈 수 있는 자연수를 구하세요.

$$\frac{3}{16}+\frac{1}{4}<\frac{\square}{8}<\frac{1}{8}+\frac{5}{12}$$

( )

**3·2** □ 안에 들어갈 수 있는 자연수는 모두 몇 개인지 구하세요.

$$5\frac{9}{20}-4\frac{3}{4}<\frac{\square}{20}<3\frac{8}{15}-2\frac{13}{20}$$

( )

# 4 이어 붙인 색 테이프의 길이 구하기

정답 35쪽

길이가 $1\frac{5}{8}$ m인 색 테이프 3장을 그림과 같이 $\frac{7}{20}$ m씩 겹치게 한 줄로 이어 붙였습니다. 이어 붙인 색 테이프의 전체 길이는 몇 m인지 구하세요.

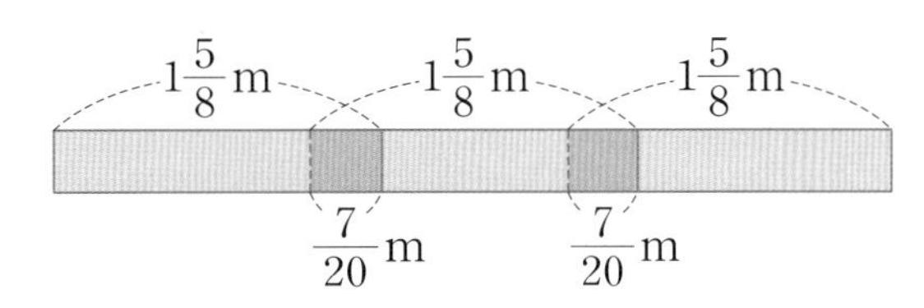


**1단계** 색 테이프 3장의 길이의 합 구하기

( )

**2단계** 겹쳐진 부분의 길이의 합 구하기

( )

**3단계** 이어 붙인 색 테이프의 전체 길이 구하기

( )

**문제해결 tip** (이어 붙인 색 테이프의 전체 길이)=(색 테이프 3장의 길이의 합)−(겹쳐진 부분의 길이의 합)입니다.

**4·1** 길이가 $1\frac{3}{7}$ m인 색 테이프 3장을 그림과 같이 $\frac{4}{21}$ m씩 겹치게 한 줄로 이어 붙였습니다. 이어 붙인 색 테이프의 전체 길이는 몇 m인지 구하세요.

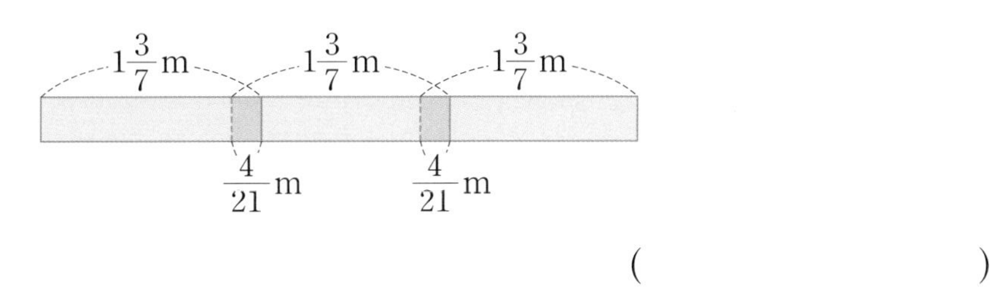


( )

**4·2** 길이가 $1\frac{3}{4}$ m인 색 테이프 2장과 $2\frac{1}{6}$ m인 색 테이프 1장을 겹치게 이어 붙였습니다. 이어 붙인 색 테이프의 전체 길이가 $4\frac{3}{5}$ m일 때, □ 안에 알맞은 수를 구하세요.

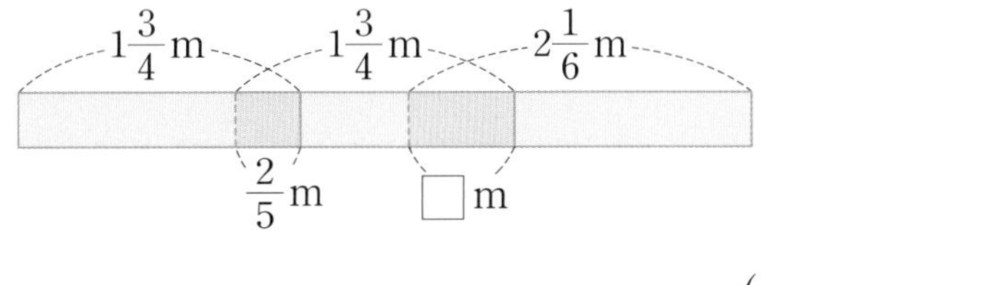


( )

# 5 분수의 덧셈과 뺄셈

정답 36쪽

분모의 곱이나 최소공배수를 공통분모로 하여 통분한 후 분자끼리 더해서 계산합니다.

## ① 분모가 다른 진분수의 덧셈

$$\frac{5}{8}+\frac{5}{12}=\frac{\square}{24}+\frac{\square}{24}=\frac{\square}{24}=1\frac{\square}{24}$$

대분수로 나타내기

자연수는 자연수끼리, 분수는 분수끼리 계산하거나 대분수를 가분수로 나타내어 계산합니다.

## ② 받아올림이 있는 대분수의 덧셈

- 자연수는 자연수끼리, 분수는 분수끼리 계산하기

$$1\frac{4}{5}+3\frac{1}{2}=1\frac{8}{10}+3\frac{5}{10}=(1+\square)+\left(\frac{8}{10}+\frac{\square}{10}\right)$$

$$=4+\frac{\square}{10}=4+1\frac{\square}{10}=\square\frac{3}{10}$$

대분수로 나타내기

- 대분수를 가분수로 나타내어 계산하기

$$1\frac{4}{5}+3\frac{1}{2}=\frac{\square}{5}+\frac{\square}{2}=\frac{\square}{10}+\frac{\square}{10}=\frac{\square}{10}=\square\frac{3}{10}$$

대분수로 나타내기

분모의 곱이나 최소공배수를 공통분모로 하여 통분한 후 분자끼리 뺍니다.

## ③ 분모가 다른 진분수의 뺄셈

$$\frac{3}{8}-\frac{3}{10}=\frac{\square}{40}-\frac{\square}{40}=\frac{\square}{40}$$

대분수를 가분수로 나타내어 계산할 때 계산 결과가 가분수이면 가분수를 대분수로 바꾸어 나타냅니다.

## ④ 분모가 다른 대분수의 뺄셈

- 자연수는 자연수끼리, 분수는 분수끼리 계산하기

$$4\frac{1}{6}-1\frac{3}{4}=4\frac{2}{12}-1\frac{9}{12}=\square\frac{\square}{12}-1\frac{9}{12}$$

1을 가분수로 나타내요.

$$=(\square-1)+\left(\frac{\square}{12}-\frac{9}{12}\right)=\square+\frac{\square}{12}=\square\frac{\square}{12}$$

- 대분수를 가분수로 나타내어 계산하기

$$4\frac{1}{6}-1\frac{3}{4}=\frac{\square}{6}-\frac{\square}{4}=\frac{\square}{12}-\frac{\square}{12}=\frac{\square}{12}=\square\frac{\square}{12}$$

대분수로 나타내기

# 5. 분수의 덧셈과 뺄셈

정답 36쪽



**1**

□ 안에 알맞은 수를 써넣으세요.

$$\frac{3}{5}+\frac{5}{6}=\frac{3\times\square}{5\times\square}+\frac{5\times\square}{6\times\square}$$

$$=\frac{\square}{30}+\frac{\square}{30}$$

$$=\frac{\square}{30}=\square\frac{\square}{30}$$

**2**

□ 안에 알맞은 수를 써넣으세요.

$$3\frac{7}{9}-2\frac{3}{4}=3\frac{\square}{36}-2\frac{\square}{36}$$

$$=(3-2)+\left(\frac{\square}{36}-\frac{\square}{36}\right)$$

$$=\square+\frac{\square}{36}=\square$$

**3**

$\frac{5}{9}+\frac{7}{12}$을 2가지 방법으로 계산하세요.

방법 1

분모의 곱으로 통분한 후 계산하기

방법 2

분모의 최소공배수로 통분한 후 계산하기

**4**

계산 결과가 1보다 큰 것은 어느 것일까요? (　　　　)

① $\frac{4}{7}+\frac{2}{5}$　② $\frac{1}{5}+\frac{3}{4}$　③ $\frac{3}{5}+\frac{1}{3}$

④ $\frac{3}{4}+\frac{2}{7}$　⑤ $\frac{5}{8}+\frac{2}{7}$

**5**

관계있는 것끼리 이으세요.

| | |
|---|---|
| $5\frac{4}{5}-2\frac{7}{15}$ • | • $3\frac{2}{15}$ |
| $1\frac{3}{10}+1\frac{5}{6}$ • | • $3\frac{19}{45}$ |
| $7\frac{2}{9}-3\frac{4}{5}$ • | • $3\frac{1}{3}$ |

**6**

빈칸에 알맞은 수를 써넣으세요.

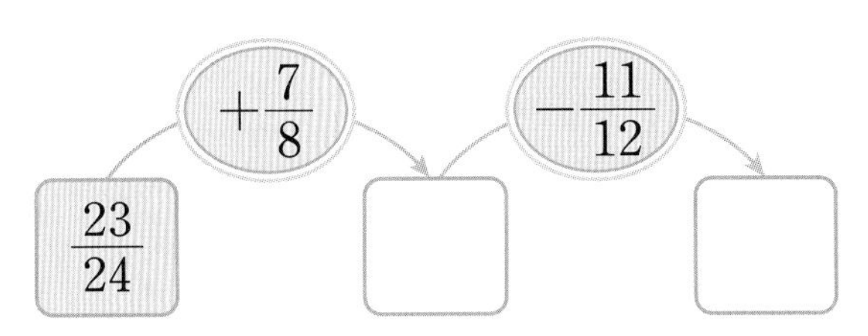


**7**

파란색 테이프의 길이는 $\frac{7}{12}$ m이고, 노란색 테이프의 길이는 $\frac{17}{18}$ m입니다. 두 테이프의 길이의 합은 몇 m일까요?

(　　　　　　　　)

## 8

빈칸에 알맞은 수를 써넣으세요.

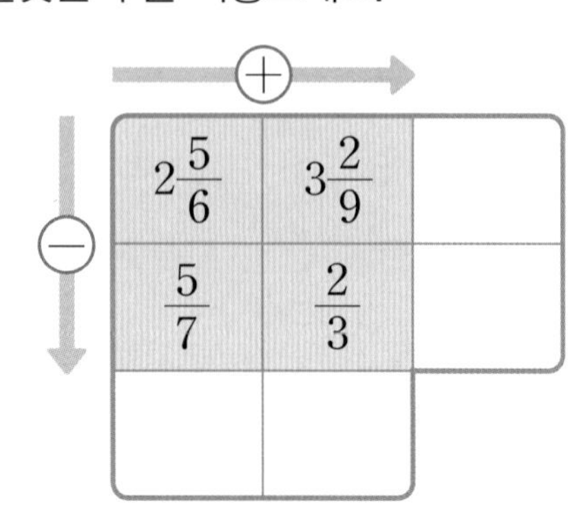


## 9

보기 와 같이 가분수로 나타내어 계산하세요.

보기

$$2\frac{5}{9}-1\frac{1}{3}=\frac{23}{9}-\frac{4}{3}=\frac{23}{9}-\frac{12}{9}$$
$$=\frac{11}{9}=1\frac{2}{9}$$

$4\frac{1}{6}-1\frac{5}{12}$

## 10

두 수의 합과 차를 구하세요.

$1\frac{7}{12}$　　$5\frac{5}{8}$

합 (　　　　　　　　)

차 (　　　　　　　　)

## 11

계산 결과를 비교하여 ○ 안에 >, =, <를 알맞게 써넣으세요.

$1\frac{5}{6}+2\frac{5}{9}$ ○ $7\frac{1}{3}-3\frac{1}{2}$

## 12 서술형

삼각형에서 가장 긴 변과 가장 짧은 변의 길이의 합은 몇 cm인지 해결 과정을 쓰고, 답을 구하세요.

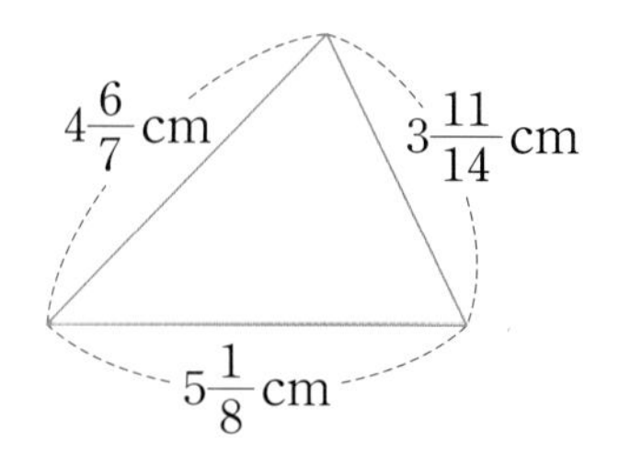


(　　　　　　　　)

## 13

같은 양의 물이 담긴 두 비커에 소금의 양을 다르게 하여 소금물을 만들었습니다. ㉮ 비커에는 소금을 $\frac{13}{15}$컵 넣었고, ㉯ 비커에는 ㉮ 비커보다 $\frac{2}{5}$컵 더 적게 소금을 넣었습니다. ㉯ 비커에 넣은 소금은 몇 컵일까요?

(　　　　　　　　)

## 14

□ 안에 들어갈 수 있는 가장 작은 자연수를 구하세요.

$3\frac{2}{9}+3\frac{1}{6}<\square$

(　　　　　　　　)

## 15

★에 알맞은 수는 얼마인지 구하세요. (단, 같은 기호는 같은 수를 나타냅니다.)

$4\frac{5}{12}-1\frac{4}{9}=$●

★$+1\frac{7}{12}=$●

( )

## 16

□ 안에 알맞은 수를 구하세요.

$2\frac{5}{6}+\square=7\frac{5}{8}$

( )

## 17 서술형

어떤 수에 $1\frac{3}{4}$을 더했더니 $4\frac{1}{3}$이 되었습니다. 어떤 수에 $2\frac{1}{6}$을 더하면 얼마인지 해결 과정을 쓰고, 답을 구하세요.

( )

## 18

㉡에서 ㉢까지의 거리는 몇 m인지 구하세요.

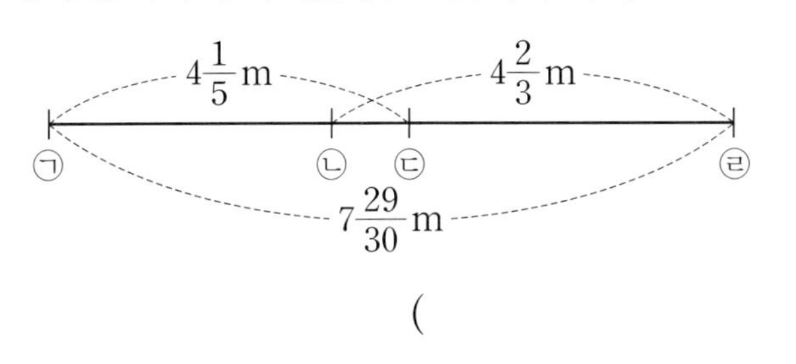


( )

## 19 서술형

준기의 몸무게는 $42\frac{7}{9}$ kg이고, 동생의 몸무게는 준기의 몸무게보다 $4\frac{1}{6}$ kg 더 가볍습니다. 두 사람의 몸무게의 합은 몇 kg인지 해결 과정을 쓰고, 답을 구하세요.

( )

## 20

물이 가득 들어 있는 병의 무게는 $3\frac{5}{6}$ kg입니다. 물의 반을 따라 내고 병의 무게를 재었더니 $2\frac{5}{8}$ kg이었습니다. 빈 병의 무게는 몇 kg일까요?

( )

쉬어 가기

# 다른 그림을 찾아보세요.

정답 45쪽

다른 곳이 15군데 있어요.

# 다각형의 둘레와 넓이

▶ 학습을 완료하면 V표를 하면서 학습 진도를 체크해요.

| | 개념학습 | | | | | | 문제학습 |
|---|---|---|---|---|---|---|---|
| 백점 쪽수 | 132 | 133 | 134 | 135 | 136 | 137 | 138 |
| 확인 | | | | | | | |

| | 문제학습 | | | | | | |
|---|---|---|---|---|---|---|---|
| 백점 쪽수 | 139 | 140 | 141 | 142 | 143 | 144 | 145 |
| 확인 | | | | | | | |

| | 문제학습 | | | | 응용학습 | | |
|---|---|---|---|---|---|---|---|
| 백점 쪽수 | 146 | 147 | 148 | 149 | 150 | 151 | 152 |
| 확인 | | | | | | | |

| | 응용학습 | | | 단원평가 | | | |
|---|---|---|---|---|---|---|---|
| 백점 쪽수 | 153 | 154 | 155 | 156 | 157 | 158 | 159 |
| 확인 | | | | | | | |

개념 학습

# 1 정다각형과 사각형의 둘레

● 정답 37쪽

### ◎ 정다각형의 둘레

정다각형은 변의 길이가 모두 같아요.

(정다각형의 둘레)=(한 변의 길이)×(변의 수)

(정삼각형의 둘레)=(한 변의 길이)×3
(정사각형의 둘레)=(한 변의 길이)×4
(정오각형의 둘레)=(한 변의 길이)×5
(정육각형의 둘레)=(한 변의 길이)×6

### ◎ 직사각형의 둘레

직사각형은 마주 보는 두 변의 길이가 같아요.

(직사각형의 둘레)=((가로)+(세로))×2

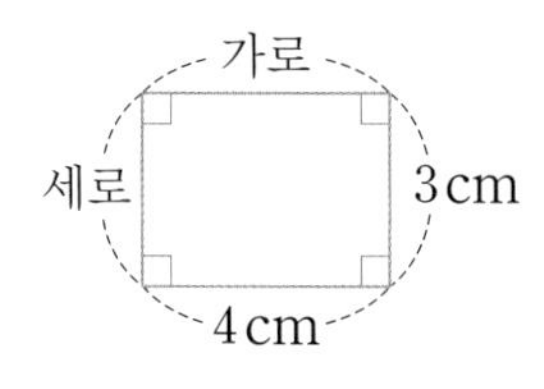


(직사각형의 둘레)=(4+3)×2=14 (cm)

### ◎ 평행사변형의 둘레

평행사변형은 마주 보는 두 변의 길이가 같아요.

(평행사변형의 둘레)
=((한 변의 길이)+(다른 한 변의 길이))×2

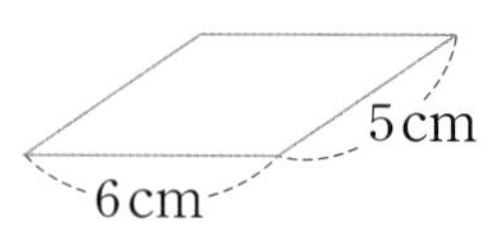


(평행사변형의 둘레)=(6+5)×2=22 (cm)

### ◎ 마름모의 둘레

마름모는 네 변의 길이가 모두 같아요.

(마름모의 둘레)=(한 변의 길이)×4

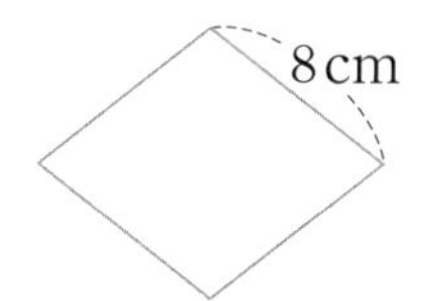


(마름모의 둘레)=8×4=32 (cm)

개념 강의

• 정다각형과 사각형의 변의 성질을 알면 둘레를 구하는 식을 외우지 않아도 기억할 수 있습니다.

**1** 정다각형의 둘레를 구하려고 합니다. □ 안에 알맞은 수를 써넣으세요.

(1)

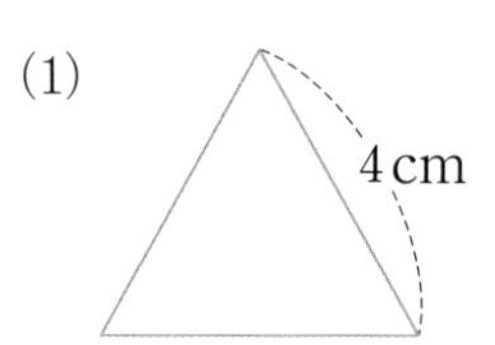


(정삼각형의 둘레)=4×□=□(cm)

(2)

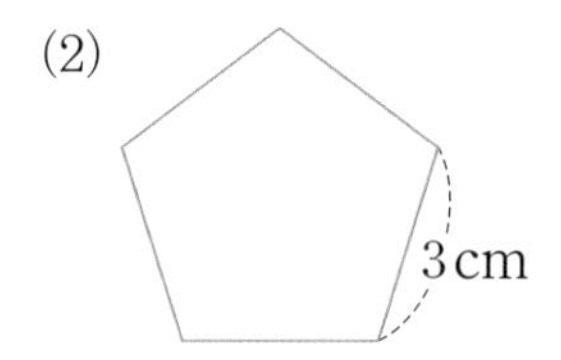


(정오각형의 둘레)=3×□=□(cm)

(3)

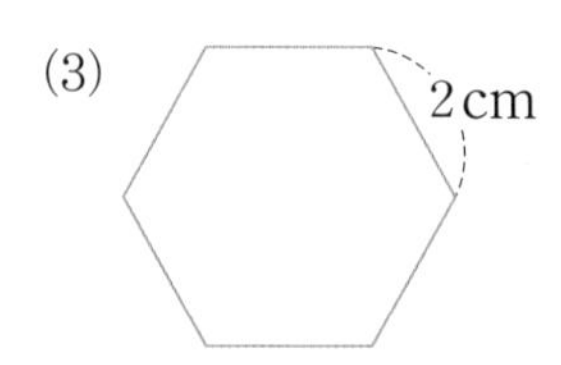


(정육각형의 둘레)=2×□=□(cm)

**2** 사각형의 둘레를 구하려고 합니다. □ 안에 알맞은 수를 써넣으세요.

(1)

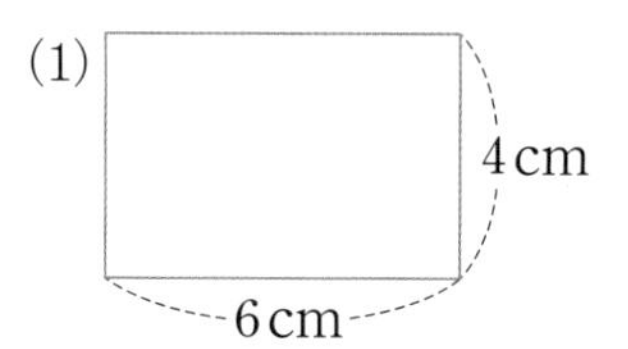


(직사각형의 둘레)=(6+□)×□
=□(cm)

(2)

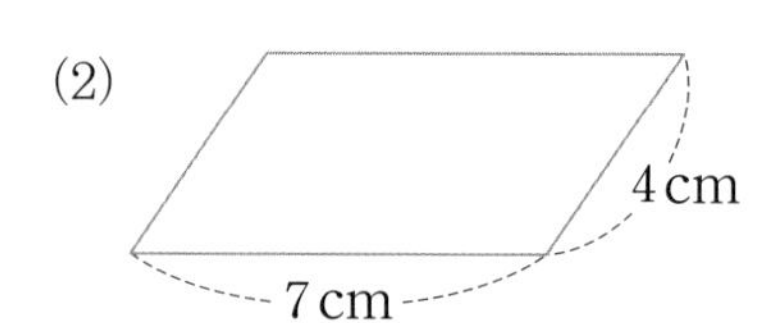


(평행사변형의 둘레)=(7+□)×□
=□(cm)

(3)

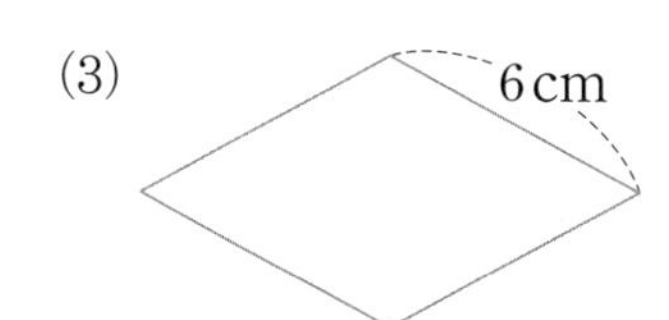


(마름모의 둘레)=□×4=□(cm)

# 2 1cm², 1m², 1km²

정답 37쪽

• **1 cm²**: 한 변의 길이가 1 cm인 정사각형의 넓이

• **1 m²**: 한 변의 길이가 1 m인 정사각형의 넓이

• **1 km²**: 한 변의 길이가 1 km인 정사각형의 넓이

• 1 cm —100배→ 1 m —1000배→ 1 km ➡ 1 cm² —10000배→ 1 m² —1000000배→ 1 km²

**1** 도형의 넓이를 구하려고 합니다. □ 안에 알맞은 수를 써넣으세요.

(1)

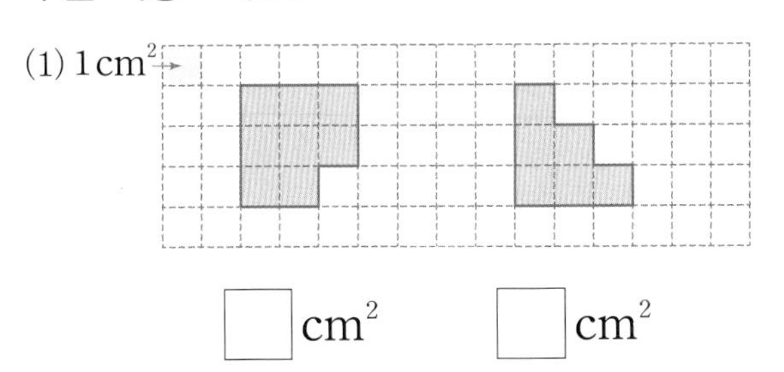


□ cm²　　□ cm²

(2)

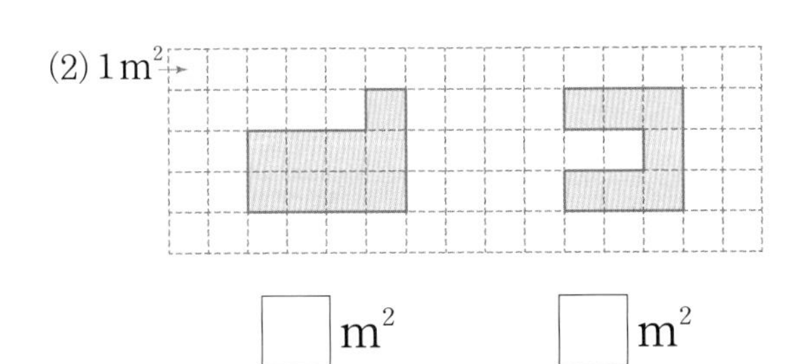


□ m²　　□ m²

(3)

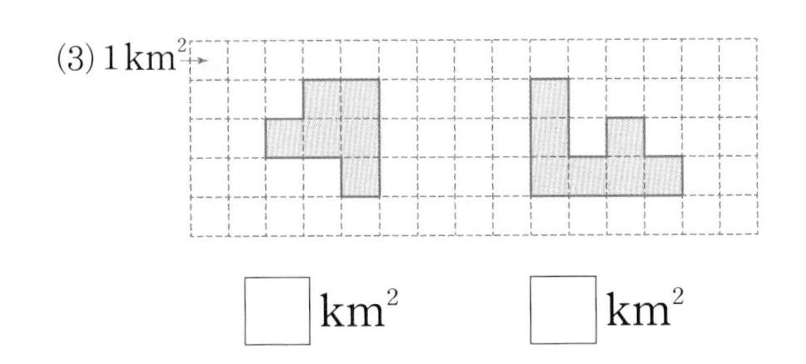


□ km²　　□ km²

**2** □ 안에 알맞은 수를 써넣으세요.

(1) $5\,m^2=$ □ $cm^2$

(2) $70000\,cm^2=$ □ $m^2$

(3) $4\,km^2=$ □ $m^2$

(4) $23000000\,m^2=$ □ $km^2$

(5) $16\,m^2=$ □ $cm^2$

(6) $900000\,cm^2=$ □ $m^2$

(7) $61\,km^2=$ □ $m^2$

(8) $85000000\,m^2=$ □ $km^2$

# 직사각형의 넓이, 평행사변형의 넓이

정답 37쪽

## 직사각형의 넓이

(직사각형의 넓이)=(가로)×(세로)

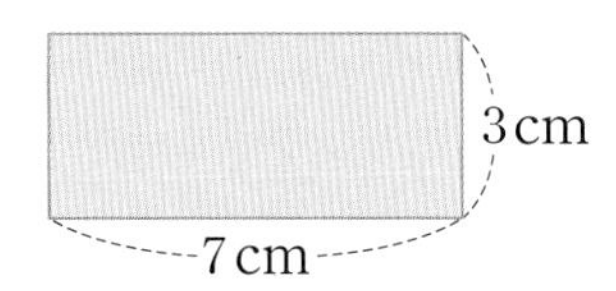


(직사각형의 넓이)$=7\times3=21$ (cm$^2$)

## 정사각형의 넓이

정사각형은 네 변의 길이가 모두 같아요.

(정사각형의 넓이)

=(한 변의 길이)×(한 변의 길이)

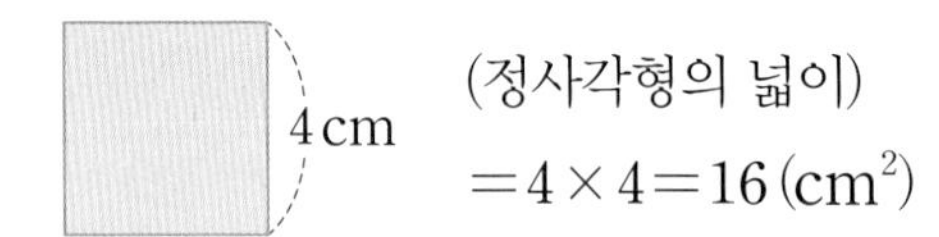


(정사각형의 넓이)

$=4\times4=16$ (cm$^2$)

## 평행사변형의 밑변과 높이

- 밑변: 평행사변형에서 평행한 두 변
- 높이: 두 밑변 사이의 거리

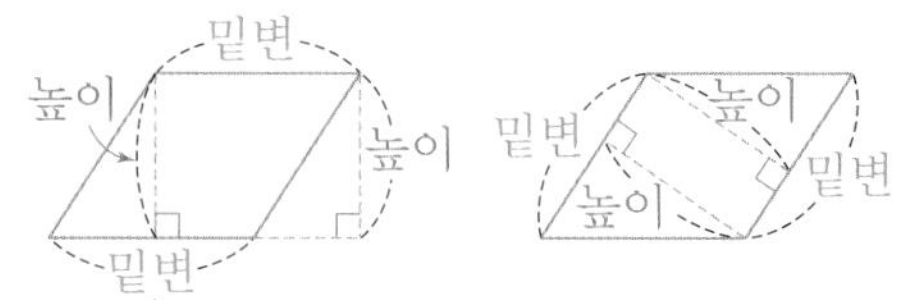


밑변은 기준이 되는 변이고, 높이는 밑변에 따라 정해져요.

## 평행사변형의 넓이

(평행사변형의 넓이)=(밑변의 길이)×(높이)

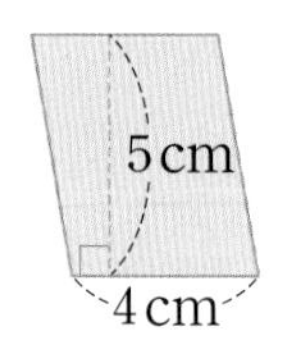


(평행사변형의 넓이)

$=4\times5=20$ (cm$^2$)

개념 강의

- 평행사변형의 높이는 밑변에 따라 정해지고 다양하게 표시할 수 있습니다.
- 평행사변형의 모양이 달라도 밑변의 길이와 높이가 각각 같으면 넓이는 같습니다.

**1** 보기 와 같이 평행사변형의 높이를 나타내세요.

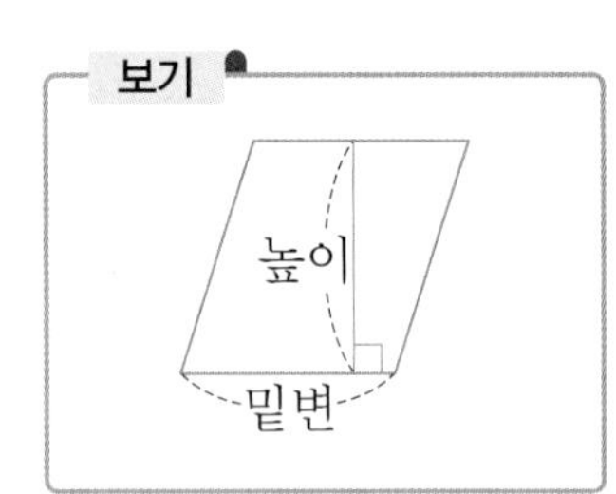


(1)

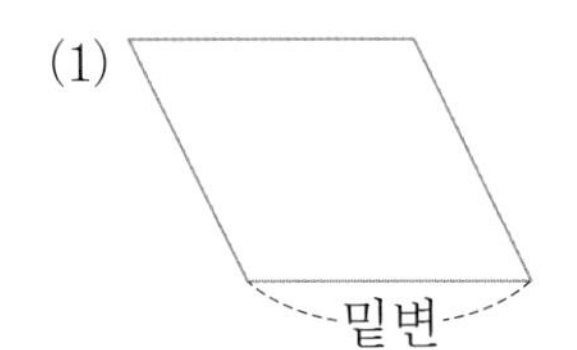


(2)

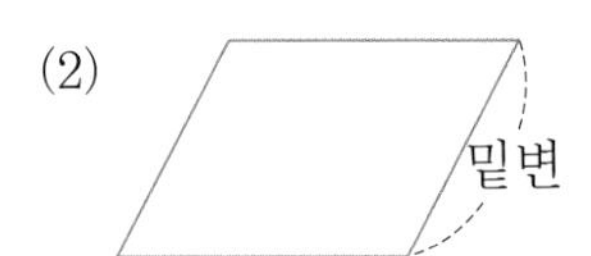


(3)

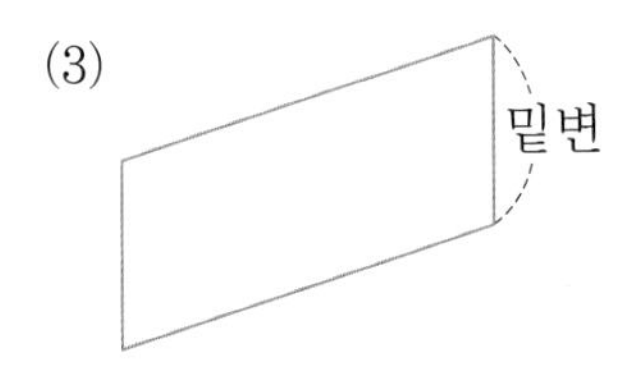


**2** 사각형의 넓이를 구하려고 합니다. □ 안에 알맞은 수를 써넣으세요.

(1)

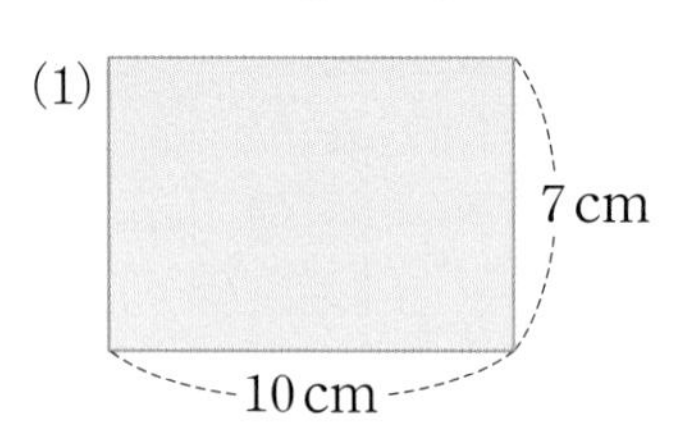


(직사각형의 넓이)$=10\times$□$=$□(cm$^2$)

(2)

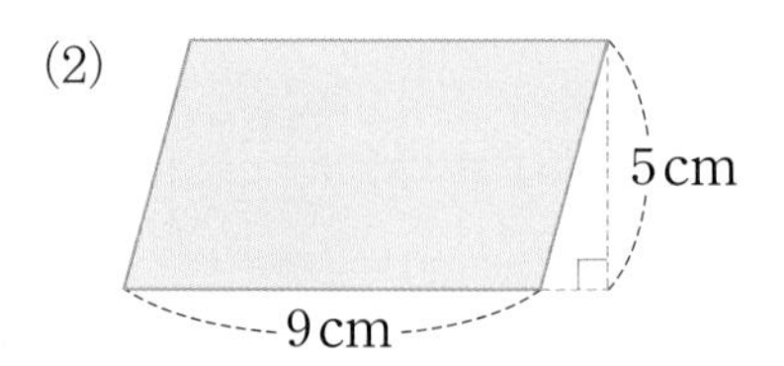


(평행사변형의 넓이)$=9\times$□$=$□(cm$^2$)

(3)

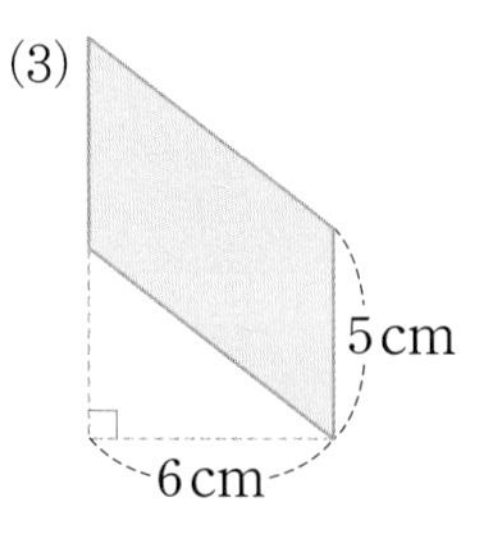


(평행사변형의 넓이)$=5\times$□$=$□(cm$^2$)

# 삼각형의 넓이

● 정답 38쪽

## 삼각형의 밑변과 높이

- 밑변: 삼각형의 한 변
- 높이: 밑변과 마주 보는 꼭짓점에서 밑변에 수직으로 그은 선분의 길이

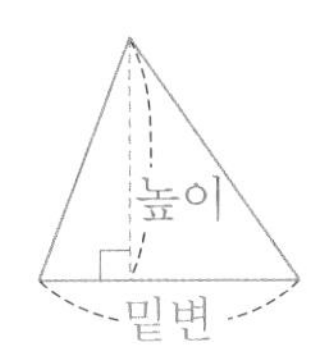


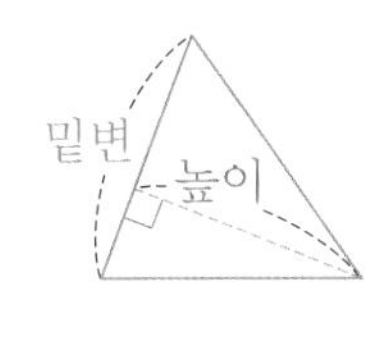


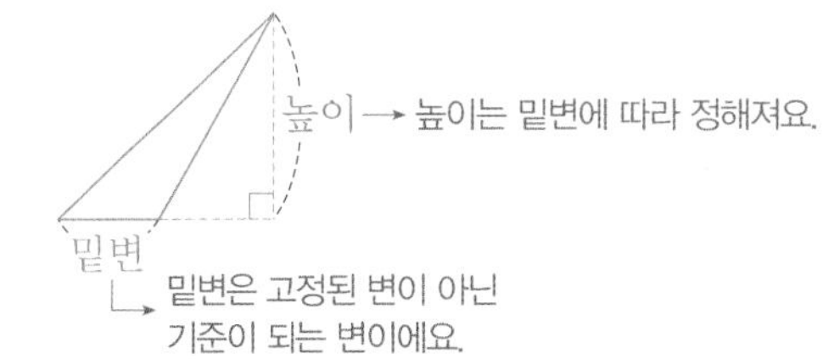


## 삼각형의 넓이

(삼각형의 넓이)=(밑변의 길이)×(높이)÷2

㉮

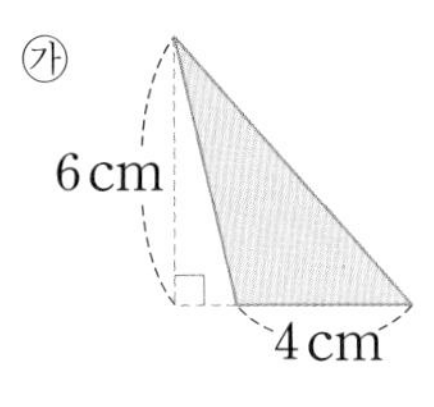


㉯

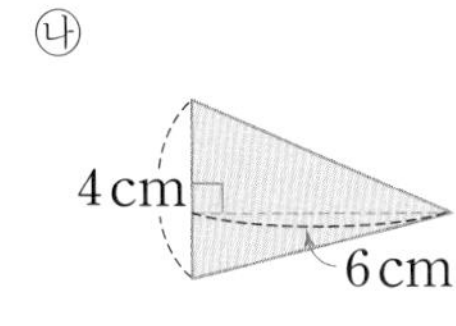


(㉮의 넓이)$=4\times6\div2=12$ (cm$^2$)

(㉯의 넓이)$=4\times6\div2=12$ (cm$^2$)

개념 강의

- 삼각형의 모양이 달라도 밑변의 길이와 높이가 각각 같으면 넓이는 같습니다.

**1** 보기 와 같이 삼각형의 높이를 나타내세요.

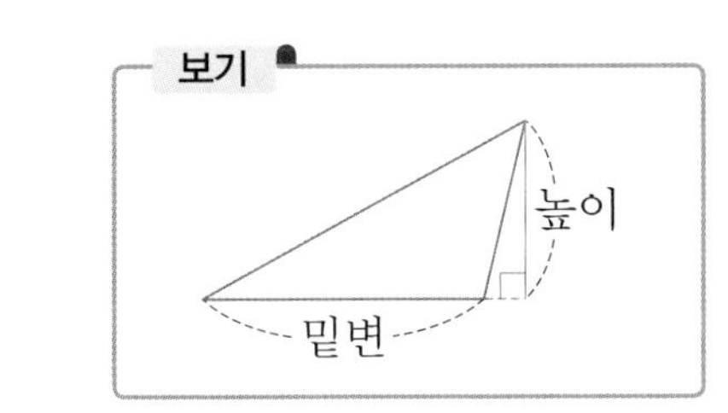


(1)

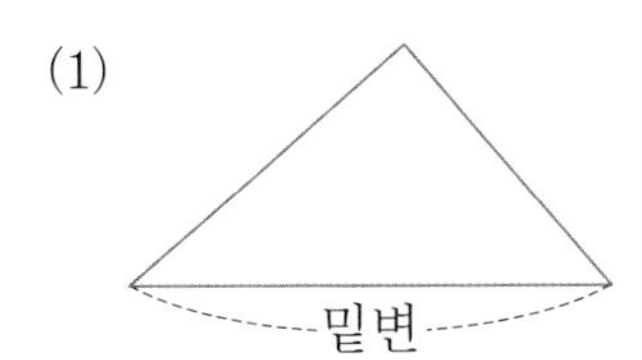


(2)

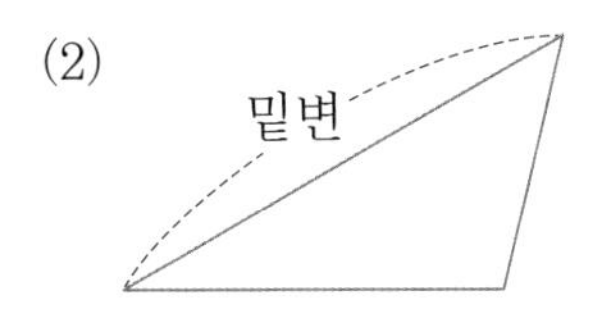


(3)

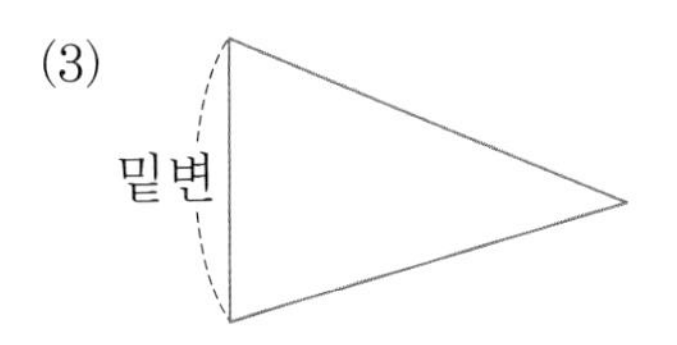


**2** 삼각형의 넓이를 구하려고 합니다. □ 안에 알맞은 수를 써넣으세요.

(1)

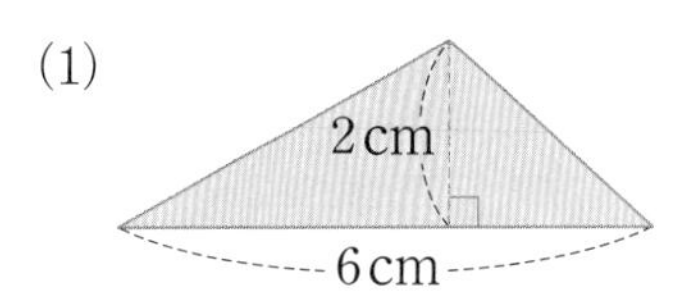


(삼각형의 넓이)$=6\times$ □ $\div2=$ □ (cm$^2$)

(2)

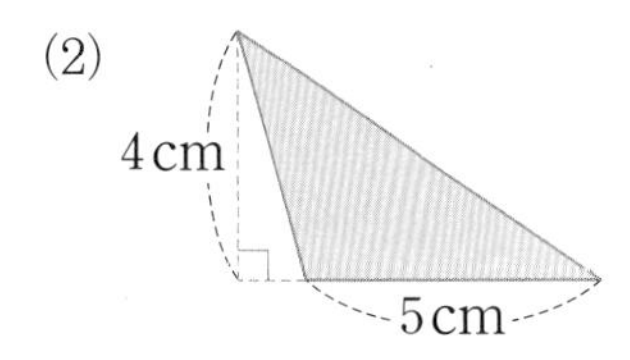


(삼각형의 넓이)$=5\times$ □ $\div$ □

$=$ □ (cm$^2$)

(3)

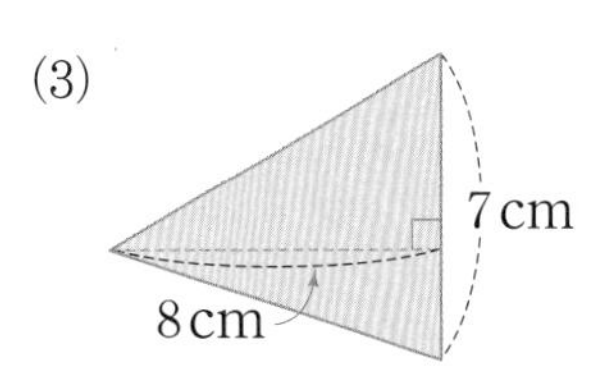


(삼각형의 넓이)$=7\times$ □ $\div$ □

$=$ □ (cm$^2$)

6 단원

# 마름모의 넓이

정답 38쪽

## 마름모의 대각선

- 마름모의 두 대각선은 서로 수직으로 만나고 이등분합니다.
- 마름모의 두 대각선의 길이는 각각 마름모를 둘러싸고 있는 직사각형의 가로, 세로와 같습니다.

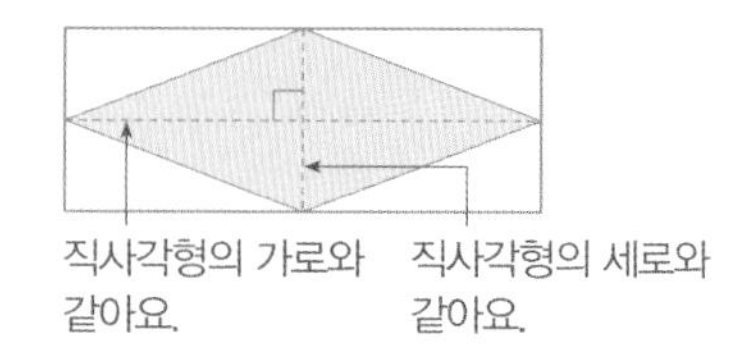


## 마름모의 넓이

(마름모의 넓이)=(한 대각선의 길이)×(다른 대각선의 길이)÷2

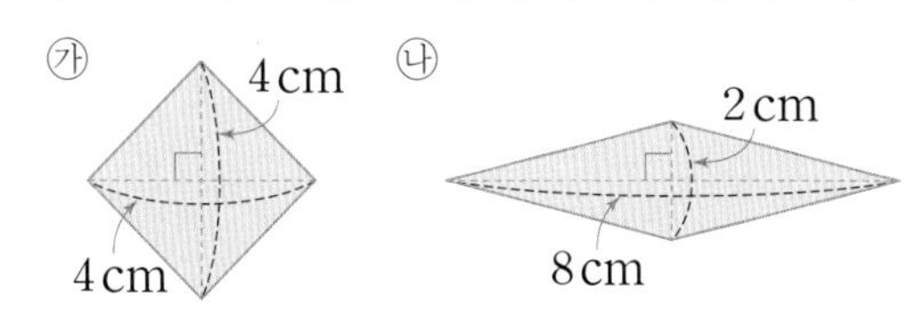


(㉮의 넓이)$=4\times4\div2=8(\text{cm}^2)$

(㉯의 넓이)$=8\times2\div2=8(\text{cm}^2)$

개념 강의 

- 마름모의 넓이는 마름모를 둘러싸고 있는 직사각형의 넓이의 반입니다.
- 마름모의 모양이 달라도 두 대각선의 길이의 곱이 같으면 넓이는 같습니다.

**1** 마름모에서 두 대각선의 길이를 □ 안에 써넣으세요.

(1)

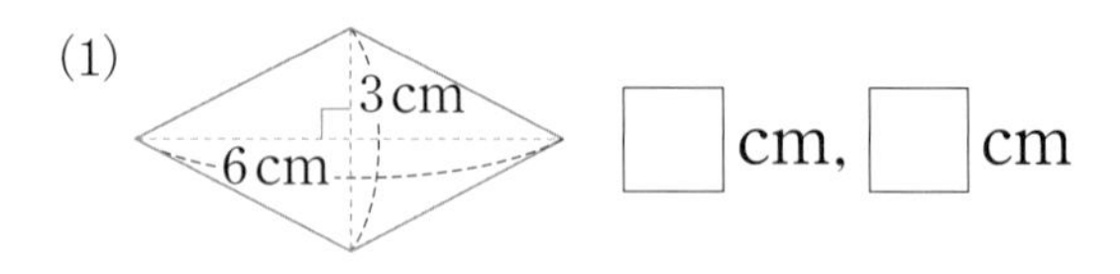


□ cm, □ cm

(2)

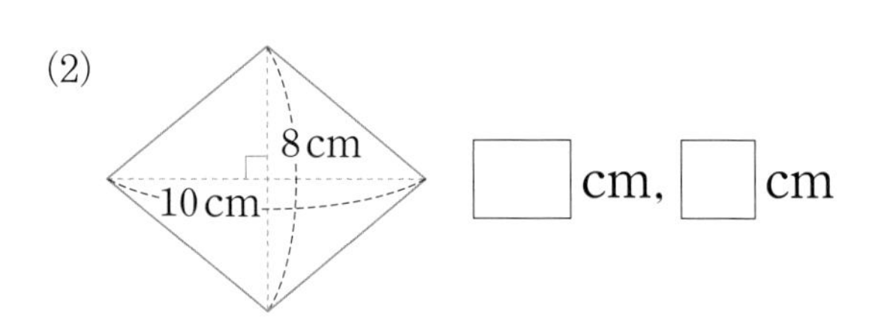


□ cm, □ cm

(3)

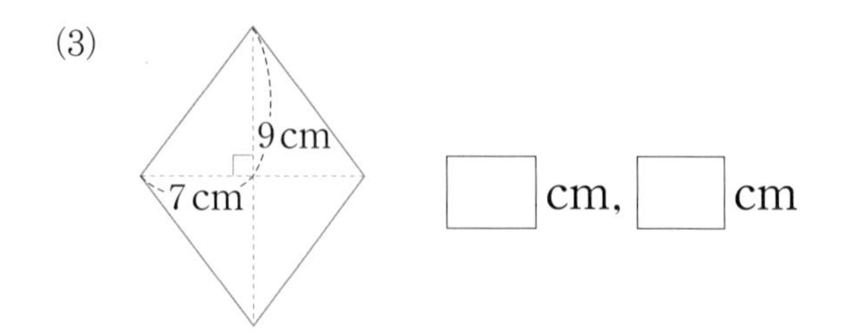


□ cm, □ cm

**2** 마름모의 넓이를 구하려고 합니다. □ 안에 알맞은 수를 써넣으세요.

(1)

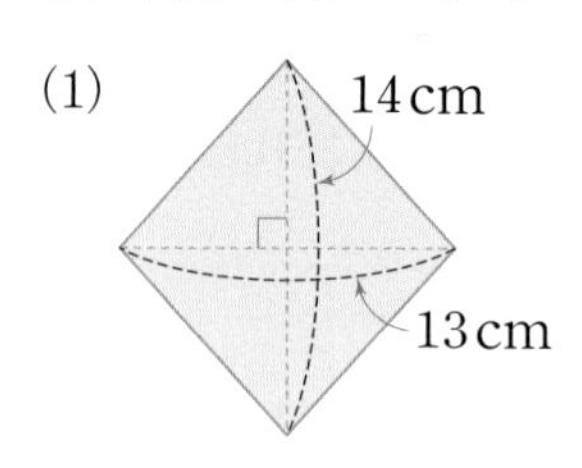


(마름모의 넓이)$=13\times$ □ $\div2$

$=$ □ $(\text{cm}^2)$

(2)

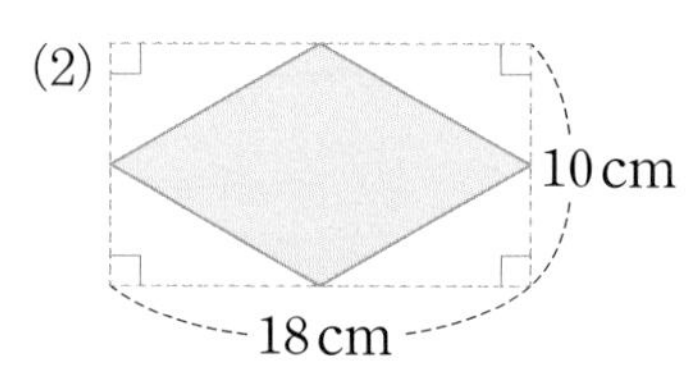


(마름모의 넓이)$=18\times$ □ $\div2$

$=$ □ $(\text{cm}^2)$

(3)

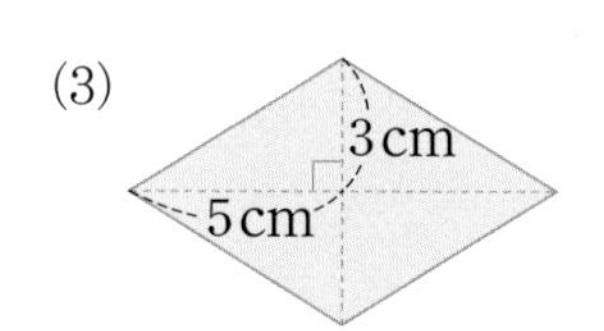


(마름모의 넓이)$=10\times$ □ $\div2$

$=$ □ $(\text{cm}^2)$

# 사다리꼴의 넓이

● 정답 38쪽

## ◎ 사다리꼴의 밑변과 높이

- 밑변: 사다리꼴에서 평행한 두 변 ➡ 윗변: 한 밑변, 아랫변: 윗변과 마주 보는 다른 밑변
- 높이: 두 밑변 사이의 거리

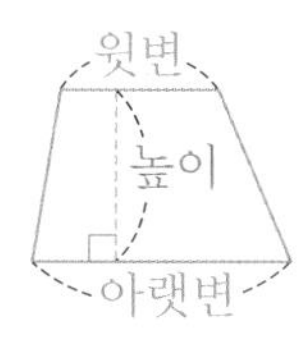

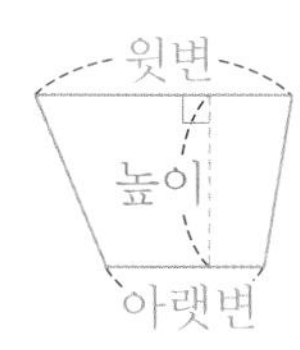

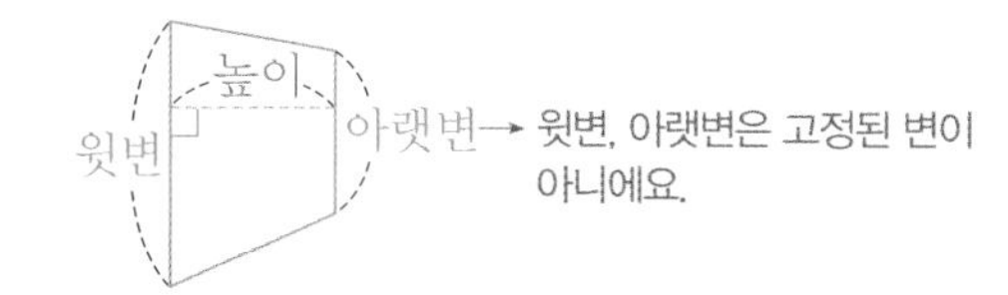


## ◎ 사다리꼴의 넓이

(사다리꼴의 넓이)=((윗변의 길이)+(아랫변의 길이))×(높이)÷2

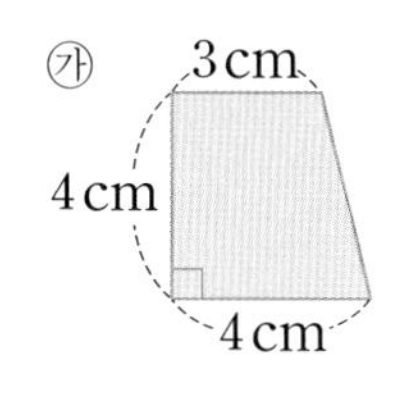

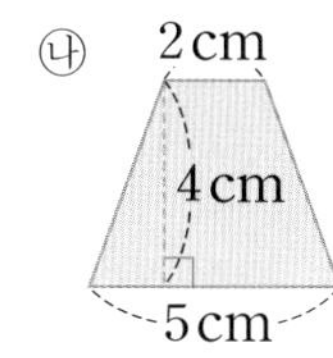


(㉮의 넓이)=(3+4)×4÷2=14 ($cm^2$)

(㉯의 넓이)=(2+5)×4÷2=14 ($cm^2$)

개념 강의

- 사다리꼴의 모양이 달라도 윗변과 아랫변의 길이의 합과 높이가 각각 같으면 넓이는 같습니다.

**1** □ 안에 알맞은 말을 써넣으세요.

(1)

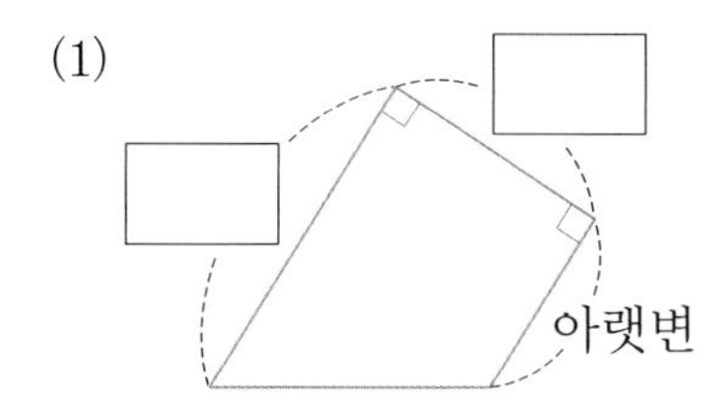


(2)

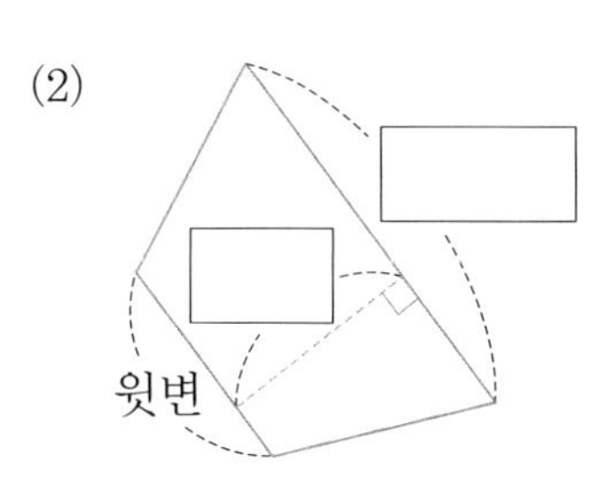


(3)

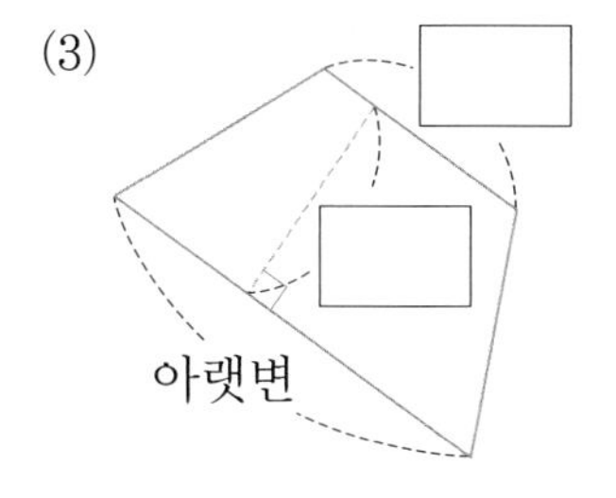


**2** 사다리꼴의 넓이를 구하려고 합니다. □ 안에 알맞은 수를 써넣으세요.

(1)

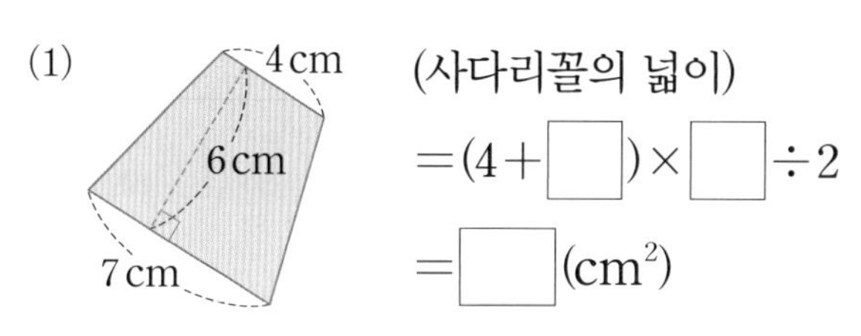


(2)

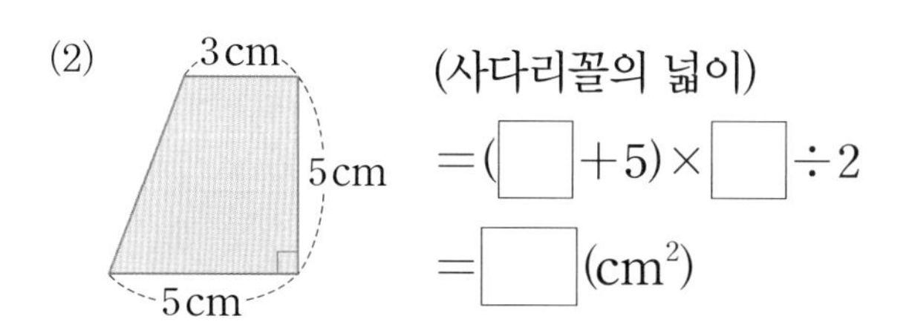


(3)

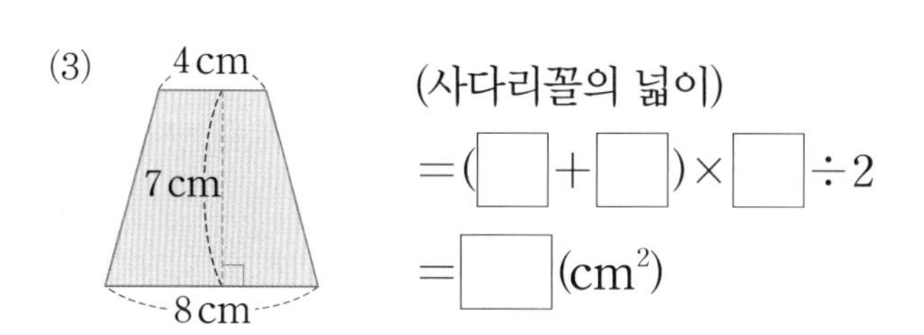

# 1 정다각형과 사각형의 둘레

정다각형은 변의 길이가 모두 같으므로 둘레는 한 변의 길이와 변의 수의 곱입니다.

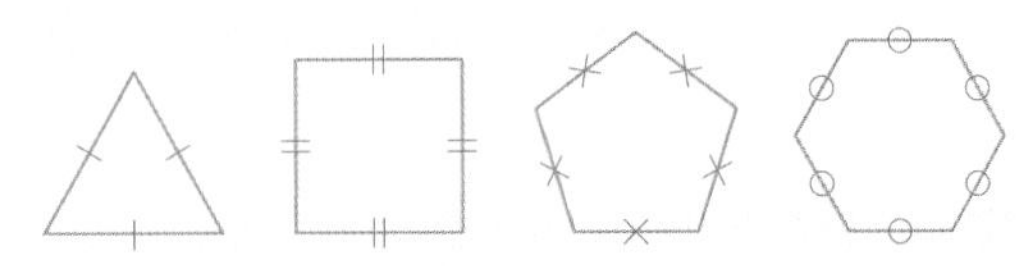

(정●각형의 둘레)=(한 변의 길이)×●

### 1

정다각형의 둘레는 몇 cm인지 구하세요.

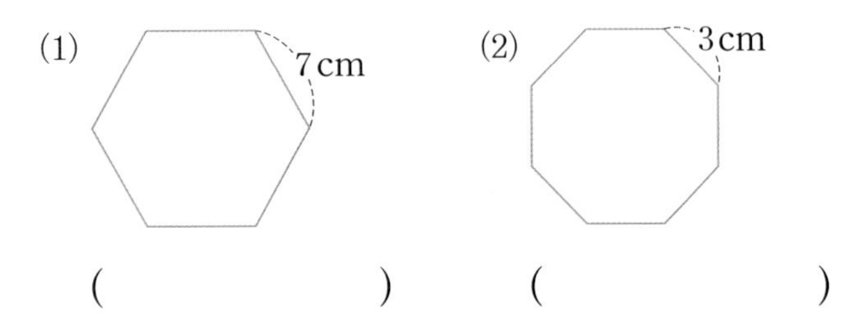


( ) ( )

### 2

한 변의 길이가 6 cm인 정십이각형의 둘레는 몇 cm인지 구하세요.

( )

### 3

직사각형 모양의 초콜릿이 있습니다. 이 초콜릿의 둘레는 몇 cm인지 식을 쓰고, 답을 구하세요.

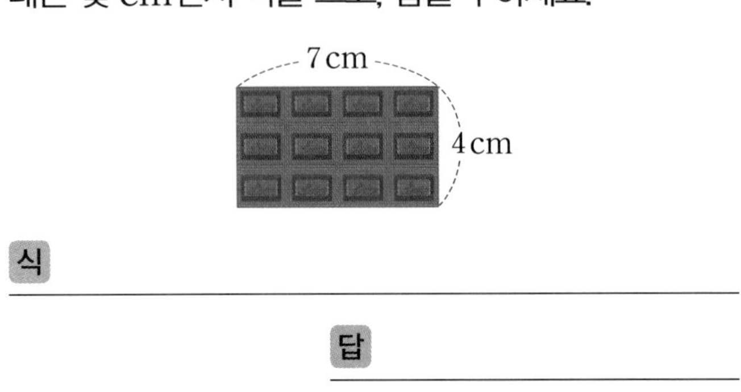


식

답

### 4

마름모의 둘레를 바르게 구한 사람의 이름을 쓰세요.

( )

### 5

가로가 10 cm, 세로가 12 cm인 직사각형 모양의 수첩이 있습니다. 이 수첩의 둘레는 몇 cm일까요?

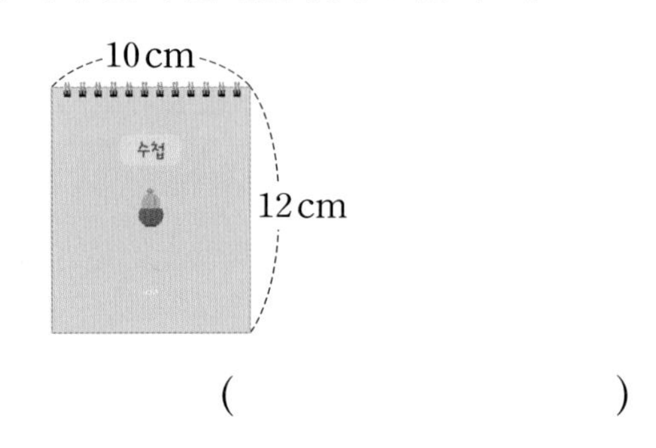


( )

### 6

둘레가 더 짧은 직사각형의 기호를 쓰세요.

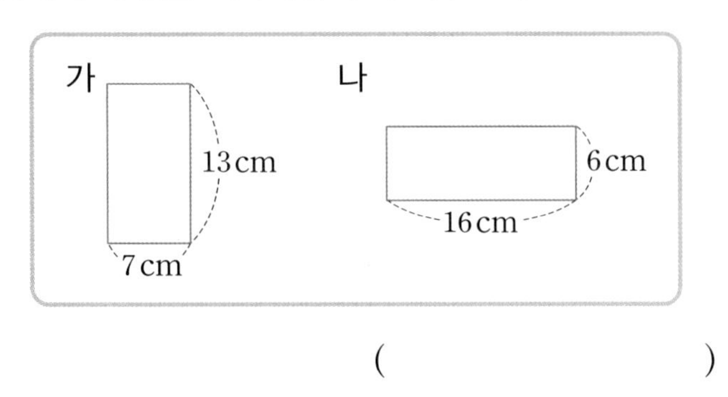


( )

## 7

둘레가 가장 긴 것을 찾아 기호를 쓰세요.

㉠ 한 변의 길이가 9 cm, 다른 한 변의 길이가 4 cm인 평행사변형
㉡ 한 변의 길이가 4 cm인 정칠각형
㉢ 한 변의 길이가 6 cm인 정사각형

(　　　　　　　　)

## 8

평행사변형과 마름모의 둘레의 합은 몇 cm인지 구하세요.

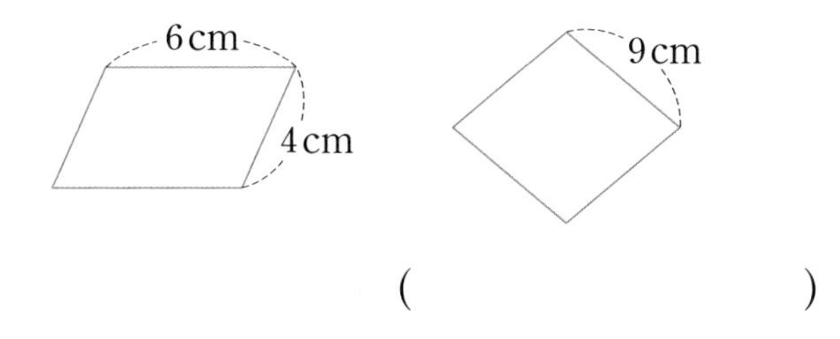


(　　　　　　　　)

## 9 10종 교과서

주어진 선분을 한 변으로 하고, 둘레가 각각 12 cm인 직사각형을 2개 완성하세요.

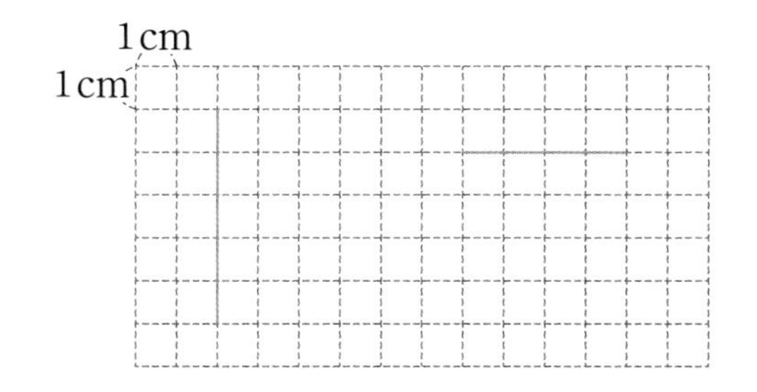


## 10

둘레가 24 cm인 마름모 모양의 타일이 있습니다. 이 타일의 한 변의 길이는 몇 cm인지 구하세요.

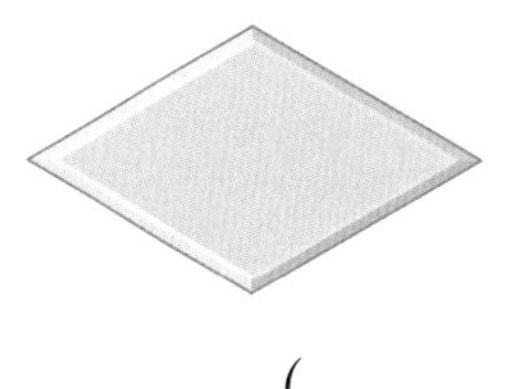

(　　　　　　　　)



## 11

평행사변형의 둘레가 30 cm일 때, □ 안에 알맞은 수를 써넣으세요.

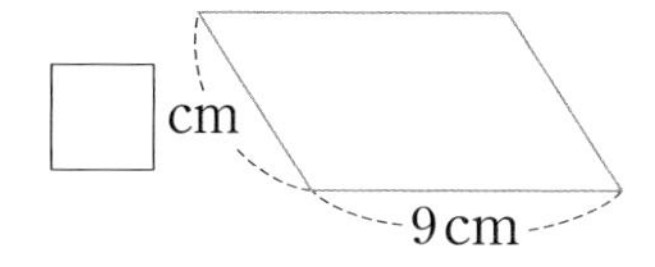


## 12 10종 교과서

서윤이와 지훈이는 각각 둘레가 80 cm인 정다각형을 그렸습니다. 두 사람이 그린 정다각형의 한 변의 길이의 차는 몇 cm인지 구하세요.

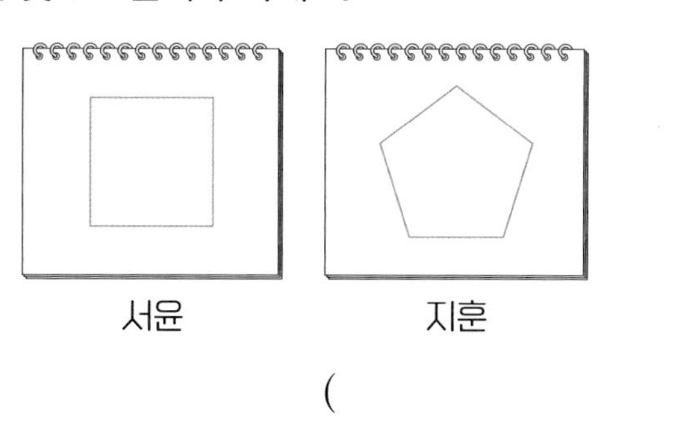


(　　　　　　　　)

## 13

직사각형과 정육각형의 둘레가 같을 때, 정육각형의 한 변의 길이는 몇 cm인지 구하세요.

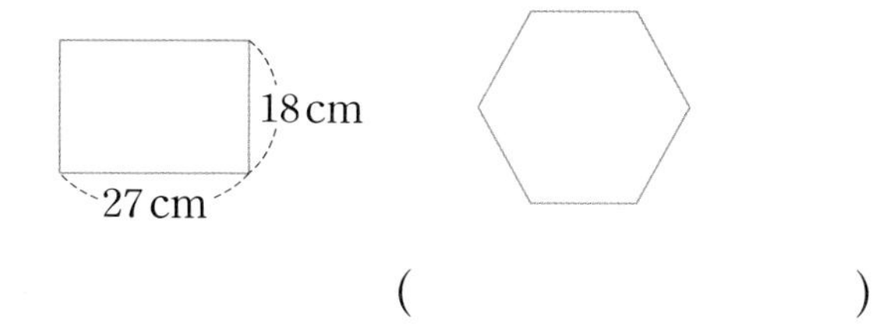


(　　　　　　　　)

문제 학습

# 2 $1cm^2$, $1m^2$, $1km^2$

› $1m=100cm$, $1km=1000m$이므로 $1m^2=10000cm^2$이고, $1km^2=1000000m^2$입니다.

$100cm \times 100cm = 10000cm^2$

$1cm^2 \longrightarrow 1m^2 \longrightarrow 1km^2$

$1000m \times 1000m = 1000000m^2$

## 1
주어진 넓이를 쓰고, 읽어 보세요.

$3m^2$

쓰기

읽기 (                    )

## 2
□ 안에 알맞은 수를 써넣으세요.

(1) $7400000cm^2=$ □ $m^2$

(2) $18km^2=$ □ $m^2$

## 3
$1km^2$가 몇 개 들어가는지 □ 안에 알맞은 수를 써넣으세요.

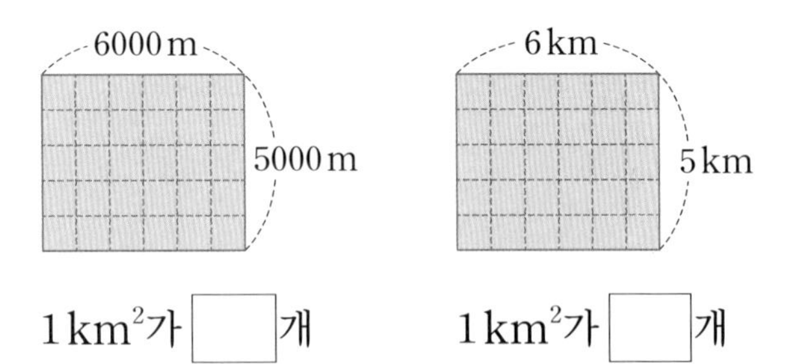


$1km^2$가 □개  $1km^2$가 □개

## 4
넓이가 $6cm^2$인 것을 모두 찾아 ○표 하세요.

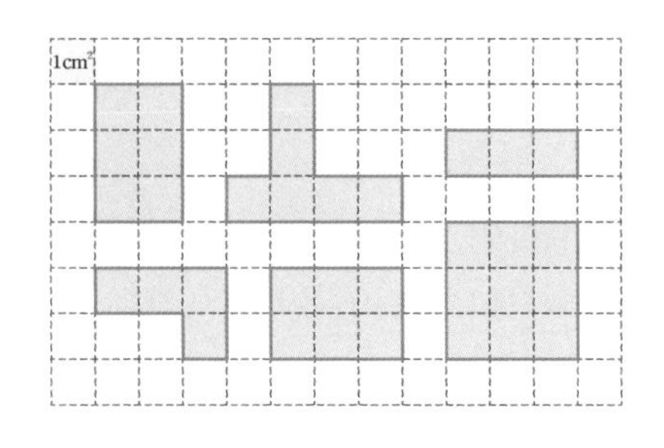


## 5 ⊕ 10종 교과서
보기 에서 알맞은 단위를 골라 □ 안에 써넣으세요.

보기
$cm^2$  $m^2$  $km^2$

(1) 놀이터의 넓이는 350 □ 입니다.

(2) 부산광역시의 넓이는 770 □ 입니다.

(3) 동화책의 넓이는 375 □ 입니다.

## 6
넓이가 같은 도형끼리 같은 색으로 색칠하세요.

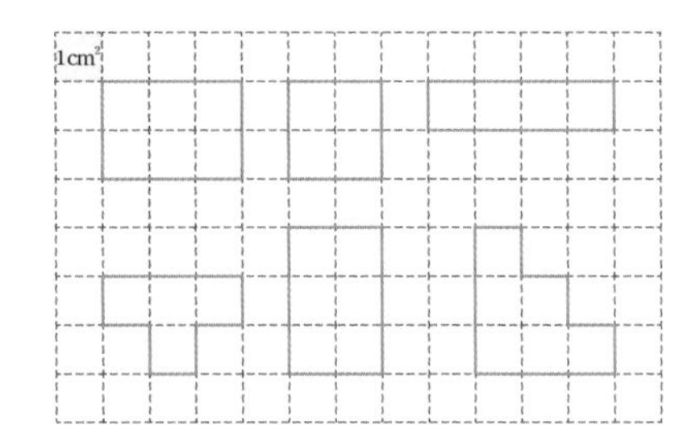

## 7

넓이가 더 넓은 것의 기호를 쓰세요.

㉠ $1.4\,km^2$ ㉡ $900000\,m^2$

( )

## 8

넓이가 $8\ km^2$이고 모양이 다른 도형을 2개 그리세요.

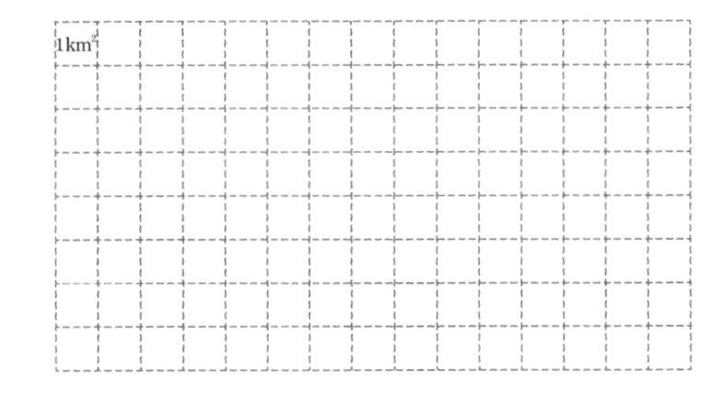


## 9

10종 교과서

도형 가와 도형 나 중 어느 도형이 몇 $cm^2$ 더 넓은지 구하세요.

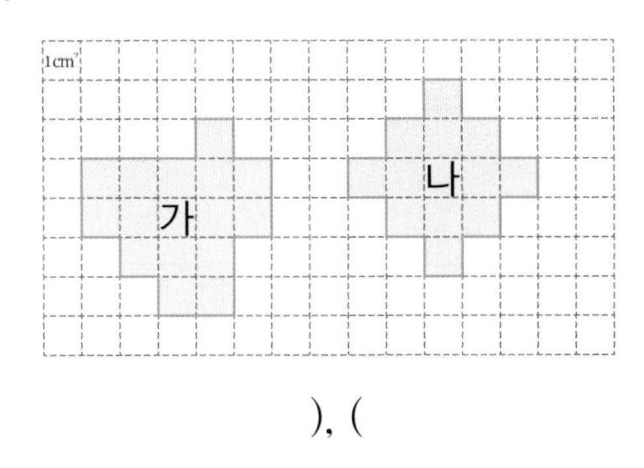


( ), ( )

## 10

$1\,m^2$를 이용하여 나무 판의 넓이는 몇 $m^2$인지 구하세요.

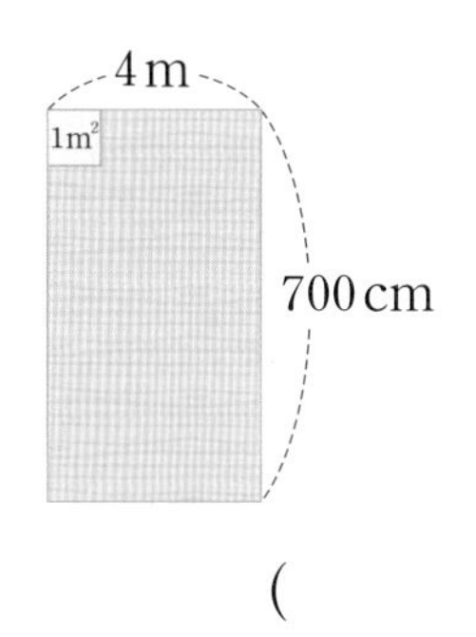


( )

## 11

넓이를 $1\,cm^2$씩 늘려가며 규칙에 따라 도형을 그리고 있습니다. 빈칸에 알맞은 도형을 그리세요.

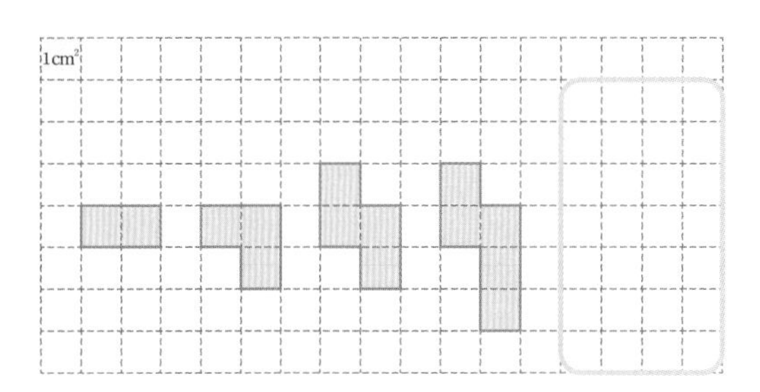


## 12

조각 맞추기 놀이를 하고 있습니다. 모양 조각이 차지하는 부분의 넓이는 몇 $cm^2$일까요?

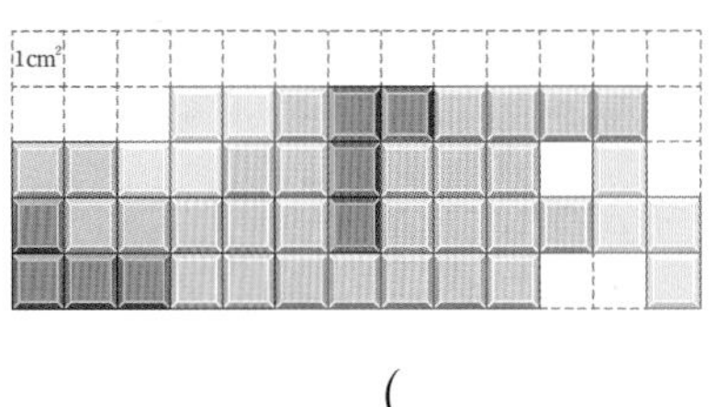


( )

6 단원

문제 학습

# 3 직사각형의 넓이, 평행사변형의 넓이

▸ **평행사변형을 직사각형으로 만들어서 평행사변형의 넓이를 구할 수 있습니다.**

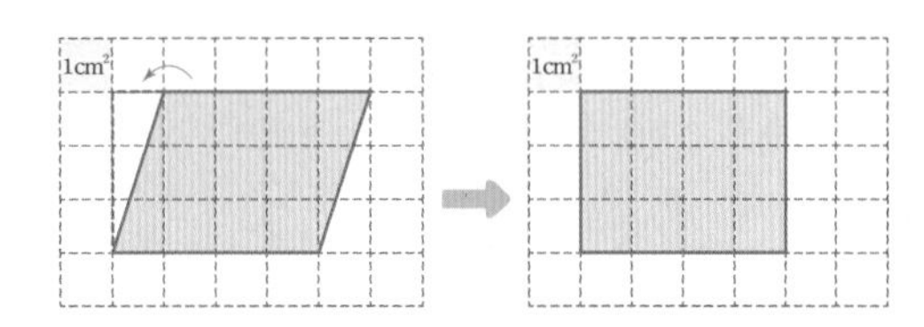


(평행사변형의 넓이)=(직사각형의 넓이)
=(가로)×(세로)
=(밑변의 길이)×(높이)
$=4\times3=12(cm^2)$

## 1

직사각형의 넓이는 몇 $cm^2$인지 구하세요.

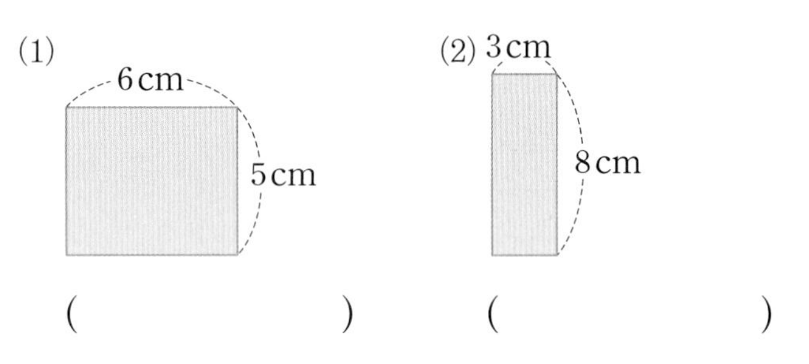


( ) ( )

## 2

다음과 같이 높이를 표시한 평행사변형에서 밑변의 길이는 몇 cm일까요?

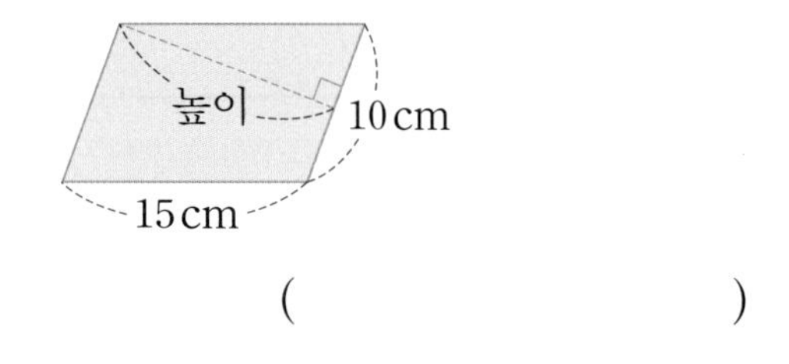


( )

## 3

평행사변형의 넓이는 몇 $cm^2$인지 구하세요.

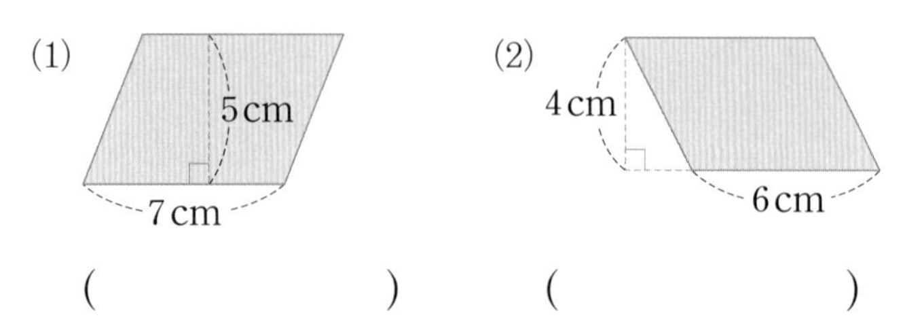


( ) ( )

## 4

직사각형의 넓이를 $km^2$와 $m^2$로 나타내려고 합니다. □ 안에 알맞은 수를 써넣으세요.

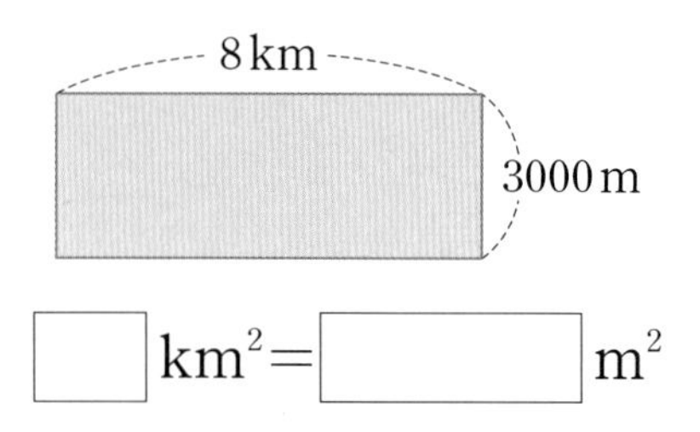


□ $km^2$= □ $m^2$

## 5

⊕ 10종 교과서

지민이는 가로가 23cm, 세로가 20cm인 직사각형 모양의 액자를 샀습니다. 지민이가 산 액자의 넓이는 몇 $cm^2$인지 구하세요.

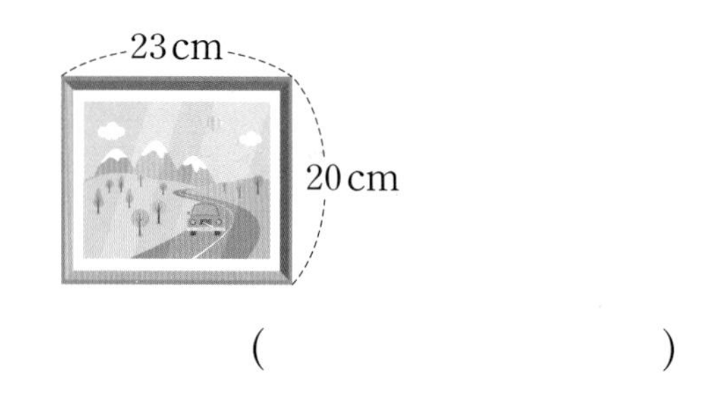


( )

## 6

정사각형 가와 나의 넓이의 차는 몇 $cm^2$인지 구하세요.

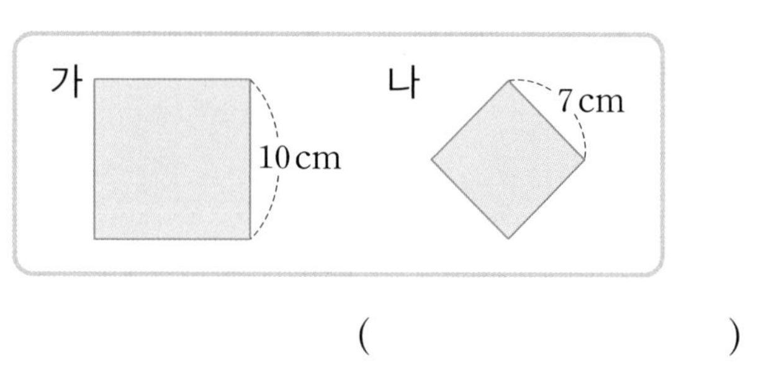


( )

**7**

평행사변형의 넓이를 두 가지 방법으로 구하세요.

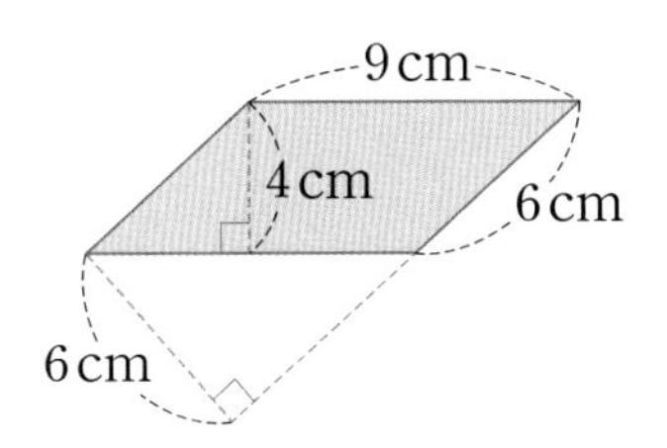


방법 1 ______

방법 2 ______

**[8-9] 직사각형을 보고 물음에 답하세요.**

1 cm² 첫째 둘째 셋째

**8**

직사각형의 넓이를 구하려고 합니다. 빈칸에 알맞은 수를 써넣으세요.

| 직사각형 | 첫째 | 둘째 | 셋째 |
| --- | --- | --- | --- |
| 가로(cm) | | | |
| 세로(cm) | 3 | | 3 |
| 넓이($cm^2$) | | | |

**9**

위와 같은 규칙에 따라 직사각형을 계속 그렸을 때, 바르게 설명한 것을 찾아 기호를 쓰세요.

㉠ 가로가 1 cm 커지면 넓이는 2 $cm^2$만큼 커집니다.
㉡ 세로는 계속 같은 길이인 직사각형을 그리게 됩니다.
㉢ 일곱째 직사각형의 넓이는 21 $cm^2$입니다.

( )

**10** 10종 교과서

넓이가 다른 평행사변형을 찾아 기호를 쓰세요.

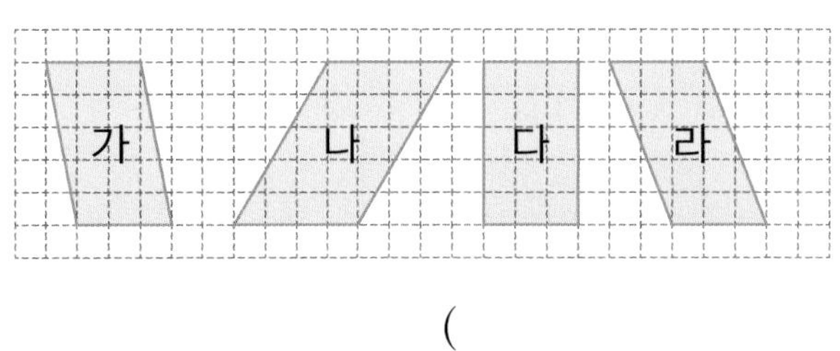


( )



**11**

평행사변형을 보고 □ 안에 알맞은 수를 써넣으세요.

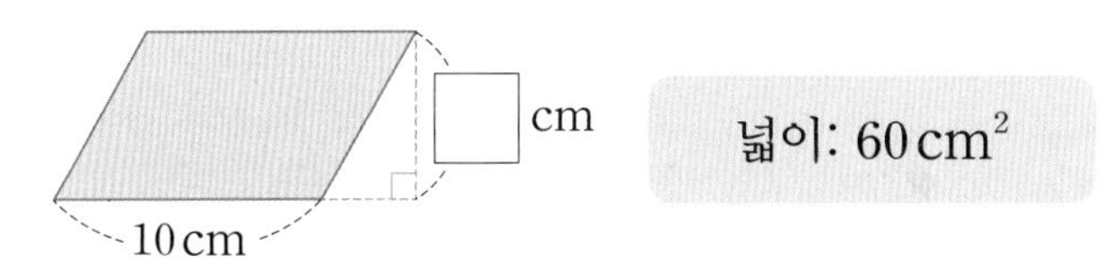


**12**

직사각형 가와 정사각형 나의 넓이가 같을 때, 직사각형의 세로는 몇 cm인지 구하세요.

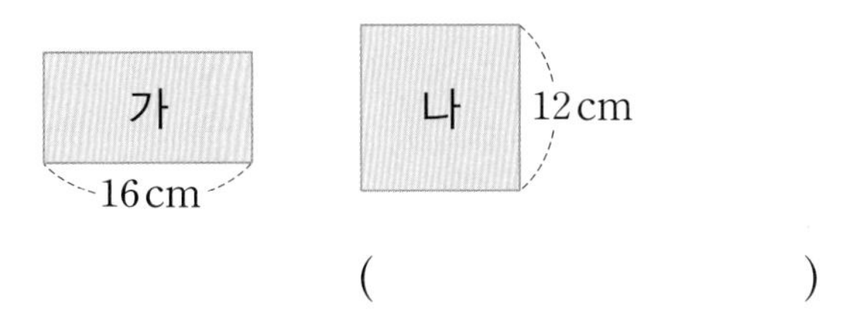


( )

**13** 10종 교과서

둘레가 32 cm인 정사각형이 있습니다. 이 정사각형의 넓이는 몇 $cm^2$인지 구하세요.

( )

# 4 삼각형의 넓이

▶ 삼각형 2개를 이용하여 평행사변형을 만들어서 삼각형의 넓이를 구할 수 있습니다.

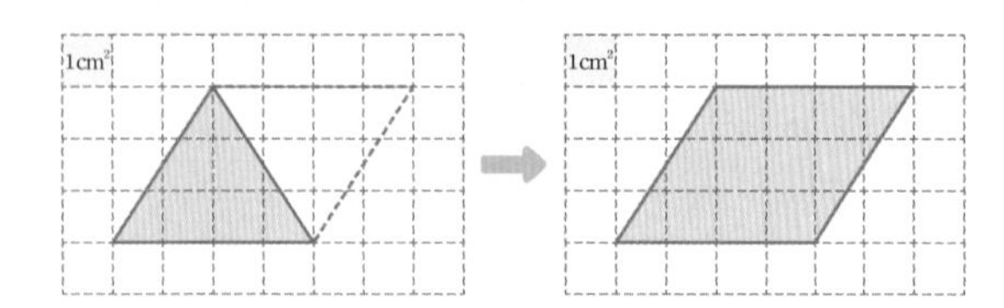


(삼각형의 넓이)=(평행사변형의 넓이)÷2
=(밑변의 길이)×(높이)÷2
=$4\times3\div2=6$ (cm²)

## 1

삼각형의 넓이는 몇 cm²인지 구하세요.

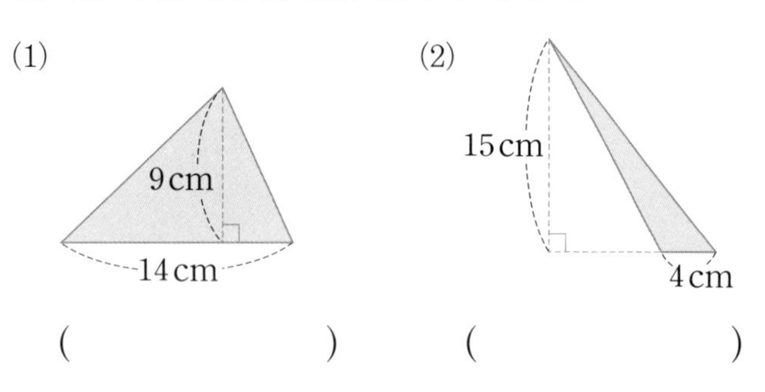


( )　　( )

## 2

삼각형을 잘라서 만든 평행사변형으로 삼각형의 넓이를 구하려고 합니다. 알맞은 말에 ○표 하고, □ 안에 알맞은 수를 써넣으세요.

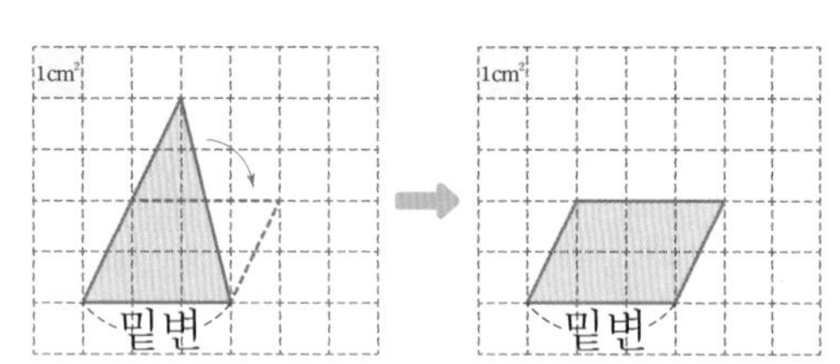


삼각형과 평행사변형의 밑변의 길이는 ( 같고 , 다르고 ), 평행사변형의 높이는 삼각형의 높이의 ( 반 , 두 배 )입니다.

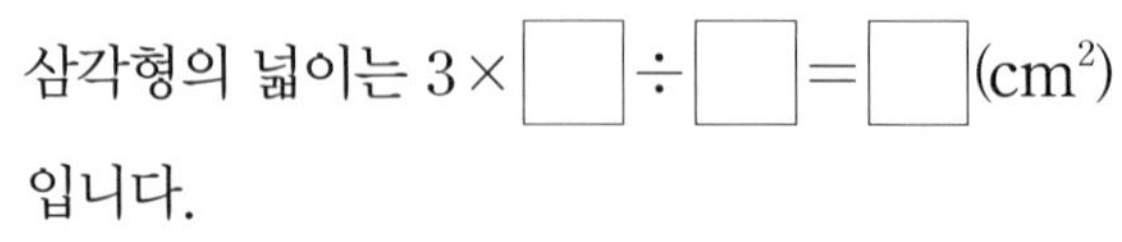

삼각형의 넓이는 $3\times$ □ $\div$ □ $=$ □ (cm²) 입니다.

**[3-4]** 삼각형을 보고 물음에 답하세요.

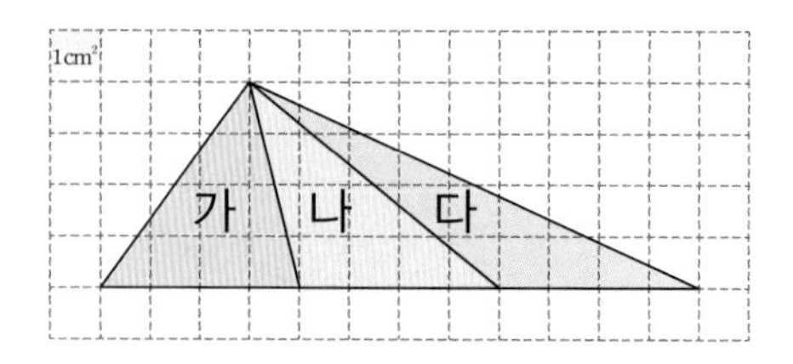


## 3

삼각형의 넓이를 구하려고 합니다. 빈칸에 알맞은 수를 써넣으세요.

| 삼각형 | 가 | 나 | 다 |
|---|---|---|---|
| 밑변의 길이(cm) | 4 | 4 | |
| 높이(cm) | | | 4 |
| 넓이(cm²) | | | |

## 4

위 3의 표를 보고 삼각형에 대해 알 수 있는 사실을 바르게 말한 사람의 이름을 쓰세요.

윤기: 밑변의 길이나 높이 중 하나만 같으면 넓이가 모두 같아.
현준: 모양이 다르므로 넓이도 모두 달라.
민경: 밑변의 길이와 높이가 각각 같으면 넓이가 모두 같아.

( )

## 5 ⊕ 10종 교과서

유진이는 밑변의 길이가 22 cm, 높이가 14 cm인 삼각형 모양의 표지판을 만들려고 합니다. 이 표지판의 넓이는 몇 cm²인지 구하세요.

( )

정답 40쪽

## 6

두 삼각형의 넓이의 차는 몇 $cm^2$인지 구하세요.

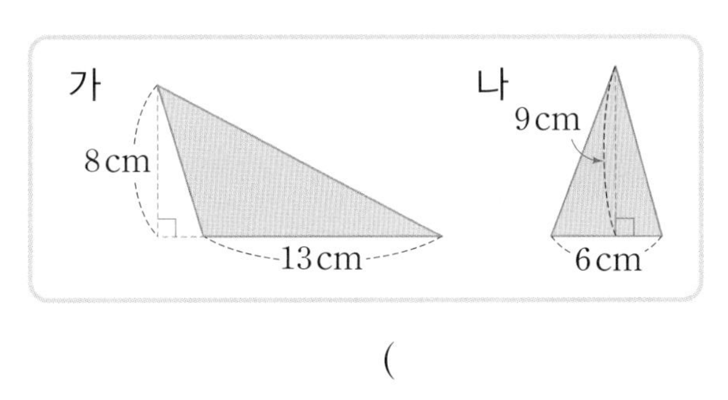


(                    )

## 7

넓이가 $12\,cm^2$인 삼각형을 서로 다른 모양으로 2개 그리세요.

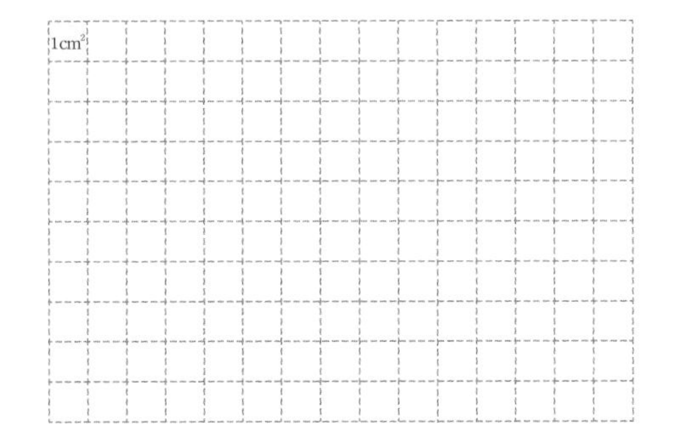


## 8

넓이가 더 넓은 삼각형을 그린 사람의 이름을 쓰세요.

밑변의 길이가 23cm, 높이가 10cm인 삼각형을 그렸어.

밑변의 길이가 16cm, 높이가 17cm인 삼각형을 그렸어.

(                    )

## 9

넓이가 $45\,cm^2$인 삼각형이 있습니다. 밑변의 길이가 10cm일 때, 높이는 몇 cm인지 구하세요.

(                    )

6 단원

## 10 10종 교과서

□ 안에 알맞은 수를 구하세요.

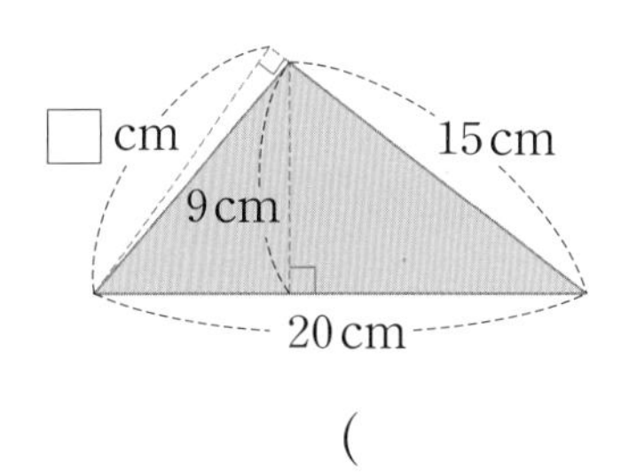


(                    )

## 11

두 삼각형의 넓이가 같습니다. 나의 밑변의 길이가 9cm일 때, 높이는 몇 cm인지 구하세요.

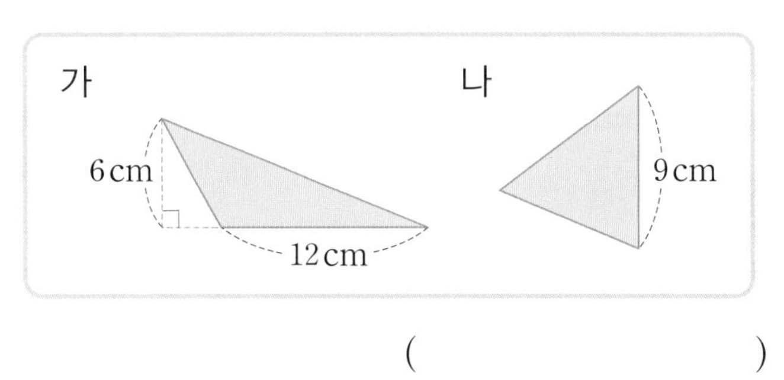


(                    )

문제 학습

# 5 마름모의 넓이

> 마름모를 평행사변형으로 만들어서 마름모의 넓이를 구할 수 있습니다.

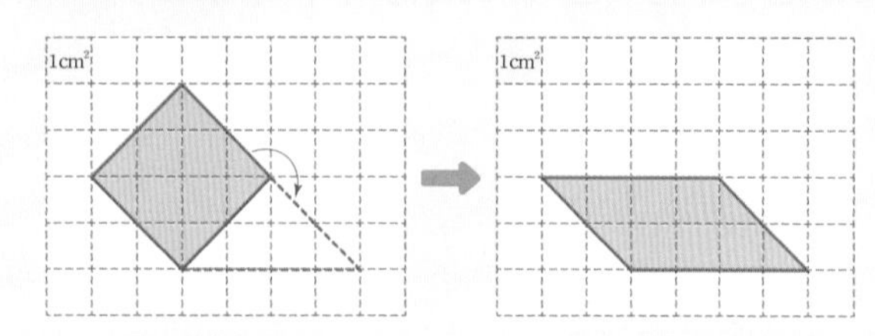

(마름모의 넓이)
=(평행사변형의 넓이)
=(밑변의 길이)×(높이)
=(한 대각선의 길이)×(다른 대각선의 길이)÷2
$=4\times4\div2=8(\mathrm{cm}^2)$

## 1

마름모를 잘라서 만든 평행사변형으로 마름모의 넓이를 구하려고 합니다. 물음에 답하세요.

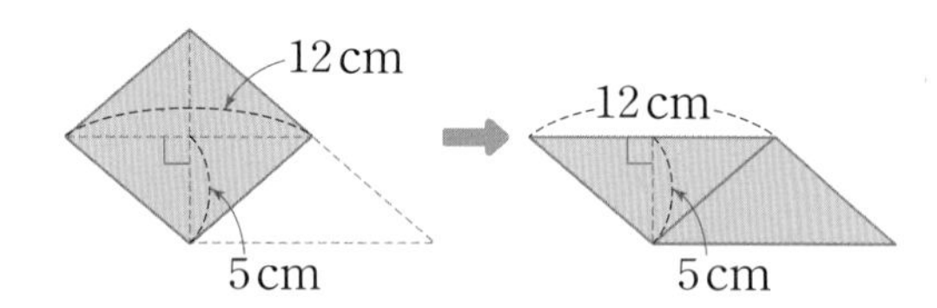


(1) 알맞은 말에 ○표 하세요.

마름모의 넓이와 평행사변형의 넓이는 ( 같습니다 , 다릅니다 ).

(2) 마름모의 넓이는 몇 $\mathrm{cm}^2$인지 구하세요.

(                    )

## 2

마름모를 잘라서 직사각형을 만들었습니다. □ 안에 알맞은 수를 써넣고, 마름모의 넓이는 몇 $\mathrm{cm}^2$인지 구하세요.

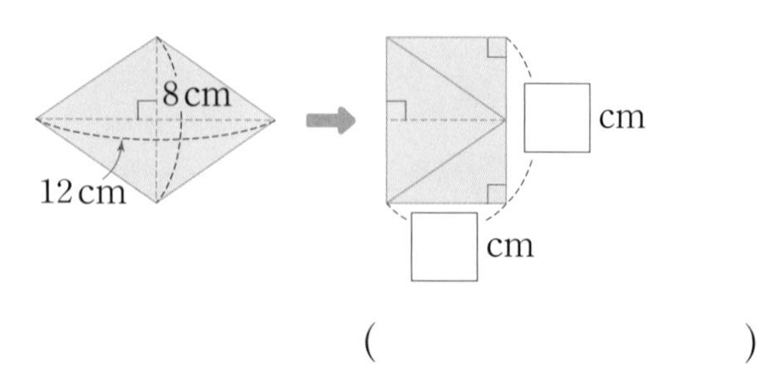


(                    )

## 3

마름모의 넓이는 몇 $\mathrm{cm}^2$인지 구하세요.

(1)

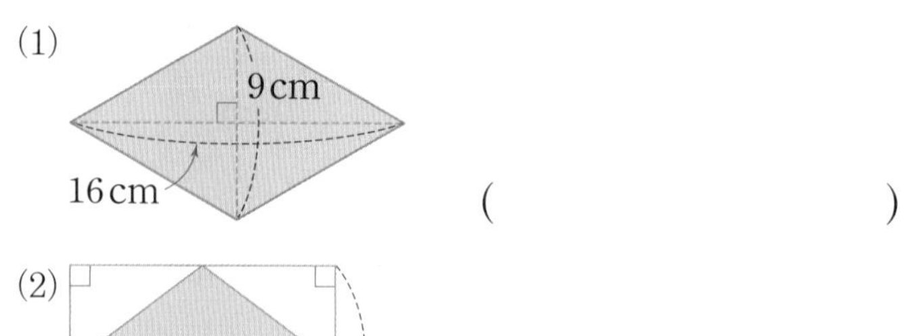


(                    )

(2)

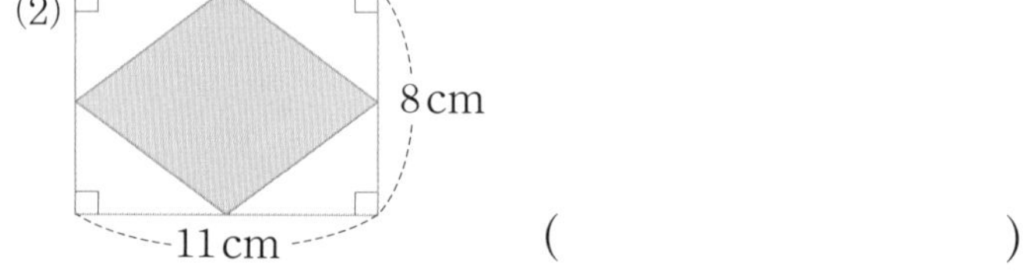


(                    )

## 4

마름모를 삼각형 4개로 나눈 것입니다. 삼각형 가의 넓이가 $15\mathrm{cm}^2$일 때, 마름모의 넓이는 몇 $\mathrm{cm}^2$인지 구하세요.

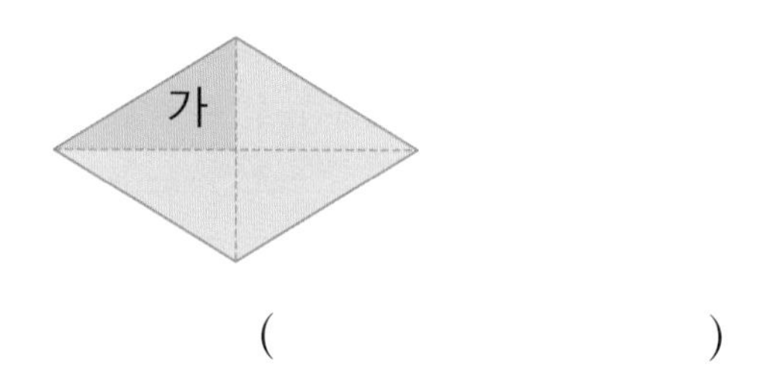


(                    )

## 5

마름모의 대각선의 길이를 자로 재어 마름모의 넓이는 몇 $\mathrm{cm}^2$인지 구하세요.

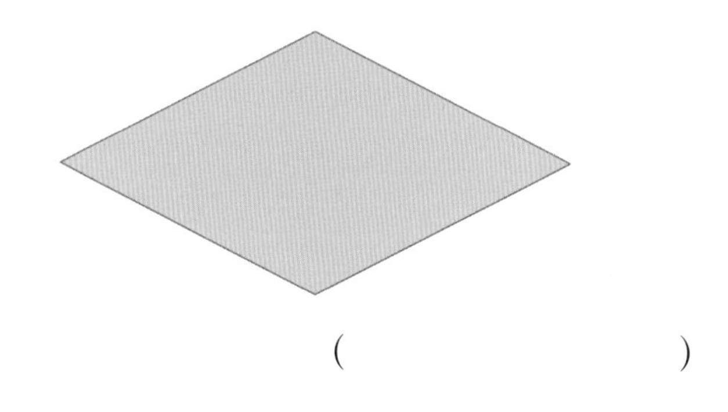

(                    )

## 6

직사각형 안에 마름모를 그렸습니다. 색칠한 부분의 넓이는 몇 $cm^2$인지 구하세요.

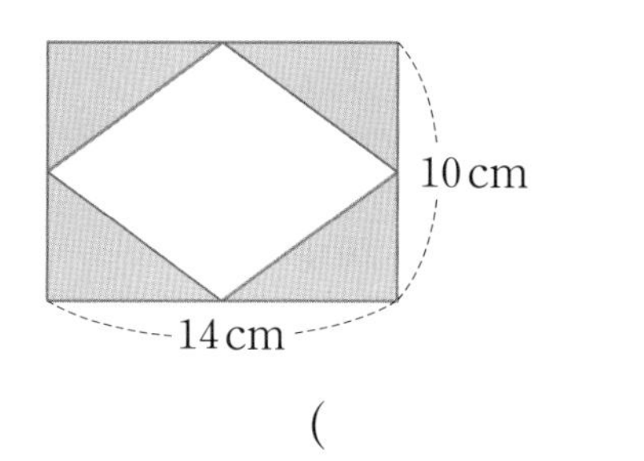


(　　　　　　　　　)

## 7 ⊕ 10종 교과서

마름모를 보고 □ 안에 알맞은 수를 써넣으세요.

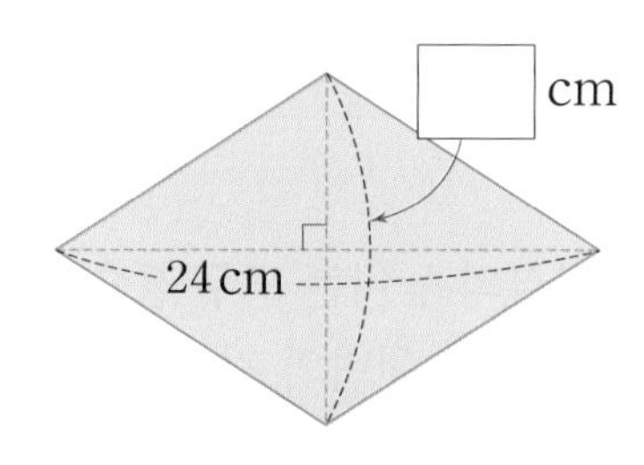


넓이: $180 cm^2$

## 8 ⊕ 10종 교과서

주어진 마름모와 넓이가 같고 모양이 다른 마름모를 1개 그리세요.

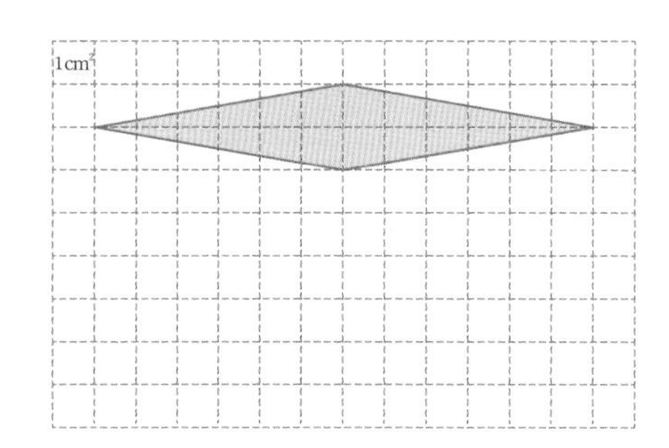


## 9

마름모 가와 나의 넓이의 차는 몇 $cm^2$인지 구하세요.

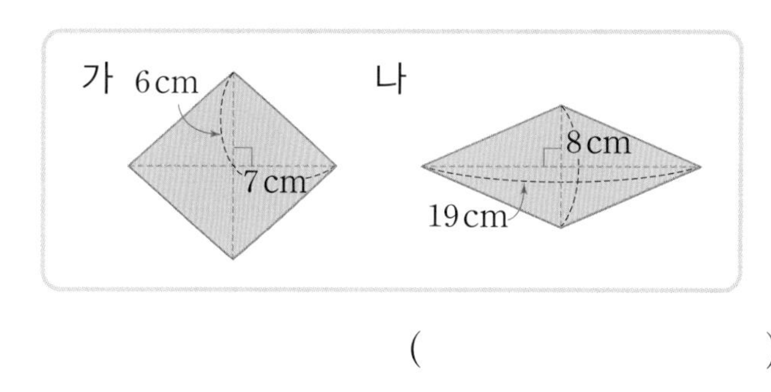


(　　　　　　　　　)

## 10

정사각형 안에 네 변의 가운데를 이어 마름모를 그렸습니다. 이 마름모의 넓이가 $50 cm^2$일 때, 정사각형의 한 변의 길이는 몇 cm인지 구하세요.

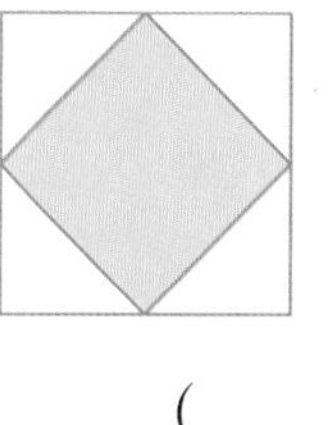

(　　　　　　　　　)

## 11

반지름이 6 cm인 원 안에 가장 큰 마름모를 그렸습니다. 마름모의 넓이는 몇 $cm^2$인지 구하세요.

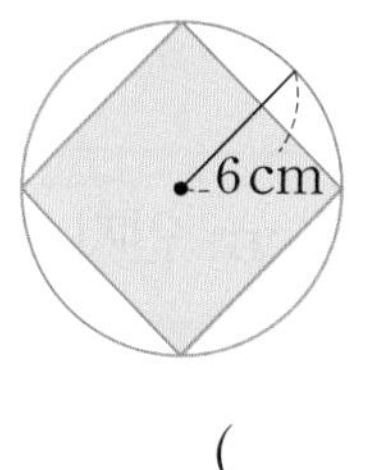


(　　　　　　　　　)

문제 학습

# 6 사다리꼴의 넓이

사다리꼴 2개를 이용하여 평행사변형을 만들어서 사다리꼴의 넓이를 구할 수 있습니다.

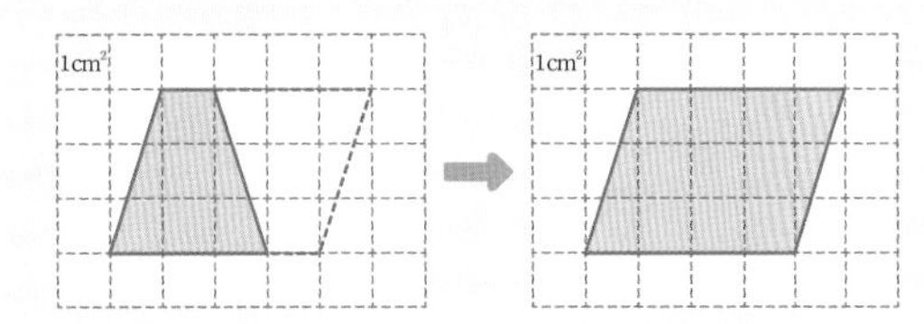


(사다리꼴의 넓이)

=(평행사변형의 넓이)÷2

=(밑변의 길이)×(높이)÷2

=((윗변의 길이)+(아랫변의 길이))×(높이)÷2

$=(1+3)\times3\div2=6\,(cm^2)$

## 1

사다리꼴을 삼각형 2개로 나누어 넓이를 구하려고 합니다. 물음에 답하세요.

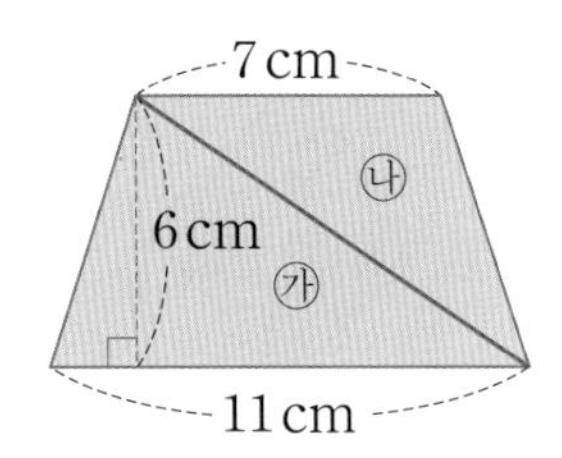


(1) 삼각형 ㉮의 넓이는 몇 $cm^2$일까요?

( )

(2) 삼각형 ㉯의 넓이는 몇 $cm^2$일까요?

( )

(3) 사다리꼴의 넓이는 몇 $cm^2$일까요?

( )

## 2

사다리꼴의 넓이는 몇 $cm^2$인지 구하세요.

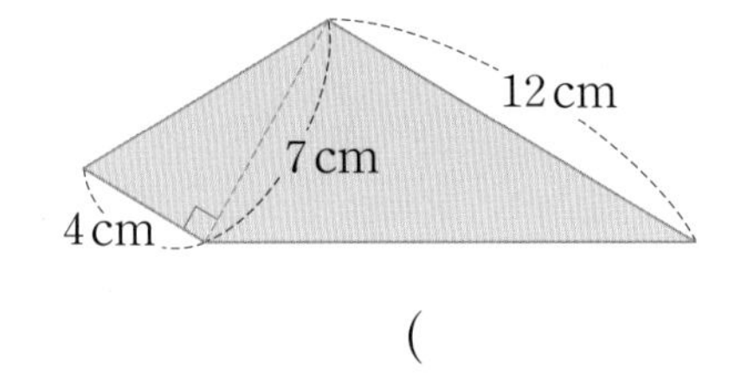


( )

## 3

사다리꼴 모양 정원의 넓이는 몇 $m^2$인지 구하세요.

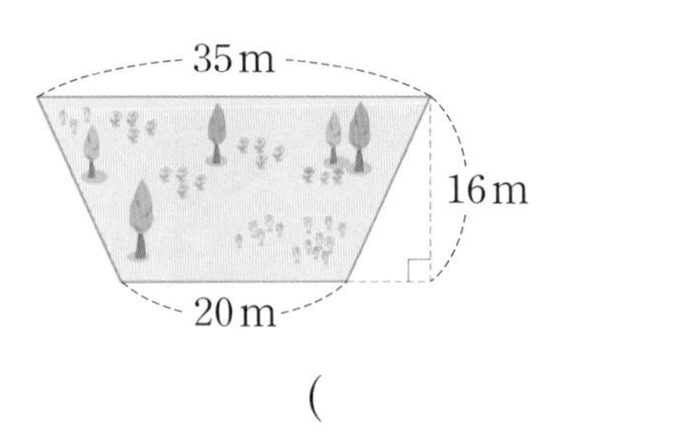


( )

## 4

사다리꼴 가, 나, 다의 넓이는 모두 같습니다. 그림을 보고 잘못된 문장을 찾아 기호를 쓰세요.

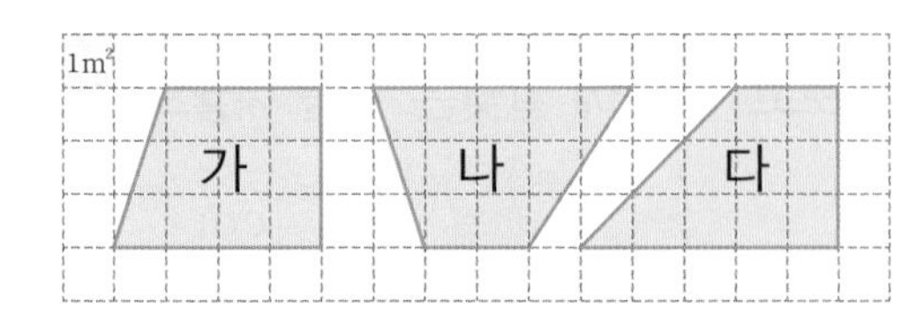


㉠ 사다리꼴의 높이는 모두 같습니다.

㉡ 가, 나, 다는 윗변의 길이와 아랫변의 길이가 각각 모두 같습니다.

㉢ 윗변의 길이와 아랫변의 길이의 합과 높이가 각각 같은 사다리꼴의 넓이는 모두 같습니다.

( )

## 5 10종 교과서

똑같은 사다리꼴 2개를 다음과 같이 이어 붙여서 평행사변형을 만들었습니다. 사다리꼴 1개의 넓이는 몇 $cm^2$인지 구하세요.

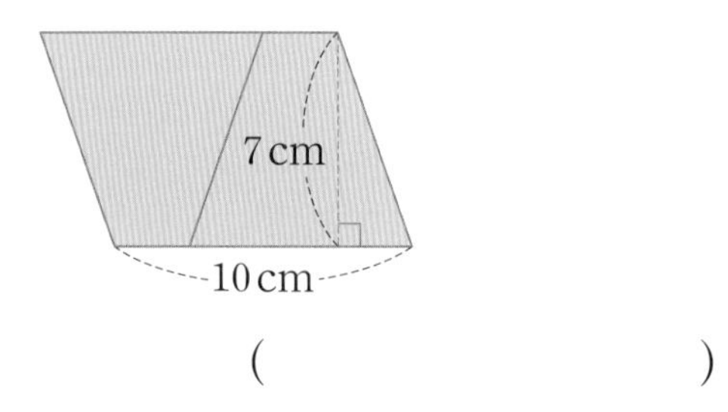


( )

**6** 10종 교과서

주어진 사다리꼴과 넓이가 같고 모양이 다른 사다리꼴을 1개 그리세요.

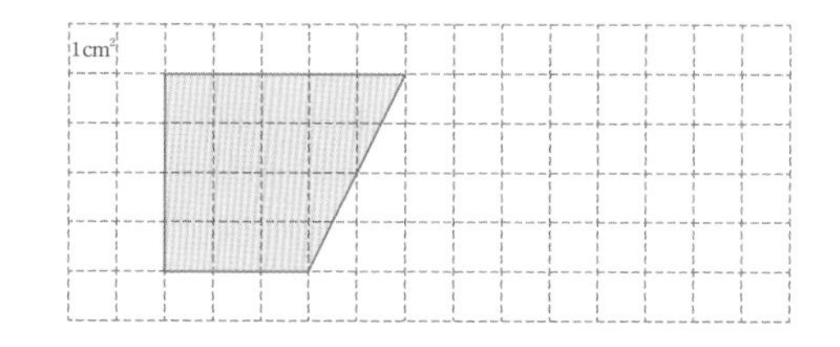


**7**

윗변의 길이와 아랫변의 길이의 합이 22 cm이고, 높이가 8 cm인 사다리꼴의 넓이는 몇 $cm^2$인지 구하세요.

(　　　　　　　)

**8**

윗변의 길이가 7 cm이고, 높이가 12 cm인 사다리꼴이 있습니다. 이 사다리꼴의 아랫변의 길이는 윗변의 길이보다 2 cm 더 짧습니다. 사다리꼴의 넓이는 몇 $cm^2$인지 구하세요.

(　　　　　　　)

**9**

평행사변형과 사다리꼴의 넓이가 같습니다. □ 안에 알맞은 수를 구하세요.

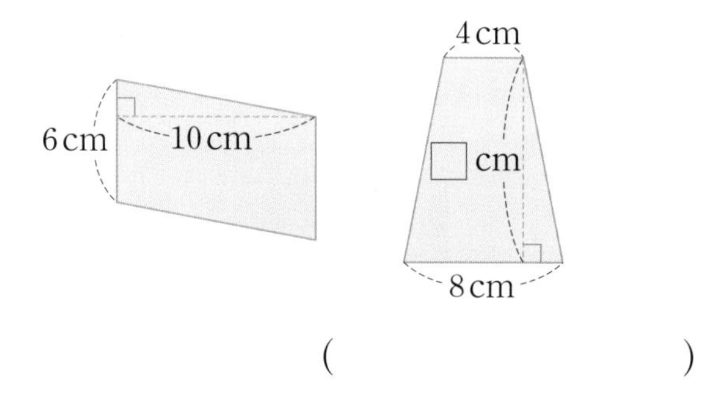


(　　　　　　　)

**10**

사다리꼴 가와 나 중 어느 것의 넓이가 몇 $cm^2$ 더 넓은지 구하세요.

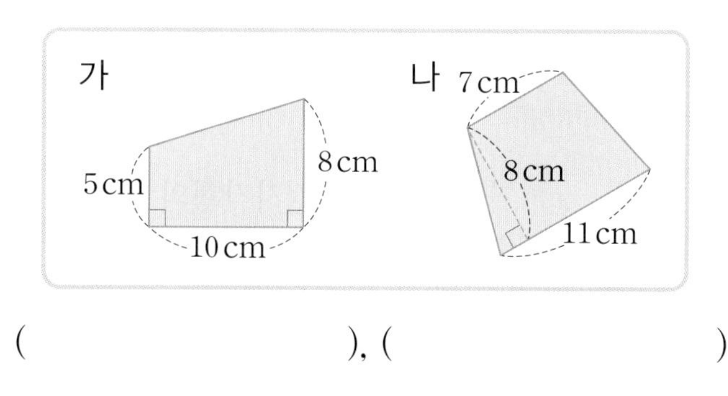


(　　　　　　　), (　　　　　　　)

**11**

사다리꼴의 넓이가 81 $m^2$일 때, □ 안에 알맞은 수를 써넣으세요.

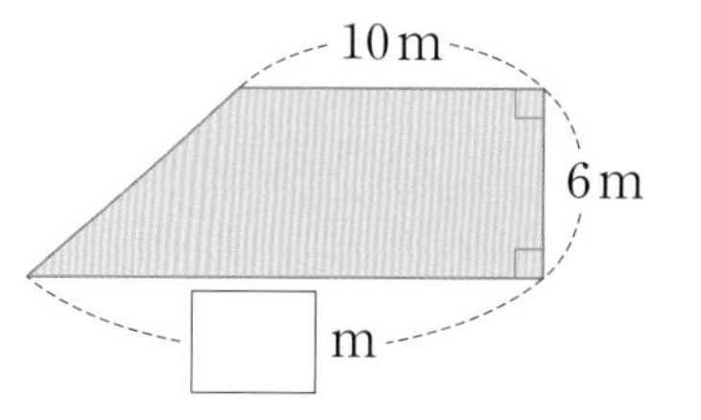


**12**

사다리꼴의 둘레가 31 cm일 때, 사다리꼴의 넓이는 몇 $cm^2$인지 구하세요.

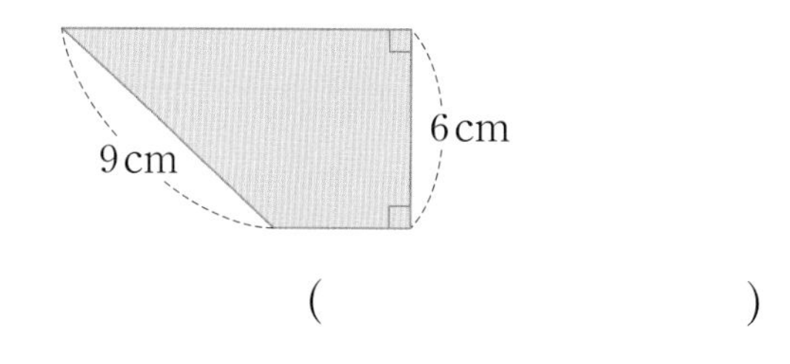


(　　　　　　　)

6 단원

## 1 이어 붙여 만든 도형의 둘레 구하기

● 정답 42쪽

**둘레가 24 cm인 정사각형 4개를 겹치지 않게 이어 붙여 만든 도형입니다. 도형의 둘레는 몇 cm인지 구하세요.**

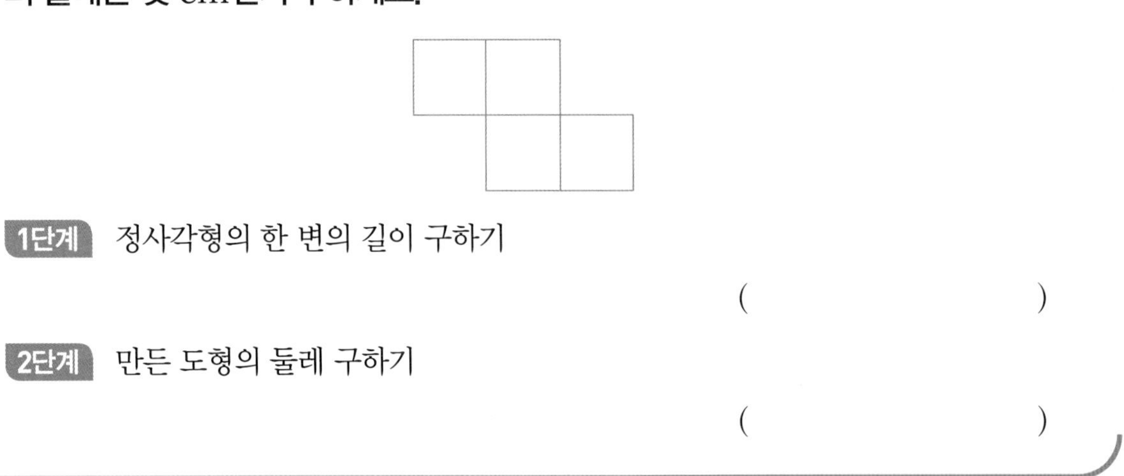

**1단계** 정사각형의 한 변의 길이 구하기

( )

**2단계** 만든 도형의 둘레 구하기

( )

**문제해결 tip** 만든 도형의 둘레에 정사각형의 한 변이 몇 개인지 세어 봅니다.

**1·1** 둘레가 16 cm인 마름모 4개를 겹치지 않게 이어 붙여 만든 도형입니다. 도형의 둘레는 몇 cm인지 구하세요.

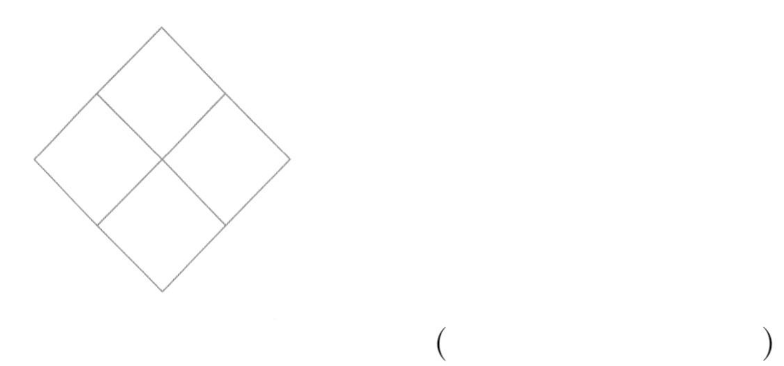

( )

**1·2** 둘레가 20 cm인 정사각형 모양의 색종이를 겹치지 않게 이어 붙여 만든 도형입니다. 두 사람이 만든 도형의 둘레의 차는 몇 cm인지 구하세요.

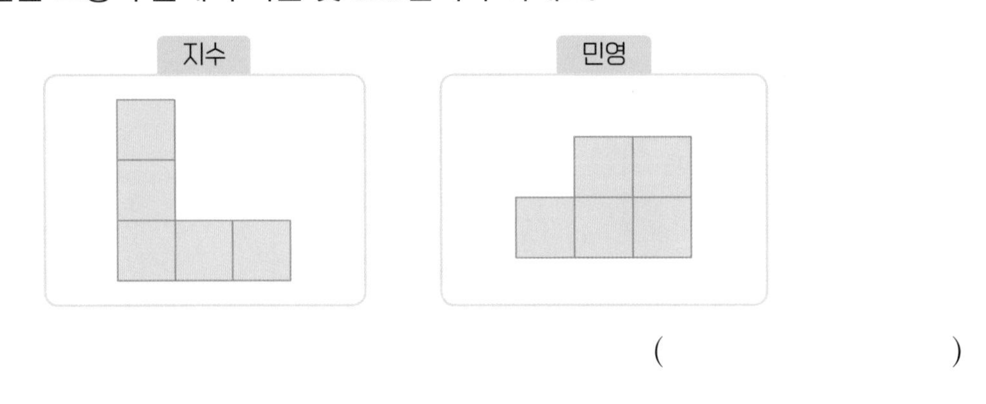


( )

## 2 도형의 둘레를 알 때 넓이 구하기

정답 42쪽

주어진 정육각형과 둘레가 같은 정사각형의 넓이는 몇 $cm^2$인지 구하세요.

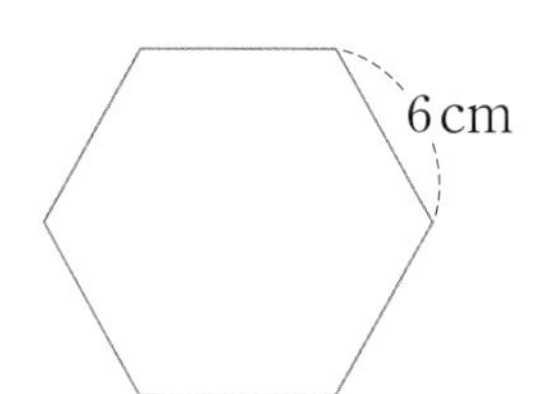


1단계 정육각형의 둘레 구하기

(　　　　　　)

2단계 정사각형의 한 변의 길이 구하기

(　　　　　　)

3단계 정사각형의 넓이 구하기

(　　　　　　)

문제해결 tip 정육각형의 둘레를 이용하여 정사각형의 한 변의 길이를 구하고 정사각형의 넓이를 구합니다.

6 단원

**2·1** 정오각형과 둘레가 같은 정사각형의 넓이는 몇 $cm^2$인지 구하세요.

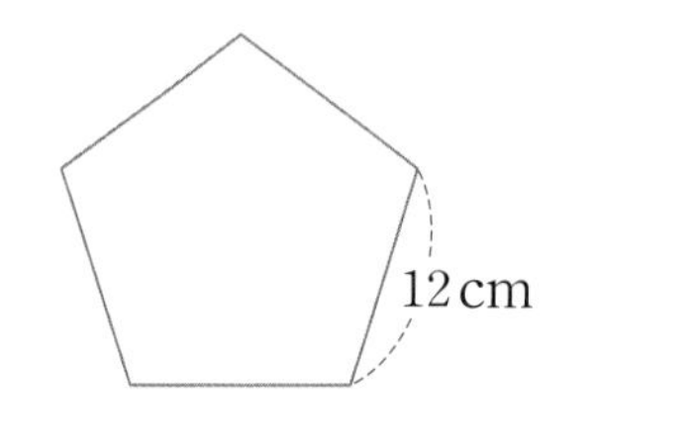


(　　　　　　)

**2·2** 한 변의 길이가 10 cm인 정팔각형과 둘레가 같은 직사각형입니다. 이 직사각형의 넓이는 몇 $cm^2$인지 구하세요.

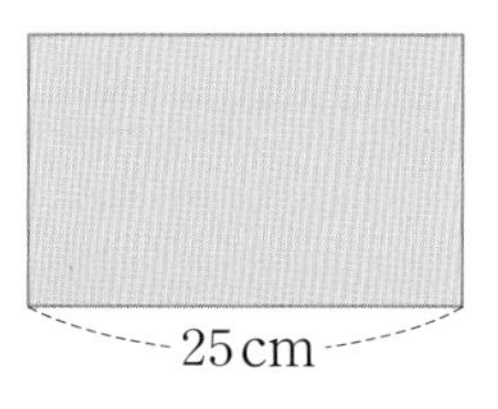


(　　　　　　)

## 3 색칠한 부분의 넓이 구하기

● 정답 42쪽

색칠한 부분의 넓이는 몇 $cm^2$인지 구하세요.

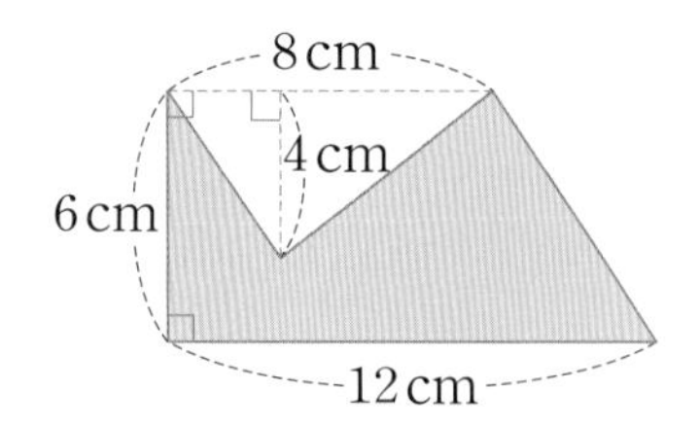


**1단계** 사다리꼴의 넓이 구하기

(　　　　　　　　　　)

**2단계** 삼각형의 넓이 구하기

(　　　　　　　　　　)

**3단계** 색칠한 부분의 넓이 구하기

(　　　　　　　　　　)

**문제해결 tip** 사다리꼴의 넓이에서 삼각형의 넓이를 빼어 색칠한 부분의 넓이를 구합니다.

**3-1** 색칠한 부분의 넓이는 몇 $cm^2$인지 구하세요.

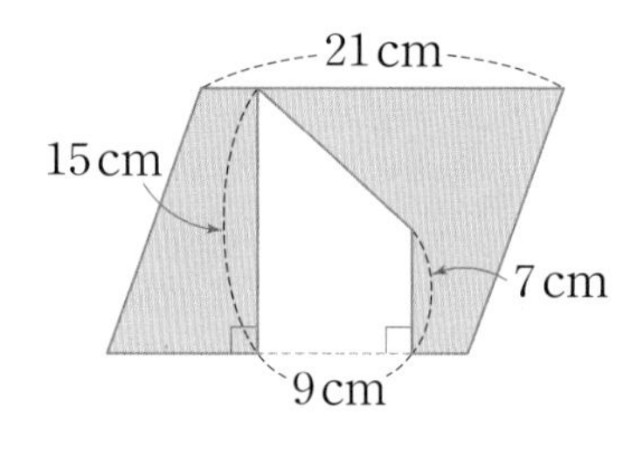


(　　　　　　　　　　)

**3-2** 색칠한 부분의 넓이는 몇 $cm^2$인지 구하세요.

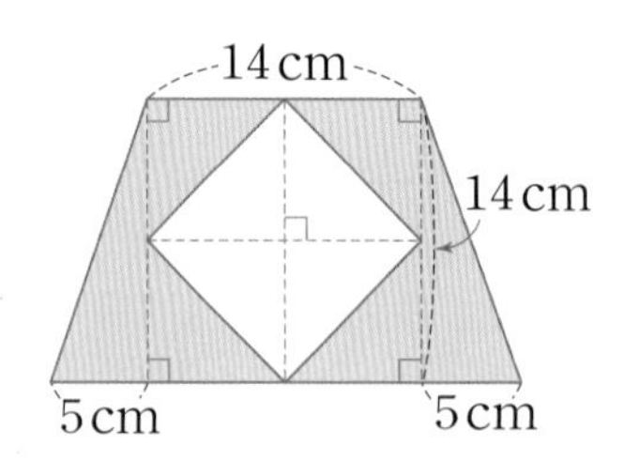


(　　　　　　　　　　)

## 4 다각형의 넓이 구하기

정답 42쪽

**다각형의 넓이는 몇 $cm^2$인지 구하세요.**

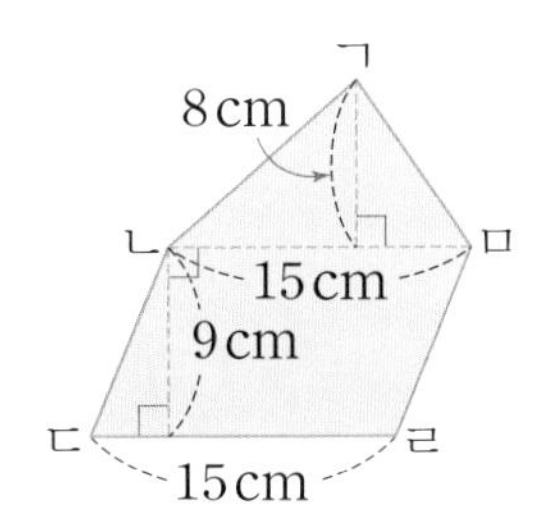


1단계 삼각형 ㄱㄴㅁ의 넓이 구하기

( )

2단계 평행사변형 ㄴㄷㄹㅁ의 넓이 구하기

( )

3단계 다각형의 넓이 구하기

( )

문제해결 tip 다각형을 삼각형과 평행사변형으로 나누어 각각 넓이를 구한 후 더해서 다각형의 넓이를 구합니다.

**4·1** 다각형의 넓이는 몇 $cm^2$인지 구하세요.

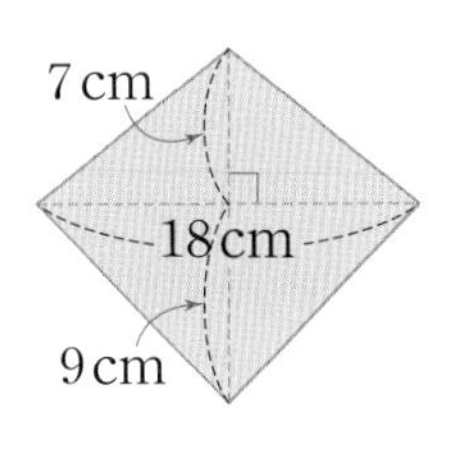


( )

**4·2** 넓이가 56 $cm^2$인 다각형입니다. 선분 ㄷㄹ의 길이는 몇 cm인지 구하세요.

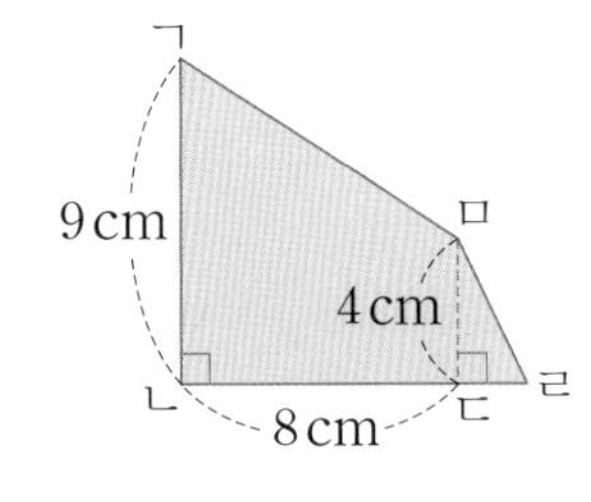


( )

# 5 선분의 길이 구하기

● 정답 43쪽

문제 강의

사다리꼴 ㄱㄴㅁㄹ의 넓이는 삼각형 ㄹㅁㄷ의 넓이의 3배입니다. □ 안에 알맞은 수를 구하세요.

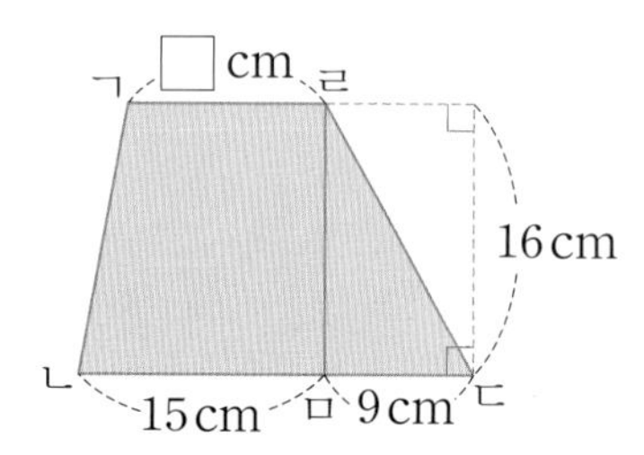


**1단계** 삼각형 ㄹㅁㄷ의 넓이 구하기

( )

**2단계** 사다리꼴 ㄱㄴㅁㄹ의 넓이 구하기

( )

**3단계** □ 안에 알맞은 수 구하기

( )

**문제해결 tip** 삼각형의 넓이를 이용하여 사다리꼴의 넓이를 구합니다.
사다리꼴의 넓이, 밑변 중 한 변, 높이를 알면 나머지 한 밑변의 길이를 구할 수 있습니다.

**5·1** 사다리꼴 ㄱㄴㄷㅁ의 넓이는 삼각형 ㅁㄷㄹ의 넓이의 3배입니다. □ 안에 알맞은 수를 써넣으세요.

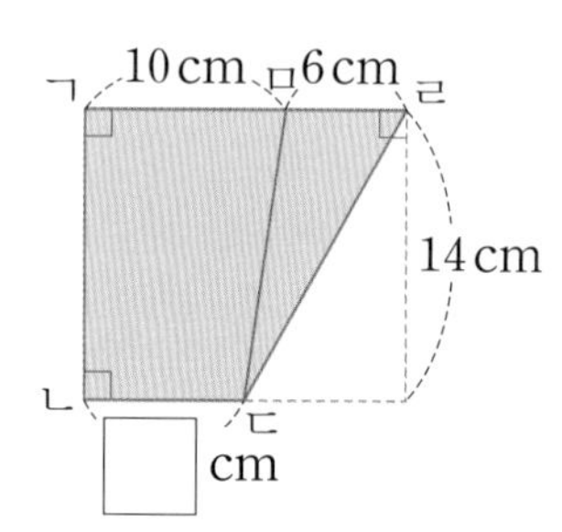


**5·2** 사다리꼴 ㅂㄷㄹㅁ의 넓이는 평행사변형 ㄱㄴㄷㅂ의 넓이의 2배입니다. □ 안에 알맞은 수를 써넣으세요.

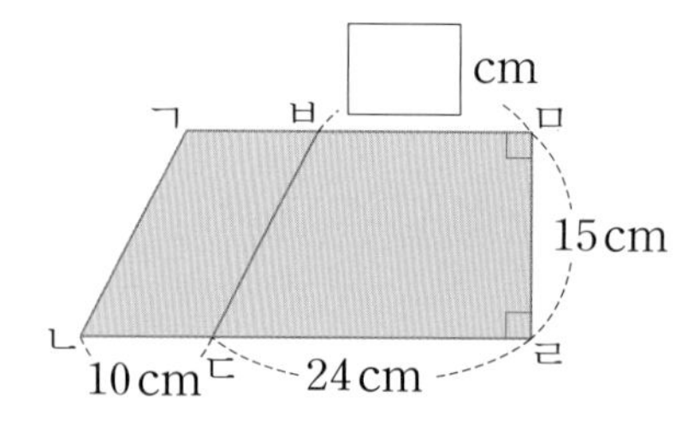

# 6 사다리꼴의 넓이 구하기

● 정답 43쪽

**사다리꼴 ㄱㄴㄷㄹ의 넓이는 몇 $cm^2$인지 구하세요.**

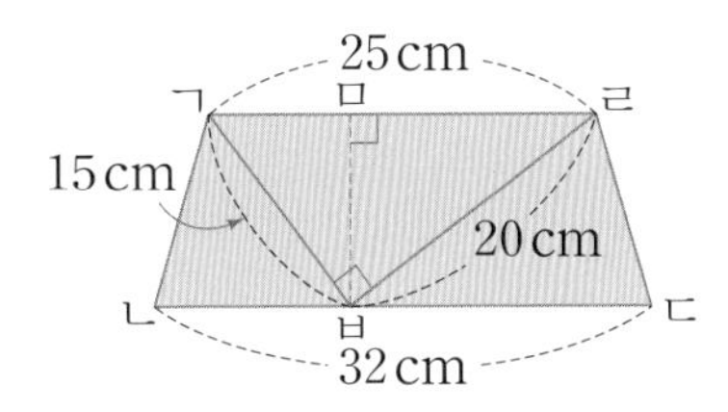


**1단계** 삼각형 ㄱㅂㄹ의 넓이 구하기

(　　　　　　　　　　)

**2단계** 선분 ㅁㅂ의 길이 구하기

(　　　　　　　　　　)

**3단계** 사다리꼴 ㄱㄴㄷㄹ의 넓이 구하기

(　　　　　　　　　　)

**문제해결 tip** 삼각형의 밑변과 높이는 고정된 것이 아니므로 삼각형의 넓이를 이용하여 선분 ㅁㅂ의 길이를 구합니다.

**6-1** 사다리꼴 ㄱㄴㄷㄹ의 넓이는 몇 $cm^2$인지 구하세요.

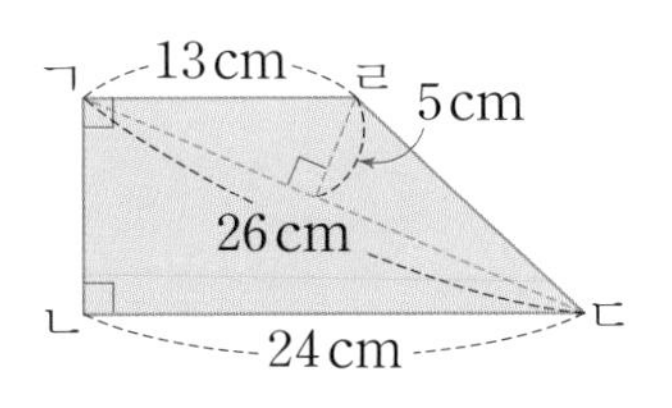


(　　　　　　　　　　)

**6-2** 사다리꼴 ㄱㄴㄷㄹ의 넓이가 180 $cm^2$일 때, 선분 ㄴㄹ의 길이는 몇 cm인지 구하세요.

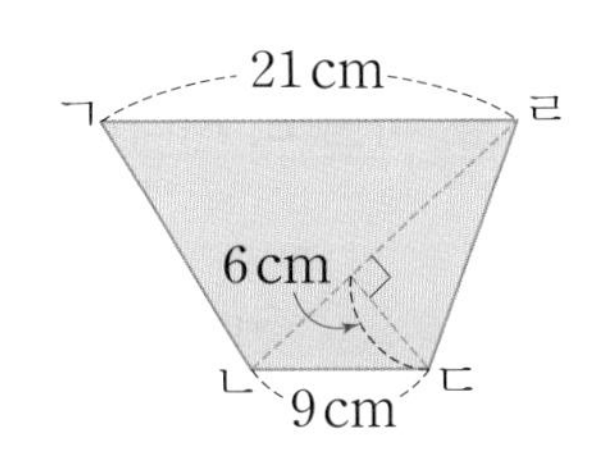


(　　　　　　　　　　)

# 6 다각형의 둘레와 넓이

정답 43쪽

모든 변의 길이가 같은 다각형의 둘레는 한 변의 길이에 변의 수를 곱합니다. 마주 보는 변의 길이가 같은 다각형의 둘레는 길이가 다른 두 변의 길이의 합에 2를 곱합니다.

## ① 다각형의 둘레 구하기

7 cm

6 cm

9 cm

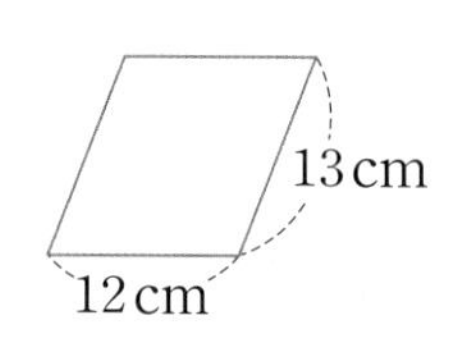


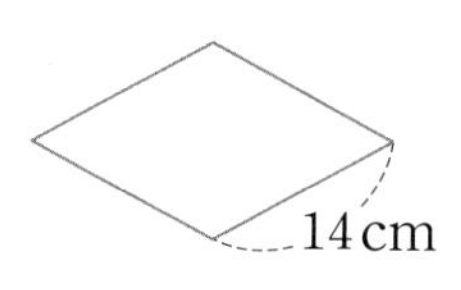


| 정오각형 | 직사각형 | 평행사변형 | 마름모 |
| --- | --- | --- | --- |
| ☐ cm | ☐ cm | ☐ cm | ☐ cm |

- $1\,m = 100\,cm$
  ➡ $1\,m^2 = 10000\,cm^2$
- $1\,km = 1000\,m$
  ➡ $1\,km^2 = 1000000\,m^2$

## ② $1\,cm^2$, $1\,m^2$, $1\,km^2$ 사이의 관계 알아보기

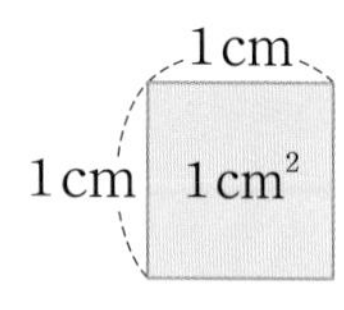


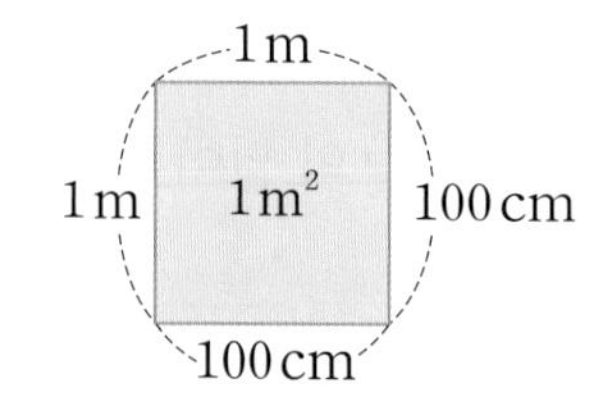


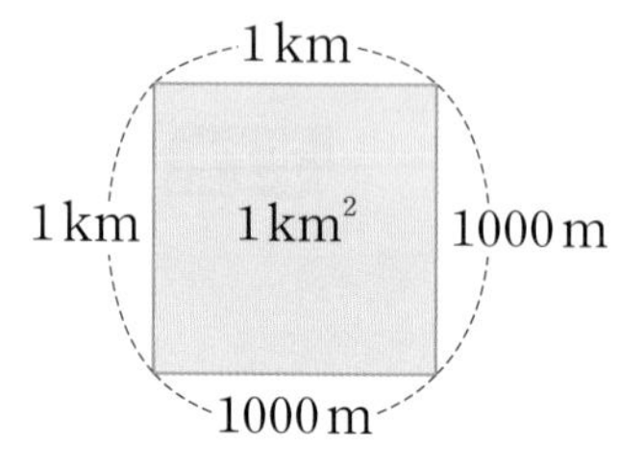


- $1\,m^2$에는 $1\,cm^2$가 100개씩 100줄 들어갑니다.
  ➡ $1\,m^2 =$ ☐ $cm^2$
- $1\,km^2$에는 $1\,m^2$가 1000개씩 1000줄 들어갑니다.
  ➡ $1\,km^2 =$ ☐ $m^2$

평행사변형의 높이는 밑변에 따라 정해집니다.

## ③ 직사각형, 정사각형, 평행사변형의 넓이 구하기

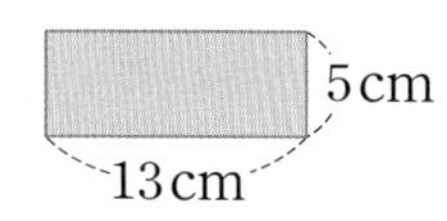


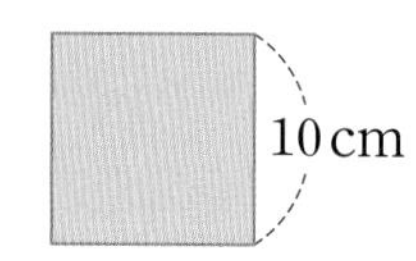


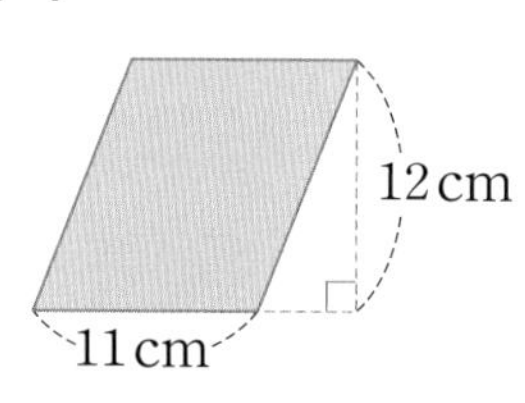


| 직사각형 | 정사각형 | 평행사변형 |
| --- | --- | --- |
| ☐ $cm^2$ | ☐ $cm^2$ | ☐ $cm^2$ |

사다리꼴의 한 밑변을 윗변, 윗변과 마주 보는 다른 밑변을 아랫변이라고 합니다.

## ④ 삼각형, 마름모, 사다리꼴의 넓이 구하기

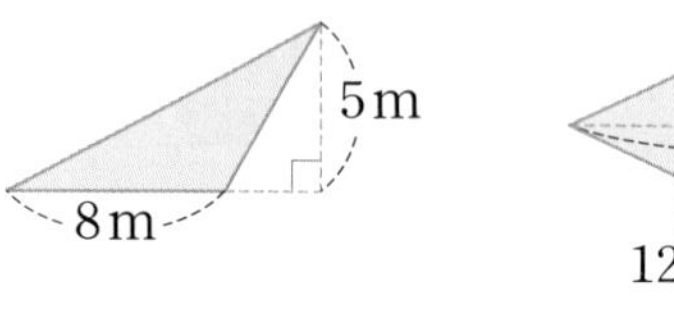


7 m

12 m

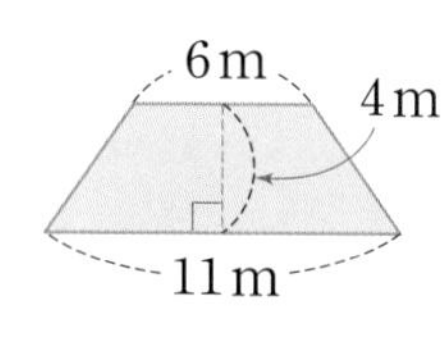


| 삼각형 | 마름모 | 사다리꼴 |
| --- | --- | --- |
| ☐ $m^2$ | ☐ $m^2$ | ☐ $m^2$ |

# 6. 다각형의 둘레와 넓이

정답 43쪽

**1**

정육각형의 둘레는 몇 cm인지 구하세요.

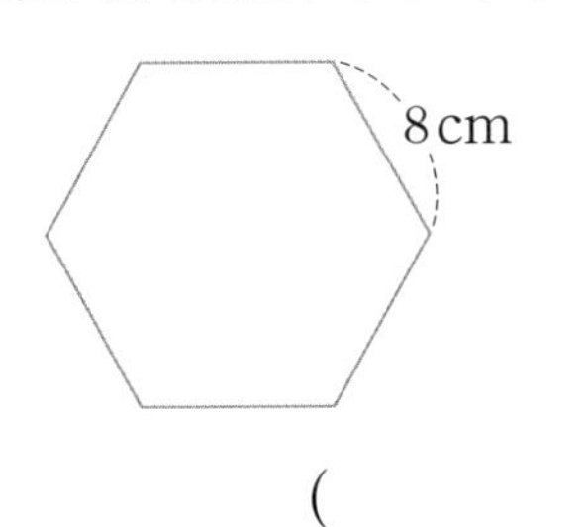


( )

**2**

대화를 보고 알맞은 단위를 보기 에서 찾아 □ 안에 써넣으세요.

보기
$cm^2$ $m^2$ $km^2$

**3**

직사각형의 넓이는 몇 $m^2$인지 구하세요.

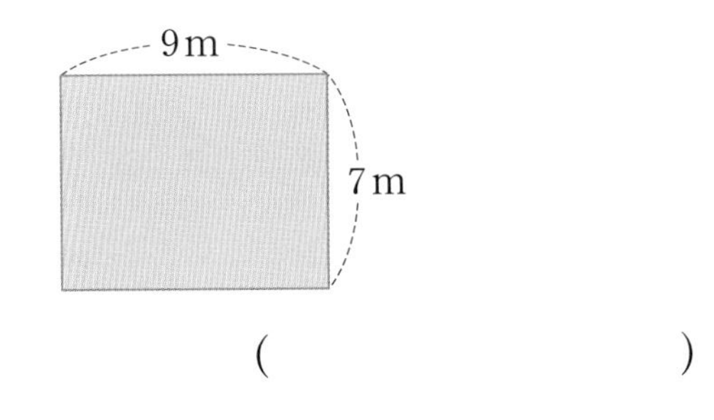


( )

**4**

평행사변형의 넓이를 구하는 데 필요한 길이에 모두 ○표 하고, 평행사변형의 넓이는 몇 $cm^2$인지 구하세요.

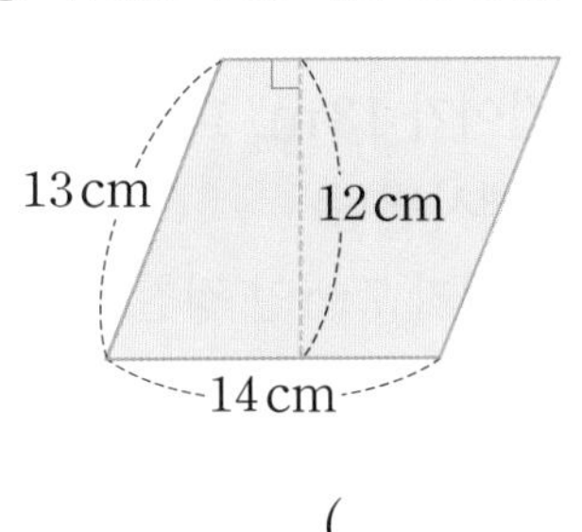


( )

**5**

마름모의 넓이는 몇 $cm^2$인지 구하세요.

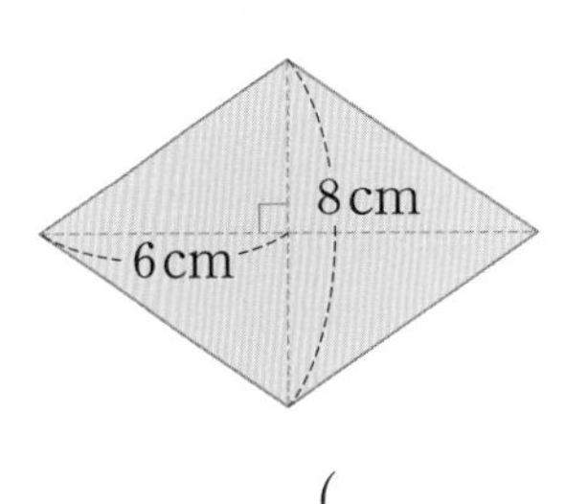


( )

**6**

직사각형 가와 나의 둘레의 합은 몇 cm인지 구하세요.

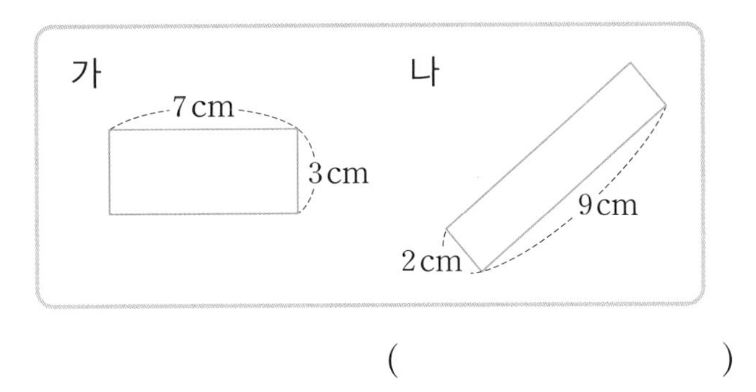


( )

**7**

둘레가 16 cm인 정사각형을 그리세요.

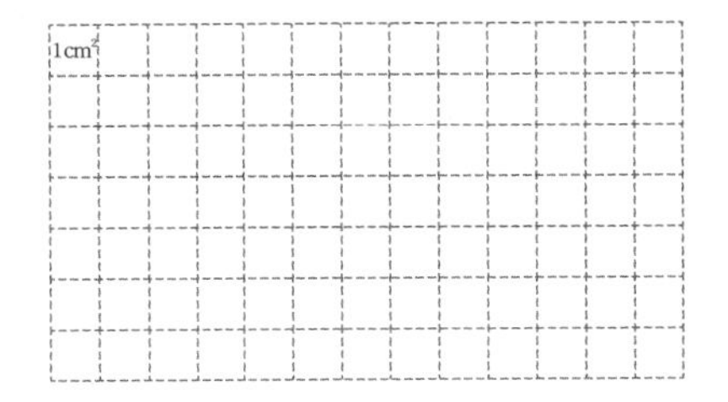

## 8

다음 중 둘레가 가장 긴 도형을 찾아 기호를 쓰세요.

㉠ 한 변의 길이가 10 m인 마름모
㉡ 한 변의 길이가 13 m, 다른 한 변의 길이가 9 m인 평행사변형
㉢ 한 변의 길이가 7 m인 정칠각형

(　　　　　　　　　)

## 9 서술형

직사각형과 마름모의 둘레가 같을 때, 마름모의 한 변의 길이는 몇 cm인지 해결 과정을 쓰고, 답을 구하세요.

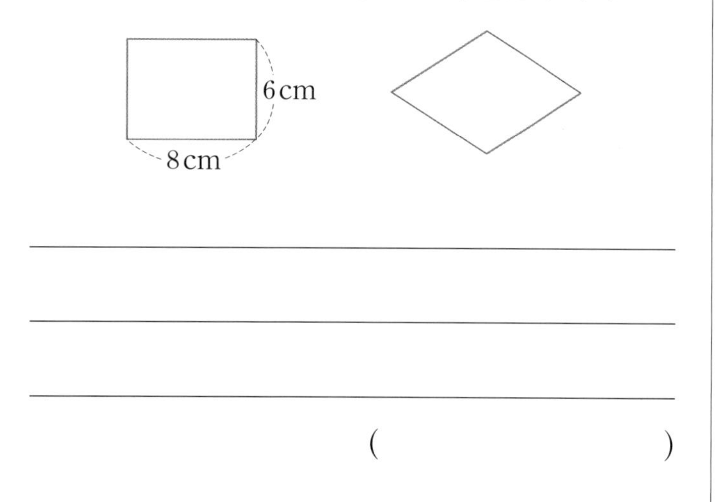


(　　　　　　　　　)

## 10

넓이가 넓은 도형부터 차례대로 기호를 쓰세요.

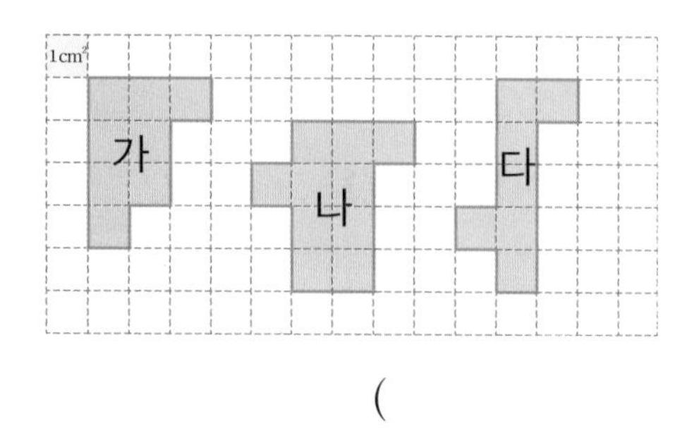


(　　　　　　　　　)

## 11

넓이가 $49 cm^2$인 정사각형이 있습니다. 이 정사각형의 둘레는 몇 cm인지 구하세요.

(　　　　　　　　　)

## 12

한 변의 길이가 4 m인 정사각형 모양의 바닥이 있습니다. 이 바닥에 가로가 10 cm, 세로가 20 cm인 직사각형 모양의 타일을 겹치지 않게 빈틈없이 붙이려면 타일은 모두 몇 장 필요한지 구하세요.

(　　　　　　　　　)

## 13

평행사변형에서 □ 안에 알맞은 수를 써넣으세요.

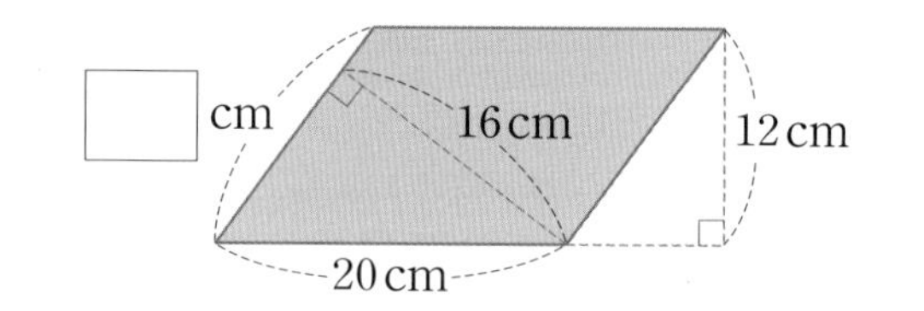


## 14

두 삼각형의 넓이가 같습니다. 나의 높이가 16 cm일 때, 밑변의 길이는 몇 cm인지 구하세요.

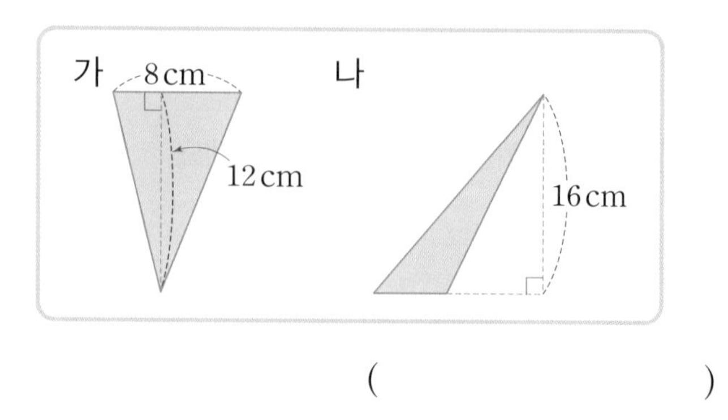


(　　　　　　　　　)

**15** 서술형

가로가 30 cm, 세로가 25 cm인 직사각형 모양의 벽지가 있습니다. 이 벽지를 교실의 한쪽 벽에 한 줄에 20개씩 4줄로 겹치지 않게 이어 붙였습니다. 벽지를 붙인 전체 넓이는 몇 $m^2$인지 해결 과정을 쓰고, 답을 구하세요.

( )

**16**

윗변의 길이는 12 m, 아랫변의 길이는 20 m, 높이는 17 m인 사다리꼴 모양의 밭이 있습니다. 이 밭의 넓이는 몇 $m^2$인지 구하세요.

( )

**17**

지름이 30 cm인 원 안에 가장 큰 마름모를 그렸습니다. 마름모의 넓이는 몇 $cm^2$인지 구하세요.

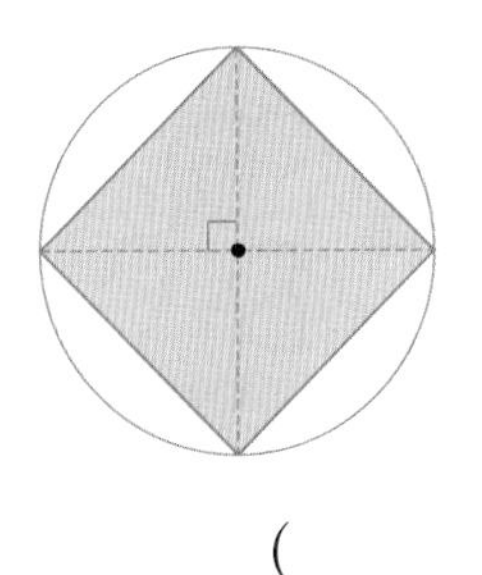

( )

**18** 서술형

다각형의 넓이는 몇 $m^2$인지 해결 과정을 쓰고, 답을 구하세요.

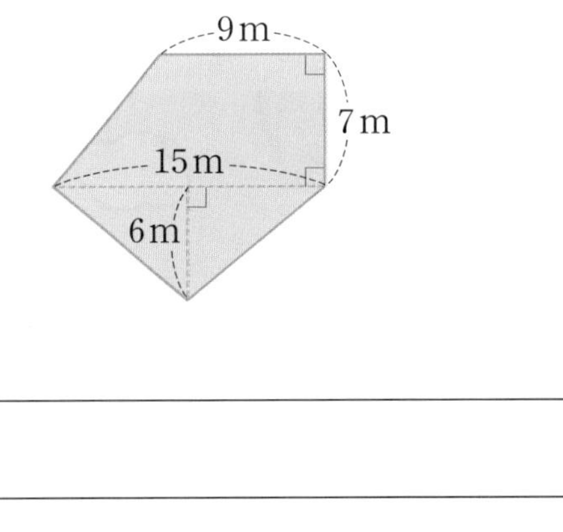


( )

**19**

크기가 다른 정사각형 3개를 겹치지 않게 이어 붙였습니다. 색칠한 부분의 넓이는 몇 $cm^2$인지 구하세요.

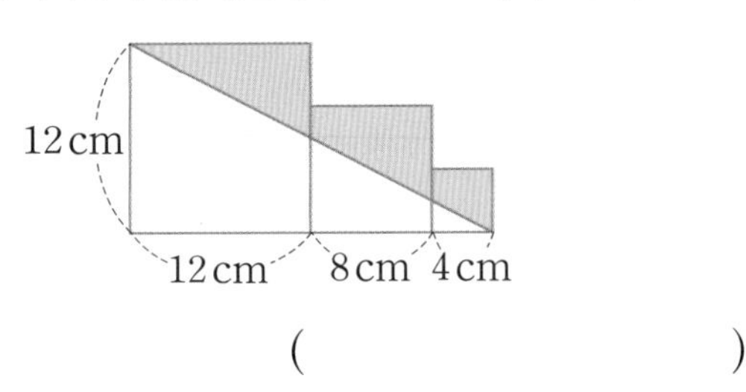


( )

**20**

도형의 둘레와 넓이를 각각 구하세요.

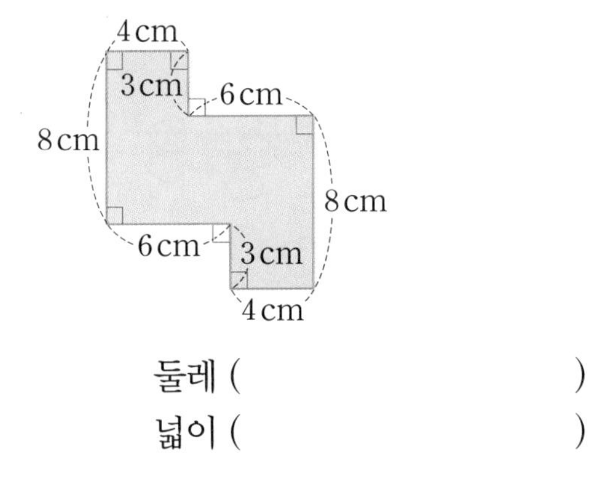


둘레 ( )

넓이 ( )

쉬어 가기

# 숨은 그림을 찾아보세요.

정답 45쪽

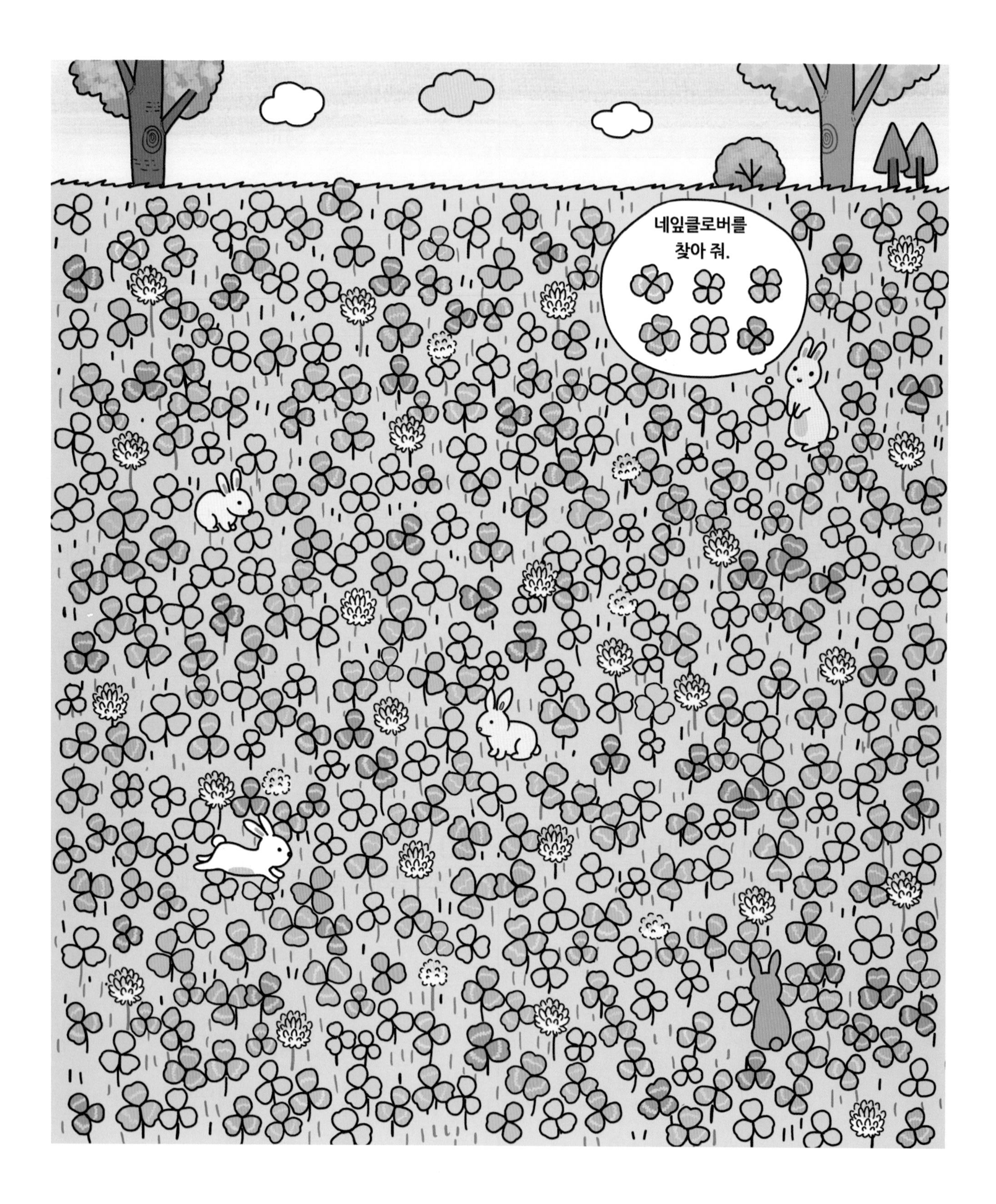

강의가 더해진, **교과서 맞춤 학습**

# 백점

## 수학 5·1

## 평가북

- 학교 시험 대비 수준별 **단원 평가**
- 출제율이 높은 차시별 **수행 평가**

동아출판

# 평가북 구성과 특징

## 1 **수준별 단원 평가**가 있습니다.

• 기본형, 심화형 두 가지 형태의 **단원 평가**를 제공

## 2 **차시별 수행 평가**가 있습니다.

• 수시로 치러지는 수행 평가를 대비할 수 있도록 차시별 **수행 평가**를 제공

## 3 **1학기 총정리**가 있습니다.

• 한 학기의 학습을 마무리할 수 있도록 **총정리**를 제공

# 백점

BOOK 2 평가북

차례



수학 5·1

## 1

보기 와 같이 계산 순서를 나타내고 계산하세요.

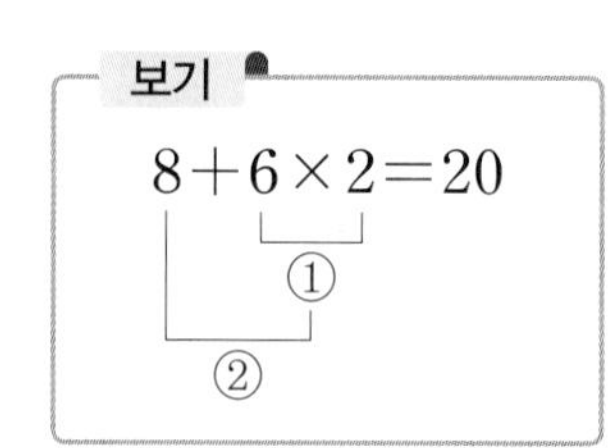


$12+9\div3$

## 2

□ 안에 알맞은 수를 써넣으세요.

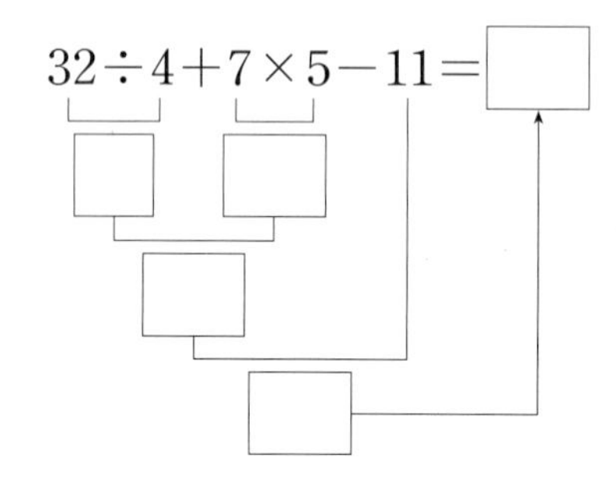


## 3

가장 먼저 계산해야 하는 부분을 찾아 ○표 하세요.

$45\div(9-4)\times3+7$

| $45\div9$ | $9-4$ | $4\times3$ | $3+7$ |
|---|---|---|---|
| ( ) | ( ) | ( ) | ( ) |

## 4

계산을 하세요.

$12+29\times6-33$

## 5

두 식을 각각 계산하고, 알맞은 말에 ○표 하세요.

| $84\div(14\times2)$ | $84\div14\times2$ |
|---|---|

두 식의 계산 결과는 ( 같습니다 , 다릅니다 ).

## 6

앞에서부터 차례로 계산하면 답이 틀리는 것을 찾아 기호를 쓰세요.

㉠ $12\times5-13+9$
㉡ $23-7\times2+4$

( )

## 7 서술형

주희는 포도 맛 사탕 27개와 딸기 맛 사탕 20개를 가지고 있었습니다. 그중에서 16개를 친구에게 주었습니다. 주희에게 남은 사탕은 몇 개인지 해결 과정을 쓰고, 답을 구하세요.

( )

## 8 서술형

계산을 잘못한 사람을 찾아 이름을 쓰고, 바르게 계산하세요.

계산을 잘못한 사람

바른 계산

## 9

계산 결과를 찾아 이으세요.

| | | |
|---|---|---|
| $27 + 9 \times 2 - 25 \div 5$ | • | • 67 |
| $(27 + 9) \times 2 - 25 \div 5$ | • | • 40 |
| | | • 4 |

## 10

계산 결과가 더 작은 식을 찾아 기호를 쓰세요.

㉠ $5 + 4 \times (9 - 6) \div 2$
㉡ $5 + 4 \times 9 - 6 \div 2$

(　　　　　)

## 11

(　)를 사용하여 두 식을 하나의 식으로 나타내세요.

$21 \times 3 = 63$
$15 - 12 = 3$

식

## 12

두 식의 계산 결과의 차를 구하세요.

• $45 \times 8 \div 40$　　• $15 \div 3 \times 7$

(　　　　　)

## 13

식이 성립하도록 ○ 안에 +, −를 한 번씩 알맞게 써넣으세요.

$31$ ○ $12$ ○ $27 = 46$

## 14

자전거를 타고 준수는 12일 동안 매일 4 km씩 달렸고, 민기는 일주일 동안 매일 5 km씩 달렸습니다. 준수는 민기보다 몇 km 더 많이 달렸는지 하나의 식으로 나타내어 구하세요.

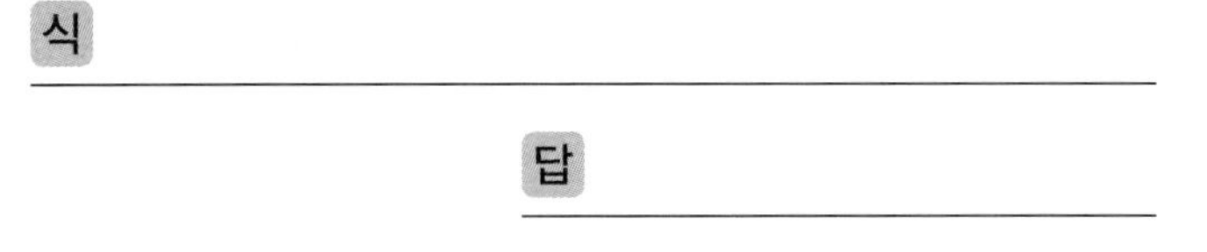

식

답

## 15

계산 결과가 큰 것부터 ○ 안에 1, 2, 3을 써넣으세요.

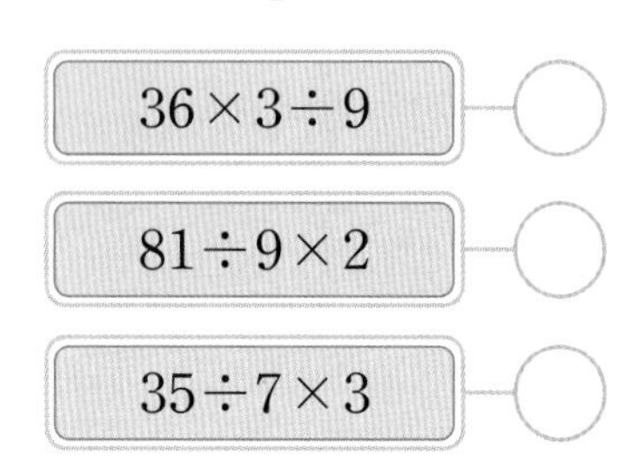


## 16

자두가 40개 있었습니다. 여학생 3명과 남학생 4명에게 각각 3개씩 주고, 선생님께서 2개를 가지고 가셨습니다. 남은 자두는 몇 개인지 하나의 식으로 나타내고, 답을 구하세요.

식 ______________________

답 ____________

## 17

식이 성립하도록 (     )로 묶으세요.

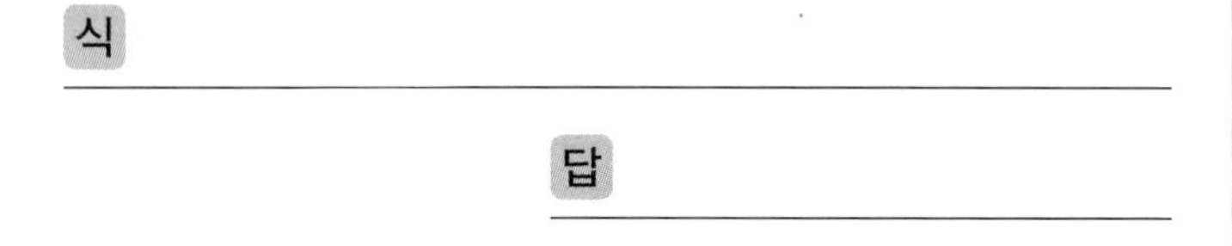


## 18

□ 안에 알맞은 수를 구하세요.

$$2\times 6+54\div\square=18$$

(                    )

## 19

기호 ◆의 계산 방법을 다음과 같이 약속했습니다. 24◆36의 값을 구하세요.

가◆나=가×3−나÷4

(                    )

## 20 서술형

대화를 보고 태우와 수지가 일주일 동안 줄넘기를 모두 몇 번 했는지 해결 과정을 쓰고, 답을 구하세요.

______________________

______________________

______________________

______________________

(                    )

정답 47쪽



**1**

□ 안에 알맞은 수를 써넣으세요.

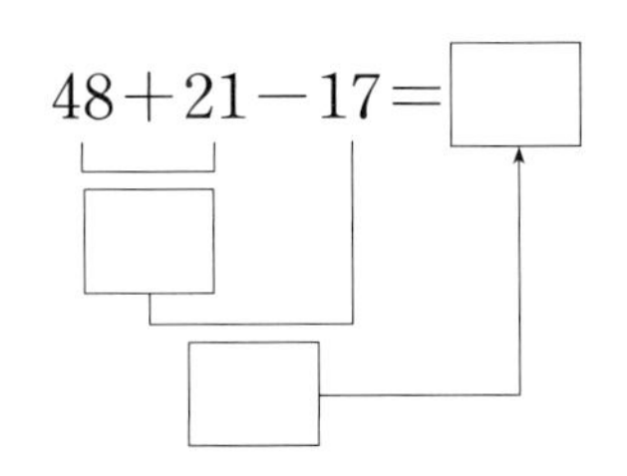


**2**

바르게 계산한 것에 ○표 하세요.

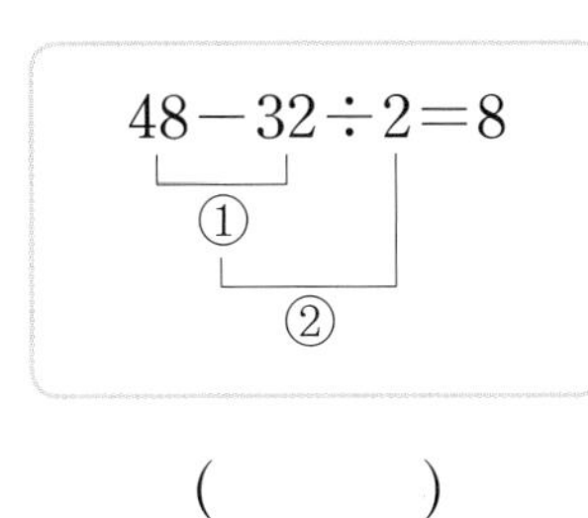


54÷(6−3)=18

( ) ( )

**3**

가장 먼저 계산해야 하는 부분에 ○표 하세요.

$60-8\times7+16$

**4**

계산 순서에 맞게 차례대로 기호를 쓰세요.

$30-6\times(5+3)\div2$

㉠ ㉡ ㉢ ㉣

( )

**5**

계산을 하세요.

$12\times5\div6$

**6**

보기 와 같이 계산 순서를 나타내고 계산하세요.

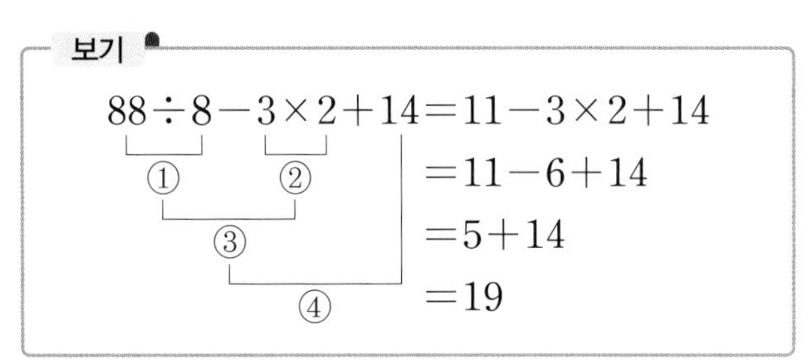


$91\div7+11-3\times4$

**7** 서술형

계산이 잘못된 부분을 찾아 잘못된 이유를 쓰고, 바르게 계산하세요.

$$36+4\times7-11=40\times7-11$$
$$=280-11$$
$$=269$$

이유

바르게 고치기

## 8

계산 결과를 찾아 이으세요.

| | |
|---|---|
| | 20 |
| $22+5\times6-31$ | 21 |
| $14\times4-18\times2$ | 76 |
| | 131 |

## 9

진영이네 반은 남학생이 15명, 여학생이 13명입니다. 이 중 안경을 쓴 학생이 20명일 때, 안경을 쓰지 않은 학생은 몇 명일까요?

( )

## 10

크기를 비교하여 ○ 안에 $>$, $=$, $<$를 알맞게 써넣으세요.

$$70\div(5+2)\times2-7 \bigcirc 15$$

## 11

다음을 하나의 식으로 나타내고, 답을 구하세요.

32에서 7과 5의 합을 뺀 수

식

답

## 12

( )가 있는 식과 없는 식의 계산 결과가 같은 것을 찾아 기호를 쓰세요.

㉠ $31-(18+3)$, $31-18+3$
㉡ $40-(23-5)$, $40-23-5$
㉢ $(51-32)+40$, $51-32+40$

( )

## 13

□ 안에 들어갈 수 있는 자연수 중에서 가장 큰 수를 구하세요.

$$54\div(2+4)-4>\square$$

( )

## 14 서술형

연필 한 자루의 무게는 10 g, 색연필 5자루의 무게는 60 g, 자 한 개의 무게는 15 g입니다. 연필 한 자루와 색연필 한 자루를 같이 잰 무게는 자 한 개의 무게보다 몇 g 더 무거운지 해결 과정을 쓰고, 답을 구하세요.

( )

## 15 서술형

두 식의 계산 결과의 합은 얼마인지 해결 과정을 쓰고, 답을 구하세요.

- $4\times7-72\div9+16$
- $25-4+63\div7\times3$

( )

## 16

69 cm인 빨간색 테이프를 3등분한 것 중의 한 도막과 30 cm인 파란색 테이프를 7 cm만큼 겹쳐지도록 이어 붙였습니다. 이어 붙인 색 테이프의 전체 길이는 몇 cm인지 하나의 식으로 나타내고, 답을 구하세요.

7 cm

식

답

## 17

어떤 수를 2로 나눈 값에 4를 곱했더니 48이 되었습니다. 어떤 수를 구하세요.

( )

## 18

볶음밥을 만들려고 합니다. 10000원으로 필요한 재료를 사고 남은 돈은 얼마인지 구하세요.

| 재료 | 가격 | 사 온 개수 |
|---|---|---|
| 감자 | 4개에 2800원 | 4개 |
| 양파 | 8개에 4200원 | 4개 |
| 햄 | 1개에 700원 | 3개 |

( )

## 19

성냥개비로 정사각형을 만들고 있습니다. 정사각형을 7개 만들려면 성냥개비는 모두 몇 개 필요한지 구하세요.

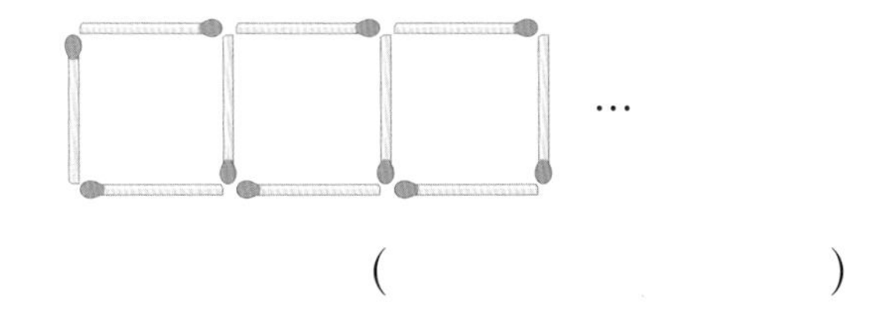

( )

## 20

수 카드 2, 5, 6 을 □ 안에 한 번씩만 써넣어 계산 결과가 가장 큰 식을 만들고, 답을 구하세요.

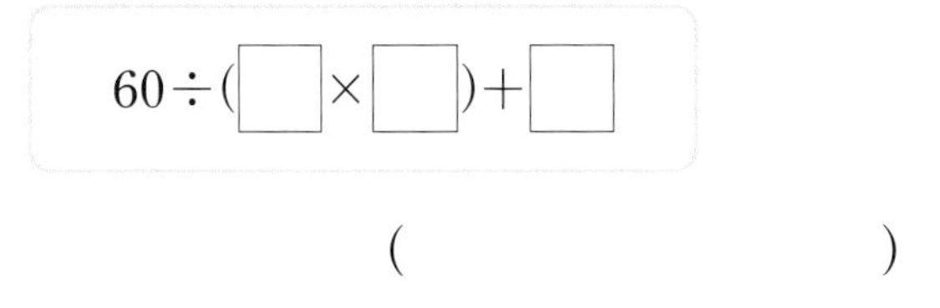


( )

# 1. 자연수의 혼합 계산

정답 48쪽

**평가 주제** 덧셈과 뺄셈이 섞여 있는 식의 계산

**평가 목표** 덧셈, 뺄셈, (   )가 섞여 있는 식의 계산 순서를 알고 계산할 수 있습니다.

**1** 먼저 계산해야 하는 부분에 ○표 하세요.

(1) $17+8-9$

(2) $25-(10+3)$

**2** □ 안에 알맞은 수를 써넣으세요.

(1) $5+16-11=$□

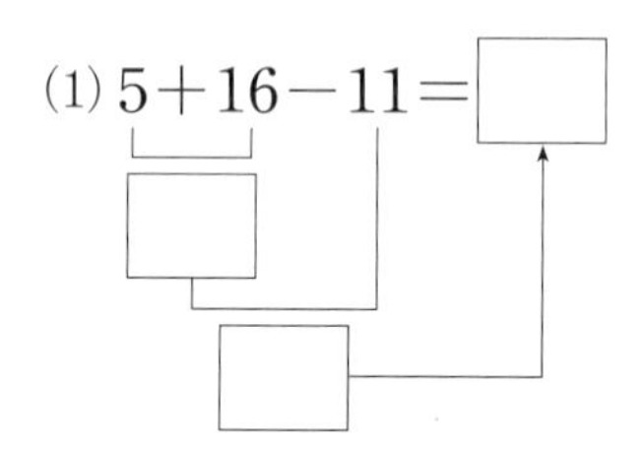

(2) $30-(6+7)=$□

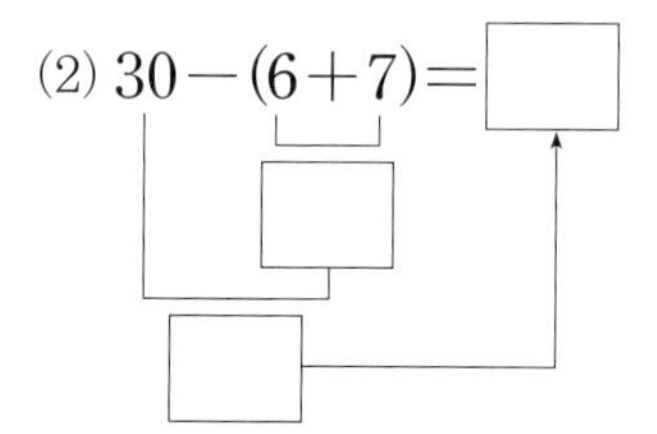

**3** 계산을 하세요.

(1) $37-8+13$

(2) $48+(14-2)$

**4** ㉠에서 ㉡까지의 거리는 몇 km인지 구하세요.

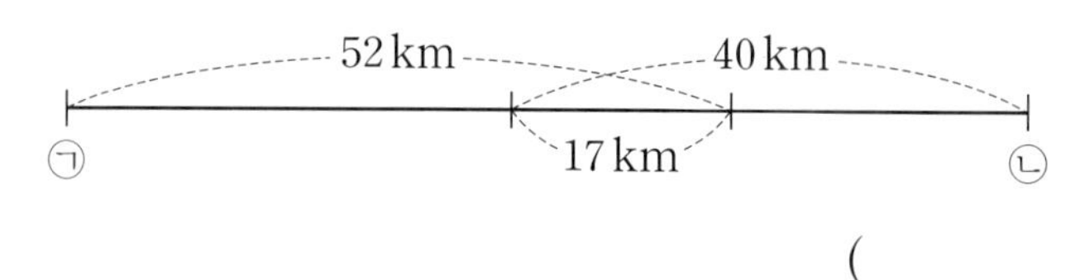


(                    )

**5** 미주는 어머니에게 1000원, 아버지에게 2000원을 받았습니다. 이 돈으로 1600원짜리 가위를 샀다면 남은 돈은 얼마인지 하나의 식으로 나타내어 구하세요.

식 ______________________

답 ______________

| 평가 주제 | 곱셈과 나눗셈이 섞여 있는 식의 계산 |
|---|---|
| 평가 목표 | 곱셈, 나눗셈, (　)가 섞여 있는 식의 계산 순서를 알고 계산할 수 있습니다. |

1단원

**1** □ 안에 알맞은 수를 써넣으세요.

(1) $18\times2\div9=$□

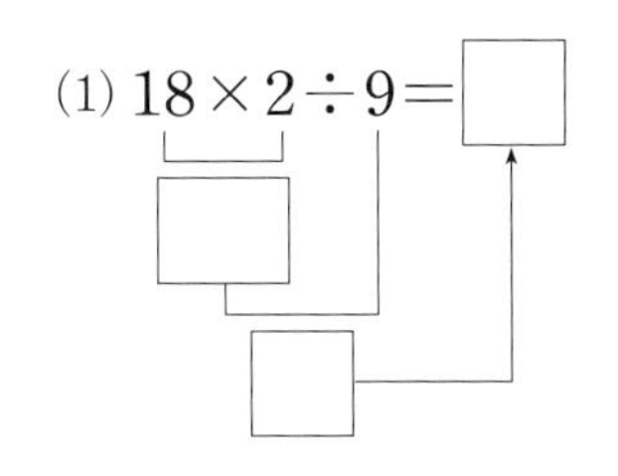

(2) $36\div(3\times6)=$□

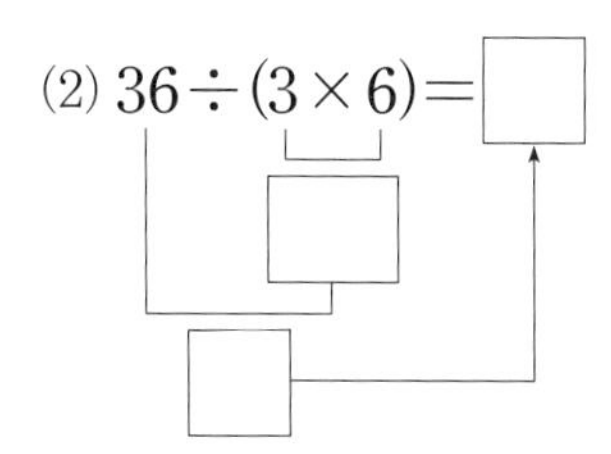

**2** 계산이 잘못된 부분을 찾아 바르게 계산하세요.

틀린 계산: $40\div(5\times2)=8\times2=16$ ➡ 바른 계산:

**3** 계산을 하세요.

(1) $96\div4\times2$

(2) $3\times(54\div6)$

**4** 두 식의 계산 결과가 같으면 ○표, 다르면 ×표 하세요.

$45\div5\times3$　　$45\div(5\times3)$

(　　　　　　)

**5** 사탕이 한 봉지에 16개씩 3봉지 있었습니다. 이 사탕을 8명이 남김없이 똑같이 나누어 먹었습니다. 한 명이 먹은 사탕은 몇 개인지 하나의 식으로 나타내어 구하세요.

식 ____________________ 답 ____________

| 평가 주제 | 덧셈, 뺄셈, 곱셈 / 덧셈, 뺄셈, 나눗셈이 섞여 있는 식의 계산 |
|---|---|
| 평가 목표 | 덧셈, 뺄셈, 곱셈(나눗셈), (　　)가 섞여 있는 식의 계산 순서를 알고 계산할 수 있습니다. |

**1** 계산 순서를 바르게 나타낸 것을 찾아 기호를 쓰세요.

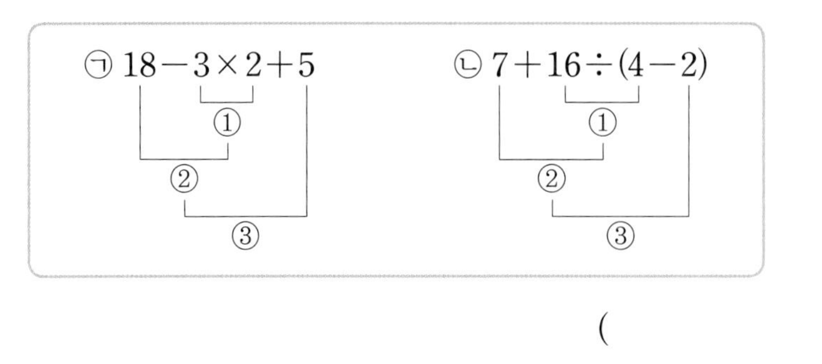


(　　　　　　　)

**2** □ 안에 알맞은 수를 써넣으세요.

(1) $11-36\div6+5=11-\square+5$
$=\square+5=\square$

(2) $16+8\times(7-2)=16+8\times\square$
$=16+\square=\square$

**3** 계산을 하세요.

(1) $20+13-7\times4$

(2) $24-(9+12)\div3$

**4** □ 안에 들어갈 수 있는 자연수 중에서 가장 작은 수를 구하세요.

$45-(9+2)\times3<\square$

(　　　　　　　)

**5** 농구공 한 상자와 야구공 한 상자에 들어 있는 공은 탁구공 한 상자에 들어 있는 공보다 몇 개 더 많은지 하나의 식으로 나타내어 구하세요. (단, 한 상자에 들어 있는 탁구공의 수는 같습니다.)

• 농구공 한 상자: 15개　• 야구공 한 상자: 10개　• 탁구공 3상자: 60개

식 ______________________　답 ______________

| 평가 주제 | 덧셈, 뺄셈, 곱셈, 나눗셈이 섞여 있는 식의 계산 |
|---|---|
| 평가 목표 | 덧셈, 뺄셈, 곱셈, 나눗셈, (　　)가 섞여 있는 식의 계산 순서를 알고 계산할 수 있습니다. |

1 단원

**1** 계산 순서에 맞게 □ 안에 1, 2, 3, 4를 써넣으세요.

$25 \div 5 + 9 \times (14 - 6)$

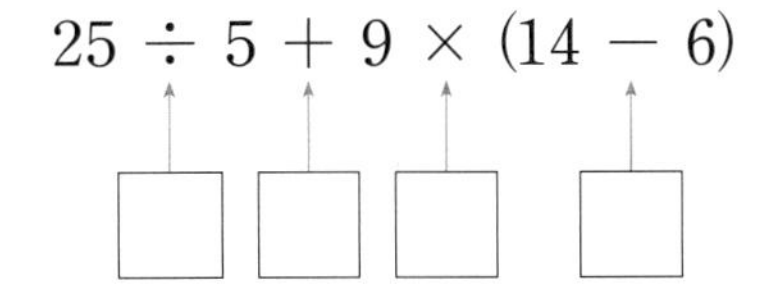

**2** □ 안에 알맞은 수를 써넣으세요.

(1) $9+10-7\times8\div14=\square$

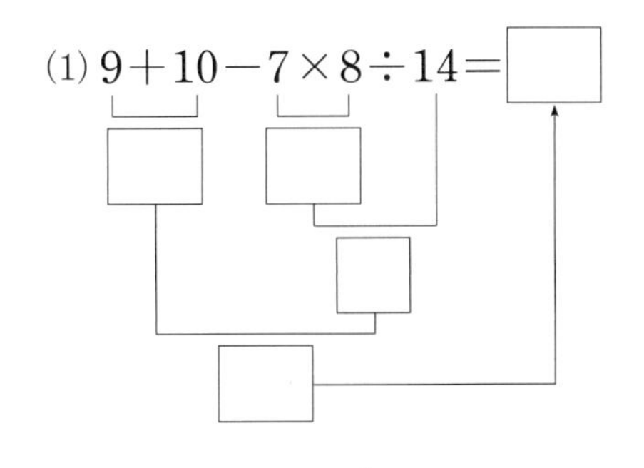

(2) $40\div2-3\times(2+4)=\square$

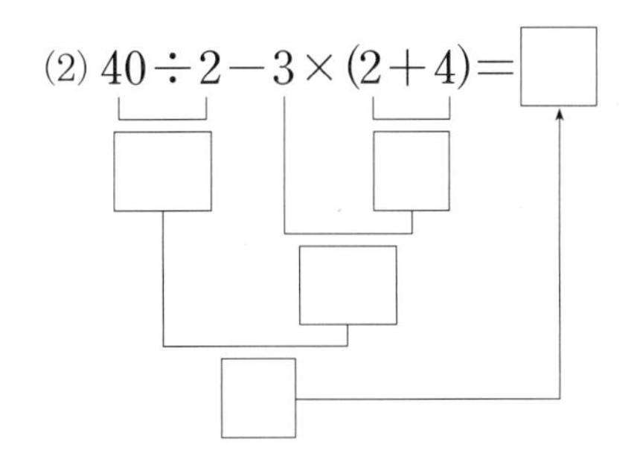

**3** 계산을 하세요.

(1) $26-8\times2\div4+7$

(2) $7\times3-(27+3)\div6$

**4** 계산 결과를 비교하여 ○ 안에 >, =, <를 알맞게 써넣으세요.

$3\times8+18\div2-7$  $6+64\div(10-2)\times4$

**5** 수아는 단팥빵과 크림빵을 각각 4개씩 샀고, 진구는 도넛 한 봉지를 샀습니다. 수아가 내야 하는 돈은 진구가 내야 하는 돈보다 얼마 더 많은지 하나의 식으로 나타내어 구하세요.

| 단팥빵 1개 | 크림빵 1개 | 도넛 3봉지 |
|---|---|---|
| 600원 | 400원 | 1500원 |

식 ______________________  답 ______________

**1**

9의 약수를 모두 찾아 ○표 하세요.

1　2　3　4　6　8　9

**2**

수 배열표를 보고 4의 배수에는 ○표, 6의 배수에는 △표 하세요.

| 1 | 2 | 3 | 4 | 5 | 6 | 7 | 8 | 9 | 10 |
|---|---|---|---|---|---|---|---|---|---|
| 11 | 12 | 13 | 14 | 15 | 16 | 17 | 18 | 19 | 20 |
| 21 | 22 | 23 | 24 | 25 | 26 | 27 | 28 | 29 | 30 |

**3**

식을 보고 □ 안에 '약수'와 '배수'를 알맞게 써넣으세요.

$45=1\times45$　$45=3\times15$　$45=5\times9$

45는 1, 3, 5, 9, 15, 45의 □이고,

1, 3, 5, 9, 15, 45는 45의 □입니다.

**4**

24와 36의 공약수는 모두 몇 개일까요?

- 24의 약수: 1, 2, 3, 4, 6, 8, 12, 24
- 36의 약수: 1, 2, 3, 4, 6, 9, 12, 18, 36

(　　　　　　)

**5**

20과 28의 최대공약수를 구하세요.

$$\begin{array}{r|rr} 2 & 20 & 28 \\ \hline 2 & 10 & 14 \\ \hline & 5 & 7 \end{array}$$

20과 28의 최대공약수: □ × □ = □

**6**

8과 12의 최소공배수를 구하세요.

$8=2\times2\times2$

$12=2\times2\times3$

(　　　　　　)

**7** 서술형

378은 7의 배수인지 아닌지 쓰고, 그 이유를 쓰세요.

답

이유

## 8

두 수가 약수와 배수의 관계이면 ○표, 아니면 ×표 하세요.

( ) ( ) ( )

## 9

30부터 60까지의 수 중에서 2의 배수이면서 9의 배수인 수를 모두 구하세요.

( )

## 10 서술형

대화를 읽고 공약수와 공배수에 대해 잘못 말한 사람을 찾아 이름을 쓰고, 잘못된 이유를 쓰세요.

20과 30의 공약수는 20과 30의 최대공약수의 약수와 같아.

준서

20과 30의 공배수는 20과 30의 최소공배수의 배수와 같아.

수민

20과 30의 최소공배수는 최대공약수보다 작아.

수지

**잘못 말한 사람** ______

**이유** ______

______

## 11

귤 24개를 남김없이 똑같이 봉지에 나누어 담으려고 합니다. 한 봉지에 담을 수 있는 귤의 수가 아닌 것은 어느 것일까요? ( )

① 2개 ② 3개 ③ 5개
④ 8개 ⑤ 12개

## 12

어떤 두 수의 최대공약수는 10입니다. 이 두 수의 공약수를 모두 구하세요.

( )

## 13

두 수의 최소공배수를 비교하여 ○ 안에 >, =, <를 알맞게 써넣으세요.

(16, 24) ○ (20, 12)

## 14

조건 을 모두 만족하는 어떤 수를 구하세요.

**조건**
- 어떤 수는 27의 약수입니다.
- 어떤 수의 약수를 모두 더하면 13입니다.

( )

**[15-16] 설아는 1부터 60까지의 수를 차례대로 말하면서 다음 규칙 으로 놀이를 했습니다. 물음에 답하세요.**

> 규칙
> - 3의 배수에서는 말하는 대신 손뼉을 칩니다.
> - 5의 배수에서는 말하는 대신 제자리 뛰기를 합니다.

## 15

처음으로 손뼉을 치면서 동시에 제자리 뛰기를 해야 하는 수를 쓰세요.

(　　　　　　)

## 16

손뼉을 치면서 동시에 제자리 뛰기를 해야 하는 수를 모두 쓰세요.

(　　　　　　)

## 17 서술형

대화를 읽고 태우와 지혜가 바로 다음번에 수영장에서 만나는 날은 언제인지 해결 과정을 쓰고, 답을 구하세요.

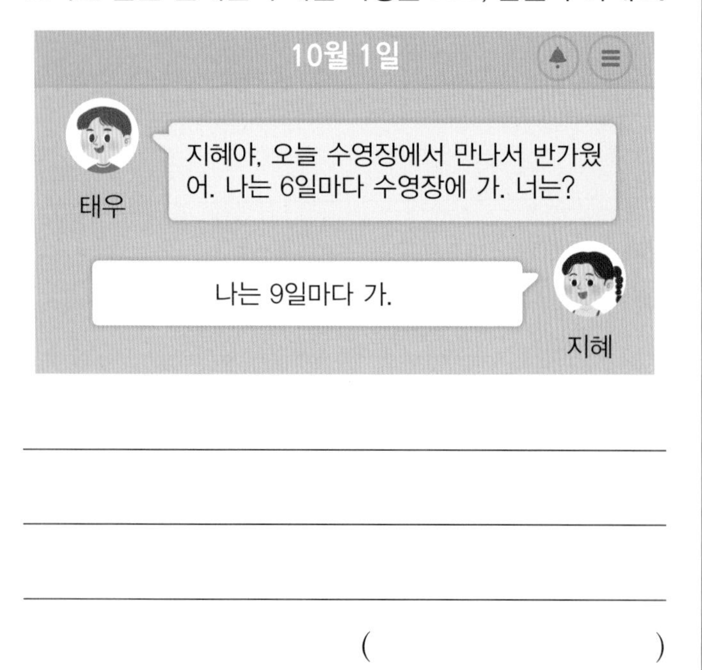


(　　　　　　)

## 18

10과 7의 공배수 중에서 300에 가장 가까운 수를 구하세요.

(　　　　　　)

## 19

한 상자에 12자루씩 들어 있는 연필 2상자와 색연필 42자루를 최대한 많은 학생에게 남김없이 똑같이 나누어 주려고 합니다. 한 학생이 연필과 색연필을 각각 몇 자루씩 받을 수 있는지 구하세요.

연필 (　　　　　　)

색연필 (　　　　　　)

## 20

48과 64를 어떤 수로 나누면 각각 나누어떨어집니다. 어떤 수 중에서 가장 큰 수는 얼마인지 구하세요.

(　　　　　　)

## 1
21의 약수를 모두 구하세요.

(　　　　　　　　　　)

## 2
6의 배수가 아닌 수는 어느 것일까요? (　　　　)

① 18　② 54　③ 76
④ 102　⑤ 144

## 3
두 수가 약수와 배수의 관계인 것을 모두 찾아 이으세요.

| | |
|---|---|
| 8 • | • 24 |
| 3 • | • 21 |
| 7 • | • 40 |

## 4
16과 40의 공약수와 최대공약수를 각각 구하세요.

공약수 (　　　　　　　　　　)
최대공약수 (　　　　　　　　　　)

## 5
두 수의 공배수를 가장 작은 수부터 3개 쓰세요.

2　5

(　　　　　　　　　　)

## 6
두 수의 최소공배수를 구하세요.

(15, 18)

(　　　　　　　　　　)

## 7 서술형
잘못 설명한 것을 찾아 기호를 쓰고, 잘못된 이유를 쓰세요.

㉠ 30과 18의 공약수 중에서 가장 작은 수는 1입니다.
㉡ 30과 18의 공약수 중에서 가장 큰 수는 6입니다.
㉢ 30과 18의 공배수 중에서 가장 큰 수는 90입니다.

잘못 설명한 것 ______

이유 ______

## 8

25의 약수를 모두 더하면 얼마인지 구하세요.

(　　　　　　　　)

## 9

어떤 수의 배수를 가장 작은 수부터 쓴 것입니다. 11번째 수를 구하세요.

7, 14, 21, 28, ...

(　　　　　　　　)

## 10

9는 72의 약수이고, 72는 9의 배수입니다. 이 관계를 나타내는 곱셈식을 쓰세요.

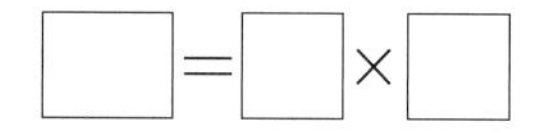

## 11

두 수의 최대공약수가 가장 큰 것부터 차례대로 기호를 쓰세요.

㉠ (27, 36)　　㉡ (28, 42)　　㉢ (10, 75)

(　　　　　　　　)

## 12

◆에 알맞은 수를 구하세요.

(　　　　　　　　)

## 13

어떤 두 수의 최대공약수가 27일 때, 두 수의 공약수 중에서 두 번째로 큰 수를 구하세요.

(　　　　　　　　)

## 14 서술형

수진이와 경아는 운동장을 각자 일정한 빠르기로 걷고 있습니다. 수진이는 6분마다, 경아는 4분마다 운동장을 한 바퀴 돕니다. 두 사람이 출발점에서 같은 방향으로 동시에 출발할 때, 출발 후 40분 동안 출발점에서 몇 번 다시 만나는지 해결 과정을 쓰고, 답을 구하세요.

(　　　　　　　　)

**15** 서술형

조건 을 모두 만족하는 수는 몇 개인지 구하려고 합니다. 해결 과정을 쓰고, 답을 구하세요.

조건
- 30의 약수입니다.
- 24의 약수가 아닙니다.
- 두 자리 수입니다.

______________________________

______________________________

______________________________

______________________________

(                    )

**16**

그림과 같은 직사각형 모양의 종이를 최대한 큰 정사각형 모양으로 남김없이 똑같이 자르려고 합니다. 정사각형 모양의 한 변의 길이를 몇 cm로 해야 할까요?

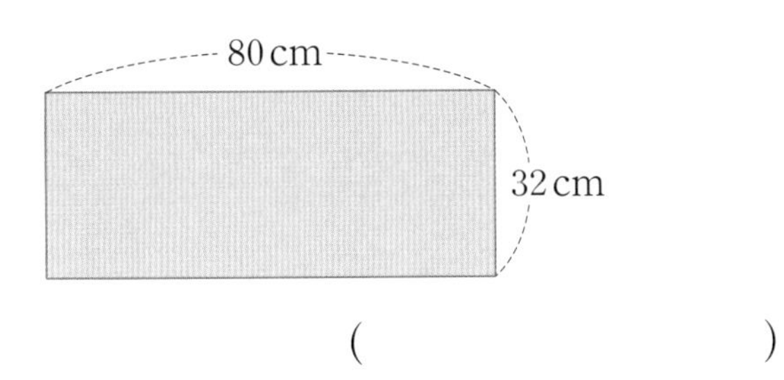


(                    )

**17**

버스 터미널에서 ㉮ 버스는 10분마다, ㉯ 버스는 18분마다 출발한다고 합니다. 오전 7시에 두 버스가 동시에 출발했다면 바로 다음번에 두 버스가 동시에 출발하는 시각은 오전 몇 시 몇 분일까요?

(                    )

**18**

현수와 민주가 아래와 같이 규칙에 따라 각각 구슬 50개를 놓을 때, 같은 자리에 빨간 구슬을 놓는 경우는 모두 몇 번인지 구하세요.

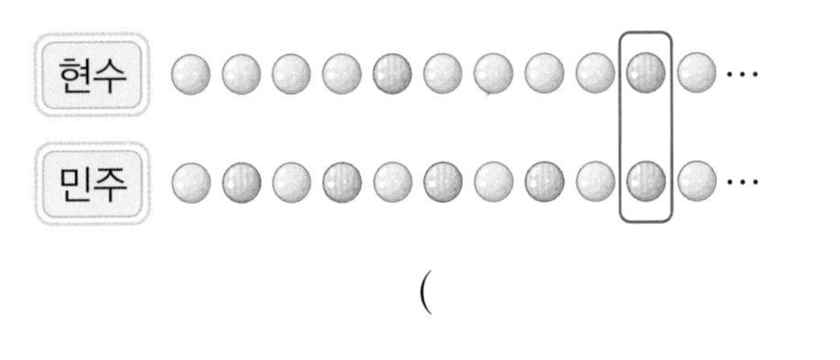


(                    )

**19**

9로 나누어도 3이 남고, 15로 나누어도 3이 남는 두 자리 수 중에서 가장 작은 수를 구하세요.

(                    )

**20**

어떤 두 자연수의 곱은 600이고 최소공배수는 60입니다. 두 수의 최대공약수를 구하세요.

(                    )

2 단원

| 평가 주제 | 약수와 배수 |
|---|---|
| 평가 목표 | 약수와 배수의 의미를 알고 자연수의 약수와 배수를 구할 수 있습니다. |

**1** **약수를 모두 구하세요.**

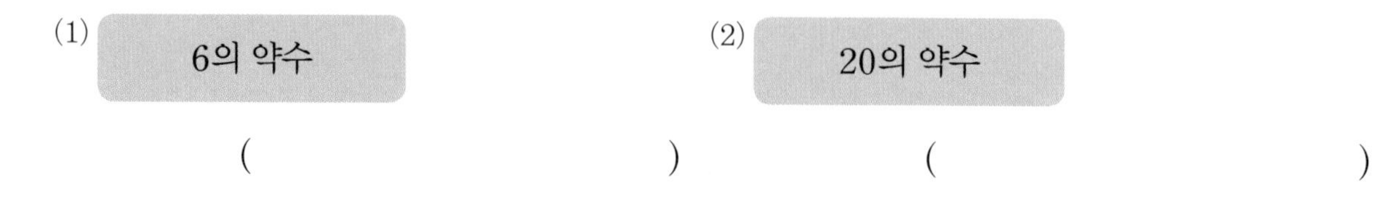


( ) ( )

**2** **배수를 가장 작은 수부터 3개 쓰세요.**

(1) 8의 배수 (2) 12의 배수

**3** **약수의 개수가 더 많은 수에 ○표 하세요.**

**4** **7의 배수 중에서 가장 작은 세 자리 수를 구하세요.**

( )

**5** **어느 지하철역에 지하철이 4분 간격으로 도착합니다. 첫차가 오전 5시 30분에 도착한다면 오전 6시까지 지하철은 몇 번 도착하는지 구하세요.**

( )

# 2. 약수와 배수

정답 51쪽

**평가 주제** 약수와 배수의 관계

**평가 목표** 곱을 이용하여 약수와 배수의 관계를 이해할 수 있습니다.

**1** 식을 보고 □ 안에 '약수'와 '배수'를 알맞게 써넣으세요.

$14=2\times7$

(1) 14는 2와 7의 □입니다.

(2) 2와 7은 14의 □입니다.

2 단원

**2** 두 수가 약수와 배수의 관계이면 ○표, 아니면 ×표 하세요.

(1)

( )

5 | 35
( )

(2)

( )

7 | 72
( )

**3** 6은 54의 약수이고, 54는 6의 배수입니다. 이 관계를 나타내는 곱셈식을 쓰세요.

식 ____________________

**4** 32와 약수와 배수의 관계인 수를 모두 찾아 ○표 하세요.

2 8 9 12 16 64 92

**5** 48이 ■의 배수일 때, ■에 알맞은 수는 모두 몇 개인지 구하세요.

( )

| 평가 주제 | 공약수, 최대공약수 |
| --- | --- |
| 평가 목표 | • 공약수와 최대공약수의 의미를 알고 관계를 이해할 수 있습니다.<br>• 공약수와 최대공약수를 구할 수 있습니다. |

**1** 두 수의 공약수와 최대공약수를 구하세요.

(1) (14, 21)

공약수 (　　　　　　　　)

최대공약수 (　　　　　　　　)

(2) (50, 30)

공약수 (　　　　　　　　)

최대공약수 (　　　　　　　　)

**2** 두 수의 최대공약수를 구하세요.

(1) ) 15　20

(　　　　　　　　)

(2) ) 18　45

(　　　　　　　　)

**3** 어떤 두 수의 최대공약수가 35일 때, 두 수의 공약수를 모두 구하세요.

(　　　　　　　　)

**4** 32와 24를 어떤 수로 나누면 각각 나누어떨어집니다. 어떤 수가 될 수 있는 수는 모두 몇 개인지 구하세요.

(　　　　　　　　)

**5** 색종이 36장과 도화지 48장을 최대한 많은 친구에게 남김없이 똑같이 나누어 주려고 합니다. 최대 몇 명의 친구에게 나누어 줄 수 있는지 구하세요.

(　　　　　　　　)

평가 주제: 공배수, 최소공배수

평가 목표:
- 공배수와 최소공배수의 의미를 알고 관계를 이해할 수 있습니다.
- 공배수와 최소공배수를 구할 수 있습니다.

2 단원

**1** 두 수의 공배수와 최소공배수를 구하세요. (단, 공배수는 가장 작은 수부터 3개 씁니다.)

(1) (2, 3)

공배수 (　　　　　　)
최소공배수 (　　　　　　)

(2) (3, 5)

공배수 (　　　　　　)
최소공배수 (　　　　　　)

**2** 두 수의 최소공배수를 바르게 구한 것을 찾아 기호를 쓰세요.

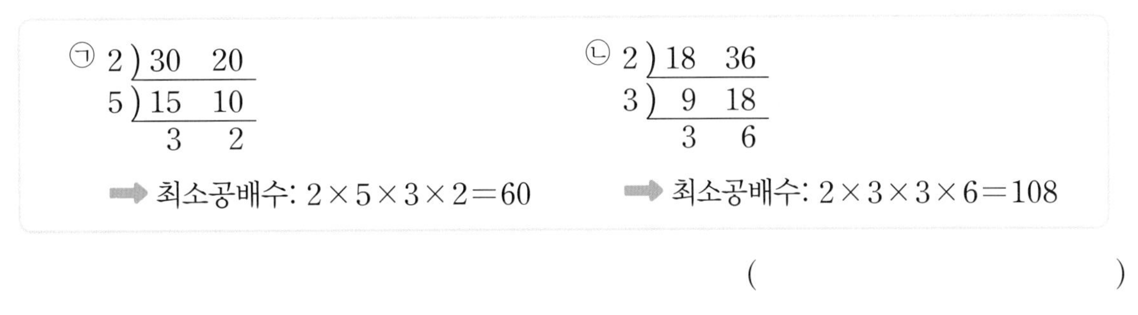

㉠ 2 ) 30 20
5 ) 15 10
3 2

➡ 최소공배수: $2\times5\times3\times2=60$

㉡ 2 ) 18 36
3 ) 9 18
3 6

➡ 최소공배수: $2\times3\times3\times6=108$

(　　　　　　)

**3** 어떤 두 수의 최소공배수가 21일 때, 두 수의 공배수 중에서 두 번째로 작은 수를 구하세요.

(　　　　　　)

**4** 두 수의 최소공배수를 비교하여 ○ 안에 >, =, <를 알맞게 써넣으세요.

(32, 24) ○ (40, 16)

**5** 민규는 8일마다, 인호는 12일마다 도서관에 갑니다. 두 사람이 5월 1일에 같이 도서관에 갔다면 바로 다음번에 같이 도서관에 가게 되는 날은 언제인지 구하세요.

(　　　　　　)

**[1-4]** 사각형과 삼각형으로 규칙적인 배열을 만들고 있습니다. 물음에 답하세요.

### 1
사각형의 수와 삼각형의 수 사이의 대응 관계를 생각하며 □ 안에 알맞은 수를 써넣으세요.

사각형의 수가 1개씩 늘어날 때, 삼각형의 수는 □개씩 늘어납니다.

### 2
다음에 이어질 알맞은 모양을 그리세요.

### 3
사각형의 수와 삼각형의 수 사이의 대응 관계를 나타낸 것입니다. □ 안에 알맞은 수를 써넣으세요.

사각형의 수를 □배 하면 삼각형의 수와 같습니다.

### 4
사각형이 100개일 때, 삼각형은 몇 개일까요?

(　　　　　　　　)

**[5-6]** 탁자의 수와 의자의 수 사이의 대응 관계를 알아보려고 합니다. 물음에 답하세요.

### 5
탁자의 수와 의자의 수 사이에는 어떤 대응 관계가 있는지 표를 완성하여 알아보세요.

| 탁자의 수(개) | 1 | 2 | 3 | 4 | 5 | … |
|---|---|---|---|---|---|---|
| 의자의 수(개) | | | | | | … |

### 6
탁자의 수와 의자의 수 사이의 대응 관계를 쓰세요.

(　　　　　　　　　　　　　　　　)

### 7 서술형
색 테이프를 자른 횟수와 색 테이프 도막의 수 사이의 대응 관계를 나타낸 표를 보고 어떤 대응 관계가 있는지 두 가지 방법으로 설명하세요.

| 자른 횟수(번) | 1 | 2 | 3 | 4 | 5 |
|---|---|---|---|---|---|
| 도막의 수(개) | 2 | 3 | 4 | 5 | 6 |

**방법 1**

**방법 2**

**[8-9] 달걀이 한 묶음에 6개씩 있습니다. 달걀 묶음의 수와 달걀의 수 사이의 대응 관계를 알아보려고 합니다. 물음에 답하세요.**

## 8

달걀 묶음의 수와 달걀의 수 사이에는 어떤 대응 관계가 있는지 표를 완성하여 알아보세요.

| 달걀 묶음의 수(묶음) | 1 | 2 | 3 | 4 | 5 | … |
|---|---|---|---|---|---|---|
| 달걀의 수(개) | | | | | | … |

## 9

달걀 묶음의 수와 달걀의 수 사이의 대응 관계를 식으로 나타내세요.

식

**[10-11] 장난감 자동차 한 개에는 건전지가 4개씩 들어갑니다. 장난감 자동차의 수와 건전지의 수 사이의 대응 관계를 알아보려고 합니다. 물음에 답하세요.**

## 10

장난감 자동차의 수와 건전지의 수 사이에는 어떤 대응 관계가 있는지 표를 완성하여 알아보세요.

| 자동차의 수(개) | 1 | 2 | 3 | 4 | 5 | … |
|---|---|---|---|---|---|---|
| 건전지의 수(개) | | | | | | … |

## 11

장난감 자동차의 수를 □, 건전지의 수를 △라고 할 때, 두 양 사이의 대응 관계를 식으로 나타내세요.

식

**[12-13] 한 상자에 색연필이 12자루씩 들어 있습니다. 상자의 수와 색연필의 수 사이의 대응 관계를 알아보려고 합니다. 물음에 답하세요.**

## 12

상자의 수와 색연필의 수 사이에는 어떤 대응 관계가 있는지 표를 완성하여 알아보세요.

| 상자의 수(개) | 1 | 2 | 3 | 4 | 5 | … |
|---|---|---|---|---|---|---|
| 색연필의 수(자루) | | | | | | … |

## 13 서술형

상자가 10개일 때, 색연필은 몇 자루인지 해결 과정을 쓰고, 답을 구하세요.

(　　　　　　　)

## 14

○와 ☆ 사이의 대응 관계를 나타낸 표입니다. 표를 완성하고, 두 양 사이의 대응 관계를 식으로 나타내세요.

| ○ | 1 | 2 | 3 | 4 | 5 | 6 |
|---|---|---|---|---|---|---|
| ☆ | 16 | 17 | 18 | | 20 | |

식

**[15-16] 형과 동생이 저금을 하려고 합니다. 형은 가지고 있던 500원을 먼저 저금통에 넣었고, 두 사람은 다음 주부터 1주일에 500원씩 저금을 하기로 했습니다. 물음에 답하세요.**

## 15

형이 모은 돈과 동생이 모은 돈 사이의 대응 관계를 기호를 사용하여 식으로 나타내세요.

형이 모은 돈을 ♡, 동생이 모은 돈을 ◇라고 할 때, 두 양 사이의 대응 관계를 식으로 나타내면 (                    )입니다.

## 16

형이 5500원을 모았을 때, 동생이 모은 돈은 얼마일까요?

(                    )

## 17

◈와 ▣ 사이의 대응 관계를 나타낸 표입니다. ㉠, ㉡, ㉢에 알맞은 수의 합을 구하세요.

| ◈ | 49 | 56 | 63 | ㉡ | 77 | 84 |
|---|---|---|---|---|---|---|
| ▣ | ㉠ | 8 | 9 | 10 | 11 | ㉢ |

(                    )

**[18-19] 그림과 같이 성냥개비를 쌓아 탑을 만들고 있습니다. 물음에 답하세요.**

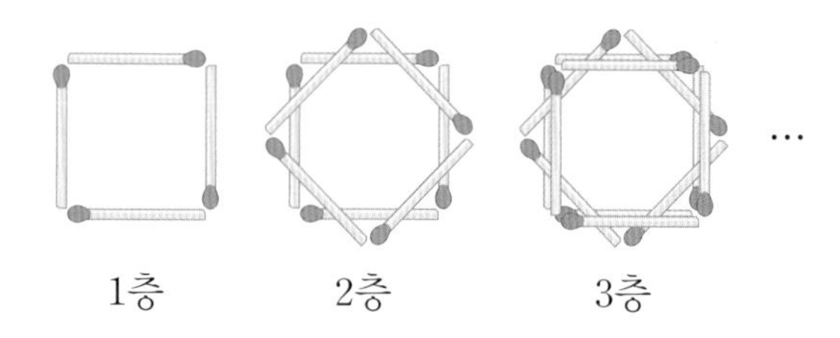


## 18

성냥개비를 사용하여 만든 탑이 13층이라면 사용한 성냥개비는 몇 개일까요?

(                    )

## 19 서술형

성냥개비 92개를 사용하여 만든 탑은 몇 층인지 해결 과정을 쓰고, 답을 구하세요.

(                    )

## 20

대한민국의 수도 서울이 오후 10시일 때, 영국의 수도 런던은 오후 2시입니다. 서울이 7월 3일 오전 5시일 때, 런던은 몇 월 며칠 몇 시인지 구하세요.

(                    )

정답 53쪽

**[1-2] 꽃의 수와 꽃잎의 수 사이의 대응 관계를 알아보려고 합니다. 물음에 답하세요.**

**1**

꽃의 수와 꽃잎의 수 사이에는 어떤 대응 관계가 있는지 표를 완성하여 알아보세요.

| 꽃의 수(송이) | 1 | 2 | 3 | 4 | 5 | … |
|---|---|---|---|---|---|---|
| 꽃잎의 수(장) | | | | | | … |

**2**

꽃의 수와 꽃잎의 수 사이의 대응 관계를 쓰세요.

( )

**3**

◇와 ◎의 대응 관계는 ◇+7=◎입니다. 표를 완성하세요.

| ◇ | | | | 4 | 5 | 6 | … |
|---|---|---|---|---|---|---|---|
| ◎ | 8 | 9 | 10 | | | | … |

**4**

☆과 △ 사이의 대응 관계를 나타낸 표입니다. 두 양 사이의 대응 관계를 식으로 나타내세요.

| ☆ | 5 | 6 | 7 | 8 | 9 | … |
|---|---|---|---|---|---|---|
| △ | 8 | 9 | 10 | 11 | 12 | … |

식

**5** 서술형

대응 관계를 나타낸 식을 보고 잘못 말한 사람을 찾아 이름을 쓰고, 잘못된 이유를 쓰세요.

□=150×△

서아: △는 1, 2, 3, …과 같이 여러 가지 수가 될 수 있어.
지민: □와 △를 ○와 ☆로 바꿔서 나타낼 수 있어.
하은: □는 △와 관계없이 변할 수 있어.

잘못 말한 사람

이유

**[6-7] 공책이 한 묶음에 24권씩 묶여 있습니다. 물음에 답하세요.**

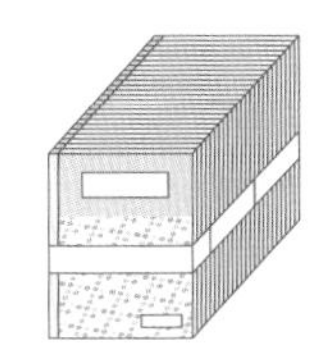

**6**

묶음의 수를 , 공책의 수를 △라고 할 때, 묶음의 수와 공책의 수 사이의 대응 관계를 식으로 나타내세요.

식

**7**

오늘 공책 10묶음을 팔았습니다. 오늘 팔린 공책은 모두 몇 권인지 구하세요.

( )

**[8-9]** 소영이의 나이가 9살일 때, 언니의 나이는 13살입니다. 물음에 답하세요.

## 8

소영이의 나이를 ♡, 언니의 나이를 ☆이라고 할 때, 두 양 사이의 대응 관계를 식으로 나타내세요.

식 ______________________

## 9

소영이가 25살이 되면 언니는 몇 살이 될까요?

(　　　　　　　　)

## 10 서술형

대응 관계를 나타낸 식을 보고, 식에 알맞은 상황을 쓰세요.

○÷4=△

상황 ______________________

**[11-13]** 사각형으로 규칙적인 배열을 만들고 있습니다. 물음에 답하세요.

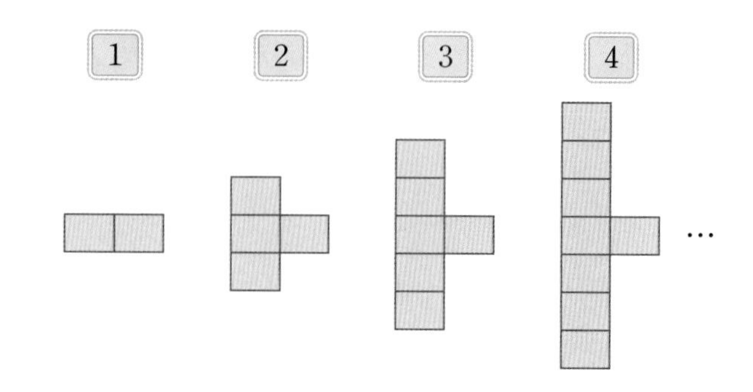


## 11

배열 순서에 따라 사각형의 수가 어떻게 변하는지 표를 완성하여 알아보세요.

| 배열 순서 | 1 | 2 | 3 | 4 | … |
|---|---|---|---|---|---|
| 사각형의 수(개) | | | | | … |

## 12

배열 순서와 사각형의 수 사이의 대응 관계를 바르게 설명한 것을 찾아 기호를 쓰세요.

㉠ 사각형의 수는 배열 순서보다 2만큼 더 큽니다.
㉡ 사각형의 수는 배열 순서의 2배입니다.

(　　　　　　　　)

## 13

쉰째에 필요한 사각형은 몇 개인지 구하세요.

(　　　　　　　　)

**[14-17] 수 카드를 넣으면 다른 수 카드가 적힌 카드가 나오는 상자입니다. 물음에 답하세요.**

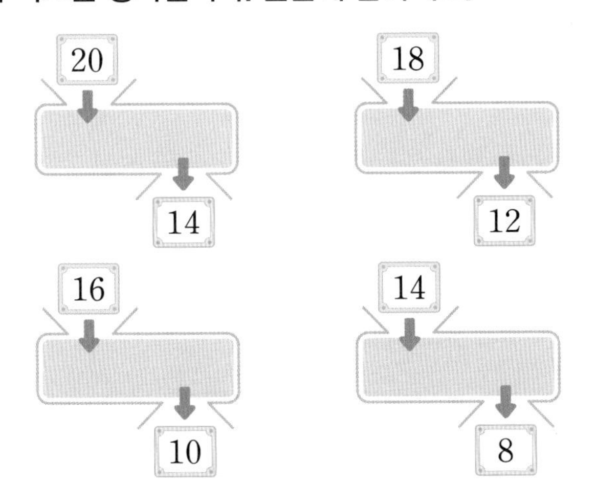


## 14

규칙 상자의 규칙을 표를 완성하여 알아보세요.

| 넣는 수 | 20 | 18 | 16 | 14 | 12 | 10 |
|---|---|---|---|---|---|---|
| 나오는 수 | 14 | 12 | 10 | 8 | | |

## 15

넣는 수를 , 나오는 수를 ◇라고 할 때, 넣는 수와 나오는 수 사이의 대응 관계를 식으로 나타내세요.

식 

## 16

상자에 35가 적힌 수 카드를 넣으면 어떤 수 카드가 나올까요?

( )

## 17

상자에서 43이 적힌 수 카드가 나왔을 때, 상자에 넣은 수 카드에 적힌 수를 구하세요.

( )

## 18

바둑돌로 규칙적인 배열을 만들고 있습니다. 배열 순서와 바둑돌의 수 사이의 대응 관계를 이용하여 열째에는 바둑돌이 몇 개 필요한지 구하세요.

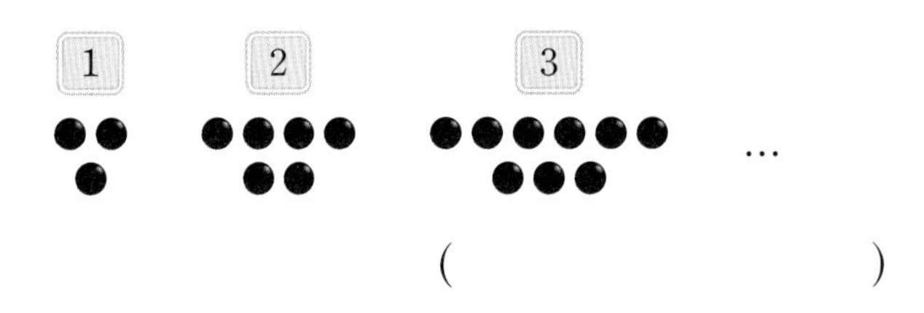


( )

## 19 서술형

어느 마트에서 오이 15개를 사려고 합니다. 이 마트에서는 오이를 2개에 1000원씩 묶음으로만 판다고 합니다. 오이를 사는 데 필요한 돈은 적어도 얼마인지 해결 과정을 쓰고, 답을 구하세요.

( )

## 20

곧게 펴진 밧줄을 한 번 자르는 데 2초가 걸린다면 밧줄을 8도막으로 자르는 데 걸리는 시간은 몇 초인지 구하세요. (단, 밧줄을 겹쳐서 자르지 않습니다.)

( )

**평가 주제** 대응 관계 알기

**평가 목표** 대응 관계의 의미를 이해하고 두 양 사이의 대응 관계를 말할 수 있습니다.

**[1-4] 탁자의 수와 의자의 수 사이의 대응 관계를 알아보려고 합니다. 물음에 답하세요.**

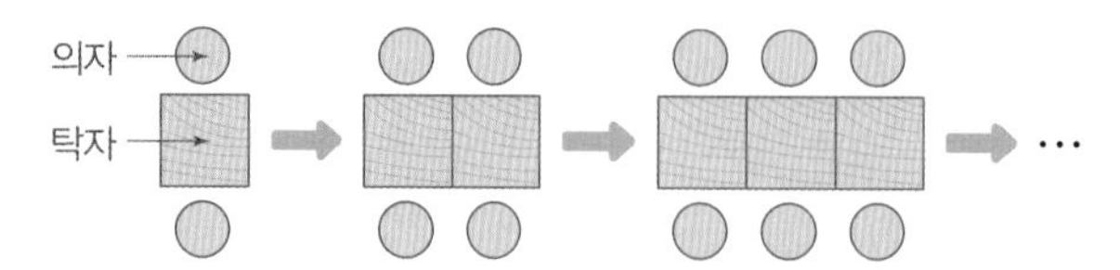


**1** 탁자의 수와 의자의 수 사이의 대응 관계를 생각하며 □ 안에 알맞은 수를 써넣으세요.

탁자의 수가 1개씩 늘어날 때, 의자의 수는 □개씩 늘어납니다.

**2** 탁자의 수와 의자의 수 사이에는 어떤 대응 관계가 있는지 표를 완성하여 알아보세요.

| 탁자의 수(개) | 1 | 2 | 3 | 4 | 5 | … |
|---|---|---|---|---|---|---|
| 의자의 수(개) | | | | | | … |

**3** 탁자의 수와 의자의 수 사이에는 어떤 대응 관계가 있는지 □ 안에 알맞은 수를 써넣으세요.

의자의 수는 탁자의 수의 □배입니다.

**4** 탁자가 20개일 때, 의자는 몇 개인지 구하세요.

( )

**5** 접시의 수와 송편의 수 사이의 대응 관계를 알아보려고 합니다. 표를 완성하고, 접시의 수와 송편의 수 사이의 대응 관계를 쓰세요.

| 접시의 수(개) | 1 | 2 | 3 | 4 | 5 | … |
|---|---|---|---|---|---|---|
| 송편의 수(개) | | | | | | … |

( )

| 평가 주제 | 규칙적인 배열에서 대응 관계 찾기 |
|---|---|
| 평가 목표 | 규칙적인 배열에서 대응 관계를 찾고 말할 수 있습니다. |

**[1-5] 사각형으로 만든 규칙적인 배열을 보고 물음에 답하세요.**

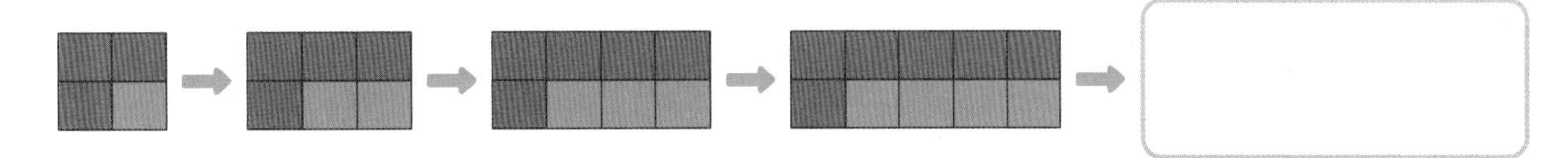

**1** 변하는 부분과 변하지 않는 부분을 찾아 □ 안에 알맞은 수를 써넣으세요.

왼쪽에 있는 빨간색 사각형 □개는 변하지 않고, 오른쪽에 있는 빨간색 사각형과 파란색 사각형의 수가 □개씩 늘어납니다.

**2** 파란색 사각형의 수와 빨간색 사각형의 수 사이에는 어떤 대응 관계가 있는지 표를 완성하여 알아보세요.

| 파란색 사각형의 수(개) | 1 | 2 | 3 | 4 | … |
|---|---|---|---|---|---|
| 빨간색 사각형의 수(개) | | | | | … |

**3** 위의 빈 곳에 다음에 이어질 알맞은 모양을 그리세요.

**4** 파란색 사각형이 6개일 때, 빨간색 사각형은 몇 개일까요?

( )

**5** 파란색 사각형의 수와 빨간색 사각형의 수 사이에는 어떤 대응 관계가 있는지 □ 안에 알맞은 수를 써넣으세요.

파란색 사각형의 수에 □을/를 더하면 빨간색 사각형의 수와 같습니다.

정답 54쪽

| 평가 주제 | 대응 관계를 찾아 식으로 나타내기 |
|---|---|
| 평가 목표 | 두 양 사이의 대응 관계를 찾아 식으로 나타낼 수 있습니다. |

**[1-3]** KTX 열차는 한 시간에 약 300 km를 이동합니다. KTX 열차가 이동하는 시간과 이동하는 거리 사이의 대응 관계를 식으로 나타내려고 합니다. 물음에 답하세요.

**1** KTX 열차가 이동하는 시간과 이동하는 거리 사이에는 어떤 대응 관계가 있는지 표를 완성하여 알아보세요.

| 이동하는 시간(시간) | 1 | 2 | 3 | 4 | 5 | … |
|---|---|---|---|---|---|---|
| 이동하는 거리(km) | | | | | | … |

**2** KTX 열차가 이동하는 시간과 이동하는 거리 사이의 대응 관계를 쓰세요.

( )

**3** KTX 열차가 이동하는 시간을 ○, 이동하는 거리를 △라고 할 때, 두 양 사이의 대응 관계를 식으로 나타내세요.

식 ____________________

**4** 지호의 형은 지호보다 3살 더 많습니다. 지호의 나이를 ◇, 형의 나이를 ◉라고 할 때, 두 양 사이의 대응 관계를 식으로 나타내세요.

식 ____________________

**[5-6]** 표를 보고 □와 △ 사이의 대응 관계를 식으로 나타내세요.

**5**

| □ | 1 | 2 | 3 | 4 | 5 | … |
|---|---|---|---|---|---|---|
| △ | 11 | 12 | 13 | 14 | 15 | … |

식 ____________________

**6**

| □ | 1 | 2 | 3 | 4 | 5 | … |
|---|---|---|---|---|---|---|
| △ | 5 | 10 | 15 | 20 | 25 | … |

식 ____________________

| 평가 주제 | 생활 속에서 대응 관계 찾기 |
|---|---|
| 평가 목표 | 주변에서 대응 관계를 찾아 식으로 나타낼 수 있습니다. |

**[1-4] 수영을 1분 하면 7 kcal의 열량이 소모됩니다. 물음에 답하세요.**

(kcal: 킬로칼로리)

**1** **수영을 한 시간과 소모된 열량 사이에는 어떤 대응 관계가 있는지 표를 완성하여 알아보세요.**

| 시간(분) | 1 | 2 | 3 | 4 | 5 | 6 | … |
|---|---|---|---|---|---|---|---|
| 소모된 열량(kcal) | 7 | 14 | | | | | … |

**2** **수영을 한 시간을 ○, 소모된 열량을 라고 할 때, 두 양 사이의 대응 관계를 식으로 나타내세요.**

식 ____________________

**3** **수영을 10분 하면 소모되는 열량은 몇 kcal일까요?**

(　　　　　　　　　　)

**4** **열량을 105 kcal 소모하려면 수영을 몇 분 동안 해야 할까요?**

(　　　　　　　　　　)

**5** **대응 관계를 나타낸 식을 보고 식에 알맞은 상황을 쓰세요.**

$◇÷2=☆$

상황 ____________________

## 1

분수만큼 수직선에 ▬▬ 로 나타내고, □ 안에 알맞은 수를 써넣으세요.

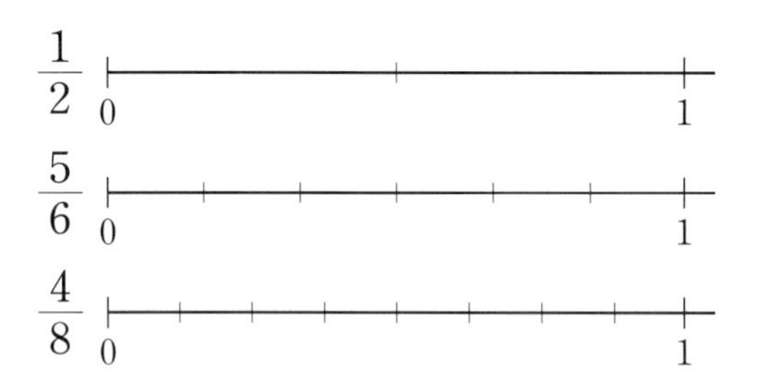


크기가 같은 분수는 □ 와/과 □ 입니다.

## 2

□ 안에 알맞은 수를 써넣어 크기가 같은 분수를 만드세요.

$$\frac{2}{9}=\frac{4}{\square}=\frac{6}{\square}=\frac{\square}{36}$$

## 3

$\frac{10}{28}$을 기약분수로 나타내려고 합니다. □ 안에 알맞은 수를 써넣으세요.

$$\frac{10}{28}=\frac{10\div\square}{28\div\square}=\frac{\square}{\square}$$

## 4

두 분모의 최소공배수를 공통분모로 하여 통분하세요.

$\left(\frac{5}{18}, \frac{14}{15}\right)$ ➡ (　　　　,　　　　)

## 5

두 분수를 약분하여 크기를 비교하려고 합니다. □ 안에 알맞은 수를 써넣고, ○ 안에 >, =, <를 알맞게 써넣으세요.

$\left(\frac{8}{20}, \frac{15}{30}\right)$ ➡ $\left(\frac{\square}{10}, \frac{\square}{10}\right)$

➡ $\frac{8}{20}$ ○ $\frac{15}{30}$

## 6

$\frac{2}{5}$와 크기가 같은 분수를 모두 찾아 ○표 하세요.

$\frac{4}{10}$　$\frac{8}{15}$　$\frac{10}{25}$　$\frac{12}{20}$

## 7

$\frac{50}{70}$을 약분하려고 합니다. 1을 제외하고 분모와 분자를 나눌 수 있는 수를 모두 구하세요.

(　　　　　　　　)

**8** 서술형

크기가 같은 분수를 같은 방법으로 구한 두 사람의 이름을 쓰고, 구한 방법을 설명하세요.

$\frac{10}{14}$과 크기가 같은 분수에는 $\frac{5}{7}$가 있어.

$\frac{5}{18}$와 크기가 같은 분수에는 $\frac{10}{36}$이 있어.

$\frac{12}{20}$와 크기가 같은 분수에는 $\frac{6}{10}$이 있어.

수지

준서

강우

이름 ____________________

방법 ____________________

____________________

**9**

기약분수로 잘못 나타낸 것을 찾아 기호를 쓰세요.

㉠ $\frac{18}{21}=\frac{6}{7}$ ㉡ $\frac{36}{63}=\frac{4}{9}$ ㉢ $\frac{19}{38}=\frac{1}{2}$

( )

**10**

$\frac{5}{12}$와 $\frac{7}{18}$을 통분하려고 합니다. 공통분모가 될 수 있는 수를 작은 수부터 3개 쓰세요.

( )

**11**

두 분수를 통분할 때 공통분모로 알맞은 수를 찾아 이으세요.

$\left(\frac{3}{4}, \frac{5}{9}\right)$ • • 16

$\left(\frac{1}{8}, \frac{7}{16}\right)$ • • 36

$\left(\frac{5}{12}, \frac{4}{15}\right)$ • • 60

**12**

더 큰 수를 찾아 쓰세요.

1.3 $1\frac{1}{5}$

( )

**13** 서술형

민지와 석우는 같은 크기의 물병에 물을 넣었습니다. 민지는 물병의 $\frac{5}{13}$만큼, 석우는 물병의 $\frac{3}{7}$만큼 물을 넣었습니다. 두 사람 중 물을 더 많이 넣은 사람은 누구인지 해결 과정을 쓰고, 답을 구하세요.

____________________

____________________

____________________

( )

**14**
세 분수의 크기를 비교하여 큰 수부터 차례대로 쓰세요.

$\frac{4}{15}$ $\frac{3}{10}$ $\frac{1}{3}$

(　　　　　　　　　　)

**15**
분모가 35보다 크고 55보다 작은 분수 중에서 $\frac{4}{13}$와 크기가 같은 분수를 모두 구하세요.

(　　　　　　　　　　)

**16**
어떤 분수의 분모와 분자를 7로 나눠서 약분하였더니 $\frac{4}{5}$가 되었습니다. 어떤 분수를 구하세요.

(　　　　　　　　　　)

**17**
두 분수를 통분한 것입니다. ㉠과 ㉡에 알맞은 수를 각각 구하세요.

$\left(\frac{7}{12}, \frac{㉠}{15}\right)$ ➡ $\left(\frac{35}{㉡}, \frac{44}{60}\right)$

㉠ (　　　　　　　　　　)
㉡ (　　　　　　　　　　)

**18**
$\frac{4}{9}$와 크기가 같은 분수 중에서 분모와 분자의 합이 39인 분수를 구하세요.

(　　　　　　　　　　)

**19** 서술형
수 카드 3장 중 2장을 뽑아 진분수를 만들려고 합니다. 만들 수 있는 진분수 중 가장 작은 수를 소수로 나타내면 얼마인지 해결 과정을 쓰고, 답을 구하세요.

2　4　5

(　　　　　　　　　　)

**20**
□ 안에 들어갈 수 있는 자연수 중에서 가장 큰 수를 구하세요.

$\frac{□}{8} < 1\frac{5}{6}$

(　　　　　　　　　　)

**1**

분수만큼 색칠하고, 크기가 같은 두 분수를 찾아 ○표 하세요.

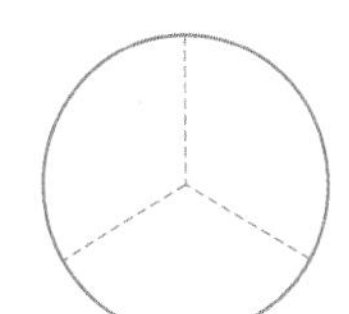
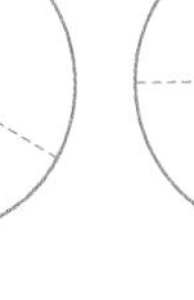
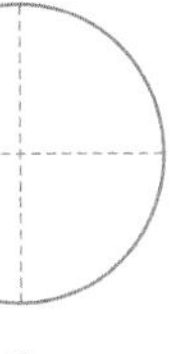

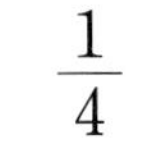
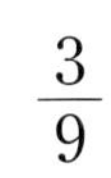

$\frac{1}{3}$ $\frac{1}{4}$ $\frac{3}{9}$

**2**

기약분수로 나타내세요.

$\frac{20}{48}=\square$

**3**

두 분모의 최소공배수를 공통분모로 하여 통분하세요.

$\left(\frac{9}{14}, \frac{4}{21}\right)$ ➡ ( , )

**4**

두 분수의 크기를 비교하여 ○ 안에 >, =, <를 알맞게 써넣으세요.

$\frac{16}{40}$ ○ $\frac{15}{50}$

**5**

$\frac{16}{20}$과 크기가 같지 않은 분수는 어느 것일까요?

( )

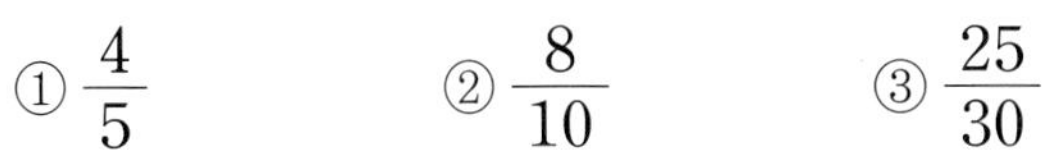

① $\frac{4}{5}$ ② $\frac{8}{10}$ ③ $\frac{25}{30}$

④ $\frac{32}{40}$ ⑤ $\frac{48}{60}$

**6** 서술형

효진이는 다음과 같이 잘못 약분했습니다. 잘못 약분한 이유를 쓰세요.

$$\frac{18}{30}=\frac{18\div9}{30\div6}=\frac{2}{5}$$

이유 ______________________________

______________________________

**7**

분모가 6인 진분수 중에서 기약분수를 모두 쓰세요.

( )

**8**

소율이와 하은이는 똑같은 크기의 떡을 한 개씩 가지고 있습니다. 떡을 더 많이 먹은 사람은 누구일까요?

소율: 난 떡 한개의 $\frac{3}{8}$만큼 먹었어.

하은: 난 떡 한개의 $\frac{4}{9}$만큼 먹었어.

( )

## 9

$\frac{48}{80}$을 약분한 분수가 아닌 것을 찾아 ○표 하세요.

$\frac{3}{5}$ $\frac{6}{10}$ $\frac{12}{20}$ $\frac{16}{30}$ $\frac{24}{40}$

## 10

$\frac{2}{5}$와 $\frac{1}{4}$을 통분할 때 공통분모가 될 수 있는 수 중에서 100보다 작은 수는 모두 몇 개일까요?

( )

## 11 서술형

두 분수를 2가지 방법으로 통분하세요.

$\left(\frac{11}{12}, \frac{3}{8}\right)$

방법 1

방법 2

## 12

두 분수를 분모의 최소공배수를 공통분모로 하여 통분하려고 합니다. 공통분모가 같은 것끼리 이으세요.

| | |
|---|---|
| $\left(\frac{3}{4}, \frac{5}{6}\right)$ • | • $\left(\frac{2}{5}, \frac{7}{9}\right)$ |
| $\left(\frac{1}{6}, \frac{3}{8}\right)$ • | • $\left(\frac{1}{3}, \frac{5}{8}\right)$ |
| $\left(\frac{8}{9}, \frac{14}{15}\right)$ • | • $\left(\frac{2}{3}, \frac{1}{4}\right)$ |

## 13

두 분수를 통분한 것입니다. □ 안에 알맞은 수를 써넣으세요.

$$\left(\frac{5}{\square}, \frac{\square}{3}\right) \rightarrow \left(\frac{15}{48}, \frac{32}{48}\right)$$

## 14

두 분수의 크기를 비교하여 더 큰 분수를 위의 ▢ 안에 써넣으세요.

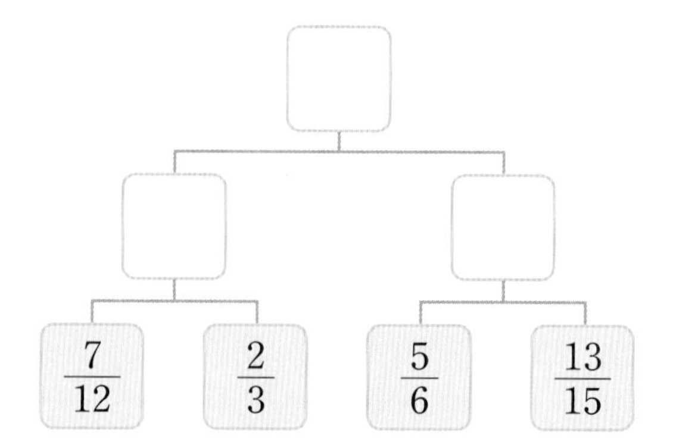

## 15

$\frac{3}{7}$과 크기가 같은 분수 중에서 분모와 분자의 차가 20인 분수를 구하세요.

( )

## 16

분수와 소수의 크기를 비교하여 작은 수부터 차례대로 쓰세요.

1.2　$1\frac{4}{5}$　0.8　$\frac{1}{2}$

( )

## 17

수 카드 4장 중 2장을 뽑아 $\frac{25}{65}$와 크기가 같은 분수를 만드세요.

5　7　13　15

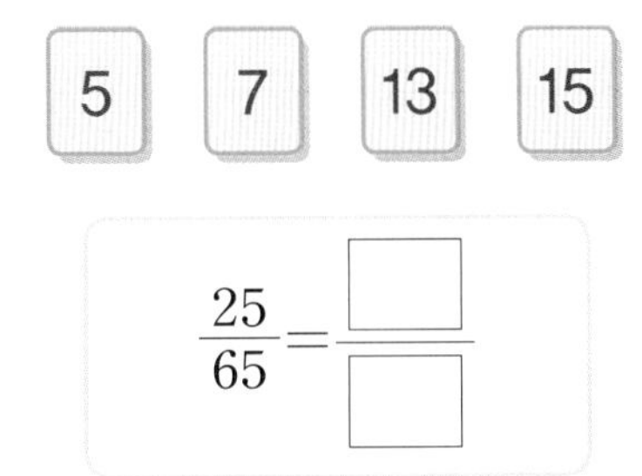

## 18

분모가 72인 진분수 중에서 약분하면 $\frac{5}{8}$가 되는 분수를 구하세요.

( )



## 19 서술형

$\frac{3}{10}$보다 크고 $\frac{5}{14}$보다 작은 분수 중에서 분모가 70인 분수는 모두 몇 개인지 해결 과정을 쓰고, 답을 구하세요.

( )

## 20

민주네 집에서 학교, 놀이터, 우체국까지의 거리를 나타낸 것입니다. 민주네 집에서 가장 가까운 곳은 어느 곳일까요?

| 민주네 집 ~ 학교 | 0.6 km |
|---|---|
| 민주네 집 ~ 놀이터 | $\frac{4}{7}$ km |
| 민주네 집 ~ 우체국 | $\frac{9}{14}$ km |

( )

**평가 주제** 크기가 같은 분수

**평가 목표** 크기가 같은 분수를 이해하고 크기가 같은 분수를 만들 수 있습니다.

**1** $\frac{6}{9}$과 크기가 같은 분수가 되도록 색칠하고, □ 안에 알맞은 수를 써넣으세요.

$\frac{6}{9}$ 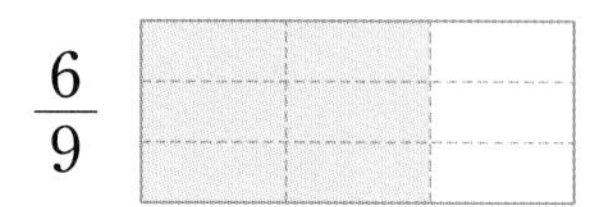 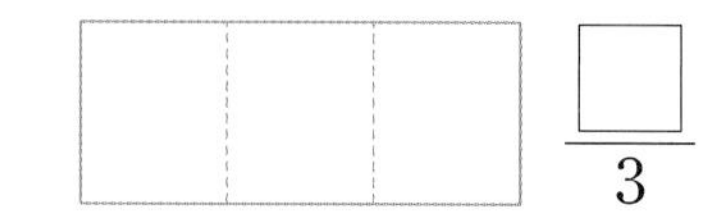 $\frac{\square}{3}$

**2** □ 안에 알맞은 수를 써넣어 크기가 같은 분수를 만드세요.

(1) 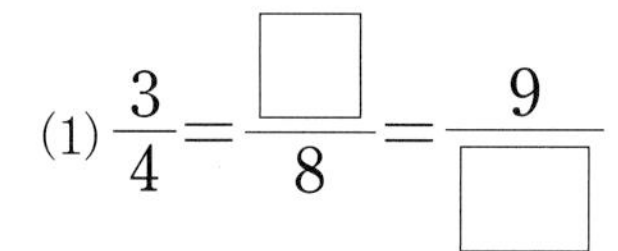

$\frac{3}{4}=\frac{\square}{8}=\frac{9}{\square}$

(2) $\frac{16}{28}=\frac{8}{\square}=\frac{\square}{7}$

**3** 왼쪽 분수와 크기가 같은 분수를 모두 찾아 ○표 하세요.

(1) $\frac{8}{12}$ ➡ $\frac{2}{3}$ $\frac{12}{15}$ $\frac{16}{24}$

(2) $\frac{5}{9}$ ➡ 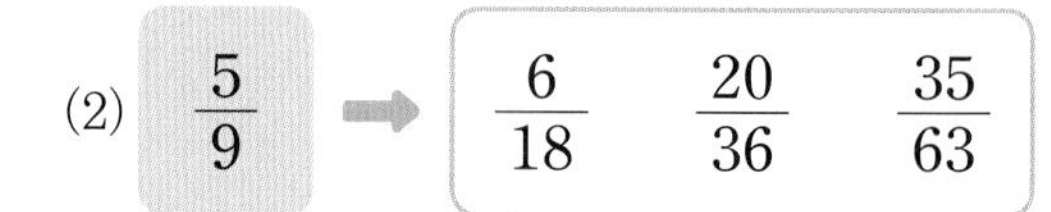

$\frac{6}{18}$ $\frac{20}{36}$ $\frac{35}{63}$

**4** $\frac{7}{8}$과 크기가 같은 분수 중에서 분자가 49인 분수를 구하세요.

(　　　　　　　)

**5** 연아는 와플을 똑같이 6조각으로 나누어 한 조각을 먹었습니다. 소희는 같은 크기의 와플을 똑같이 12조각으로 나누었습니다. 연아와 같은 양을 먹으려면 소희는 몇 조각을 먹어야 할까요?

(　　　　　　　)

평가 주제: 약분

평가 목표: 약분의 뜻을 알고 분수를 약분할 수 있습니다.

**1** 분수를 약분하세요.

(1) $\frac{9}{15}$ ➡ (　　　　　)　　(2) $\frac{28}{49}$ ➡ (　　　　　)



**2** 분수를 기약분수로 나타내려고 합니다. □ 안에 알맞은 수를 써넣으세요.

(1) $\frac{20}{32}=\frac{20\div\square}{32\div\square}=\frac{\square}{\square}$　　(2) $\frac{12}{54}=\frac{12\div\square}{54\div\square}=\frac{\square}{\square}$

**3** 기약분수를 모두 찾아 ○표 하세요.

$\frac{2}{8}$　$\frac{11}{26}$　$\frac{6}{15}$　$\frac{13}{18}$　$\frac{7}{9}$　$\frac{6}{39}$

**4** 진분수 $\frac{\square}{8}$가 기약분수라고 할 때, □ 안에 들어갈 수 있는 수를 모두 구하세요.

(　　　　　)

**5** 어떤 분수의 분모와 분자를 각각 4로 나누어 약분하였더니 $\frac{4}{7}$가 되었습니다. 어떤 분수를 구하세요.

(　　　　　)

# 4. 약분과 통분

정답 57쪽

**평가 주제** 통분

**평가 목표** 통분의 뜻을 알고 분수를 통분할 수 있습니다.

**1** 두 분모의 곱을 공통분모로 하여 통분하세요.

(1) $\left(\frac{6}{7}, \frac{5}{6}\right) \Rightarrow \left(\frac{\square}{42}, \frac{\square}{42}\right)$

(2) $\left(\frac{3}{11}, \frac{1}{9}\right) \Rightarrow \left(\frac{\square}{99}, \frac{\square}{99}\right)$

**2** 두 분모의 최소공배수를 공통분모로 하여 통분하세요.

(1) $\left(\frac{7}{10}, \frac{3}{4}\right) \Rightarrow (\qquad , \qquad)$

(2) $\left(\frac{5}{8}, \frac{9}{32}\right) \Rightarrow (\qquad , \qquad)$

**3** $\frac{1}{9}$과 $\frac{7}{12}$을 통분하려고 합니다. 공통분모가 될 수 있는 수를 모두 찾아 ○표 하세요.

24　36　48　72　96　108

**4** 두 분수를 바르게 통분한 사람의 이름을 쓰세요.

주아 $\left(\frac{2}{5}, \frac{3}{13}\right) \Rightarrow \left(\frac{24}{65}, \frac{15}{65}\right)$

성현 $\left(\frac{1}{6}, \frac{9}{10}\right) \Rightarrow \left(\frac{5}{30}, \frac{27}{30}\right)$

(　　　　　　)

**5** 두 분모의 곱을 공통분모로 하여 통분하였더니 다음과 같았습니다. ㉠과 ㉡에 알맞은 수의 합을 구하세요.

$\left(\frac{3}{8}, \frac{5}{㉠}\right) \Rightarrow \left(\frac{㉡}{56}, \frac{40}{56}\right)$

(　　　　　　)

정답 57쪽

| 평가 주제 | 분수의 크기 비교, 분수와 소수의 크기 비교 |
| --- | --- |
| 평가 목표 | 분모가 다른 분수 또는 분수와 소수의 크기를 비교할 수 있습니다. |

**1** $\frac{7}{12}$과 $\frac{9}{16}$를 통분하여 크기를 비교하세요.

$$\left(\frac{7}{12}, \frac{9}{16}\right) \Rightarrow \left(\frac{\square}{48}, \frac{\square}{48}\right) \Rightarrow \frac{7}{12} \bigcirc \frac{9}{16}$$

**2** $\frac{12}{20}$와 $\frac{15}{50}$를 약분하여 크기를 비교하세요.

$$\left(\frac{12}{20}, \frac{15}{50}\right) \Rightarrow \left(\frac{\square}{10}, \frac{\square}{10}\right) \Rightarrow \frac{12}{20} \bigcirc \frac{15}{50}$$

**3** 두 수의 크기를 비교하여 ○ 안에 $>$, $=$, $<$를 알맞게 써넣으세요.

(1) $\frac{2}{5}$ ○ 0.5

(2) 1.4 ○ $1\frac{1}{4}$

**4** 분수와 소수의 크기를 비교하여 큰 수부터 차례대로 쓰세요.

$\frac{1}{2}$ 0.6 $\frac{6}{15}$

( )

**5** 선물을 포장하는 데 리본을 영우는 $\frac{1}{4}$ m, 은희는 $\frac{2}{7}$ m 사용하였습니다. 리본을 더 많이 사용한 사람의 이름을 쓰세요.

( )

## 1

그림을 보고 □ 안에 알맞은 수를 써넣으세요.

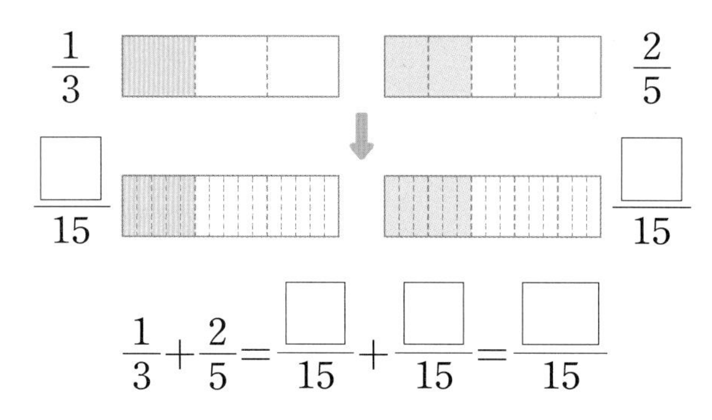

$\frac{1}{3}+\frac{2}{5}=\frac{\square}{15}+\frac{\square}{15}=\frac{\square}{15}$

**[2-3] □ 안에 알맞은 수를 써넣으세요.**

## 2

$\frac{5}{8}-\frac{3}{10}=\frac{5\times\square}{8\times\square}-\frac{3\times\square}{10\times\square}$

$=\frac{\square}{40}-\frac{\square}{40}=\frac{\square}{40}$

## 3

$2\frac{1}{6}+1\frac{3}{4}=2\frac{\square}{12}+1\frac{\square}{12}$

$=(2+1)+\left(\frac{\square}{12}+\frac{\square}{12}\right)$

$=\square+\frac{\square}{12}=\square$

## 4

계산을 하세요.

$\frac{4}{7}+\frac{9}{14}$

## 5

보기 와 같이 가분수로 나타내어 계산하세요.

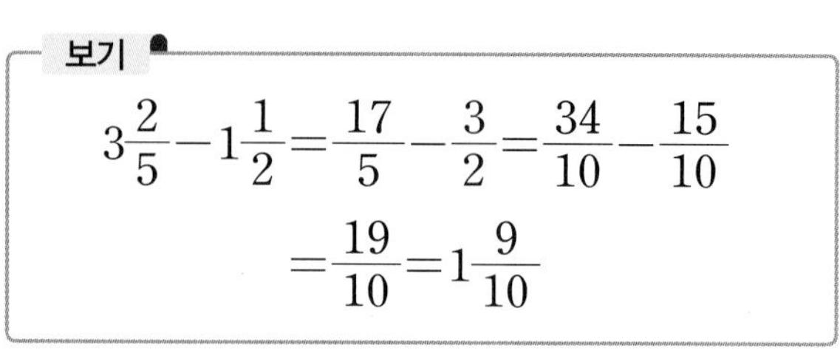

보기

$3\frac{2}{5}-1\frac{1}{2}=\frac{17}{5}-\frac{3}{2}=\frac{34}{10}-\frac{15}{10}$

$=\frac{19}{10}=1\frac{9}{10}$

$4\frac{2}{3}-1\frac{1}{18}$

## 6

빈칸에 알맞은 수를 써넣으세요.

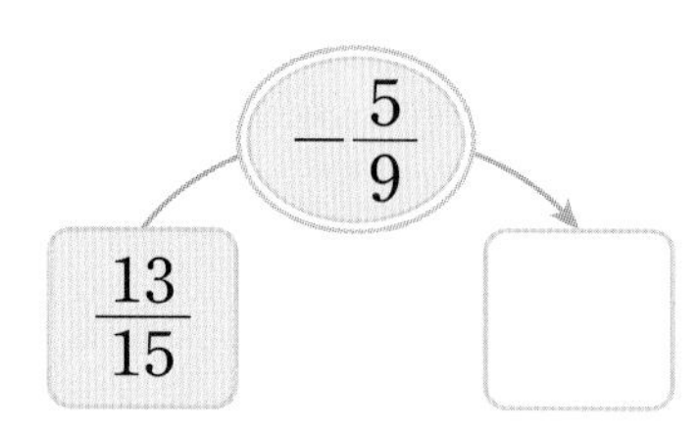



## 7 서술형

수지는 다음과 같이 잘못 계산했습니다. 잘못 계산한 이유를 쓰고, 바르게 계산하세요.

수지

$\frac{6}{7}-\frac{3}{5}=\frac{30}{35}-\frac{3}{35}=\frac{27}{35}$

이유

바르게 계산하기

## 8

계산 결과를 찾아 이으세요.

| | | |
|---|---|---|
| $\frac{5}{36}+\frac{1}{4}$ • | | • $\frac{7}{18}$ |
| $\frac{1}{9}+\frac{3}{4}$ • | | • $\frac{17}{36}$ |
| $\frac{1}{12}+\frac{7}{18}$ • | | • $\frac{31}{36}$ |

## 9

직사각형에서 가로와 세로의 차는 몇 m일까요?

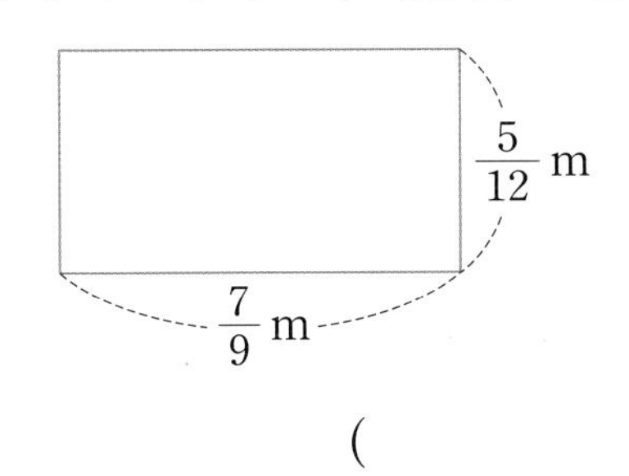


( )

## 10

어항에 물이 $1\frac{3}{10}$ L 들어 있었는데 $1\frac{2}{5}$ L를 더 부었습니다. 지금 어항에 들어 있는 물은 몇 L인지 식을 쓰고, 답을 구하세요.

## 11

□ 안에 알맞은 수를 써넣으세요.

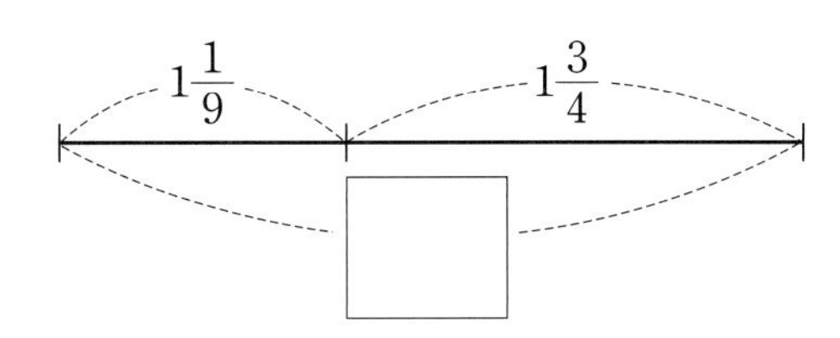


## 12

식용유 $\frac{7}{9}$컵으로 감자튀김을 했더니 식용유 $\frac{1}{7}$컵이 남았습니다. 감자튀김을 하는 데 사용한 식용유는 몇 컵인지 구하세요.

( )

## 13 서술형

가장 큰 수와 가장 작은 수의 합을 구하려고 합니다. 해결 과정을 쓰고, 답을 구하세요.

$\frac{5}{8}$ $\frac{11}{12}$ $\frac{17}{24}$

( )

## 14

영우의 키는 $1\frac{3}{4}$ m이고, 희재의 키는 $1\frac{1}{2}$ m입니다. 누구의 키가 몇 m 더 큰지 구하세요.

( ), ( )

## 15

두 분수의 합과 차를 구하세요.

$1\frac{7}{8}$　　$3\frac{4}{7}$

합 ( )

차 ( )

## 16

□ 안에 알맞은 수를 써넣으세요.

$\square - \frac{9}{10} = \frac{4}{15}$

## 17

계산 결과가 더 큰 것에 ○표 하세요.

$\frac{5}{6} - \frac{3}{8}$　　$\frac{7}{10} - \frac{3}{5}$

( )　　( )

## 18

수 카드를 한 번씩만 사용하여 대분수를 만들려고 합니다. 만들 수 있는 가장 큰 대분수와 가장 작은 대분수의 합을 구하세요.

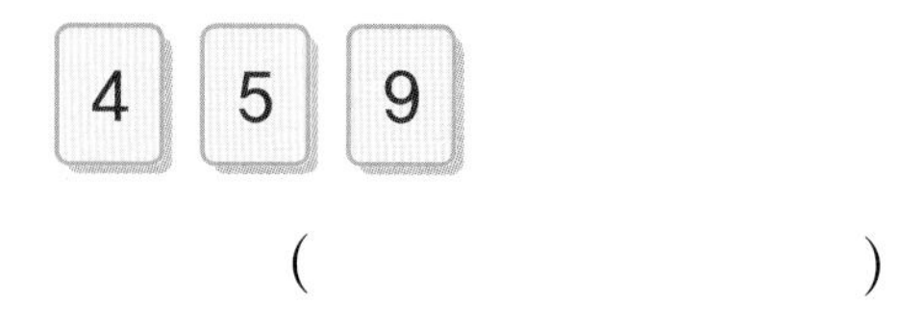


( )

## 19

□ 안에 들어갈 수 있는 자연수를 모두 구하세요.

$5\frac{1}{10} - 2\frac{2}{5} < \square < 8\frac{8}{9} - 3\frac{5}{12}$

( )

## 20 서술형

㉯에서 ㉰까지의 거리는 몇 km인지 해결 과정을 쓰고, 답을 구하세요.

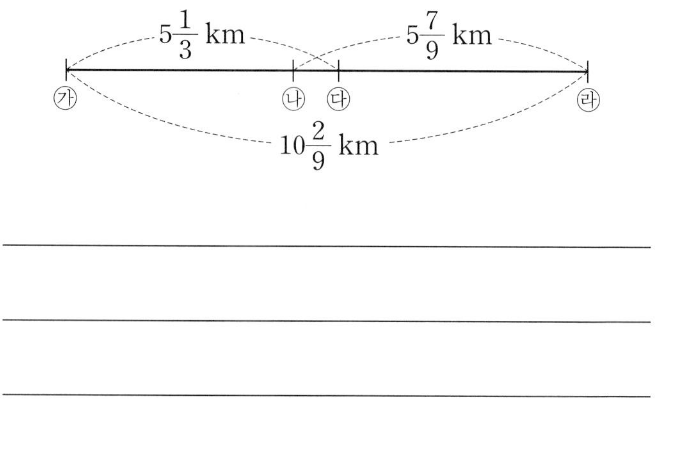


( )

[1-2] □ 안에 알맞은 수를 써넣으세요.

**1**

$\frac{1}{6}+\frac{7}{10}=\frac{1\times\square}{6\times\square}+\frac{7\times\square}{10\times\square}$

$=\frac{\square}{30}+\frac{\square}{30}=\frac{\square}{30}=\frac{\square}{15}$

**2**

$2\frac{1}{8}-1\frac{3}{4}=2\frac{1}{8}-1\frac{\square}{8}$

$=1\frac{\square}{8}-1\frac{\square}{8}=\frac{\square}{8}$

[3-4] 계산을 하세요.

**3**

$\frac{8}{9}+\frac{8}{15}$

**4**

$\frac{7}{10}-\frac{3}{16}$

**5**

□ 안에 알맞은 수를 써넣으세요.

$2\frac{5}{6}$ ⇒ $+1\frac{3}{10}$ ⇒ □

**6** 서술형

$2\frac{3}{4}-1\frac{1}{6}$을 계산한 것입니다. 어떤 방법으로 계산했는지 쓰세요.

$2\frac{3}{4}-1\frac{1}{6}=\frac{11}{4}-\frac{7}{6}=\frac{33}{12}-\frac{14}{12}=\frac{19}{12}=1\frac{7}{12}$

방법

**7**

오렌지주스는 $1\frac{8}{9}$ L, 포도주스는 $1\frac{1}{6}$ L 있습니다. 오렌지주스와 포도주스는 모두 몇 L인지 식을 쓰고, 답을 구하세요.

식

답

**8**

쌀 빵 $2\frac{3}{8}$ kg과 쌀 과자 $1\frac{5}{6}$ kg이 있습니다. 쌀 빵은 쌀 과자보다 몇 kg 더 많은지 구하세요.

(                    )

## 9

□ 안에 알맞은 수를 써넣으세요.

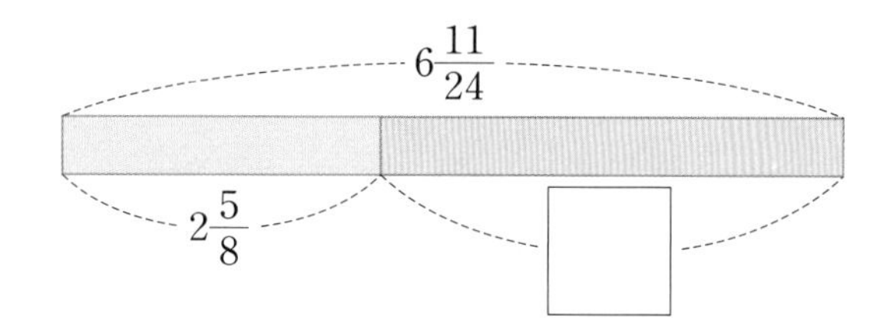


## 10

설명하는 수를 구하세요.

$6\frac{11}{12}$보다 $4\frac{2}{3}$만큼 더 작은 수

( )

## 11

정우네 집에서 서점까지 가려면 은행을 지나야 합니다. 정우네 집에서 서점까지의 거리가 1 km보다 가까우면 걸어가고, 1 km보다 멀면 자전거를 타고 가려고 합니다. 정우네 집에서 서점까지 어떤 방법으로 가야 할까요?

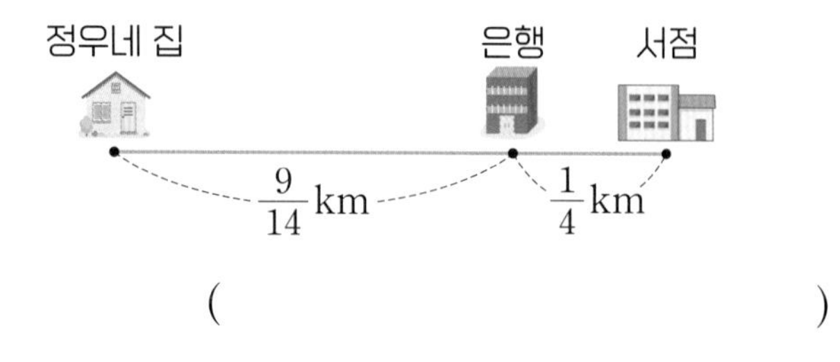


( )

## 12

크기를 비교하여 ○ 안에 >, =, <를 알맞게 써넣으세요.

$$3\frac{5}{7}+4\frac{2}{3} \bigcirc 8\frac{5}{21}$$

## 13

삼각형의 가장 긴 변은 가장 짧은 변보다 몇 cm 더 긴지 구하세요.

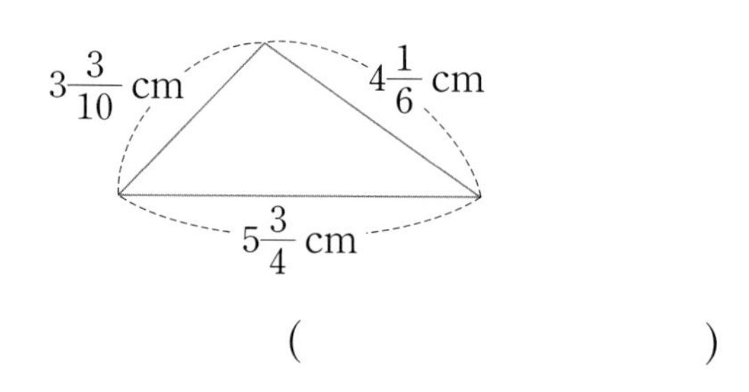


( )

## 14 서술형

진주는 줄넘기를 어제는 오전에 $\frac{2}{5}$시간, 오후에 $\frac{1}{6}$시간 연습했고, 오늘은 $\frac{5}{6}$시간 연습했습니다. 오늘은 어제보다 줄넘기를 몇 시간 더 연습했는지 해결 과정을 쓰고, 답을 구하세요.

( )

## 15

□ 안에 들어갈 수 있는 자연수 중에서 가장 큰 수를 구하세요.

$$4\frac{\square}{20}<7\frac{3}{4}-2\frac{9}{10}$$

( )

## 16

미주와 다영이가 각자 주사위 2개를 던져서 나온 눈의 수로 진분수를 만들었습니다. 누가 만든 진분수가 얼마나 더 큰지 구하세요.

미주 다영

( ), ( )

## 17

계산 결과가 큰 것부터 차례대로 기호를 쓰세요.

㉠ $\frac{1}{8}+\frac{5}{12}$ ㉡ $\frac{1}{3}+\frac{8}{15}$ ㉢ $\frac{5}{6}-\frac{1}{9}$

( )

## 18

㉠에 알맞은 수를 구하세요.

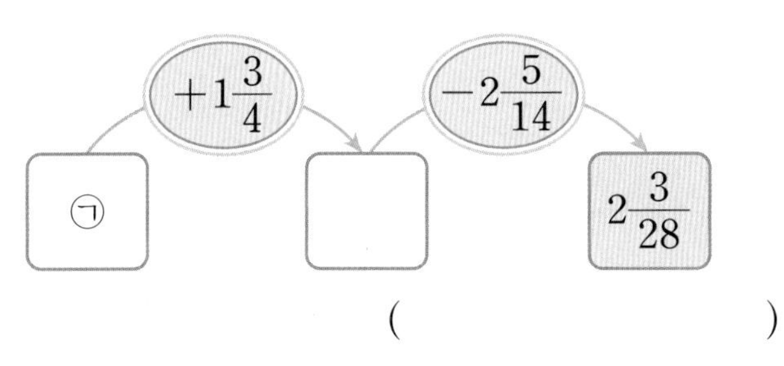


( )

## 19 서술형

어떤 수에서 $1\frac{4}{7}$를 빼야 할 것을 잘못하여 더했더니 $6\frac{1}{5}$이 되었습니다. 바르게 계산하면 얼마인지 해결 과정을 쓰고, 답을 구하세요.

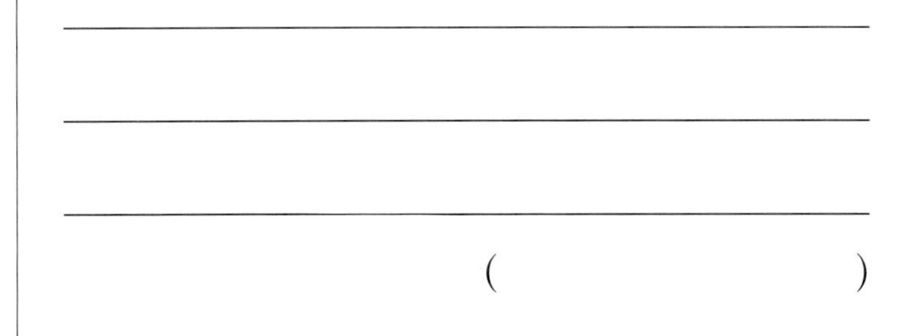

( )

## 20

선호가 집에서 공원까지 가려고 합니다. 도서관과 서점 중 어느 곳을 거쳐 가는 길이 몇 km 더 가까울까요?

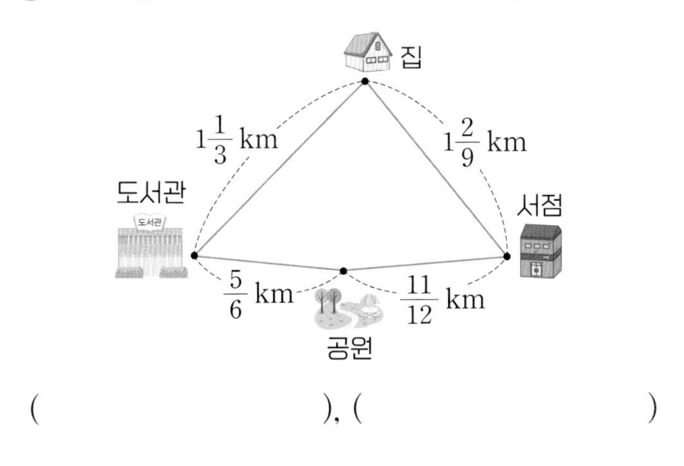


( ), ( )

| 평가 주제 | 진분수의 덧셈 |
| --- | --- |
| 평가 목표 | 받아올림이 없거나 받아올림이 있는 분모가 다른 진분수의 덧셈 계산 원리와 형식을 이해하고 계산을 할 수 있습니다. |

**1** □ 안에 알맞은 수를 써넣으세요.

(1) $\frac{2}{5}+\frac{1}{3}=\frac{\square}{15}+\frac{\square}{15}=\frac{\square}{15}$

(2) $\frac{3}{4}+\frac{3}{10}=\frac{\square}{20}+\frac{\square}{20}=\frac{\square}{20}=\square\frac{\square}{20}$

**2** 계산을 하세요.

(1) $\frac{1}{2}+\frac{4}{15}$

(2) $\frac{5}{6}+\frac{3}{14}$

**3** 준서는 다음과 같이 잘못 계산했습니다. 처음 잘못 계산한 부분을 찾아 ○표 하고, 바르게 계산하세요.

$$\frac{3}{5}+\frac{2}{15}=\frac{3}{5\times3}+\frac{2}{15}=\frac{3}{15}+\frac{2}{15}=\frac{5}{15}=\frac{1}{3}$$

$\frac{3}{5}+\frac{2}{15}$

**4** 계산 결과를 비교하여 ○ 안에 >, =, <를 알맞게 써넣으세요.

$\frac{9}{20}+\frac{1}{4}$ ○ $\frac{2}{5}+\frac{1}{4}$

**5** 연주는 주말 농장에서 토마토를 $\frac{5}{8}$ kg, 딸기를 $\frac{7}{16}$ kg 땄습니다. 연주가 딴 토마토와 딸기는 모두 몇 kg인지 구하세요.

( )

| 평가 주제 | 대분수의 덧셈 |
| --- | --- |
| 평가 목표 | 받아올림이 없거나 받아올림이 있는 분모가 다른 대분수의 덧셈 계산 원리와 형식을 이해하고 계산을 할 수 있습니다. |



**1** □ 안에 알맞은 수를 써넣으세요.

(1) $1\frac{1}{6}+3\frac{2}{3}=1\frac{1}{6}+3\frac{\square}{6}=(1+3)+\left(\frac{1}{6}+\frac{\square}{6}\right)=\square+\frac{\square}{6}=\square\frac{\square}{6}$

(2) $2\frac{4}{15}+2\frac{7}{9}=2\frac{\square}{45}+2\frac{\square}{45}=4\frac{\square}{45}=\square\frac{\square}{45}$

**2** 보기 와 같이 계산하세요.

보기

$1\frac{1}{2}+2\frac{1}{4}=\frac{3}{2}+\frac{9}{4}=\frac{6}{4}+\frac{9}{4}=\frac{15}{4}=3\frac{3}{4}$

$3\frac{2}{5}+1\frac{3}{10}$

**3** 빈칸에 알맞은 수를 써넣으세요.

(1)

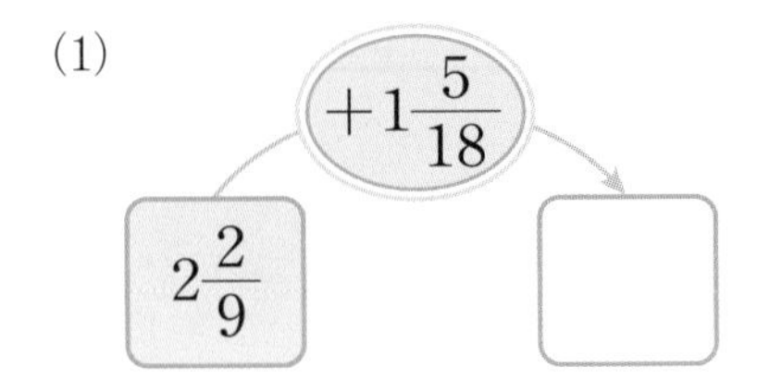


(2)

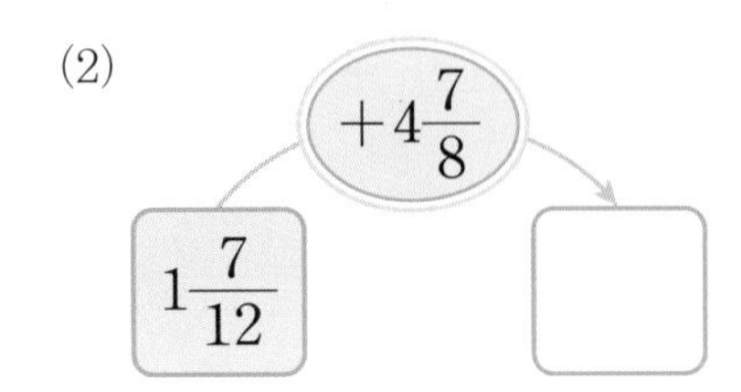


**4** □ 안에 들어갈 수 있는 자연수 중에서 가장 큰 수를 구하세요.

$4\frac{4}{7}+3\frac{3}{5}>\square$

( )

**5** 물은 $1\frac{1}{10}$ L 있고, 우유는 물보다 $1\frac{3}{4}$ L 더 많이 있습니다. 우유는 몇 L 있는지 구하세요.

( )

| 평가 주제 | 진분수의 뺄셈 |
| --- | --- |
| 평가 목표 | 받아내림이 없는 분모가 다른 진분수의 뺄셈 계산 원리와 형식을 이해하고 계산을 할 수 있습니다. |

**1** □ 안에 알맞은 수를 써넣으세요.

(1) $\frac{7}{9}-\frac{1}{3}=\frac{\square}{9}-\frac{\square}{9}=\frac{\square}{9}$

(2) $\frac{7}{8}-\frac{1}{5}=\frac{\square}{40}-\frac{\square}{40}=\frac{\square}{40}$

**2** 바르게 계산한 것을 찾아 기호를 쓰세요.

㉠ $\frac{10}{11}-\frac{5}{6}=\frac{7}{66}$ ㉡ $\frac{9}{10}-\frac{3}{4}=\frac{3}{20}$

( )

**3** □ 안에 알맞은 수를 써넣으세요.

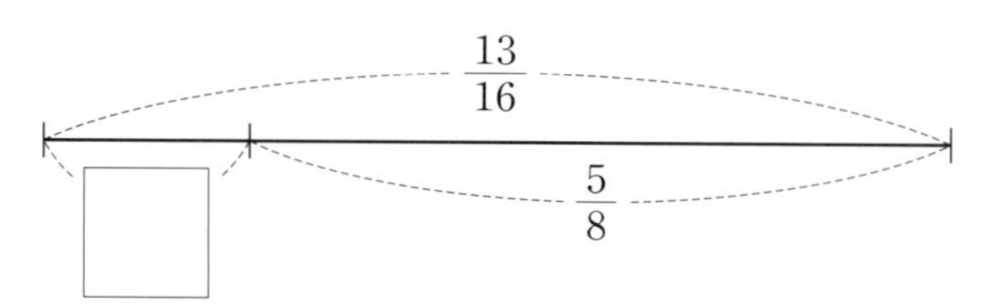


**4** 가장 큰 분수와 가장 작은 분수의 차를 구하세요.

$\frac{5}{9}$ $\frac{5}{6}$ $\frac{5}{13}$

( )

**5** 미술 시간에 리본을 경석이는 $\frac{11}{25}$ m, 준희는 $\frac{7}{10}$ m 사용했습니다. 리본을 누가 몇 m 더 많이 사용했는지 구하세요.

( ), ( )

| 평가 주제 | 대분수의 뺄셈 |
|---|---|
| 평가 목표 | 받아내림이 없거나 받아내림이 있는 분모가 다른 대분수의 뺄셈 계산 원리와 형식을 이해하고 계산을 할 수 있습니다. |



**1** □ 안에 알맞은 수를 써넣으세요.

(1) $3\frac{5}{7}-1\frac{1}{3}=3\frac{\square}{21}-1\frac{\square}{21}=(3-1)+\left(\frac{\square}{21}-\frac{\square}{21}\right)=\square\frac{\square}{21}$

(2) $4\frac{1}{8}-2\frac{5}{12}=4\frac{\square}{24}-2\frac{\square}{24}=3\frac{\square}{24}-2\frac{\square}{24}=\square\frac{\square}{24}$

**2** 계산을 하세요.

(1) $4\frac{1}{6}-1\frac{1}{2}$

(2) $3\frac{3}{7}-1\frac{5}{8}$

**3** 빈칸에 두 분수의 차를 써넣으세요.

(1)

| $3\frac{2}{3}$ | $2\frac{1}{5}$ |
|---|---|
| | |

(2)

| $5\frac{3}{16}$ | $3\frac{5}{12}$ |
|---|---|
| | |

**4** □ 안에 알맞은 수를 써넣으세요.

$\square+1\frac{7}{10}=3\frac{3}{4}$

**5** 삼촌은 시장에서 감자를 $7\frac{1}{8}$ kg, 양파를 $4\frac{9}{10}$ kg 샀습니다. 삼촌이 산 감자는 양파보다 몇 kg 더 많은지 구하세요.

(　　　　　　　　　　)

## 1

□ 안에 알맞게 써넣으세요.

한 변의 길이가 1 m인 정사각형의 넓이를
1 □(이)라 쓰고 1 □(이)라고 읽습니다.

## 2

평행사변형의 둘레는 몇 cm일까요?

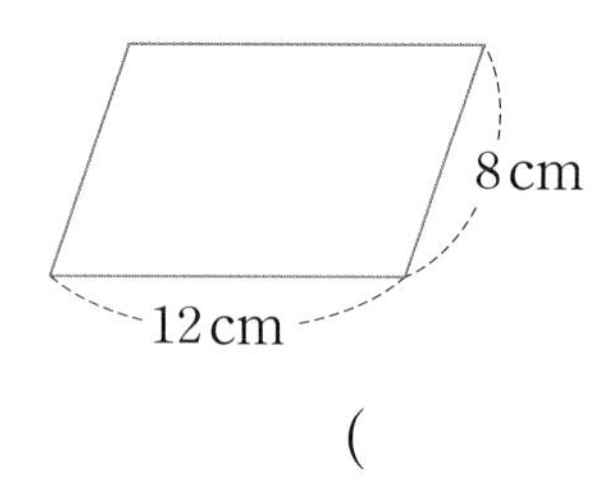


(　　　　　　　　)

## 3

평행사변형의 높이를 표시하세요.

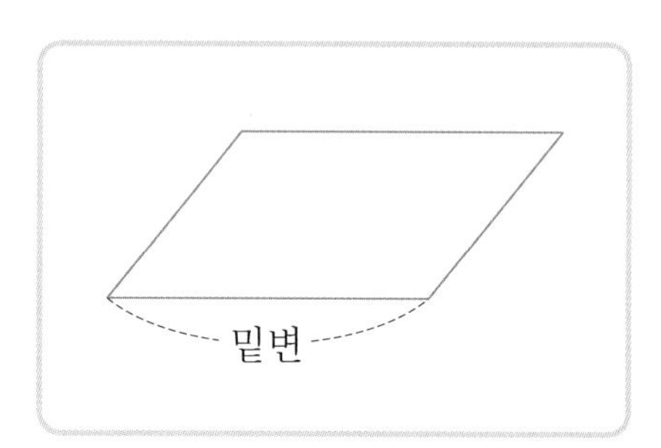


## 4

사다리꼴의 넓이를 구하려고 합니다. □ 안에 알맞은 수를 써넣으세요.

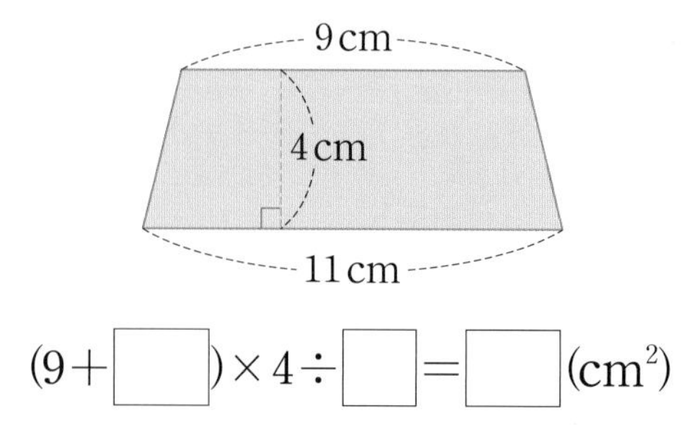


$(9+\square)\times 4\div\square=\square(\mathrm{cm}^2)$

## 5

직사각형 모양의 놀이동산 이용권의 둘레를 자로 재어 몇 cm인지 구하세요.

(　　　　　　　　)

## 6 서술형

도형 가와 도형 나 중 어느 것의 넓이가 몇 $\mathrm{cm}^2$ 더 넓은지 구하려고 합니다. 해결 과정을 쓰고, 답을 구하세요.

1 $\mathrm{cm}^2$

가　　나

(　　　　　　), (　　　　　　)

## 7

빈칸에 알맞은 수를 써넣으세요.

| | 넓이($\mathrm{m}^2$) | 넓이($\mathrm{km}^2$) |
|---|---|---|
| 광주광역시 | 501000000 | |
| 대구광역시 | | 884 |

## 8

정사각형의 넓이는 몇 $cm^2$일까요?

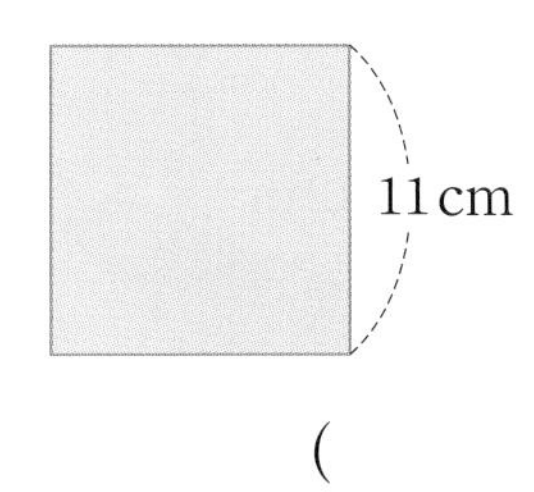


(　　　　　　　　)

## 9

밑변의 길이가 13 cm, 높이가 8 cm인 평행사변형의 넓이는 몇 $cm^2$인지 식을 쓰고, 답을 구하세요.

식 ______________________

답 ______________

## 10

삼각형의 넓이는 몇 $cm^2$일까요?

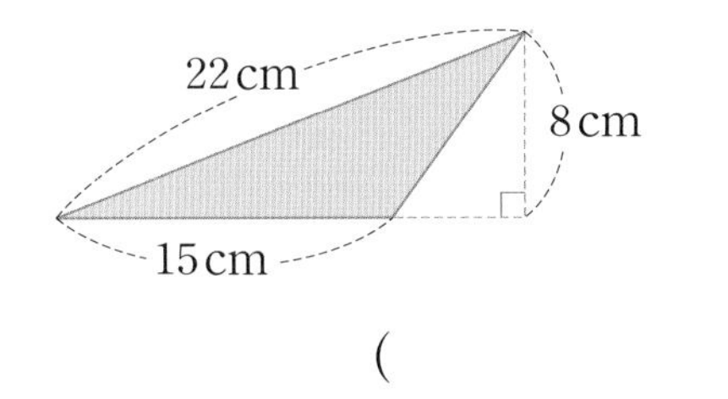


(　　　　　　　　)

## 11

마름모의 넓이는 몇 $cm^2$일까요?

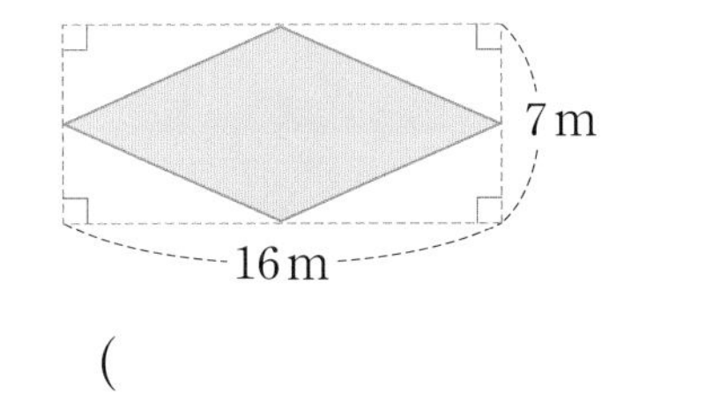


(　　　　　　　　)

## 12 서술형

둘레가 다른 도형을 찾아 기호를 쓰려고 합니다. 해결 과정을 쓰고, 답을 구하세요.

㉠ 한 변의 길이가 4 m인 마름모
㉡ 한 변의 길이가 1 m인 정팔각형
㉢ 한 변의 길이가 6 m, 다른 한 변의 길이가 2 m인 평행사변형

______________________

______________________

______________________

(　　　　　　　　)

## 13

가는 사다리꼴이고, 나는 마름모입니다. 가와 나 중에서 넓이가 더 넓은 것을 찾아 기호를 쓰세요.

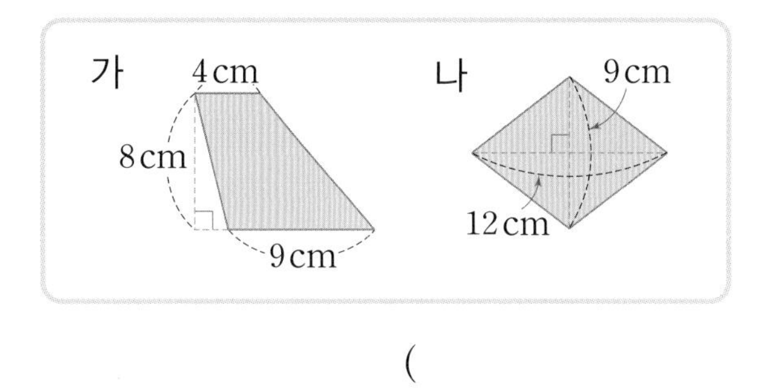


(　　　　　　　　)

## 14

주어진 마름모와 넓이가 같고 모양이 다른 마름모를 1개 그리세요.

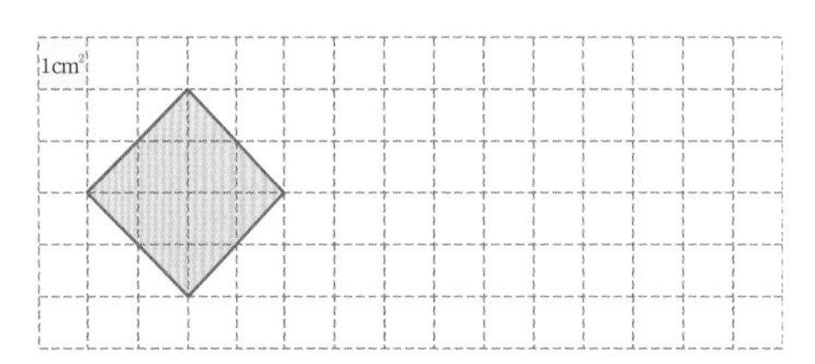

## 15

둘레가 54 cm인 정육각형이 있습니다. 이 정육각형의 한 변의 길이는 몇 cm일까요?

(　　　　　　　　)

## 16

가로가 7 cm이고, 둘레가 24 cm인 직사각형이 있습니다. 이 직사각형의 세로는 몇 cm일까요?

(　　　　　　　　)

## 17

가로가 80 cm, 세로가 50 cm인 직사각형 모양의 종이를 그림과 같이 한 줄에 5장씩 4줄로 이어 붙였습니다. 종이를 붙인 부분의 전체 넓이는 몇 $m^2$일까요?

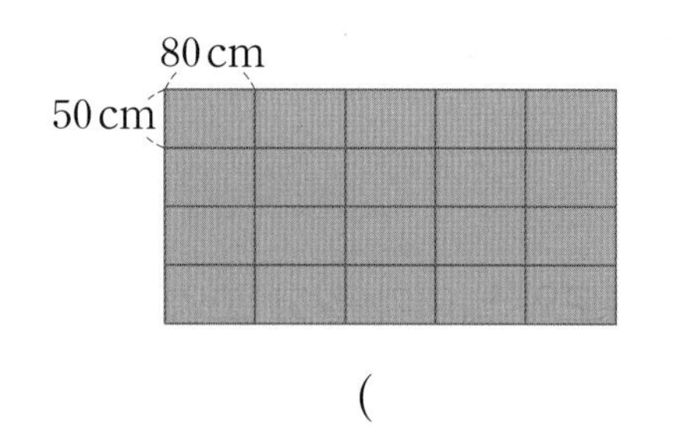


(　　　　　　　　)

## 18

사다리꼴의 넓이가 18 $m^2$일 때, □ 안에 알맞은 수를 써넣으세요.

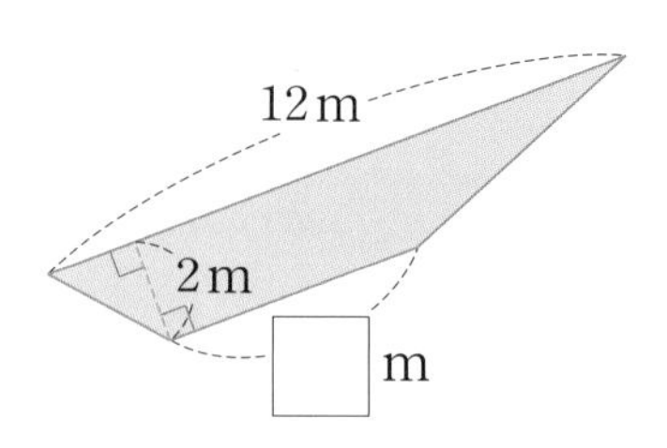


## 19 서술형

우진이가 쓴 수학 일기 중 잘못된 부분이 있습니다. 잘못된 이유를 쓰세요.

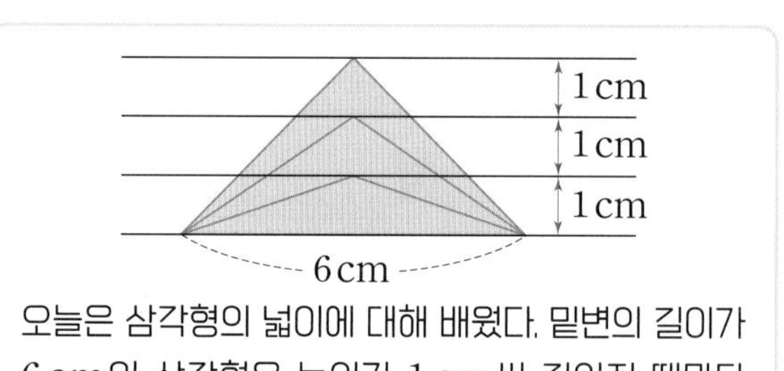


오늘은 삼각형의 넓이에 대해 배웠다. 밑변의 길이가 6 cm인 삼각형은 높이가 1 cm씩 길어질 때마다 넓이는 6 $cm^2$씩 넓어진다는 내용이 재미있었다.

이유 ______________________________

## 20

도형의 둘레와 넓이를 구하세요.

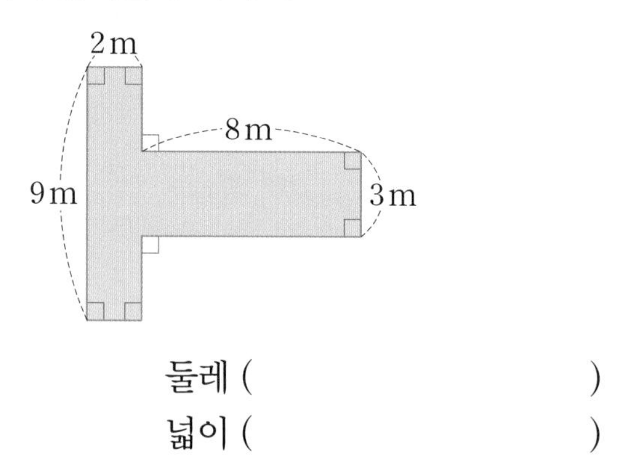


둘레 (　　　　　　　　)

넓이 (　　　　　　　　)

**1**
□ 안에 알맞은 수를 써넣으세요.

$$80000\,cm^2 = \square\,m^2$$

**2**
정오각형의 둘레는 몇 cm일까요?

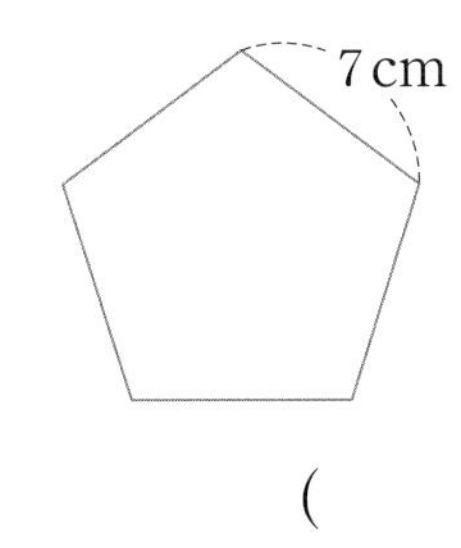


(　　　　　　　)

**3**
평행사변형의 높이가 될 수 있는 것을 모두 고르세요.

(　　　　　　　)

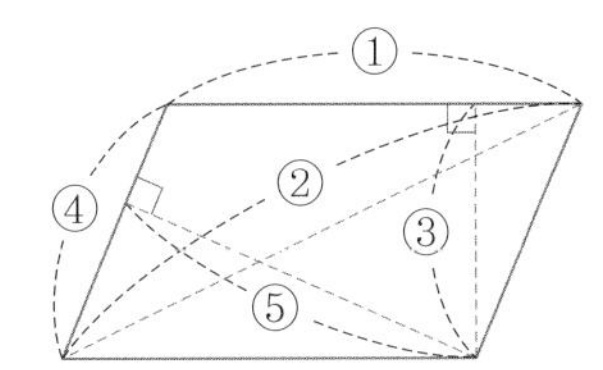


**4**
넓이가 다른 도형을 찾아 기호를 쓰세요.

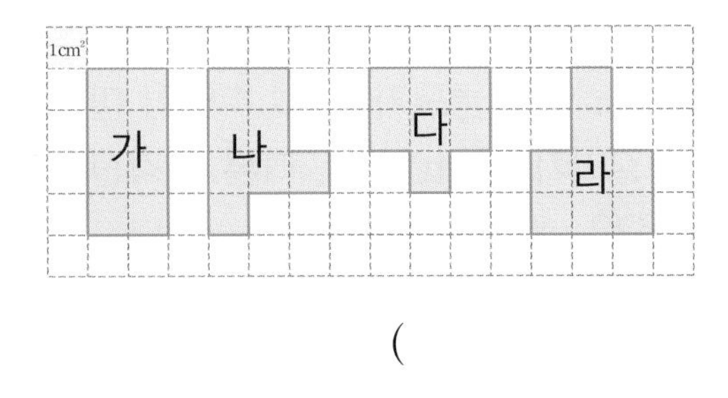


(　　　　　　　)

**5**
주어진 직사각형에 $1\,m^2$가 몇 번 들어가는지 □ 안에 알맞은 수를 써넣으세요.

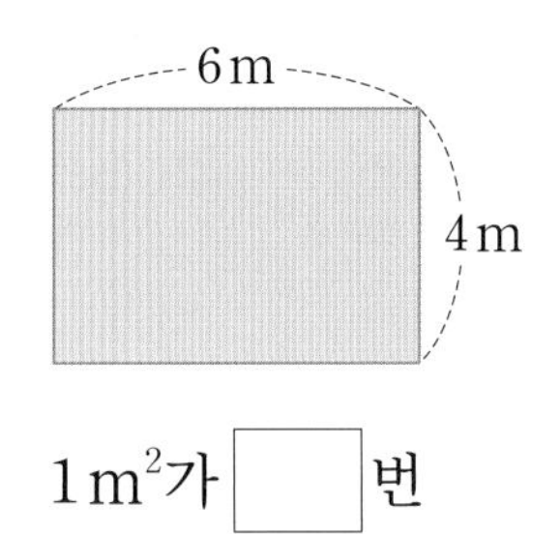


$1\,m^2$가 □번

**6**
삼각형의 넓이를 구하는 데 필요한 길이에 모두 ○표 하고, 넓이는 몇 $m^2$인지 구하세요.

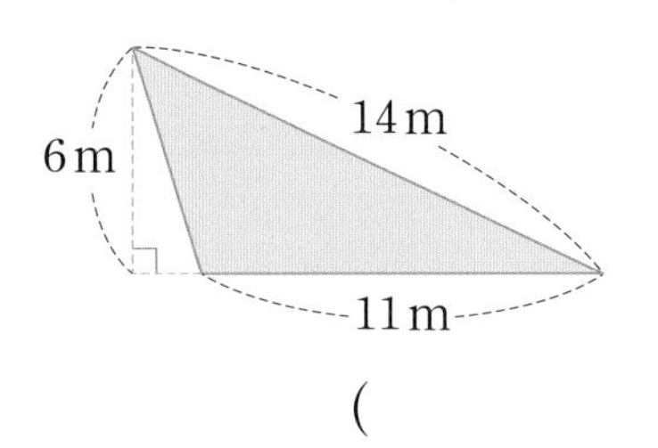


(　　　　　　　)

**7**
마름모의 넓이는 몇 $cm^2$일까요?

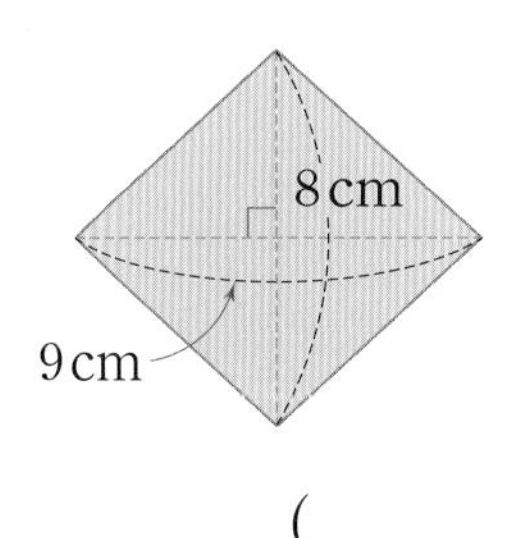


(　　　　　　　)

**8**
두 넓이의 크기를 비교하여 ○ 안에 >, <를 알맞게 써넣으세요.

$$13\,km^2 \bigcirc 1600000\,m^2$$

## 9 서술형

삼각형 가와 넓이가 같은 삼각형을 찾아 기호를 쓰고, 넓이가 같은 이유를 쓰세요.

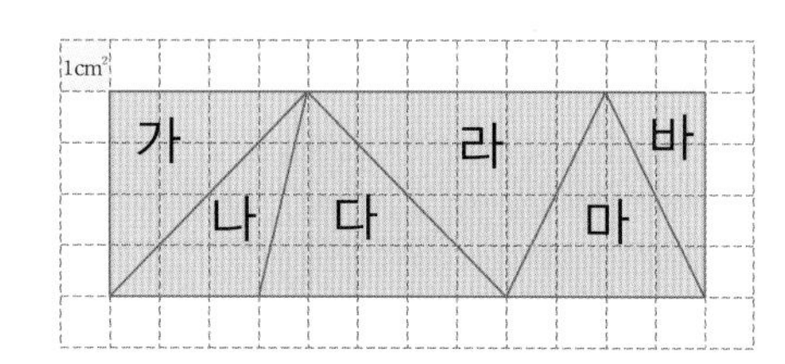


기호 ______________________________

이유 ______________________________

______________________________

## 10

넓이를 $2\,cm^2$씩 늘려가며 도형을 규칙에 따라 그리고 있습니다. 셋째에 알맞은 도형을 그리세요.

1cm² 첫째 둘째 셋째 넷째

## 11

윗변의 길이가 3 km, 아랫변의 길이가 2 km, 두 밑변 사이의 거리가 10 km인 사다리꼴 모양의 땅이 있습니다. 이 땅의 넓이는 몇 $km^2$일까요?

(　　　　　　　　　)

## 12

넓이가 더 넓은 도형을 찾아 기호를 쓰세요.

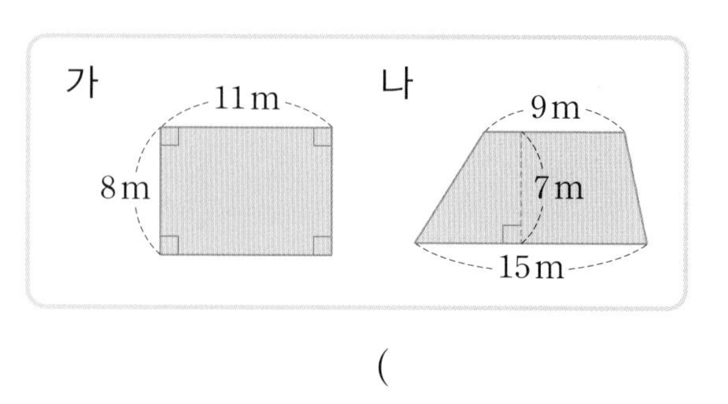


(　　　　　　　　　)

## 13 서술형

두 정다각형의 둘레가 같을 때, □ 안에 알맞은 수를 구하려고 합니다. 해결 과정을 쓰고, 답을 구하세요.

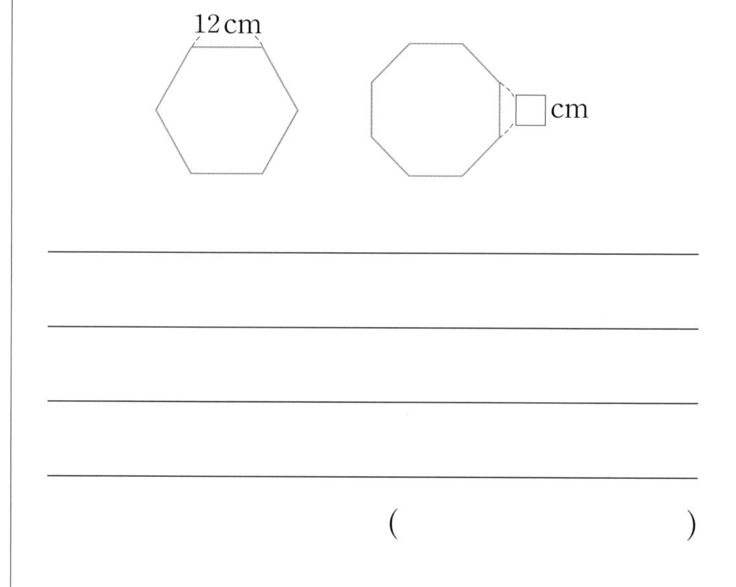


(　　　　　　　　　)

## 14

넓이가 $52\,m^2$인 마름모가 있습니다. 이 마름모의 한 대각선의 길이가 13 m일 때, 다른 대각선의 길이는 몇 m일까요?

(　　　　　　　　　)

## 15 서술형

가로가 8 m, 세로가 6 m인 직사각형 모양의 벽이 있습니다. 이 벽에 가로가 40 cm, 세로가 20 cm인 직사각형 모양의 타일을 겹치지 않게 빈틈없이 붙이려면 타일은 모두 몇 장 필요한지 해결 과정을 쓰고, 답을 구하세요.

(　　　　　　　　)

## 16

둘레가 120 cm인 정사각형이 있습니다. 이 정사각형의 넓이는 몇 $cm^2$일까요?

(　　　　　　　　)

## 17

평행사변형 가와 삼각형 나의 넓이가 같습니다. □ 안에 알맞은 수를 써넣으세요.

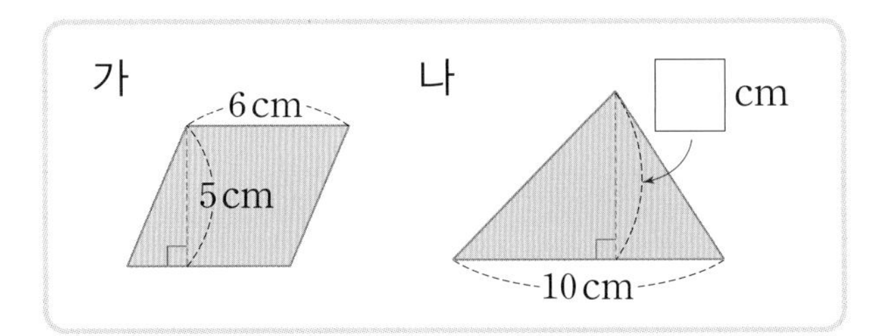


## 18

도형의 둘레는 몇 cm일까요?

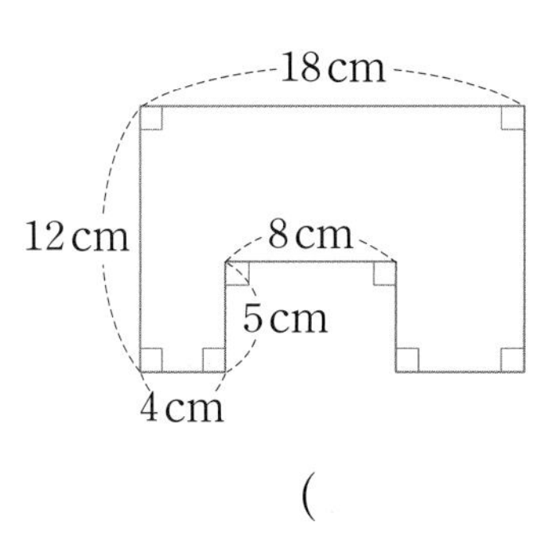


(　　　　　　　　)

## 19

도형의 넓이는 몇 $cm^2$일까요?

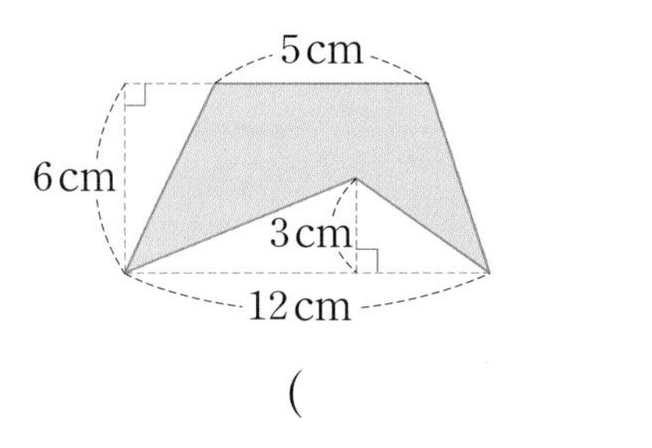


(　　　　　　　　)

## 20

정사각형 3개를 이어 붙여 만든 도형입니다. 색칠한 부분의 넓이는 몇 $cm^2$일까요?

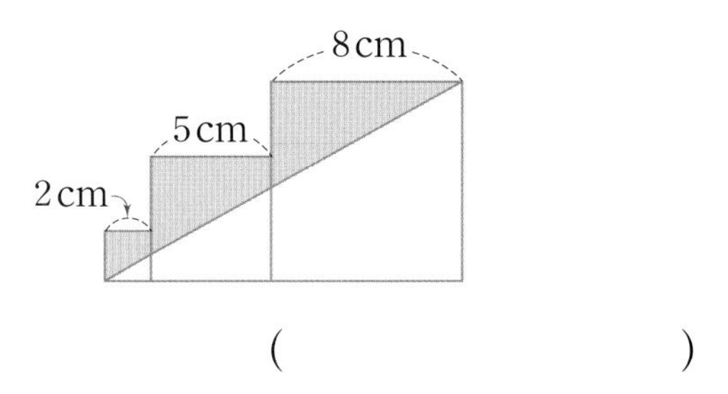


(　　　　　　　　)

6 단원

정답 63쪽

| 평가 주제 | 정다각형과 사각형의 둘레 |
|---|---|
| 평가 목표 | 정다각형과 사각형의 둘레를 구하는 방법을 알고 둘레를 구할 수 있습니다. |

**1** 정다각형의 둘레는 몇 cm인지 구하세요.

(1)

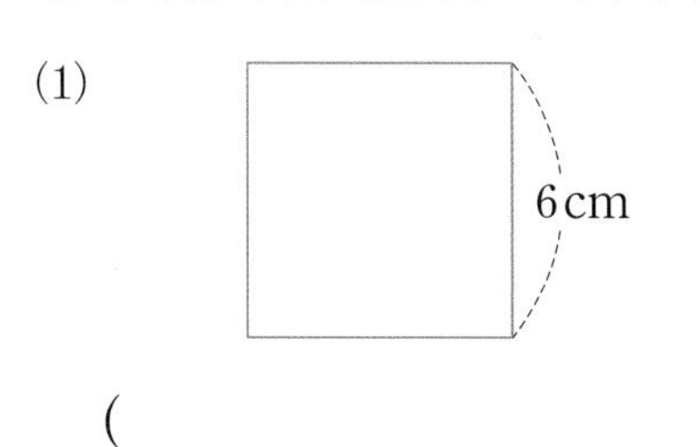


(　　　　　　　　)

(2)

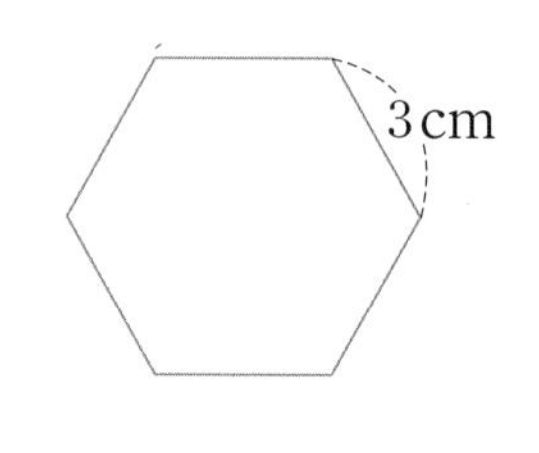


(　　　　　　　　)

**2** 평행사변형과 직사각형의 둘레는 몇 cm인지 구하세요.

(1)

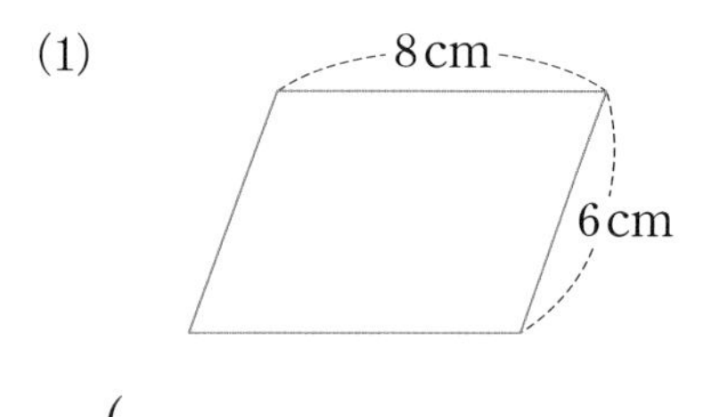


(　　　　　　　　)

(2)

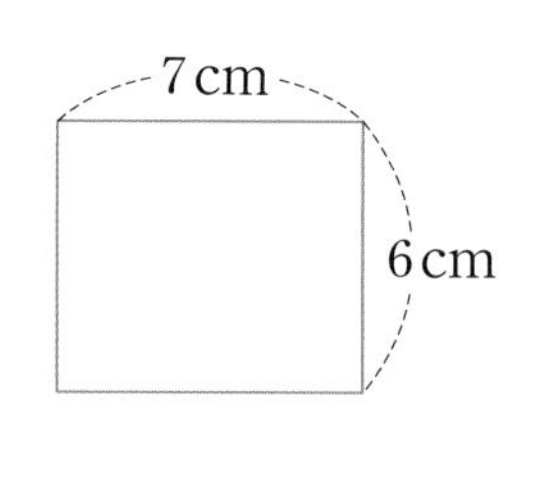


(　　　　　　　　)

**3** 한 변의 길이가 10 m인 마름모 모양의 배추밭이 있습니다. 이 배추밭의 둘레는 몇 m인지 구하세요.

(　　　　　　　　)

**4** 정오각형과 직사각형의 둘레가 같습니다. 직사각형의 가로는 몇 m인지 구하세요.

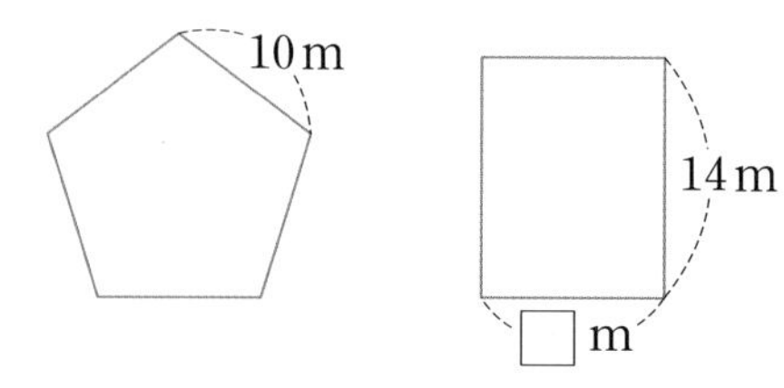


(　　　　　　　　)

| 평가 주제 | $1\,cm^2$, $1\,m^2$, $1\,km^2$ / 직사각형의 넓이, 평행사변형의 넓이 |
|---|---|
| 평가 목표 | • 넓이의 단위를 이해할 수 있습니다.<br>• 직사각형과 평행사변형의 넓이를 구하는 방법을 알고 넓이를 구할 수 있습니다. |

**1** □ 안에 알맞은 수를 써넣으세요.

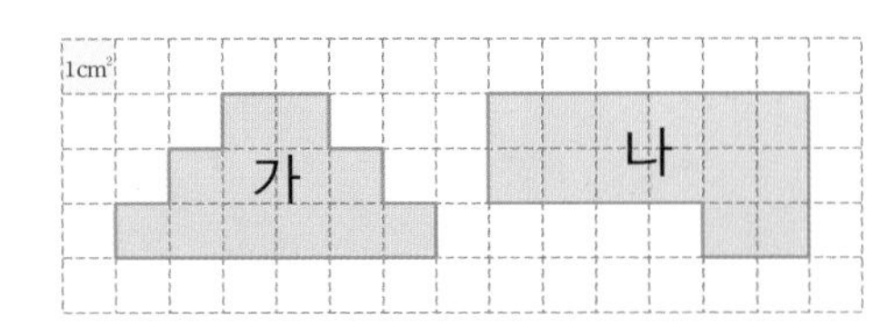


도형 나는 도형 가보다 넓이가 □ $cm^2$ 더 넓습니다.

**2** □ 안에 알맞은 수를 써넣으세요.

(1) $30000\,cm^2=$ □ $m^2$

(2) $14\,km^2=$ □ $m^2$

**3** 직사각형과 평행사변형의 넓이는 몇 $cm^2$인지 구하세요.

(1)

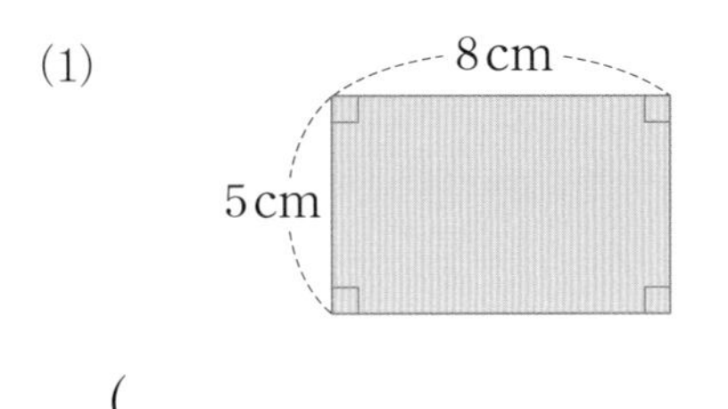


(　　　　　　)

(2)

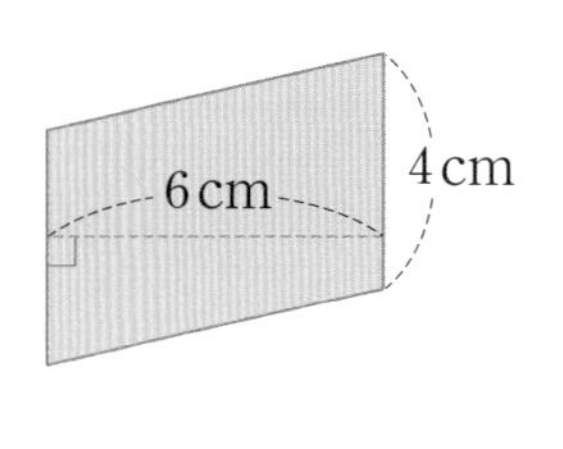


(　　　　　　)

**4** 넓이가 넓은 것부터 차례대로 기호를 쓰세요.

㉠ $100000\,cm^2$　　㉡ $5\,km^2$　　㉢ $70000000\,m^2$

(　　　　　　)

**5** 아영이가 새로 산 스케치북은 가로가 30 cm, 세로가 20 cm인 직사각형 모양입니다. 이 스케치북 한 면의 넓이는 몇 $cm^2$인지 구하세요.

(　　　　　　)

평가 주제 삼각형의 넓이

평가 목표 삼각형의 넓이를 구하는 방법을 알고 넓이를 구할 수 있습니다.

**1** 보기 와 같이 삼각형의 높이를 표시하세요.

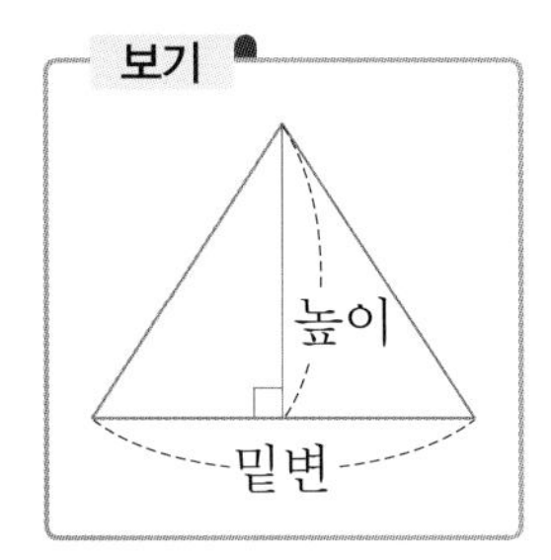


(1)
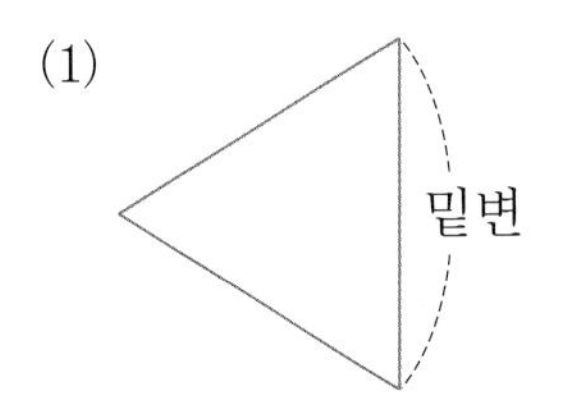


(2)
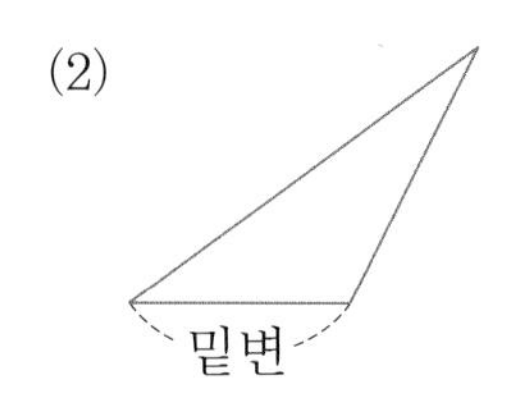


**2** 삼각형의 넓이는 몇 $cm^2$인지 구하세요.

(1)
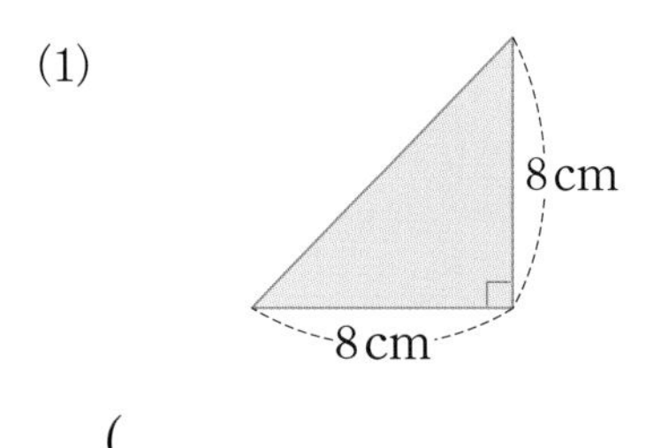


(                    )

(2)
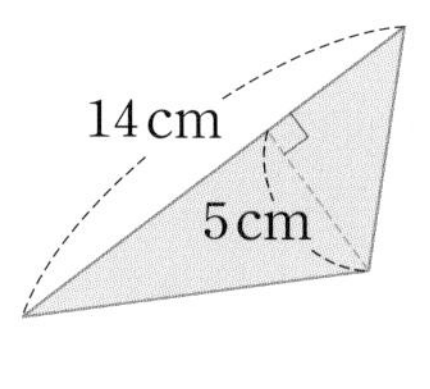


(                    )

**3** 삼각형의 넓이를 구하여 표를 완성하고, □ 안에 알맞은 말을 써넣으세요.

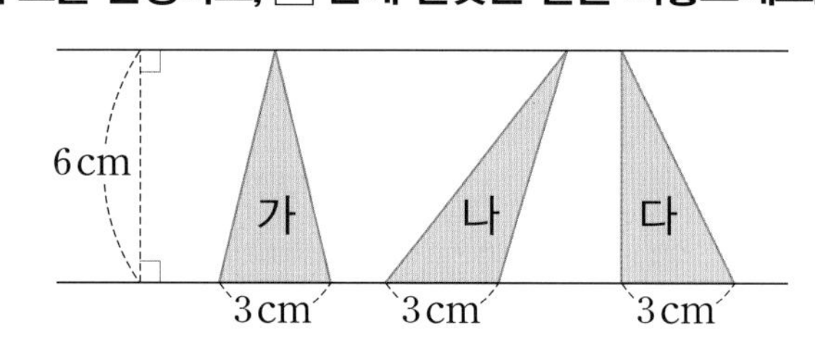


| 삼각형 | 가 | 나 | 다 |
|---|---|---|---|
| 넓이($cm^2$) | | | |

밑변의 길이와 □가 각각 같으면 모양이 달라도 삼각형의 □는 모두 같습니다.

**4** 밑변의 길이가 7 m이고 넓이가 21 $m^2$인 삼각형의 높이는 몇 m인지 구하세요.

(                    )

| 평가 주제 | 마름모의 넓이, 사다리꼴의 넓이 |
|---|---|
| 평가 목표 | 마름모와 사다리꼴의 넓이를 구하는 방법을 알고 넓이를 구할 수 있습니다. |



**1** **마름모의 넓이는 몇 $cm^2$인지 구하세요.**

(1)

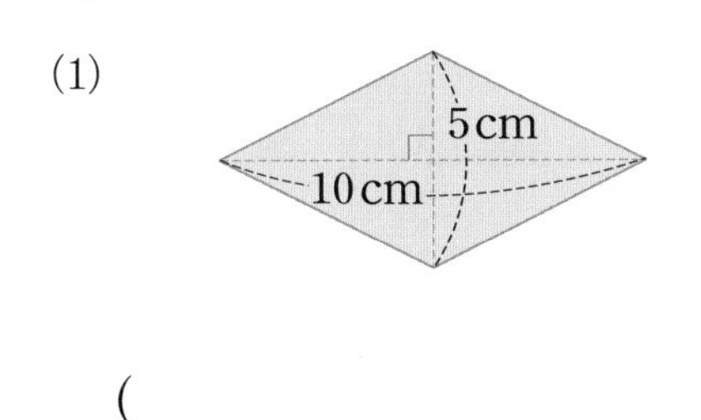


( )

(2)

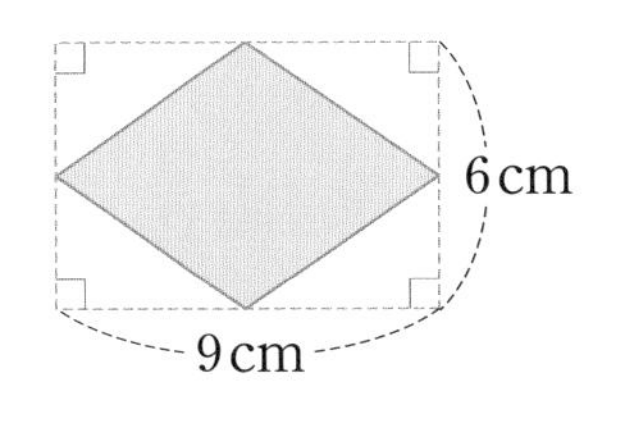


( )

**2** **사다리꼴의 넓이를 구하여 표를 완성하고, □ 안에 알맞은 말을 써넣으세요.**

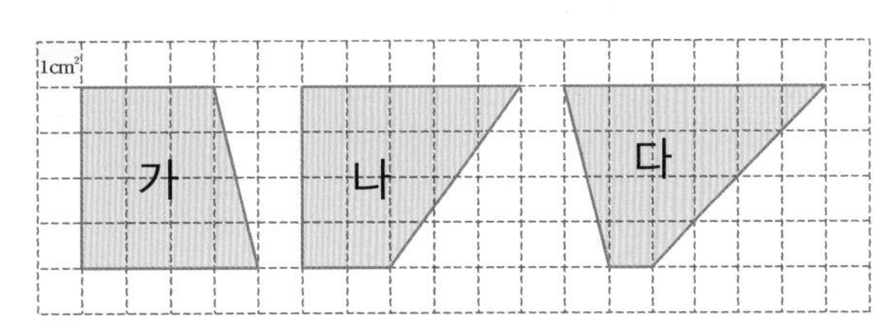


| 사다리꼴 | 가 | 나 | 다 |
|---|---|---|---|
| 넓이($cm^2$) | | | |

윗변의 길이와 □의 길이의 합과 □가 각각 같은 사다리꼴의 넓이는 모두 같습니다.

**3** **마름모와 사다리꼴 중에서 넓이가 더 넓은 것에 ○표 하세요.**

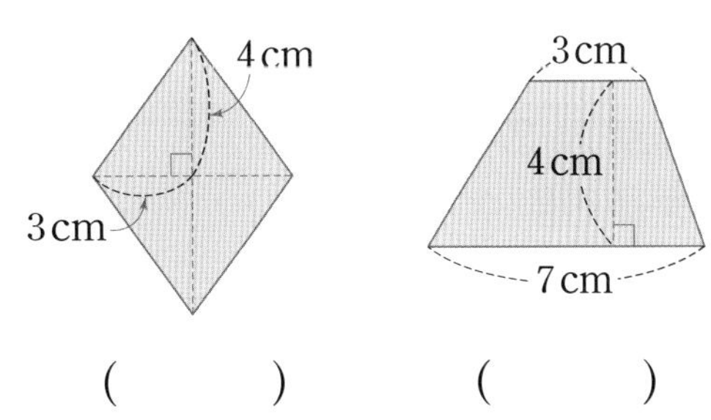


( ) ( )

**4** **오른쪽 사다리꼴의 넓이가 $48\,m^2$일 때, □ 안에 알맞은 수를 써넣으세요.**

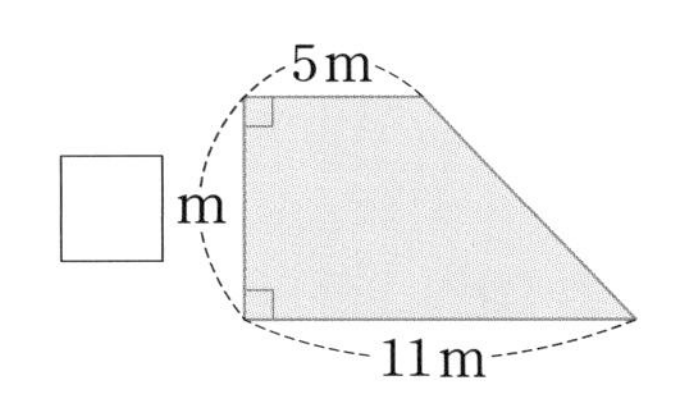

## 1

가장 먼저 계산해야 할 곳에 ○표 하세요.

$12\times(8-5)+16\div4$

## 2

계산을 하세요.

$15-4+9\times3$

## 3

계산 결과를 비교하여 ○ 안에 >, =, <를 알맞게 써넣으세요.

$78-62+4$ ○ $84\div(4+3)-2$

## 4

운동장에 학생들이 9명씩 5줄로 서 있습니다. 3명씩 한 모둠이 된다면 모두 몇 모둠을 만들 수 있는지 하나의 식으로 나타내고, 답을 구하세요.

식 ____________________

답 ____________________

## 5

두 수가 약수와 배수의 관계인 것에 ○표, 아닌 것에 ×표 하세요.

## 6

두 수의 최대공약수와 최소공배수를 구하세요.

14　　42

최대공약수 (　　　　　　)
최소공배수 (　　　　　　)

## 7 서술형

귤 27개, 사과 18개를 최대한 많은 사람에게 남김없이 똑같이 나누어 주려고 합니다. 최대 몇 명에게 나누어 줄 수 있는지 해결 과정을 쓰고, 답을 구하세요.

____________________

____________________

____________________

(　　　　　　)

**[8-9] 그림에 누름 못을 꽂아서 게시판에 붙이고 있습니다. 물음에 답하세요.**

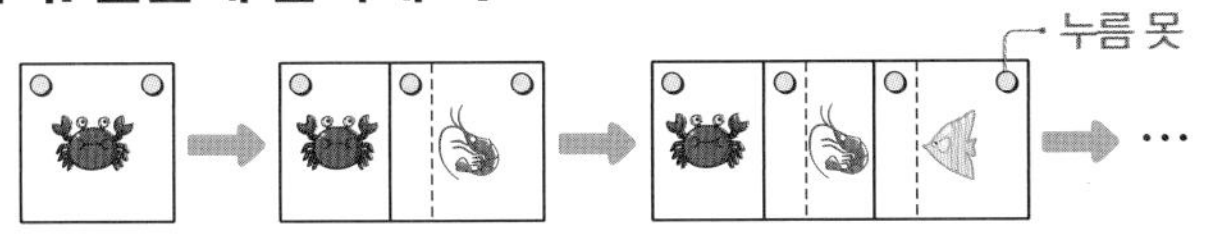


## 8

그림의 수와 누름 못의 수 사이에는 어떤 대응 관계가 있는지 표를 이용하여 알아보려고 합니다. 빈칸에 알맞은 수를 써넣으세요.

| 그림의 수(장) | 1 | 2 | 3 | 4 | 5 |
|---|---|---|---|---|---|
| 누름 못의 수(개) | 2 | | | | |

## 9

그림의 수와 누름 못의 수 사이의 대응 관계를 쓰세요.

( )

## 10

진선이네 샤워기에서는 1분에 14 L의 물이 나옵니다. 샤워기를 사용한 시간을 ○(분), 나온 물의 양을 ⊙(L)라고 할 때 표를 완성하고, 두 양 사이의 대응 관계를 기호를 사용하여 식으로 나타내세요.

| 시간(분) | 1 | 2 | 3 | 4 | 5 |
|---|---|---|---|---|---|
| 나온 물의 양(L) | 14 | 28 | | | |

식

## 11 서술형

잘못 말한 사람을 찾아 이름을 쓰고, 잘못된 이유를 쓰세요.

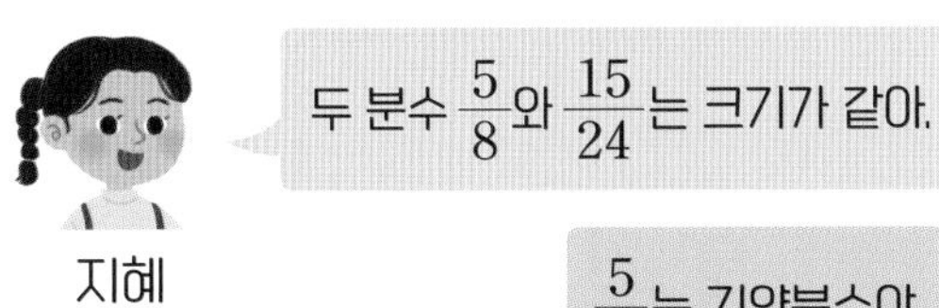


지혜

$\frac{5}{8}$는 기약분수야.

수민

두 분수 $\frac{5}{8}$와 $\frac{7}{12}$을 통분할 때 가장 작은 공통분모는 96이야.

강우

이름

이유

## 12

분수와 소수의 크기를 비교하여 큰 수부터 차례대로 쓰세요.

$\frac{7}{15}$ 0.5 $\frac{4}{9}$

( )

## 13

수 카드 3장 중 2장을 뽑아 만들 수 있는 진분수 중 가장 큰 수를 소수로 나타내세요.

1 4 5

( )

**14**

빈칸에 알맞은 수를 써넣으세요.

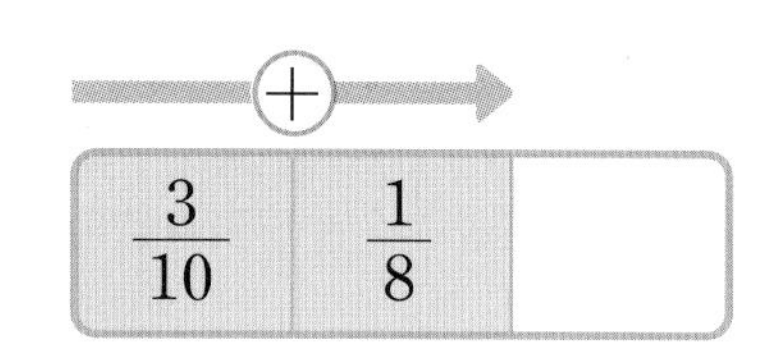


**15**

색 테이프가 $\frac{17}{20}$ m 있었습니다. 소율이가 사용하고 남은 색 테이프가 $\frac{3}{4}$ m일 때, 소율이가 사용한 색 테이프는 몇 m일까요?

( )

**16** 서술형

1분 동안 ㉮ 수도에서는 $13\frac{5}{8}$ L의 물이 나오고, ㉯ 수도에서는 $12\frac{6}{7}$ L의 물이 나옵니다. 1분 동안 나오는 물의 양은 어느 수도가 몇 L 더 많은지 해결 과정을 쓰고, 답을 구하세요.

( ), ( )

**17**

한 변의 길이가 6 cm인 정육각형이 있습니다. 이 정육각형과 둘레가 같은 마름모를 만들려면 마름모의 한 변의 길이를 몇 cm로 해야 할까요?

( )

**18**

직사각형의 넓이는 몇 $km^2$일까요?

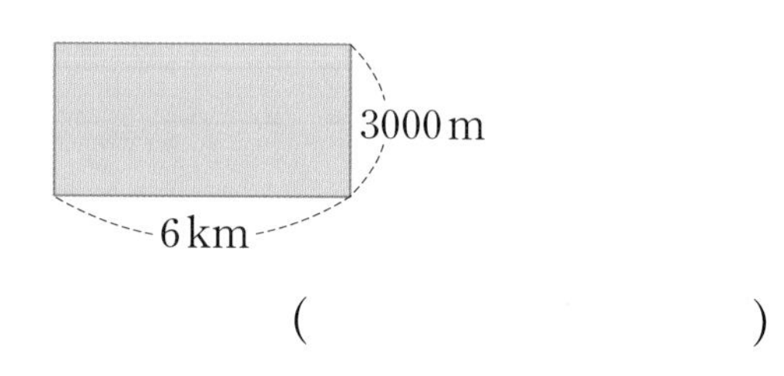


( )

**19**

넓이가 108 $cm^2$인 평행사변형입니다. □ 안에 알맞은 수를 써넣으세요.

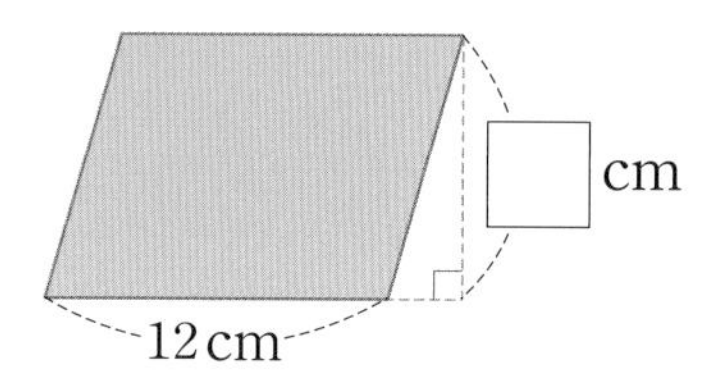


**20**

사다리꼴 ㄱㄴㄷㅁ의 넓이는 삼각형 ㅁㄷㄹ의 넓이의 4배입니다. 변 ㄴㄷ의 길이는 몇 cm일까요?

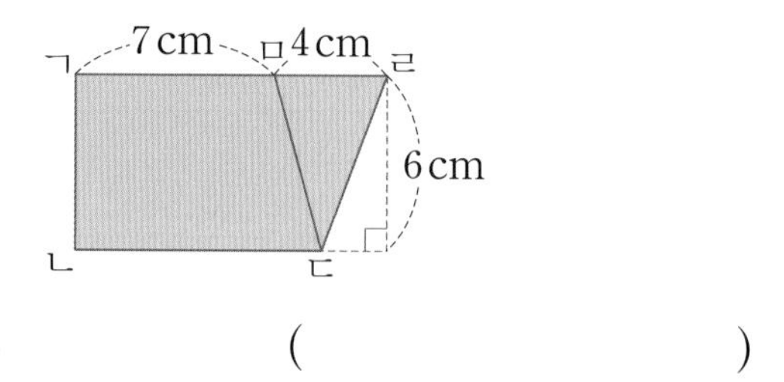


( )

백점 수학 5·1

초등학교 학년 반 번 이름

강의가 더해진, **교과서 맞춤 학습**

# 백점

## 수학 5·1

모바일 빠른 정답

# 친절한 해설북

- 한눈에 보이는 **정확한 답**
- 한번에 이해되는 **자세한 풀이**

동아출판

# 차례



## 백점 수학 빠른 정답

**QR코드**를 찍으면 **정답과 해설**을 쉽고 빠르게 확인할 수 있습니다.

# 1 자연수의 혼합 계산

## 6쪽 개념 학습 1

1 (1) ( ○ ) (　) (2) ( ○ ) (　) (3) (　) ( ○ )
(4) (　) ( ○ )

2 (1) 31, 26 (2) 27, 35 (3) 12, 41 (4) 27, 14

1 (1) 덧셈과 뺄셈이 섞여 있는 식은 앞에서부터 차례로 계산합니다.

2 (1) ① $18+13=31$ ② $31-5=26$
(2) ① $52-25=27$ ② $27+8=35$
(3) ① $26-14=12$ ② $29+12=41$
(4) ① $16+11=27$ ② $41-27=14$

## 7쪽 개념 학습 2

1 (1) ( ○ ) (　) (2) ( ○ ) (　) (3) (　) ( ○ )
(4) (　) ( ○ )

2 (1) 48, 16 (2) 7, 14 (3) 5, 45 (4) 14, 2

1 (1) 곱셈과 나눗셈이 섞여 있는 식은 앞에서부터 차례로 계산합니다.

2 (1) ① $4\times12=48$ ② $48\div3=16$
(2) ① $35\div5=7$ ② $7\times2=14$
(3) ① $20\div4=5$ ② $9\times5=45$
(4) ① $2\times7=14$ ② $28\div14=2$

## 8쪽 개념 학습 3

1 (1) ㉡ (2) ㉢

2 (1) $72-12\div4+26=95$
3
69
95

(2) $26+4\times(13-5)=58$
8
32
58

1 (1) 덧셈, 뺄셈, 곱셈이 섞여 있는 식은 곱셈을 가장 먼저 계산합니다.

2 (1) $72-12\div4+26=72-3+26$
$=69+26=95$
(2) $26+4\times(13-5)=26+4\times8=26+32=58$

## 9쪽 개념 학습 4

1 (1) ㉡ (2) ㉡ (3) ㉠ (4) ㉣

2 (1) $85-48\div8+4\times3=91$
6 12
79
91

(2) $11+3\times(20-6)\div2=32$
14
42
21
32

(3) $10\times3-(24\div8+4)=23$
30 3
7
23

1 (1) 덧셈, 뺄셈, 곱셈, 나눗셈이 섞여 있는 식은 곱셈과 나눗셈을 계산하고 덧셈과 뺄셈을 계산합니다. 가장 먼저 계산해야 하는 부분은 $4\times12$입니다.
(2) (　) 안을 가장 먼저 계산하고, 곱셈과 나눗셈, 덧셈과 뺄셈을 계산합니다. 가장 먼저 계산해야 하는 부분은 $13-6$입니다.
(3) 곱셈, 나눗셈 → 덧셈, 뺄셈 순으로 계산합니다. 곱셈과 나눗셈, 덧셈과 뺄셈은 앞에서부터 차례로 계산합니다.
가장 먼저 계산해야 하는 부분은 $21\div3$입니다.
(4) (　) 안을 가장 먼저 계산합니다.
가장 먼저 계산해야 하는 부분은 $3+14$입니다.

2 (1) $85-48\div8+4\times3=85-6+4\times3$
$=85-6+12$
$=79+12=91$
(2) $11+3\times(20-6)\div2=11+3\times14\div2$
$=11+42\div2$
$=11+21=32$
(3) $10\times3-(24\div8+4)=10\times3-(3+4)$
$=10\times3-7$
$=30-7=23$

## 10쪽~11쪽 문제 학습 1

1 16, 27
2 ㉡, ㉠, ㉢
3 $24-16+23=8+23$ ①, ② $=31$
4 35
5 태우
6 (선 잇기)
7 ㉡
8 (1) < (2) >
9 $63-(28+17)=18$ / 18
10 ②
11 $7000-(3000+2500)=1500$ / 1500원
12 $63+29-45=47$ / 47권
13 예 현지는 연필 12자루 중에서 5자루를 동생에게 주고 9자루를 새로 샀습니다. 현지가 지금 가지고 있는 연필은 몇 자루일까요? / 예 16자루

1 43이 공통이므로 아래 줄 식의 43의 자리에 35+8을 넣어 하나의 식으로 나타냅니다.

2 덧셈과 뺄셈이 섞여 있고 ( )가 있는 식은 ( ) 안을 먼저 계산하므로 계산 순서는 ㉡, ㉠, ㉢입니다.

3 덧셈과 뺄셈이 섞여 있는 식은 앞에서부터 차례로 계산합니다.
➡ $24-16+23=8+23=31$

4 $34-15+22-6=19+22-6$ ①, ②, ③
$=41-6$
$=35$

5 덧셈과 뺄셈이 섞여 있는 식은 앞에서부터 차례로 계산하고, ( )가 있으면 ( ) 안을 먼저 계산해야 합니다. 바르게 계산한 사람은 ( ) 안을 먼저 계산한 태우입니다.

6 • $19-11+2=8+2=10$
• $19-(11+2)=19-13=6$
• $19+11-2=30-2=28$

7 ㉠ $36-18+5=18+5=23$
㉡ $36-(18+5)=36-23=13$
㉢ $(36-18)+5=18+5=23$
➡ ㉡은 18+5를 먼저 계산하므로 나머지 두 식과 계산 순서가 다르고 계산 결과도 다릅니다.

8 (1) • $62+28-43=90-43=47$
• $44-19+28=25+28=53$
➡ $47<53$
(2) • $51-23+7=28+7=35$
• $83-(18+36)=83-54=29$
➡ $35>29$

9 $63-(28+17)=63-45=18$

10 (노란색 끈의 길이)=(빨간색 끈의 길이)−23
=60−23
(초록색 끈의 길이)=(노란색 끈의 길이)+16
=60−23+16

11 (정우가 먹은 음식의 가격)
−(주영이가 먹은 음식의 가격)
$=7000-(3000+2500)$
$=7000-5500=1500$(원)

12 (동화책 수)+(위인전 수)−(빌려 간 책 수)
$=63+29-45=92-45=47$(권)

13 $12-5+9=7+9=16$

## 12쪽~13쪽 문제 학습 2

1 2, 36
2 (1) 42, 6 (2) 18, 3
3 $8\times4\div2=32\div2$ ①, ② $=16$
4 (○)
( )
5 6
6 (선 잇기)
7 $15\times4\div6$
8 11
9 태우
10 ㉠, ㉢, ㉡
11 $16\times3\div4=12$ / 12개
12 $96\div(4\times6)=4$ / 4시간
13 9

1 72가 공통이므로 아래 줄 식의 72의 자리에 8×9를 넣어 하나의 식으로 나타냅니다.
➡ $8\times9\div2=36$

2 (1) 곱셈과 나눗셈이 섞여 있는 식은 앞에서부터 차례로 계산합니다.
➡ $14\times3\div7=42\div7=6$
(2) 곱셈과 나눗셈이 섞여 있고 ( )가 있는 식은 ( ) 안을 먼저 계산합니다.
➡ $54\div(3\times6)=54\div18=3$

**3** $8\times4\div2=32\div2=16$

**4** 곱셈과 나눗셈이 섞여 있고 (　　)가 있는 식은 (　　) 안을 먼저 계산해야 합니다.

**5** $4\times12\div8=48\div8$
　①　②
$=6$

**6** • $5\times12\div3=60\div3=20$
• $28\div4\times5=7\times5=35$
• $64\div(8\times2)=64\div16=4$

**7** • $15\times4\div6=60\div6=10$
• $63\div7\times3=9\times3=27$
➡ $10<27$

**8** • $18\times5\div10=90\div10=9$
• $32\div(8\times2)=32\div16=2$
➡ $9+2=11$

**9** (　　)가 있을 때와 없을 때를 각각 계산하고 계산 결과가 같은 것을 찾습니다.
수지: $80\div(4\times5)=80\div20=4$
$80\div4\times5=20\times5=100$
태우: $36\times(6\div3)=36\times2=72$
$36\times6\div3=216\div3=72$
준서: $54\div(2\times3)=54\div6=9$
$54\div2\times3=27\times3=81$

**10** ㉠ $24\div6\times3=4\times3=12$
㉡ $72\div(2\times4)=72\div8=9$
㉢ $35\times2\div7=70\div7=10$
➡ $12>10>9$

**11** 한 판에 16개씩 3판 구웠으므로 구운 쿠키의 수는 $16\times3=48$(개)이고, 이 쿠키를 4상자에 똑같이 나누어 담았으므로 구운 쿠키의 수를 4로 나눕니다.
➡ (한 상자에 들어 있는 쿠키 수)$=16\times3\div4$
$=48\div4=12$(개)

**12** 한 사람이 한 시간에 종이 상자 4개를 만들 수 있으므로 6명이 한 시간에 만들 수 있는 종이 상자는 $4\times6=24$(개)입니다.
➡ (6명이 종이 상자 96개를 만드는 데 걸리는 시간)
$=96\div(4\times6)=96\div24=4$(시간)

**13** $42\div7\times\square=54$
$6\times\square=54$
$\square=54\div6=9$

## 14쪽~15쪽 문제 학습 ③

**1** (1) $23-11+4\times9$ (2) $14-(7+35)\div7$
**2** $45+27-3\times6=45+27-18$
　②　①　③
$=72-18$
$=54$
**3** (1) 12 (2) 52
**4** $>$
**5** 3, 1, 2
**6** 태우
**7** $16+5\times2-6=16+10-6$
$=26-6$
$=20$
**8** 4
**9** ㉣
**10** $(12-4)\times5-1=39$ / 39살
**11** $75\div5+32\div4-2=21$ / 21 cm
**12** 5

**1** (1) 덧셈, 뺄셈, 곱셈이 섞여 있는 식은 곱셈을 먼저 계산합니다.
(2) 덧셈, 뺄셈, 나눗셈이 섞여 있고 (　　)가 있는 식은 (　　) 안을 먼저 계산합니다.

**2** $45+27-3\times6=45+27-18=72-18=54$

**3** (1) $164-8\times(2+17)=164-8\times19$
①②③
$=164-152$
$=12$
(2) $45-8+75\div5=45-8+15$
②①③
$=37+15$
$=52$

**4** • $(13-4)\times2+9=9\times2+9=18+9=27$
• $56\div7+14-6=8+14-6=22-6=16$
➡ $27>16$

**5** • $15+7-(8\div2)=15+7-4=22-4=18$
• $35-(3\times9)+16=35-27+16=8+16=24$
• $24-(6+24)\div6=24-30\div6=24-5=19$
➡ $24>19>18$

**6** (전체 사탕 수)
−(남학생과 여학생에게 나누어 준 사탕 수)
$=30-(4+3)\times2$
➡ 식으로 바르게 나타낸 사람은 태우입니다.

**7** 덧셈, 뺄셈, 곱셈이 섞여 있는 식은 곱셈을 먼저 계산합니다.

BOOK 1 개념북 1 단원

8 지혜: $(32-13)+3\times4=19+3\times4$
$=19+12=31$
수지: $18+60\div5-3=18+12-3$
$=30-3=27$
➡ $31-27=4$

9 ㉠ $33+7\times2-25=33+14-25=47-25=22$
㉡ $42-96\div8+7=42-12+7=30+7=37$
㉢ $8+4\times(12-9)=8+4\times3=8+12=20$
㉣ $56\div(11-7)+9=56\div4+9=14+9=23$

10 동생의 나이는 수민이보다 4살 적으므로 $(12-4)$살입니다.
수민이 아버지의 나이는 동생의 나이의 5배보다 1살 적으므로 $(12-4)\times5-1=8\times5-1$
$=40-1=39$(살)입니다.

11 5등분 한 도막의 길이는 $75\div5$로 구할 수 있고, 4등분 한 도막의 길이는 $32\div4$로 구할 수 있습니다.
이어 붙인 색 테이프의 전체 길이는 두 도막의 길이의 합에서 겹쳐진 길이를 뺀 것과 같습니다.
➡ $75\div5+32\div4-2=15+32\div4-2$
$=15+8-2$
$=23-2=21$ (cm)

12 어떤 수를 □라 하면 $□\times6-3+15=42$입니다.
$□\times6-3=42-15=27$
$□\times6=27+3=30$
$□=30\div6=5$

## 16쪽~17쪽 문제 학습 4

1 ④
2 $45-27\div3\times4+6=45-9\times4+6$
$=45-36+6$
$=9+6$
$=15$

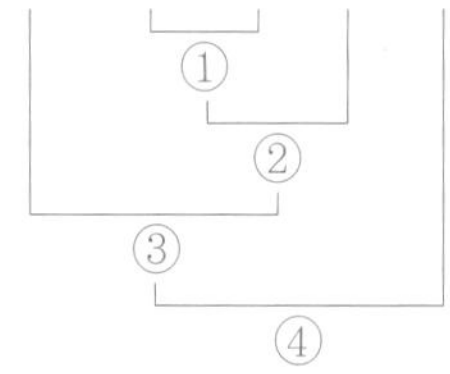


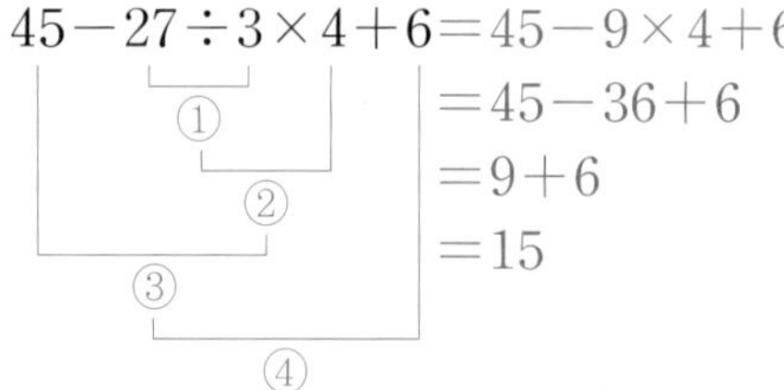

3 6
4
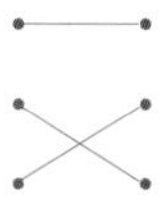

5
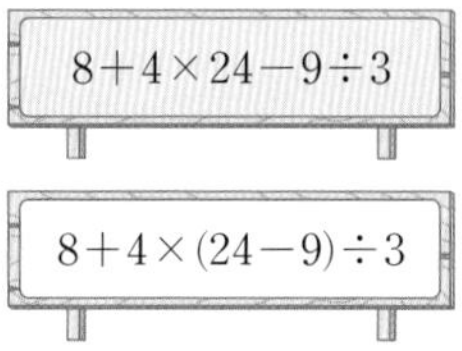


6 58

7 $9+4\times(15-9)\div3=9+4\times6\div3$
$=9+24\div3$
$=9+8$
$=17$

8 $10-27\div(3+6)\times2=4$
9 ÷, ×
10 63
11 $(77-32)\times5\div9=25$ / 25 ℃
12 $10000-(2500+450\times4+3400\div2)=4000$ / 4000원

1 덧셈, 뺄셈, 곱셈, 나눗셈이 섞여 있고 (   )가 있는 식은 (   ) 안을 먼저 계산합니다.

3 $30-(6+15)\times8\div7=30-21\times8\div7$
$=30-168\div7$
$=30-24$
$=6$

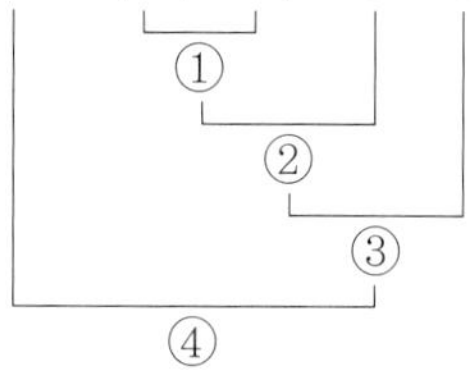


4 • $5\times7+12\div3-6=35+12\div3-6$
$=35+4-6=39-6=33$
• $51-9\times4\div6+15=51-36\div6+15$
$=51-6+15$
$=45+15=60$
• $32+33\div3\times4-21=32+11\times4-21$
$=32+44-21$
$=76-21=55$

5 • $8+4\times24-9\div3=8+96-9\div3$
$=8+96-3$
$=104-3=101$
• $8+4\times(24-9)\div3=8+4\times15\div3$
$=8+60\div3=8+20=28$
➡ $101>28$

6 • $26+3\times4-49\div7=26+12-49\div7$
$=26+12-7$
$=38-7=31$
• $38\div2\times4-68+19=19\times4-68+19$
$=76-68+19$
$=8+19=27$
➡ $31+27=58$

7 (   )가 있는 식은 (   ) 안을 가장 먼저 계산하고, 그 다음에 곱셈과 나눗셈을, 마지막으로 덧셈과 뺄셈을 계산합니다.

**8** (　　)가 없이 계산하면

$10-27\div3+6\times2=10-9+6\times2$

$=10-9+12=1+12=13$

이므로 식이 성립하지 않습니다.

(　　)로 묶었을 때 값이 더 작아져야 하므로 계산 순서가 달라지면서 값이 작아질 수 있는 부분을 (　　)로 묶어 계산합니다.

➡ $10-27\div(3+6)\times2=10-27\div9\times2$

$=10-3\times2$

$=10-6=4$

**9** $26+21\div7-9\times3=26+3-9\times3$

(① $21\div7$, ② $9\times3$, ③ $26+3$, ④ $29-27$)

$=26+3-27$

$=29-27$

$=2$

**10** $4\times3+\square\div7-15=6$, $12+\square\div7-15=6$, $12+\square\div7=21$, $\square\div7=9$, $\square=63$

**11** $(77-32)\times5\div9=45\times5\div9=225\div9=25$이므로 화씨온도 77 °F를 섭씨온도로 바꾸면 25 °C가 됩니다.

**12** (카레 4인분을 만들기 위해 필요한 재료의 값)

$=2500+450\times4+3400\div2$

➡ (채소를 사고 남는 돈)

$=10000-(2500+450\times4+3400\div2)$

$=10000-(2500+1800+1700)$

$=10000-6000=4000$(원)

**18쪽 응용 학습 ❶**

| | | | |
|---|---|---|---|
| 1단계 | 9 | 1·1 | 3개 |
| 2단계 | 1, 2, 3, 4, 5 | 1·2 | 2, 3 |
| 3단계 | 5개 | | |

**1단계** $72\div(2+4)-3=72\div6-3=12-3=9$

**2단계** $9>27\div9+\square$, $9>3+\square$에서

$\square=1$이면 $3+1=4$ (○)

$\square=2$이면 $3+2=5$ (○)

$\square=3$이면 $3+3=6$ (○)

$\square=4$이면 $3+4=7$ (○)

$\square=5$이면 $3+5=8$ (○)

$\square=6$이면 $3+6=9$ (×)입니다.

**3단계** 1, 2, 3, 4, 5로 모두 5개입니다.

**1·1** $42+24-4\times2=42+24-8=66-8=58$

$58>6\times9+\square$, $58>54+\square$에서

$\square=1$이면 $54+1=55$ (○)

$\square=2$이면 $54+2=56$ (○)

$\square=3$이면 $54+3=57$ (○)

$\square=4$이면 $54+4=58$ (×)입니다.

따라서 □ 안에 들어갈 수 있는 자연수는 1, 2, 3으로 모두 3개입니다.

**1·2** 가: $8-21\div3=8-7=1$입니다.

$1<\square$에서 $\square=2, 3, 4, \ldots$입니다.

나: $33+54\div9-12=33+6-12$

$=39-12=27$입니다.

$7+5\times\square<27$에서

$\square=1$이면 $7+5\times1=7+5=12$ (○)

$\square=2$이면 $7+5\times2=7+10=17$ (○)

$\square=3$이면 $7+5\times3=7+15=22$ (○)

$\square=4$이면 $7+5\times4=7+20=27$ (×)

입니다.

따라서 □ 안에 들어갈 수 있는 자연수는 1, 2, 3입니다.

➡ 가와 나 두 식에서 □ 안에 공통으로 들어갈 수 있는 자연수는 2, 3입니다.

**19쪽 응용 학습 ❷**

| | | | |
|---|---|---|---|
| 1단계 | 18 | 2·1 | 26 |
| 2단계 | 6 | 2·2 | 25 |
| 3단계 | 12 | | |

**1단계** $9♣6=9\times6\div(9-6)=9\times6\div3$

$=54\div3=18$

**2단계** $12♣4=12\times4\div(12-4)=12\times4\div8$

$=48\div8=6$

**3단계** 태우와 지혜가 계산한 값의 차는 $18-6=12$입니다.

**2·1** • $7◎3=7+2\times(7-3)=7+2\times4$

$=7+8=15$

• $5◎2=5+2\times(5-2)=5+2\times3$

$=5+6=11$

➡ $15+11=26$

**2·2** 3★(4★20)은 ★과 (  )가 있는 식으로 (  ) 안을 먼저 계산합니다.

$4★20=20+20÷4-4$
$=20+5-4=25-4=21$

➡ $3★(4★20)=3★21=21+21÷3-3$
$=21+7-3=28-3=25$

## 20쪽 응용 학습 ③

| | | | |
|---|---|---|---|
| 1단계 | 3 | **3·1** | 315 g |
| 2단계 | 800, 3 | **3·2** | 60 g |
| 3단계 | 50 g | | |

**1단계** ((책 8권이 들어 있는 상자의 무게)
−(책 5권이 들어 있는 상자의 무게))÷3×5
$=(1250-800)÷3×5$

**2단계** (책 5권이 들어 있는 상자의 무게)
−(책 5권의 무게)
$=800-(1250-800)÷3×5$

**3단계** $800-(1250-800)÷3×5$
$=800-450÷3×5$
$=800-150×5=800-750=50$

**3·1** (빈 상자의 무게)
=(컵 4개가 들어 있는 상자의 무게)
−(컵 4개의 무게)
$=415-(540-415)÷5×4$
$=415-125÷5×4$
$=415-25×4$
$=415-100=315$ (g)

**3·2** (빈 바구니의 무게)
=(사과 10개가 들어 있는 바구니의 무게)
−(사과 10개의 무게)
$=2000-(2000-1660)÷2×10$
$=2000-340÷2×10$
$=2000-170×10$
$=2000-1700=300$ (g)

(귤 1개의 무게)
=((귤 5개가 들어 있는 바구니의 무게)
−(빈 바구니의 무게))÷5
$=(600-300)÷5=300÷5=60$ (g)

## 21쪽 응용 학습 ④

| | | | |
|---|---|---|---|
| 1단계 | 작게, 크게 | **4·1** | 14, 4 |
| 2단계 | 3, 5, 20 | **4·2** | 24 |
| 3단계 | 3, 1, 4 | | |

**1단계** 45÷(□×□)+□에서 나누는 수인 □×□를 가장 작게 하면 계산 결과는 가장 커지고, 나누는 수인 □×□를 가장 크게 하면 계산 결과는 가장 작아집니다.

**2단계** 나누는 수가 1×3일 때 계산 결과가 가장 큽니다.
➡ $45÷(1×3)+5=45÷3+5=15+5=20$

**3단계** 나누는 수가 5×3일 때 계산 결과가 가장 작습니다.
➡ $45÷(5×3)+1=45÷15+1=3+1=4$

**4·1** 나누는 수인 □×□가 작을수록 계산 결과가 큽니다.
- 나누는 수가 2×3일 때 계산 결과가 가장 큽니다.
➡ $42÷(2×3)+7=42÷6+7=7+7=14$
- 나누는 수가 7×3일 때 계산 결과가 가장 작습니다.
➡ $42÷(7×3)+2=42÷21+2=2+2=4$

**4·2** 곱해지는 수 □−□가 클수록 계산 결과도 큽니다.
$5-4=1$, $8-5=3$, $8-4=4$
- 곱해지는 수가 8−4일 때 계산 결과가 가장 큽니다.
➡ $(8-4)×9+5=4×9+5=36+5=41$
- 곱해지는 수가 5−4일 때 계산 결과가 가장 작습니다.
➡ $(5-4)×9+8=1×9+8=9+8=17$

따라서 계산 결과가 가장 클 때와 가장 작을 때의 차는 $41-17=24$입니다.

## 22쪽 교과서 통합 핵심 개념

1 13, 21 / 30, 150 / 25, 5 / 10, 6
2 곱셈 / 나눗셈 / 31 / 12
3 나눗셈, 덧셈 / 21 / 5

## 23쪽~25쪽 단원 평가

1 수민
2 (위에서부터) 29, 43, 29
3 ㉢, ㉡, ㉣, ㉠
4 23
5 $4×5-28÷2=6$
6 (선 잇기)

7 ❶ 예 덧셈, 뺄셈, 나눗셈이 섞여 있는 식은 나눗셈을 먼저 계산해야 하는데 앞에서부터 차례로 계산하여 잘못되었습니다.
/ ❷ $13-7+45\div3=13-7+15$
$=6+15$
$=21$

8 $9+21-16=14$ / 14명

9 (○)( )

10 ❶ 태우: $30-63\div3+11=30-21+11=9+11=20$
수지: $41-(5+8)\times2=41-13\times2=41-26=15$
❷ 따라서 두 식의 계산 결과의 차는 $20-15=5$입니다.
답 5

11 ㉡　12 15

13 ④

14 $30-4\times3+5=23$ / 23개

15 ❶ 사려는 물건의 가격을 하나의 식으로 나타내면 $4000+700\times2+3000$입니다.
❷ 따라서 거스름돈은 $10000-(4000+700\times2+3000)$
$=10000-(4000+1400+3000)$
$=10000-8400=1600$(원)입니다.
답 1600원

16 34

17 $12+48\div(12-4)\times3=30$

18 $+$, $\div$　19 11, 12

20 $161-70\times2=21$ / 21 km

1 준서는 곱셈보다 뺄셈을 먼저 계산해서 틀렸습니다.

3 ( ) 안 → 곱셈, 나눗셈 → 덧셈, 뺄셈 순으로 계산하므로 ㉢, ㉡, ㉣, ㉠의 순서로 계산합니다.

4 $64\div8+(22-17)\times3=64\div8+5\times3$
$=8+5\times3=8+15=23$

5 $4\times5=20$
$20-28\div2=6$ ➡ $4\times5-28\div2=6$

6 • $37-7\times3+5=37-21+5=16+5=21$
• $84\div(4\times7)+19=84\div28+19=3+19=22$
• $6+2\times(12-3)=6+2\times9=6+18=24$

7

| 채점 기준 | | | |
|---|---|---|---|
| | ❶ 잘못된 이유를 쓴 경우 | 3점 | 5점 |
| | ❷ 바르게 계산한 경우 | 2점 | |

[평가 기준] 이유에서 '나눗셈을 먼저 계산한다.'라는 표현이 있으면 정답으로 인정합니다.

8 (윤수네 반 남학생 수)
=(투호를 하는 학생 수)+(비사치기를 하는 학생 수)−(여학생 수)
$=9+21-16=30-16=14$(명)

9 • $24+8\div4-7=24+2-7=26-7=19$
• $(24+8)\div4-7=32\div4-7=8-7=1$
➡ $19>1$

10

| 채점 기준 | | | |
|---|---|---|---|
| | ❶ 태우와 수지가 쓴 식을 각각 계산한 경우 | 4점 | 5점 |
| | ❷ 두 식의 계산 결과의 차를 구한 경우 | 1점 | |

11 ㉠ $8\times7$을 먼저 계산합니다.
㉢ $36\div12$를 먼저 계산합니다.

12 $5\times(12-7)=5\times5=25$이므로
$16+3\times(\square\div5)=25$입니다.
$16+3\times(\square\div5)=25$, $3\times(\square\div5)=9$,
$\square\div5=3$, $\square=3\times5$, $\square=15$

13 ① $(6+9)\div3-1=4$, $6+9\div3-1=8$
② $18\div(2\times3)+3=6$, $18\div2\times3+3=30$
③ $5\times(16+3)-7=88$, $5\times16+3-7=76$
④ $(24\div8)+11\times2=25$, $24\div8+11\times2=25$
⑤ $(34-15)\times2-3=35$, $34-15\times2-3=1$

14 $30-4\times3+5=30-12+5=18+5=23$

15

| 채점 기준 | | | |
|---|---|---|---|
| | ❶ 사려는 물건의 가격을 하나의 식으로 나타낸 경우 | 2점 | 5점 |
| | ❷ 거스름돈은 얼마인지 구한 경우 | 3점 | |

[평가 기준] ( )를 사용하지 않고 $10000-4000-700\times2-3000$으로 나타내어 계산해도 정답으로 인정합니다.

16 어떤 수를 □라 하면 잘못 계산한 식은
$\square\times4-28=68$이므로 $\square\times4=96$, $\square=24$입니다.
바르게 계산하면 $24\div4+28=6+28=34$입니다.

17 ( )가 없이 계산하면
$12+48\div12-4\times3=12+4-4\times3$
$=12+4-12=4$
이므로 식이 성립하지 않습니다.
( )로 묶었을 때 계산 순서가 달라지면서 값이 커질 수 있는 부분을 ( )로 묶어 계산합니다.
➡ $12+48\div(12-4)\times3=12+48\div8\times3$
$=12+6\times3=12+18=30$

18 $4\times3-6 \oplus 8 \odot 2=12-6+8\div2$
$=12-6+4=6+4=10$

19 • $23-80\div5+3=23-16+3=7+3=10$
• $5\times(11-3)-27=5\times8-27=40-27=13$
➡ $10<\square<13$이므로 □ 안에 들어갈 수 있는 자연수는 11, 12입니다.

# 2 약수와 배수

## 28쪽 개념 학습 1

1 (1) 1, 6 / 1, 2, 3, 6 (2) 3 / 1, 3, 9
(3) 2, 6 / 1, 2, 3, 4, 6, 12 (4) 25 / 1, 5, 25
2 (1) 2, 8 / 3, 12 / 4, 16 / 5, 20 / 8, 12, 16, 20
(2) 2, 14 / 3, 21 / 4, 28 / 5, 35 / 14, 21, 28, 35

1 (1) 6을 나누어떨어지게 하는 수는 1, 2, 3, 6이므로 6의 약수는 1, 2, 3, 6입니다.
(2) 9를 나누어떨어지게 하는 수는 1, 3, 9이므로 9의 약수는 1, 3, 9입니다.
(3) 12를 나누어떨어지게 하는 수는 1, 2, 3, 4, 6, 12이므로 12의 약수는 1, 2, 3, 4, 6, 12입니다.
(4) 25를 나누어떨어지게 하는 수는 1, 5, 25이므로 25의 약수는 1, 5, 25입니다.

## 29쪽 개념 학습 2

1 (1) 배수, 약수 (2) 약수, 배수 (3) 약수, 배수
(4) 배수, 약수
2 (1) 2, 14 / 2, 14
(2) 1, 2, 4, 8, 16, 32 / 2, 4, 8, 16, 32
(3) 1, 3, 5, 9, 15, 45 / 3, 5, 9, 15, 45

1 (1) ●=▲×■일 때 ●는 ▲, ■의 배수이고 ▲, ■는 ●의 약수입니다. $8=2\times4$이므로 8은 2의 배수이고 4는 8의 약수입니다.

2 (1) 곱셈식에서 계산 결과는 곱하는 두 수의 배수이고, 곱하는 두 수는 계산 결과의 약수입니다.

## 30쪽 개념 학습 3

1 (1) 1, 2, 4 / 4 (2) 1, 2, 4 / 4 (3) 1, 2, 4, 8 / 8
2 (1) 1, 2, 4 / 4 / 1, 2, 4 / 약수
(2) 1, 3, 9 / 9 / 1, 3, 9 / 공약수

1 (1) 4와 12의 공약수는 1, 2, 4이고 이 중 가장 큰 수는 4입니다.
(2) 20과 24의 공약수는 1, 2, 4이고 이 중 가장 큰 수는 4입니다.
(3) 16과 56의 공약수는 1, 2, 4, 8이고 이 중 가장 큰 수는 8입니다.

2 (1) • 8의 약수: 1, 2, 4, 8
• 28의 약수: 1, 2, 4, 7, 14, 28
➡ 8과 28의 공약수는 최대공약수의 약수와 같습니다.
(2) • 27의 약수: 1, 3, 9, 27
• 45의 약수: 1, 3, 5, 9, 15, 45
➡ 27과 45의 공약수는 최대공약수의 약수와 같습니다.

## 31쪽 개념 학습 4

1 (1) 2, 2, 4 (2) 2, 5, 10 (3) 2, 3, 6
2 (1) 2, 3, 6 (2) 2, 5, 10 (3) 3, 7, 21

1 (1) 8과 12에 공통으로 들어 있는 곱셈식은 $2\times2$이므로 8과 12의 최대공약수는 $2\times2=4$입니다.
(2) 30과 50에 공통으로 들어 있는 곱셈식은 $2\times5$이므로 30과 50의 최대공약수는 $2\times5=10$입니다.
(3) 24와 54에 공통으로 들어 있는 곱셈식은 $2\times3$이므로 24와 54의 최대공약수는 $2\times3=6$입니다.

2 (1) 12와 18을 나눈 공약수들의 곱은 $2\times3$이므로 12와 18의 최대공약수는 $2\times3=6$입니다.
(2) 20과 30을 나눈 공약수들의 곱은 $2\times5$이므로 20과 30의 최대공약수는 $2\times5=10$입니다.

## 32쪽 개념 학습 5

1 (1) 10, 20, 30 / 10 (2) 20, 40, 60 / 20
2 (1) 24, 48 / 24 / 24, 48 / 배수
(2) 45, 90 / 45 / 45, 90 / 공배수

1 (1) 2와 5의 공배수는 10, 20, 30, ...이고 이 중 가장 작은 수는 10입니다.
(2) 4와 10의 공배수는 20, 40, 60, ...이고 이 중 가장 작은 수는 20입니다.

2 (1) • 6의 배수: 6, 12, 18, 24, 30, 36, 42, 48, ...
• 8의 배수: 8, 16, 24, 32, 40, 48, ...
➡ 6과 8의 공배수는 최소공배수의 배수와 같습니다.
(2) • 9의 배수: 9, 18, 27, 36, 45, 54, 63, 72, 81, 90, ...
• 15의 배수: 15, 30, 45, 60, 75, 90, ...
➡ 9와 15의 공배수는 최소공배수의 배수와 같습니다.

## 33쪽 개념 학습 6

1 (1) 2, 3, 12 (2) 3, 7, 63 (3) 2, 3, 24
2 (1) 2, 3, 42 (2) 2, 2, 3, 4, 48
(3) 3, 5, 2, 3, 90

1 (1) 4와 6에 공통으로 들어 있는 수 2와 남은 수 2, 3을 모두 곱하면 최소공배수는 $2\times2\times3=12$입니다.
(2) 9와 21에 공통으로 들어 있는 수 3과 남은 수 3, 7을 모두 곱하면 최소공배수는 $3\times3\times7=63$입니다.
(3) 8과 12에 공통으로 들어 있는 곱셈식 $2\times2$와 남은 수 2, 3을 모두 곱하면 최소공배수는 $2\times2\times2\times3=24$입니다.

2 (1) 14와 21을 나눈 공약수 7과 남은 수 2, 3을 곱하면 14와 21의 최소공배수는 $7\times2\times3=42$입니다.
(2) 12와 16을 나눈 공약수 2, 2와 남은 수 3, 4를 곱하면 12와 16의 최소공배수는 $2\times2\times3\times4=48$입니다.
(3) 30과 45를 나눈 공약수 3, 5와 남은 수 2, 3을 곱하면 30과 45의 최소공배수는 $3\times5\times2\times3=90$입니다.

## 34쪽~35쪽 문제 학습 1

1 ③
2

| 11 | 12 | 13 | 14(△) | 15(○) |
|---|---|---|---|---|
| 16 | 17 | 18 | 19 | 20(○) |
| 21(△) | 22 | 23 | 24 | 25(○) |
| 26 | 27 | 28(△) | 29 | 30(○) |
| 31 | 32 | 33 | 34 | 35(○△) |
| 36 | 37 | 38 | 39 | 40(○) |
| 41 | 42(△) | 43 | 44 | 45(○) |

3 12, 30, 42
4 1, 3, 5, 15
5 28 / 1
6 112
7 21, 24, 27
8 32, 14, 25
9 3개
10 52
11 10
12 7가지
13 8번

1 주어진 수로 24를 나누었을 때 나누어떨어지지 않는 것을 찾습니다. ➡ $24\div5=4\cdots4$

2 • 5의 배수는 $5\times3=15$, $5\times4=20$, $5\times5=25$, $5\times6=30$, $5\times7=35$, $5\times8=40$, $5\times9=45$이므로 15, 20, 25, 30, 35, 40, 45에 ○표 합니다.
• 7의 배수는 $7\times2=14$, $7\times3=21$, $7\times4=28$, $7\times5=35$, $7\times6=42$이므로 14, 21, 28, 35, 42에 △표 합니다.

3 6을 몇 배 한 수를 찾습니다.
$6\times2=12$, $6\times5=30$, $6\times7=42$

4 15를 나누어떨어지게 하는 수를 찾습니다.
$15\div1=15$, $15\div3=5$, $15\div5=3$, $15\div15=1$

5 28의 약수: 1, 2, 4, 7, 14, 28
참고 어떤 수 ●의 약수에는 1과 ●가 항상 포함되므로 ●의 약수 중에서 가장 큰 수는 ●이고, 가장 작은 수는 1입니다.

6 8, 16, 24, 32, 40, ...은 8의 배수입니다.
따라서 14번째 수는 8을 14배 한 수이므로 $8\times14=112$입니다.

7 $3\times6=18$, $3\times7=21$, $3\times8=24$, $3\times9=27$, $3\times10=30$, ...
이 중에서 20보다 크고 30보다 작은 3의 배수는 21, 24, 27입니다.

8 • 14의 약수: 1, 2, 7, 14 ➡ 4개
• 25의 약수: 1, 5, 25 ➡ 3개
• 32의 약수: 1, 2, 4, 8, 16, 32 ➡ 6개

9 $18\times1=18$, $18\times2=36$, $18\times3=54$, $18\times4=72$, $18\times5=90$, $18\times6=108$, ...

10 50에 가까운 13의 배수 중 50과의 차가 가장 작은 것을 찾습니다.
$13\times3=39$ ➡ $50-39=11$
$13\times4=52$ ➡ $52-50=2$
따라서 13의 배수 중에서 50에 가장 가까운 수는 52입니다.

11 30의 약수는 1, 2, 3, 5, 6, 10, 15, 30입니다.
(6의 약수의 합)$=1+2+3+6=12$
(10의 약수의 합)$=1+2+5+10=18$
(15의 약수의 합)$=1+3+5+15=24$
따라서 30의 약수 중 약수를 모두 더하면 18이 되는 수는 10입니다.
참고 2, 3, 5는 약수가 1과 자기 자신 뿐이므로 약수의 합이 18보다 작습니다.
30은 30을 약수에 포함하므로 약수의 합이 18보다 큽니다.

**12** 42의 약수는 1, 2, 3, 6, 7, 14, 21, 42이므로 젤리를 1개씩 42명에게, 2개씩 21명에게, 3개씩 14명에게, 6개씩 7명에게, 7개씩 6명에게, 14개씩 3명에게, 21개씩 2명에게 나누어 줄 수 있습니다.
한 명에게 모두 주지는 않으므로 나누어 줄 수 있는 방법은 모두 7가지입니다.

**13** 순환 버스가 8분 간격으로 출발하므로 8의 배수가 출발 시각이 됩니다.
따라서 출발 시각은 오전 10시, 10시 8분, 10시 16분, 10시 24분, 10시 32분, 10시 40분, 10시 48분, 10시 56분이므로 오전 11시까지 순환 버스는 모두 8번 출발합니다.

## 36쪽~37쪽 문제 학습 ❷

**1** (1) 45, 3, 9 (2) 1, 3, 5, 9, 15, 45
(3) 1, 3, 5, 9, 15, 45
**2** (1) 2, 3, 6, 9 (2) 2, 3, 6, 9
**3** $9\times8=72$ (또는 $8\times9=72$)
**4** (1) ( ○ ) (2) ( × ) **5** ③, ⑤
**6** ㉠, ㉢ **7** 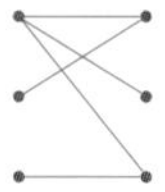
**8** 8, 24 / 3, 24 / 5, 40
**9** 4, 8, 48 **10** (1) 예 36 (2) 예 5
**11** 12 **12** 8개

**1** $45=1\times45$, $45=3\times15$, $45=5\times9$이므로
45는 1, 3, 5, 9, 15, 45의 배수이고,
1, 3, 5, 9, 15, 45는 45의 약수입니다.

**2** 주의 어떤 수를 여러 수의 곱으로 나타냈을 때 1과 자기 자신이 나타나지 않아도 약수에서 빠트리지 않도록 주의합니다.

**4** 큰 수를 작은 수로 나누었을 때 나누어떨어지면 두 수는 약수와 배수의 관계입니다.
(1) $21\div3=7$ ➡ 약수와 배수의 관계입니다.
(2) $28\div8=3\cdots4$ ➡ 약수와 배수의 관계가 아닙니다.

**5** ① 56은 8의 배수입니다.
② 8은 56의 약수입니다.
④ 8과 7은 56의 약수입니다.

**6** 큰 수를 작은 수로 나누었을 때 나누어떨어지면 두 수는 약수와 배수의 관계입니다.
㉠ $42\div3=14$ ㉡ $56\div6=9\cdots2$
㉢ $56\div4=14$ ㉣ $60\div8=7\cdots4$

**7** • $4\times5=20$, $4\times6=24$, $4\times9=36$
• $5\times4=20$
• $9\times4=36$
➡ (4, 20), (4, 24), (4, 36), (5, 20), (9, 36)은 약수와 배수의 관계입니다.

**8** 큰 수를 작은 수로 나누었을 때 나누어떨어지는 두 수를 모두 찾습니다.
$24\div8=3$, $24\div3=8$, $40\div5=8$

**9** $16\div4=4$, $16\div6=2\cdots4$, $16\div8=2$,
$36\div16=2\cdots4$, $48\div16=3$

**10** (1) 예 $9\times4=36$이므로 9와 36은 약수와 배수의 관계입니다.
(2) 예 $5\times7=35$이므로 5와 35는 약수와 배수의 관계입니다.

**11** 11, 12, 13, 14, 15, 16, 17, 18, 19 중에서 6의 배수는 12, 18입니다.
$48\div12=4$, $48\div18=2\cdots12$이므로 12, 18 중에서 48의 약수는 12입니다.

**12** 30은 ㉠의 배수이므로 ㉠은 30의 약수입니다.
30의 약수는 1, 2, 3, 5, 6, 10, 15, 30입니다.
따라서 ㉠에 들어갈 수 있는 자연수는 모두 8개입니다.

## 38쪽~39쪽 문제 학습 ❸

**1** (1)

| 1(○) | 2(○) | 3(○) | 4(○) | 5 | 6(○) | 7 | 8 | 9 | 10 |
|---|---|---|---|---|---|---|---|---|---|
| 11 | 12(○) | 13 | 14 | 15 | 16 | 17 | 18 | 19 | 20 |

(2)

| 1(○△) | 2(○△) | 3(○△) | 4(○) | 5 | 6(○△) | 7 | 8 | 9(△) | 10 |
|---|---|---|---|---|---|---|---|---|---|
| 11 | 12(○) | 13 | 14 | 15 | 16 | 17 | 18(△) | 19 | 20 |

(3) 1, 2, 3, 6 (4) 6
**2** (1) 1, 2, 5, 10 / 10 (2) 1, 3 / 3
**3** 1, 2, 3, 6 / 6 / 1, 2, 3, 6 / 약수
**4** ④ **5** 2, 3, 6
**6** 1, 3, 9 **7** 1, 2, 4
**8** 지혜 **9** 28
**10** 1, 2, 7, 14 **11** 12
**12** 5개

**1** (3) ○표와 △표를 모두 한 수는 1, 2, 3, 6입니다.
(4) 12와 18의 공약수는 1, 2, 3, 6이므로 최대공약수는 6입니다.

**2** (1) • 20의 약수: 1, 2, 4, 5, 10, 20
• 30의 약수: 1, 2, 3, 5, 6, 10, 15, 30
➡ 20과 30의 공약수는 1, 2, 5, 10이고 최대공약수는 10입니다.
(2) • 15의 약수: 1, 3, 5, 15
• 36의 약수: 1, 2, 3, 4, 6, 9, 12, 18, 36
➡ 15와 36의 공약수는 1, 3이고 최대공약수는 3입니다.

**3** • 18의 약수: 1, 2, 3, 6, 9, 18
• 24의 약수: 1, 2, 3, 4, 6, 8, 12, 24
➡ 6의 약수는 1, 2, 3, 6이므로 18과 24의 공약수는 최대공약수의 약수와 같습니다.

**4** • 32의 약수: 1, 2, 4, 8, 16, 32
• 40의 약수: 1, 2, 4, 5, 8, 10, 20, 40

**5** • 12의 약수: 1, 2, 3, 4, 6, 12
• 54의 약수: 1, 2, 3, 6, 9, 18, 27, 54

**6** 27, 45의 공약수는 최대공약수의 약수와 같습니다. 따라서 두 수의 공약수는 최대공약수 9의 약수인 1, 3, 9입니다.

**7** • 12의 약수: 1, 2, 3, 4, 6, 12
• 28의 약수: 1, 2, 4, 7, 14, 28
➡ 12의 약수이면서 28의 약수인 수는 12와 28의 공약수이므로 1, 2, 4입니다.

**8** • 15의 약수: 1, 3, 5, 15
• 24의 약수: 1, 2, 3, 4, 6, 8, 12, 24
➡ 15와 24의 공약수는 1, 3이고 공약수 중에서 가장 큰 수는 3입니다.
따라서 잘못 설명한 사람은 지혜입니다.

**9** • 36의 약수: 1, 2, 3, 4, 6, 9, 12, 18, 36
• 48의 약수: 1, 2, 3, 4, 6, 8, 12, 16, 24, 48
➡ 36과 48의 공약수는 1, 2, 3, 4, 6, 12이므로 합은 $1+2+3+4+6+12=28$입니다.

**10** 어떤 두 수의 공약수는 최대공약수 14의 약수인 1, 2, 7, 14입니다.

**11** 어떤 수는 24, 60의 공약수입니다.
• 24의 약수: 1, 2, 3, 4, 6, 8, 12, 24
• 60의 약수: 1, 2, 3, 4, 5, 6, 10, 12, 15, 20, 30, 60
➡ 어떤 수 중에서 가장 큰 수는 12입니다.

**12** 32와 어떤 수의 최대공약수의 약수가 32와 어떤 수의 공약수입니다.
16의 약수는 1, 2, 4, 8, 16이므로 모두 5개입니다.

## 40쪽~41쪽 문제 학습 ④

**1** 4　　**2** 5 / 5

**3** 예
```
2 ) 30  54   / 6
3 ) 15  27
     5   9
```

**4** 예 $49=7\times7$, $56=2\times2\times2\times7$
49와 56에 공통으로 들어 있는 가장 큰 수가 7이므로 49와 56의 최대공약수는 7입니다.
/ 예
```
7 ) 49  56
     7   8
```
1 이외의 공약수가 없을 때까지 나누면 49와 56의 최대공약수는 7입니다.

**5** (1) 3　(2) 9　　**6** ( × ) (　)
**7** ㉡　　**8** 42 / 70
**9** 5　　**10** 6명
**11** 7 cm　　**12** 9송이 / 5송이

**1** 12와 28에 공통으로 들어 있는 곱셈식은 $2\times2$이므로 12와 28의 최대공약수는 $2\times2=4$입니다.

**3**
```
2 ) 30  54
3 ) 15  27
     5   9
```
➡ 최대공약수: $2\times3=6$

**5** (1)
```
3 ) 15  18
     5   6
```
➡ 최대공약수: 3

(2)
```
3 ) 27  45
3 )  9  15
     3   5
```
➡ 최대공약수: $3\times3=9$

**6** 두 수를 공약수로 나눌 때는 1 이외의 공약수가 없을 때까지 나눕니다.

**7** ㉠
```
2 ) 24  30
3 ) 12  15
     4   5
```
➡ 최대공약수: $2\times3=6$

㉡
```
2 ) 42  28
7 ) 21  14
     3   2
```
➡ 최대공약수: $2\times7=14$

㉢
```
2 ) 32  40
2 ) 16  20
2 )  8  10
     4   5
```
➡ 최대공약수: $2\times2\times2=8$

**8** 최대공약수가 14이므로 □×7=14, □=2입니다.
- ㉠÷2=21이므로 ㉠=21×2=42입니다.
- ㉡÷2=35이므로 ㉡=35×2=70입니다.

**9** 최대공약수가 10이므로 ㉠과 ㉡을 각각 여러 수의 곱으로 나타냈을 때 2×5가 공통으로 있어야 합니다. 따라서 ㉡의 곱셈식에 2×5가 있어야 하므로 □ 안에 들어갈 수 있는 가장 작은 수는 5입니다.

**10**
```
2 ) 42  24
3 ) 21  12
      7   4 ➡ 최대공약수: 2×3=6
```
따라서 최대 6명에게 연필은 7자루씩, 공책은 4권씩 나누어 줄 수 있습니다.

**11** 남는 부분 없이 가장 큰 정사각형 모양으로 잘라야 하므로 35와 14의 최대공약수를 구해야 합니다.
```
7 ) 35  14
      5   2 ➡ 최대공약수: 7
```
따라서 남는 부분 없이 자를 수 있는 가장 큰 정사각형의 한 변은 7 cm입니다.

**12**
```
2 ) 36  20
2 ) 18  10
      9   5 ➡ 최대공약수: 2×2=4
```
따라서 최대 4개의 꽃병에 나누어 꽂을 수 있습니다.
- (꽃병 한 개에 꽂을 수 있는 장미 수)
=36÷4=9(송이)
- (꽃병 한 개에 꽂을 수 있는 튤립 수)
=20÷4=5(송이)

## 42쪽~43쪽 문제 학습 ⑤

**1** (1)

| 1 | 2 | 3 | 4 | 5 | 6 | 7 | 8 | 9 | 10 |
|---|---|---|---|---|---|---|---|---|---|
| 11 | 12 | 13 | 14 | 15 | 16 | 17 | 18 | 19 | 20 |
| 21 | 22 | 23 | 24 | 25 | 26 | 27 | 28 | 29 | 30 |

(2)

| 1 | 2 | 3 | 4 | 5 | 6 | 7 | 8 | 9 | 10 |
|---|---|---|---|---|---|---|---|---|---|
| 11 | 12 | 13 | 14 | 15 | 16 | 17 | 18 | 19 | 20 |
| 21 | 22 | 23 | 24 | 25 | 26 | 27 | 28 | 29 | 30 |

(3) 10, 20, 30 (4) 10

**2** (1) 18, 36, 54 / 18 (2) 30, 60, 90 / 30
**3** 28, 56, 84 / 28 / 28, 56, 84 / 배수
**4** 36, 72 **5** 15
**6** 84, 168, 252 **7** 24, 48
**8** 12, 24, 36 **9** 60, 98
**10** 54 **11** 105
**12** 56, 84

**1** (4) 수 배열표에서 2와 5의 공배수는 10, 20, 30이므로 최소공배수는 10입니다.

**2** (1) • 6의 배수: 6, 12, 18, 24, 30, 36, 42, 48, 54, ...
• 9의 배수: 9, 18, 27, 36, 45, 54, 63, 72, 81, ...
(2) • 10의 배수: 10, 20, 30, 40, 50, 60, 70, 80, 90, ...
• 15의 배수: 15, 30, 45, 60, 75, 90, ...

**3** • 4의 배수: 4, 8, 12, 16, 20, 24, 28, 32, 36, 40, 44, 48, 52, 56, 60, 64, 68, 72, 76, 80, 84, ...
• 14의 배수: 14, 28, 42, 56, 70, 84, ...
➡ 28의 배수는 28, 56, 84, ...이므로 4와 14의 공배수는 최소공배수의 배수와 같습니다.

**4** • 9의 배수: 9, 18, 27, 36, 45, 54, 63, 72, ...
• 12의 배수: 12, 24, 36, 48, 60, 72, ...

**5** 두 수의 공배수 중에서 가장 작은 수는 최소공배수입니다.
• 3의 배수: 3, 6, 9, 12, 15, 18, 21, 24, 27, 30, 33, 36, 39, 42, 45, ...
• 5의 배수: 5, 10, 15, 20, 25, 30, 35, 40, 45, ...

**6** 두 수의 공배수는 최소공배수의 배수와 같습니다.

**7** • 6의 배수: 6, 12, 18, 24, 30, 36, 42, 48, 54, 60, 66, 72, ...
• 8의 배수: 8, 16, 24, 32, 40, 48, 56, 64, 72, ...
➡ 6과 8의 공배수 중에서 50보다 작은 수는 24, 48입니다.

**8** 두 수의 최소공배수가 12이므로 공배수는 12의 배수인 12, 24, 36, ...입니다.

**9** 두 수의 공배수는 최소공배수인 24의 배수이므로 24, 48, 72, 96, ...입니다.

**10** • 18의 배수: 18, 36, 54, 72, 90, 108, ...
• 27의 배수: 27, 54, 81, 108, ...
➡ 18과 27의 공배수 54, 108, ... 중에서 50보다 크고 80보다 작은 수는 54입니다.

**11** 어떤 두 수의 최소공배수가 35이므로 공배수는 최소공배수의 배수인 35, 70, 105, ...입니다.
따라서 두 수의 공배수 중에서 가장 작은 세 자리 수는 105입니다.

**12** 4와 7의 공배수는 28, 56, 84, 112, ...이고, 이 중에서 50보다 크고 100보다 작은 수는 56, 84입니다.

## 44쪽~45쪽 문제 학습 6

| | | | |
|---|---|---|---|
| 1 | 140 | | |
| 2 | 2, 3, 5 / 3, 3, 5 / 2, 3, 3, 5, 90 | | |
| 3 | $5 \overline{)10 \quad 25}$ / 50 ; 2 5 | 4 | 60, 120, 180 |
| 5 | (1) 90 (2) 80 | 6 | 150 |
| 7 | 30 / 40 | 8 | 90 |
| 9 | 126 | 10 | 24일 뒤 |
| 11 | 4월 15일 | 12 | 6번 |

1 20과 28에 공통으로 들어 있는 곱셈식 $2\times2$와 나머지 수 5, 7의 곱이 20과 28의 최소공배수입니다.
➡ 최소공배수: $2\times2\times5\times7=140$

2 $30=2\times3\times5$, $45=3\times3\times5$에 공통으로 들어 있는 곱셈식 $3\times5$와 나머지 수 2, 3을 곱하면 됩니다.

3 5 ) 10 25
　　2 5 ➡ 최소공배수: $5\times2\times5=50$

4 가와 나의 최소공배수: $2\times2\times3\times5=60$
➡ 가와 나의 공배수는 최소공배수의 배수이므로 60, 120, 180, ...입니다.

참고 두 수의 공배수는 최소공배수의 배수와 같습니다.

5 (1) 2 ) 10 18
　　5 9 ➡ 최소공배수: $2\times5\times9=90$

(2) 2 ) 16 40
2 ) 8 20
2 ) 4 10 ➡ 최소공배수: $2\times2\times2\times2\times5$
　　2 5 $=80$

6 25의 배수도 되고 30의 배수도 되는 수 중에서 가장 작은 수는 25와 30의 최소공배수입니다.
5 ) 25 30
　　5 6 ➡ 최소공배수: $5\times5\times6=150$

7 최소공배수가 120이므로 $\square\times5\times3\times4=120$, $\square=2$입니다.
• ㉠$\div2=15$이므로 ㉠$=15\times2=30$입니다.
• ㉡$\div2=20$이므로 ㉡$=20\times2=40$입니다.

8 5 ) 10 15
　　2 3 ➡ 최소공배수: $5\times2\times3=30$
10과 15의 공배수는 최소공배수의 배수이므로 30, 60, 90, 120, ...입니다.
따라서 10과 15의 공배수 중에서 70보다 크고 100보다 작은 수는 90입니다.

9 14로 나누어도 나누어떨어지고, 21로 나누어도 나누어떨어지는 수는 14와 21의 공배수입니다.
7 ) 14 21
　　2 3 ➡ 최소공배수: $7\times2\times3=42$
따라서 14와 21의 공배수는 42의 배수인 42, 84, 126, ...이고, 이 중 가장 작은 세 자리 수는 126입니다.

10 2 ) 6 8
　　3 4 ➡ 최소공배수: $2\times3\times4=24$
6과 8의 최소공배수인 24일마다 두 화분에 동시에 물을 주므로 다음번에 두 화분에 동시에 물을 주는 날은 24일 뒤입니다.

11 2 ) 4 6
　　2 3 ➡ 최소공배수: $2\times2\times3=12$
혜수와 민지는 4와 6의 최소공배수인 12일마다 만나므로 다음번에 두 사람이 수영장에서 만나는 날은 12일 뒤인 4월 15일입니다.

12 2와 3의 최소공배수는 6이므로 6일에 한 번씩 일기를 동시에 쓰게 됩니다.
따라서 두 사람이 일기를 동시에 쓰는 날은 12월 1일, 7일, 13일, 19일, 25일, 31일로 모두 6번입니다.

## 46쪽 응용 학습 1

1단계 1, 2, 3, 4, 6, 8, 12, 24
2단계 1, 2, 3, 6, 7, 14, 21, 42
3단계 12
1·1 18　　1·2 16

1단계 24를 나누어떨어지게 하는 수를 모두 찾습니다.
2단계 42를 나누어떨어지게 하는 수를 모두 찾습니다.
3단계 24의 약수 중에서 42의 약수가 아닌 수는 4, 8, 12, 24이고, 이 중에서 약수를 모두 더하면 28인 수를 찾습니다.
➡ (4의 약수의 합)$=1+2+4=7$
(8의 약수의 합)$=1+2+4+8=15$
(12의 약수의 합)
$=1+2+3+4+6+12=28$
(24의 약수의 합)
$=1+2+3+4+6+8+12+24=60$

**1·1** • 36의 약수: 1, 2, 3, 4, 6, 9, 12, 18, 36
• 12의 약수: 1, 2, 3, 4, 6, 12
36의 약수 중에서 12의 약수가 아닌 수는 9, 18, 36이고, 이 중에서 약수를 모두 더하면 39인 수를 찾습니다.
➡ (9의 약수의 합)$=1+3+9=13$
(18의 약수의 합)
$=1+2+3+6+9+18=39$
(36의 약수의 합)
$=1+2+3+4+6+9+12+18+36=91$

**1·2** • 4의 배수: 4, 8, 12, 16, 20, 24, 28, 32, ...
• 32의 약수: 1, 2, 4, 8, 16, 32
4의 배수 중에서 32의 약수인 수는 4, 8, 16, 32입니다.
4의 약수: 1, 2, 4 ➡ 3개
8의 약수: 1, 2, 4, 8 ➡ 4개
16의 약수: 1, 2, 4, 8, 16 ➡ 5개
32의 약수: 1, 2, 4, 8, 16, 32 ➡ 6개
따라서 4의 배수 중에서 32의 약수이면서 약수의 수가 5개인 수는 16입니다.

**47쪽 응용 학습 ❷**

| | | | |
|---|---|---|---|
| 1단계 | 6 cm | **2·1** | 28장 |
| 2단계 | 42장 | **2·2** | 30장 |

1단계
```
2 ) 36  42
3 ) 18  21
     6   7
```
➡ 최대공약수: $2\times3=6$
36과 42의 최대공약수가 6이므로 가장 큰 정사각형의 한 변은 6 cm입니다.

2단계 만들 수 있는 종이는 가로로 $36\div6=6$(장), 세로로 $42\div6=7$(장)이므로 모두 $6\times7=42$(장)입니다.

**2·1**
```
2 ) 32  56
2 ) 16  28
2 )  8  14
     4   7
```
➡ 최대공약수: $2\times2\times2=8$
32와 56의 최대공약수가 8이므로 가장 큰 정사각형의 한 변은 8 cm입니다.
따라서 만들 수 있는 도화지는 가로로 $32\div8=4$(장), 세로로 $56\div8=7$(장)이므로 모두 $4\times7=28$(장)입니다.

**2·2**
```
2 ) 36  30
3 ) 18  15
     6   5
```
➡ 최소공배수: $2\times3\times6\times5=180$
가장 작은 정사각형의 한 변은 180 cm입니다.
따라서 필요한 포장지는 가로로 $180\div36=5$(장), 세로로 $180\div30=6$(장)이므로
모두 $5\times6=30$(장)입니다.

**48쪽 응용 학습 ❸**

| | | | |
|---|---|---|---|
| 1단계 | 3 | **3·1** | 16 |
| 2단계 | 27 | **3·2** | 12 |

1단계 36과 ㉠의 최소공배수가 108이므로
$9\times4\times$㉡$=108$, ㉡$=108\div36=3$입니다.
2단계 ㉠$\div9=$㉡, ㉠$\div9=3$, ㉠$=9\times3=27$입니다.

**3·1**
```
4 ) 20  □
     5  △
```
➡ 최소공배수: $4\times5\times\triangle=80$
$\triangle=4$이므로 $\square=4\times4=16$입니다.

**3·2**
```
6 ) 18  □
     3  △
```
➡ 최소공배수: $6\times3\times\triangle=90$
$\triangle=5$이므로 $\square=6\times5=30$입니다.
➡ 두 수의 차는 $30-18=12$입니다.

**49쪽 응용 학습 ❹**

| | | | |
|---|---|---|---|
| 1단계 | 2, 1 | **4·1** | 6, 12 |
| 2단계 | 6 | **4·2** | 14 / 7 |
| 3단계 | 3, 6 | | |

1단계 나머지를 뺀 수를 어떤 수로 나누면 나누어떨어집니다.
2단계 $(74-2)$와 $(67-1)$을 어떤 수로 나누면 나누어떨어지므로 어떤 수는 72와 66의 공약수이고 가장 큰 수는 최대공약수입니다.
```
2 ) 72  66
3 ) 36  33
    12  11
```
➡ 최대공약수: $2\times3=6$
3단계 72와 66의 최대공약수가 6이므로 공약수는 6의 약수인 1, 2, 3, 6입니다.
따라서 어떤 수가 될 수 있는 수는 1, 2, 3, 6 중에서 나머지 1과 2보다 큰 수인 3, 6입니다.

**4·1** (29−5)와 (64−4)를 어떤 수로 나누면 나누어떨어지므로 어떤 수는 24와 60의 공약수입니다.

2 ) 24 60
2 ) 12 30
3 ) 6 15
2 5 ➡ 최대공약수: $2\times2\times3=12$

24와 60의 최대공약수가 12이므로 공약수는 12의 약수인 1, 2, 3, 4, 6, 12입니다.
따라서 어떤 수가 될 수 있는 수는 1, 2, 3, 4, 6, 12 중에서 나머지 4와 5보다 큰 수인 6, 12입니다.

**4·2** $33-5=28$, $73-3=70$을 어떤 수로 나누면 나누어떨어지므로 어떤 수는 28과 70의 공약수입니다.

2 ) 28 70
7 ) 14 35
2 5 ➡ 최대공약수: $2\times7=14$

28과 70의 최대공약수가 14이므로 공약수는 14의 약수인 1, 2, 7, 14입니다.
어떤 수가 될 수 있는 수는 나머지 3과 5보다 커야 하므로 가장 큰 수는 14이고, 가장 작은 수는 7입니다.

## 50쪽 응용 학습 ⑤

| | | | |
|---|---|---|---|
| 1단계 | 1 | 5·1 | 76 |
| 2단계 | 60 | 5·2 | 171 |
| 3단계 | 61 | | |

2단계
2 ) 12 30
3 ) 6 15
2 5 ➡ 최소공배수: $2\times3\times2\times5=60$

3단계 어떤 수가 될 수 있는 수 중에서 가장 작은 수는 12와 30의 최소공배수보다 1 큰 수입니다.
➡ $60+1=61$

**5·1** (어떤 수)÷24=(몫)···4, (어떤 수)÷36=(몫)···4이므로 (어떤 수)−4는 24와 36의 공배수입니다.

2 ) 24 36
2 ) 12 18
3 ) 6 9
2 3 ➡ 최소공배수: $2\times2\times3\times2\times3=72$

어떤 수가 될 수 있는 수 중에서 가장 작은 수는 $72+4=76$입니다.

**5·2** (어떤 수)÷28=(몫)···3, (어떤 수)÷42=(몫)···3이므로 (어떤 수)−3은 28과 42의 공배수입니다.

2 ) 28 42
7 ) 14 21
2 3 ➡ 최소공배수: $2\times7\times2\times3=84$

(어떤 수)−3이 될 수 있는 수는 84, 168, 252, ...이므로 어떤 수가 될 수 있는 수 중에서 가장 작은 세 자리 수는 $168+3=171$입니다.

## 51쪽 응용 학습 ⑥

| | | | |
|---|---|---|---|
| 1단계 | 60분 | 6·1 | 오전 10시 20분 |
| 2단계 | 오전 10시 | 6·2 | 4번 |

1단계 ㉮ 버스는 12분마다, ㉯ 버스는 15분마다 출발하므로 두 버스는 12와 15의 최소공배수인 60분마다 동시에 출발합니다.

2단계 두 버스는 60분=1시간마다 동시에 출발하므로 두 버스가 세 번째로 동시에 출발하는 시각은 오전 8시+1시간+1시간=오전 10시입니다.

**6·1** ㉮ 버스는 8분마다, ㉯ 버스는 10분마다 출발하므로 두 버스는 8과 10의 최소공배수인 40분마다 동시에 출발합니다.
따라서 두 버스가 세 번째로 동시에 출발하는 시각은 오전 9시+40분+40분=오전 10시 20분입니다.

**6·2** 대전행 기차는 14분마다, 부산행 기차는 35분마다 출발합니다. 14와 35의 최소공배수는 70이므로 두 기차는 70분마다 동시에 출발합니다.
따라서 두 기차가 오전 10시 이전에 동시에 출발하는 시각은 오전 6시, 오전 7시 10분, 오전 8시 20분, 오전 9시 30분으로 모두 4번입니다.

## 52쪽 교과서 통합 핵심 개념

**1** 1, 2, 4, 8, 16 / 16, 32, 48, 64
**2** 3, 7 / 3, 7, 9, 21, 약수 / 3, 7, 9, 21, 배수
**3** 2, 3, 6 / 2, 3, 6
**4** 2, 3, 2, 2, 5, 120 / 2, 3, 4, 5, 120

## 53쪽~55쪽 단원 평가

**1** (위에서부터) 1, 3, 7, 21 / 1, 3, 7, 21
**2** 6, 12, 18, 24 **3** 태우

4 7, 2, 7 / 7

5 예
$$\begin{array}{r|rr} 2 & 24 & 30 \\ \hline 3 & 12 & 15 \\ \hline & 4 & 5 \end{array}$$
/ 120

6 ( )(○)( )

7 9

8 4개

9 ❶ 오전 10시에 첫차가 출발하였고 7분 간격으로 출발하므로 7의 배수인 시각이 출발 시각이 됩니다.
따라서 출발 시각은 오전 10시, 10시 7분, 10시 14분, 10시 21분, 10시 28분, 10시 35분, 10시 42분, 10시 49분, 10시 56분입니다.
❷ 따라서 오전 11시까지 버스는 9번 출발합니다. 답 9번

10 7, 63, 42

11 ❶ 오른쪽 수가 왼쪽 수의 배수일 때 왼쪽 수는 오른쪽 수의 약수이므로 54의 약수를 구합니다.
❷ 54의 약수는 1, 2, 3, 6, 9, 18, 27, 54이므로 □ 안에 들어갈 수 있는 수는 모두 8개입니다. 답 8개

12 1, 3, 9, 27, 81

13 ㉡, ㉢, ㉠

14 13

15 108

16 ❶ $36=2\times2\times9$, $28=2\times2\times7$이므로 36과 28의 최대공약수는 4입니다.
❷ 따라서 한 명이 과자를 $36\div4=9$(개), 사탕을 $28\div4=7$(개)씩 받을 수 있습니다. 답 9개, 7개

17 120

18 18그루

19 20, 40, 60

20 5번

4 $35=5\times7$, $28=2\times2\times7$

6 • 16의 약수: 1, 2, 4, 8, 16 ➡ 5개
• 32의 약수: 1, 2, 4, 8, 16, 32 ➡ 6개
• 81의 약수: 1, 3, 9, 27, 81 ➡ 5개
(주의) 수가 크다고 약수가 많은 것은 아닙니다.

7 3의 배수는 3, 6, 9, 12, ...입니다.
• (3의 약수의 합)$=1+3=4$
• (6의 약수의 합)$=1+2+3+6=12$
• (9의 약수의 합)$=1+3+9=13$
• (12의 약수의 합)$=1+2+3+4+6+12=28$
(참고) 어떤 수의 약수에는 1과 어떤 수 자신이 항상 포함되므로 15, 18, 21, ...의 약수의 합은 13보다 큽니다.

8 $12\times4=48$, $12\times5=60$, $12\times6=72$, $12\times7=84$, $12\times8=96$, $12\times9=108$, ...

9

| 채점 기준 | | | |
|---|---|---|---|
| | ❶ 버스가 출발하는 시각을 모두 구한 경우 | 3점 | 5점 |
| | ❷ 버스가 출발하는 횟수를 구한 경우 | 2점 | |

10 큰 수를 작은 수로 나누었을 때 나누어떨어지면 두 수는 약수와 배수의 관계입니다.

11

| 채점 기준 | | | |
|---|---|---|---|
| | ❶ 약수와 배수의 관계를 이해한 경우 | 2점 | 5점 |
| | ❷ □ 안에 들어갈 수 있는 수는 모두 몇 개인지 구한 경우 | 3점 | |

13 ㉠
$$\begin{array}{r|rr} 3 & 27 & 63 \\ \hline 3 & 9 & 21 \\ \hline & 3 & 7 \end{array}$$
➡ 최대공약수: 9

㉡
$$\begin{array}{r|rr} 2 & 28 & 70 \\ \hline 7 & 14 & 35 \\ \hline & 2 & 5 \end{array}$$
➡ 최대공약수: 14

㉢
$$\begin{array}{r|rr} 2 & 24 & 60 \\ \hline 2 & 12 & 30 \\ \hline 3 & 6 & 15 \\ \hline & 2 & 5 \end{array}$$
➡ 최대공약수: 12

14 두 수의 공배수 중 가장 작은 수가 최소공배수입니다.

15 6과 9의 최소공배수는 18입니다.
18의 배수 18, 36, 54, 72, 90, 108, ... 중에서 100에 가장 가까운 수는 108입니다.

16

| 채점 기준 | | | |
|---|---|---|---|
| | ❶ 36과 28의 최대공약수를 구한 경우 | 2점 | 5점 |
| | ❷ 한 명이 과자와 사탕을 각각 몇 개씩 받을 수 있는지 구한 경우 | 3점 | |

17 최대공약수가 6이므로 가와 나를 여러 수의 곱으로 나타냈을 때 공통으로 $2\times3$이 있어야 합니다.
나$=2\times2\times2\times$♠에서 ♠$=3$이므로 두 수의 최소공배수는 $2\times3\times5\times2\times2=120$입니다.

18
$$\begin{array}{r|rr} 7 & 28 & 35 \\ \hline & 4 & 5 \end{array}$$
➡ 최대공약수: 7
나무와 나무 사이의 간격은 7 m입니다.
$28\div7=4$이므로 가로에 $4\times2=8$(그루),
$35\div7=5$이므로 세로에 $5\times2=10$(그루)가 필요합니다.
➡ $8+10=18$(그루)

19 두 가지 행동을 동시에 해야 하는 수는 4와 10의 공배수입니다.
4와 10의 최소공배수가 20이므로 공배수는 20, 40, 60, 80, ...입니다. 따라서 1부터 70까지의 수 중에서 손뼉을 치면서 동시에 제자리 뛰기를 해야 하는 수는 20, 40, 60입니다.

20 흰 바둑돌을 준서는 3의 배수, 지우는 5의 배수 자리마다 놓았으므로 같은 자리에 흰 바둑돌이 놓이는 경우는 3과 5의 최소공배수인 15의 배수 자리입니다.
1부터 80까지의 수 중에서 15의 배수는 15, 30, 45, 60, 75이므로 같은 자리에 흰 바둑돌을 놓는 경우는 모두 5번입니다.

# 3 규칙과 대응

**58쪽 개념 학습 1**

1 (1) 12, 18, 24, 30 (2) 6 (3) 6
2 (1) 6, 9, 12, 15 (2) 3 (3) 3

1 (2) 메뚜기의 수가 1, 2, 3, 4, ...로 1마리씩 늘어날 때, 다리의 수는 6, 12, 18, 24, ...로 6개씩 늘어납니다.

2 (2) 삼각형의 수가 1, 2, 3, 4, ...로 1개씩 늘어날 때, 꼭짓점의 수는 3, 6, 9, 12, ...로 3개씩 늘어납니다.

**59쪽 개념 학습 2**

1 (1) 3, 4, 5 / 1 (2) 4, 5, 6 / 2
2 (1)

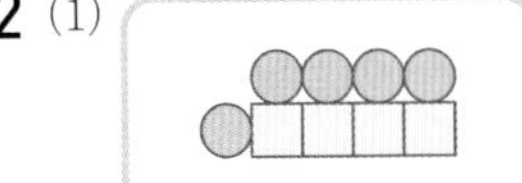

(2)

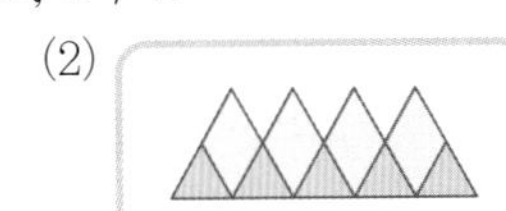

**60쪽 개념 학습 3**

1 (1) 2 (2) 3 (3) 4
2 (1) 15, 20, 25, 30 (2) 10, 11, 12, 13
(3) 30, 32, 34, 36

1 (1) ♡는 ◇보다 2만큼 더 큽니다. ➡ ◇+2=♡
(2) △는 ○의 3배입니다. ➡ ○×3=△
(3) ☆은 □보다 4만큼 더 작습니다. ➡ □−4=☆

**61쪽 개념 학습 4**

1 (1) 2, 2 (2) 입장료, 입장료 (3) 1, 1
2 (1) 예 ◇×6=◎ (2) 예 □−4=☆
(3) 예 △×20=○

2 (1) • (상자의 수)×6=(도넛의 수) ➡ ◇×6=◎
• (도넛의 수)÷6=(상자의 수) ➡ ◎÷6=◇
(2) • (은지가 말한 수)−4=(준서가 답한 수)
➡ □−4=☆
• (준서가 답한 수)+4=(은지가 말한 수)
➡ ☆+4=□
(3) • (봉지의 수)×20=(사탕의 수) ➡ △×20=○
• (사탕의 수)÷20=(봉지의 수) ➡ ○÷20=△

**62쪽~63쪽 문제 학습 1**

1 (1) 3 (2) 6 (3) 9 (4) 12
2 3, 6, 9, 12
3 (1) 3 (2) 3
4 2, 3, 4, 5, 6
5 그림, 집게
6 21개
7 2, 4, 6, 8, 10
8 2
9 4, 8, 12, 16, 20
10 예 의자의 수는 탁자의 수의 4배입니다.
11 12, 18, 24, 30
12 ( )
(○)
( )
13 42송이

3 (2) 세발자전거의 수가 1대씩 늘어날 때, 바퀴의 수는 3개씩 늘어나므로 바퀴의 수는 세발자전거의 수의 3배입니다.

6 집게의 수는 그림의 수보다 1만큼 더 크므로 그림이 20장일 때, 집게는 21개 필요합니다.

10 탁자의 수가 1개씩 늘어날 때, 의자의 수는 4개씩 늘어납니다.

12 • 꽃병의 수가 1개씩 늘어날 때, 꽃의 수는 6송이씩 늘어납니다.
• 꽃의 수는 꽃병의 수의 6배입니다.

13 꽃의 수는 꽃병의 수의 6배이므로 꽃병 7개에 꽂혀 있는 꽃은 7의 6배인 42송이입니다.

**64쪽~65쪽 문제 학습 2**

1 2, 4, 6
2

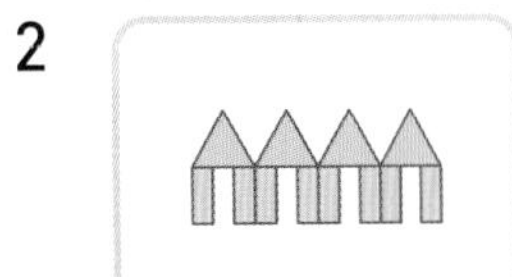

3

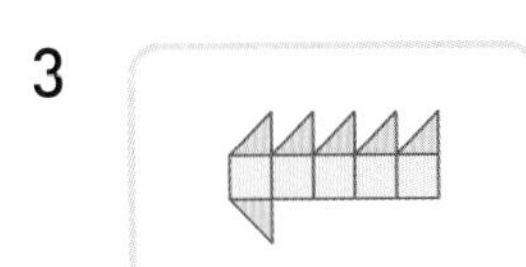

4 2, 3, 4, 5
5 ㉡
6 10
7
8 4, 6, 8, 10, 12
9 2개씩
10 16개
11 3, 4, 5, 6
12 예 초록색 사각형의 수는 빨간색 사각형의 수보다 2개 더 많습니다.
13 8개

1 삼각형 1개에 사각형을 2개씩 놓고 있습니다.

2 삼각형의 수는 1개씩, 사각형의 수는 2개씩 늘어납니다.

3 사각형 아래에 있는 삼각형 1개는 변하지 않고, 사각형의 수와 사각형 위에 있는 삼각형의 수가 1개씩 늘어납니다.

5 사각형이 1개일 때 삼각형은 2개, 사각형이 2개일 때 삼각형은 3개, ...이므로 삼각형의 수는 사각형의 수보다 1개 더 많습니다.

6 삼각형의 수는 사각형의 수보다 1개 더 많으므로 사각형이 9개일 때, 삼각형은 9개보다 1개 더 많은 10개가 필요합니다.

7 사각형 양옆에 있는 원 2개는 변하지 않고, 사각형의 수는 1개씩, 사각형의 위와 아래에 있는 원의 수가 1개씩 늘어납니다.

9 사각형의 수가 1, 2, 3, 4, 5, ...로 1개씩 늘어날 때, 원의 수는 4, 6, 8, 10, 12, ...로 2개씩 늘어납니다.

10 사각형 양옆에 있는 원 2개는 변하지 않고, 사각형과 사각형의 위와 아래에 있는 원의 수는 변합니다. 위와 아래에 있는 원의 수는 사각형의 수의 2배이므로 원의 수는 사각형의 수의 2배보다 2개 더 많습니다. 따라서 사각형이 7개일 때, 원은 7의 2배인 14개보다 2개 더 많은 16개가 필요합니다.

12 '빨간색 사각형의 수는 초록색 사각형의 수보다 2개 더 적습니다.'라고 쓸 수도 있습니다.

13 초록색 사각형이 10개일 때, 빨간색 사각형은 초록색 사각형의 수보다 2개 더 적은 $10-2=8$(개)가 필요합니다.

**66쪽~67쪽 문제 학습 ③**

1 예 ☆÷3=○
2 (1) (○) ( ) (2) ( ) (○)
3 6, 7, 8, 9, 10
4 22
5 8, 12, 16
6 예 □×4=○
7 3, 4, 5
8 예 누름 못의 수는 종이의 수보다 1만큼 더 큽니다.
9 준서
10 예 □+1=△
11 예 ◎×6=☆
12 예 ○÷7=△

1 • ☆을 3으로 나눈 몫은 ○와 같습니다. ➡ ☆÷3=○
• ○의 3배는 ☆과 같습니다. ➡ ○×3=☆

2 (1)

| ○ | 1 | 2 | 3 | 4 | … |
|---|---|---|---|---|---|
| △ | 8 | 16 | 24 | 32 | … |

➡ ○×8=△, △÷8=○

(2)

| ◇ | 1 | 2 | 3 | 4 | … |
|---|---|---|---|---|---|
| ◎ | 5 | 10 | 15 | 20 | … |

➡ ◇×5=◎, ◎÷5=◇

3 △−6=♡이므로 $12-6=6$, $13-6=7$, $14-6=8$, $15-6=9$, $16-6=10$입니다.

4 ○와 □ 사이의 대응 관계를 식으로 나타내면 ○+9=□ 또는 □−9=○입니다.
㉠=16−9=7, ㉡=6+9=15
➡ ㉠+㉡=7+15=22

6 • 버스의 수의 4배는 바퀴의 수와 같습니다.
➡ □×4=○
• 바퀴의 수를 4로 나누면 버스의 수와 같습니다.
➡ ○÷4=□

8 '종이의 수는 누름 못의 수보다 1만큼 더 작습니다.'라고 쓸 수도 있습니다.

9 • 종이의 수는 누름 못의 수보다 1만큼 더 작습니다.
➡ ♡−1=□
• 누름 못의 수는 종이의 수보다 1만큼 더 큽니다.
➡ □+1=♡
따라서 바르게 나타낸 사람은 준서입니다.

10 색 테이프를 한 번 자르면 2도막이 되고, 2번 자르면 3도막이 되고, 3번 자르면 4도막이 됩니다.
• 색 테이프를 자른 횟수에 1을 더하면 도막의 수가 됩니다. ➡ □+1=△
• 도막의 수에서 1을 빼면 색 테이프를 자른 횟수가 됩니다. ➡ △−1=□

11 • 6명이 한 모둠이므로 모둠의 수의 6배가 학생의 수가 됩니다. ➡ ◎×6=☆
• 6명이 한 모둠이므로 학생의 수를 6으로 나누면 모둠의 수가 됩니다. ➡ ☆÷6=◎

12 • 색종이의 수를 7로 나누면 응원 도구의 수가 됩니다.
➡ ○÷7=△
• 응원 도구의 수의 7배가 색종이의 수가 됩니다.
➡ △×7=○

## 68쪽~69쪽 문제 학습 ④

1 12, 16, 20 / 4　2 48개
3 예 파리의 시각은 서울의 시각보다 8시간 느립니다.
4 오전 10시　5 예 ◎+11=□
6 25, 50, 75, 100, 125
7 예 ◇×25=♡　8 500장
9 예 △+17=☆　10 47살
11 예 고양이 다리의 수(△)는 고양이의 수(○)의 4배입니다.
12 28개

2 정사각형을 12개 만드는 데 필요한 성냥개비는 $12\times4=48$(개)입니다.

3 '서울의 시각은 파리의 시각보다 8시간 빠릅니다.'라고 쓸 수도 있습니다.

4 파리의 시각은 서울의 시각보다 8시간 느리므로 서울의 시각이 오후 6시일 때, 파리의 시각은 오전 10시입니다.

5 • (현지가 말한 수)+11=(민수가 답한 수)
➡ ◎+11=□
• (민수가 답한 수)−11=(현지가 말한 수)
➡ □−11=◎

7 • 만화 영화를 상영하는 시간의 25배가 필요한 그림의 수가 됩니다. ➡ ◇×25=♡
• 필요한 그림의 수를 25로 나누면 만화 영화를 상영하는 시간이 됩니다. ➡ ♡÷25=◇

8 (만화 영화를 상영하는 시간)×25=(그림의 수)이므로 그림이 $20\times25=500$(장) 필요합니다.

9 • 준서의 나이에 17을 더하면 이모의 나이가 됩니다.
➡ △+17=☆
• 이모의 나이에서 17을 빼면 준서의 나이가 됩니다.
➡ ☆−17=△

10 준서의 나이가 30살이 되면
이모의 나이는 $30+17=47$(살)이 됩니다.

11 **[평가 기준]** 한 양이 다른 양의 4배인 상황을 찾았으면 정답으로 인정합니다.

12

| 식탁의 수(개) | 1 | 2 | 3 | 4 | … |
|---|---|---|---|---|---|
| 의자의 수(개) | 8 | 12 | 16 | 20 | … |

➡ (식탁의 수)×4+4=(의자의 수)
따라서 식탁 6개를 한 줄로 이어 놓으면 의자는 $6\times4+4=28$(개) 필요합니다.

## 70쪽 응용 학습 ①

1단계 13도막　1-1 18번
2단계 4, 5, 6 / 1　1-2 5번
3단계 12번

1단계 한 도막의 길이가 7 cm일 때,
(도막의 수)
=(전체 리본의 길이)÷(한 도막의 길이)
$=91\div7=13$(도막)입니다.
3단계 (자른 횟수)=(도막의 수)−1=13−1=12(번)

1-1 한 도막의 길이가 5 cm일 때,
(도막의 수)
=(전체 가래떡의 길이)÷(한 도막의 길이)
$=95\div5=19$(도막)입니다.
➡ (자른 횟수)=(도막의 수)−1=19−1=18(번)

1-2 • (도막의 수)
=(전체 철사의 길이)÷(한 도막의 길이)이므로
(승기가 자른 철사 도막의 수)$=60\div4=15$(도막)
(민서가 자른 철사 도막의 수)$=60\div3=20$(도막)
입니다.
• (자른 횟수)=(도막의 수)−1이므로
(승기가 자른 횟수)=15−1=14(번)
(민서가 자른 횟수)=20−1=19(번)입니다.
➡ 두 사람이 철사를 자른 횟수의 차는
19−14=5(번)입니다.

## 71쪽 응용 학습 ②

1단계 예 □×4=○　2-1 30개
2단계 28개　2-2 아홉째

1단계

| 배열 순서 | 1 | 2 | 3 | 4 | … |
|---|---|---|---|---|---|
| 바둑돌의 수(개) | 4 | 8 | 12 | 16 | … |

➡ □×4=○, ○÷4=□

2단계 □×4=○이므로 일곱째에 필요한 바둑돌은 $7\times4=28$(개)입니다.

2-1

| 배열 순서 | 1 | 2 | 3 | 4 | … |
|---|---|---|---|---|---|
| 바둑돌의 수(개) | 3 (1×3) | 6 (2×3) | 9 (3×3) | 12 (4×3) | … |

(배열 순서)×3=(바둑돌의 수)이므로 열째에 필요한 바둑돌은 $10\times3=30$(개)입니다.

**2·2**

| 배열 순서 | 1 | 2 | 3 | 4 | … |
|---|---|---|---|---|---|
| 바둑돌의 수(개) | 1 $(1\times1)$ | 4 $(2\times2)$ | 9 $(3\times3)$ | 16 $(4\times4)$ | … |

(배열 순서)×(배열 순서)=(바둑돌의 수)이고, $9\times9=81$이므로 바둑돌 81개로 만든 모양은 아홉째입니다.

## 72쪽 응용 학습 ③

1단계 3, 5, 7, 9, 11, 13 / 2
2단계 31개
**3·1** 61개 **3·2** 15개

2단계 정삼각형을 15개 만들 때, 필요한 성냥개비는 $15\times2+1=31$(개)입니다.

**3·1**

| 정사각형의 수(개) | 1 | 2 | 3 | 4 | … |
|---|---|---|---|---|---|
| 성냥개비의 수(개) | 4 | 7 | 10 | 13 | … |

➡ (정사각형의 수)×3+1=(성냥개비의 수)
따라서 정사각형을 20개 만들 때, 필요한 성냥개비는 $20\times3+1=61$(개)입니다.

**3·2**

| 정육각형의 수(개) | 1 | 2 | 3 | 4 | … |
|---|---|---|---|---|---|
| 수수깡의 수(개) | 6 | 11 | 16 | 21 | … |

➡ (정육각형의 수)×5+1=(수수깡의 수)
수수깡 76개로 만들 수 있는 정육각형의 수를 □라고 하면 □×5+1=76, □×5=75, □=15입니다.
따라서 수수깡 76개로 만들 수 있는 정육각형은 15개입니다.

## 73쪽 응용 학습 ④

1단계 19번
2단계 18번
3단계 60분
**4·1** 1시간 22분
**4·2** 1분 40초

1단계 철근 1개를 20도막으로 자르려면 (자른 횟수)=(도막의 수)−1=20−1=19(번) 잘라야 합니다.

2단계 한 번 자를 때마다 쉬고 맨 마지막은 쉬지 않으므로 쉬는 횟수는 19−1=18(번)입니다.

3단계 •(철근 1개를 자르는 데 걸리는 시간)×(자른 횟수) $=3\times19=57$(분)
•(쉬는 시간)×(쉬는 횟수)$=10\times18=180$(초), 180초=3분
➡ 57분+3분=60분

**4·1** (자른 횟수)=(도막의 수)−1이므로 통나무 1개를 15도막으로 자르려면 15−1=14(번) 잘라야 합니다.
통나무를 14번 자르는 동안 쉬는 횟수는 14−1=13(번)입니다.
• (통나무 1개를 자르는 데 걸리는 시간)×(자른 횟수) $=4\times14=56$(분)
• (쉬는 시간)×(쉬는 횟수)$=2\times13=26$(분)
➡ 56분+26분=82분=1시간 22분

**4·2**

| 자른 횟수(번) | 1 | 2 | 3 | 4 | … |
|---|---|---|---|---|---|
| 도막의 수(도막) | 3 $(1\times2+1)$ | 5 $(2\times2+1)$ | 7 $(3\times2+1)$ | 9 $(4\times2+1)$ | … |

➡ (자른 횟수)×2+1=(도막의 수)
자른 횟수를 □번이라 하면 □×2+1=11, □×2=10, □=5이므로 5번 잘라 11도막이 되었습니다.
따라서 끈을 자르는 데 걸린 시간은 20초×5=100초, 100초=1분 40초입니다.

## 74쪽 교과서 통합 핵심 개념

1 2, 4, 6, 8 / 2 / 2
2 / 1 / 21
3 다리, 6, 개미 / 매듭의 수, 1, 줄의 수 / △, ♡, ♡, △ / ○, ☆, ☆, ○

## 75쪽~77쪽 단원 평가

1 4, 8, 12, 16 / 예 (바구니의 수)×4=(귤의 수)
2 64개
3 팔걸이의 수 / 예 (의자의 수)+1=(팔걸이의 수)
4 12
5 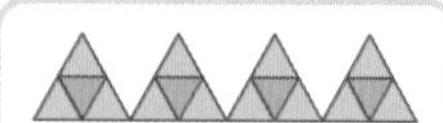

6 6, 9, 12 7 90개
8 예 내 나이(△)는 동생의 나이(◎)보다 3살 더 많습니다.
9 (왼쪽에서부터) 3500, 4500 / 2000, 3000
10 예 (동생이 모은 돈)+1500=(지우가 모은 돈)
11 예 ☆+1500=△
12 예 ☆×8=◇
13 2, 4, 6, 8, 10 / 예 △×2=○
14 19층
15 ❶ ♡와 △ 사이의 대응 관계를 식으로 나타내면 ♡÷4=△ 또는 △×4=♡이므로 ㉠=11×4=44, ㉡=36÷4=9입니다.
❷ 따라서 ㉠과 ㉡의 차는 44−9=35입니다. 답 35
16 ㉢ 17 오전 2시 30분
18 90개 19 1200 g
20 ❶ 샤워기를 사용한 시간과 사용한 물의 양 사이의 대응 관계를 식으로 나타내면 (사용한 물의 양)÷9=(사용한 시간)입니다.
❷ 따라서 준혁이가 사용한 물의 양이 126 L일 때, 샤워기를 사용한 시간은 126÷9=14(분)입니다. 답 14분

1 • 바구니의 수의 4배가 귤의 수가 됩니다.
➡ (바구니의 수)×4=(귤의 수)
• 귤의 수를 4로 나누면 바구니의 수가 됩니다.
➡ (귤의 수)÷4=(바구니의 수)

2 (바구니의 수)×4=(귤의 수)이므로 바구니가 16개일 때, 귤은 16×4=64(개)입니다.

3 • 팔걸이의 수는 의자의 수보다 1개 더 많습니다.
➡ (의자의 수)+1=(팔걸이의 수)
• 의자의 수는 팔걸이의 수보다 1개 더 적습니다.
➡ (팔걸이의 수)−1=(의자의 수)

4 7÷7=1, 14÷7=2, 21÷7=3, 28÷7=4, 35÷7=5, 42÷7=6이므로 ◎÷7=□입니다. 따라서 ◎가 84일 때, □=84÷7=12입니다.

5 빨간색 삼각형의 수는 1개씩, 초록색 삼각형의 수는 3개씩 늘어납니다.

7 초록색 삼각형의 수는 빨간색 삼각형의 수의 3배이므로 빨간색 삼각형이 30개일 때, 초록색 삼각형은 30×3=90(개) 필요합니다.

8

| 채점 기준 | | |
|---|---|---|
| | 식에 알맞은 상황을 쓴 경우 | 5점 |

[평가 기준] 한 양이 다른 양보다 3만큼 더 큰 상황을 찾았으면 정답으로 인정합니다.

10 '(지우가 모은 돈)−1500=(동생이 모은 돈)'이라고 쓸 수도 있습니다.

11 • (동생이 모은 돈)+1500=(지우가 모은 돈)
➡ ☆+1500=△
• (지우가 모은 돈)−1500=(동생이 모은 돈)
➡ △−1500=☆

12 지혜가 말한 수(☆)에 8을 곱한 수가 강우가 답한 수(◇)가 됩니다. 대응 관계를 식으로 나타내면 ☆×8=◇ 또는 ◇÷8=☆입니다.

13 • 탑의 층수의 2배가 면봉의 수가 됩니다.
➡ △×2=○
• 면봉의 수를 2로 나누면 탑의 층수가 됩니다.
➡ ○÷2=△

14 면봉이 38개일 때, 탑은 38÷2=19(층)입니다.

15

| 채점 기준 | | | |
|---|---|---|---|
| | ❶ ♡와 △ 사이의 대응 관계를 찾아 ㉠과 ㉡을 구한 경우 | 4점 | 5점 |
| | ❷ ㉠과 ㉡의 차를 구한 경우 | 1점 | |

16 뭄바이의 시각은 마닐라의 시각보다 2시간 30분 느립니다.
따라서 마닐라의 시각과 뭄바이의 시각 사이의 대응 관계를 식으로 나타내면
(뭄바이의 시각)+2시간 30분=(마닐라의 시각) 또는 (마닐라의 시각)−2시간 30분=(뭄바이의 시각)입니다.

17 (마닐라의 시각)−2시간 30분=(뭄바이의 시각)이므로 마닐라의 시각이 오전 5시일 때, 뭄바이의 시각은 오전 5시−2시간 30분=오전 2시 30분입니다.

18

| 배열 순서 | 1 | 2 | 3 | 4 | … |
|---|---|---|---|---|---|
| 점의 수(개) | 6 | 12 | 18 | 24 | … |

(배열 순서)×6=(점의 수)이므로 열다섯째에 찍히는 점은 15×6=90(개)입니다.

19

| 쿠키의 수(개) | 1 | 2 | 3 | 4 | … |
|---|---|---|---|---|---|
| 밀가루의 양(g) | 20 | 40 | 60 | 80 | … |

(쿠키의 수)×20=(밀가루의 양)이므로 쿠키 60개를 만드는 데 필요한 밀가루는 60×20=1200 (g)입니다.

20

| 채점 기준 | | | |
|---|---|---|---|
| | ❶ 샤워기를 사용한 시간과 사용한 물의 양 사이의 대응 관계를 찾은 경우 | 3점 | 5점 |
| | ❷ 샤워기를 사용한 시간을 구한 경우 | 2점 | |

# 4 약분과 통분

### 80쪽 개념 학습 1

1 (1) 예 / 같습니다

(2) 예 / 같습니다

(3) 예 / 같습니다

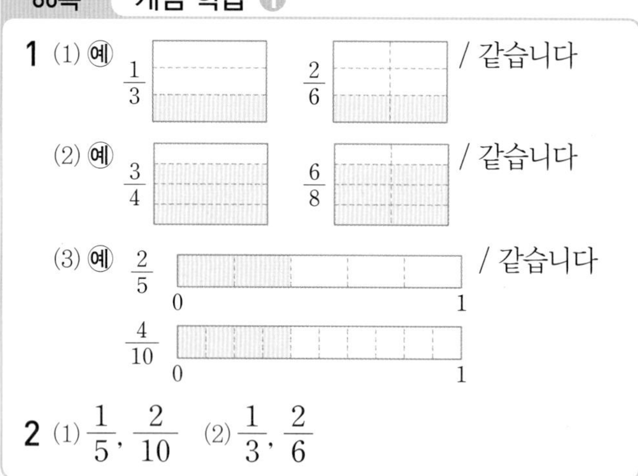

2 (1) $\frac{1}{5}$, $\frac{2}{10}$ (2) $\frac{1}{3}$, $\frac{2}{6}$

1 분수만큼 색칠한 부분의 크기가 같으면 분수의 크기가 같습니다.

2 색칠한 부분의 크기가 같은 분수를 찾습니다.

### 81쪽 개념 학습 2

1 (1) 2, 3 / 6, 9 (2) 2, 4 / 2, 1
2 (1) 4, 8 / 5, 25 (2) 6, 18 / 8, 56
(3) 2, 12 / 4, 10 (4) 3, 6 / 9, 5

1 (1) 분모와 분자에 각각 0이 아닌 같은 수를 곱하면 크기가 같은 분수가 됩니다.
(2) 분모와 분자를 각각 0이 아닌 같은 수로 나누면 크기가 같은 분수가 됩니다.

2 (1) 분모와 분자에 같은 수를 곱해야 합니다.
(3) 분모와 분자를 같은 수로 나눠야 합니다.

### 82쪽 개념 학습 3

1 (1) 4, 2 (2) 14, 7 (3) 5, 3, 1 (4) 27, 18, 9
2 (1) $\frac{15}{24}=\frac{15\div3}{24\div3}=\frac{5}{8}$ (2) $\frac{12}{30}=\frac{12\div6}{30\div6}=\frac{2}{5}$
(3) $\frac{40}{48}=\frac{40\div8}{48\div8}=\frac{5}{6}$ (4) $\frac{36}{81}=\frac{36\div9}{81\div9}=\frac{4}{9}$

1 분모와 분자를 두 수의 공약수로 나눕니다.

2 분모와 분자를 두 수의 최대공약수로 나누면 기약분수가 됩니다.

### 83쪽 개념 학습 4

1 (1) $\frac{1}{6}=\frac{1\times8}{6\times8}=\frac{8}{48}$, $\frac{3}{8}=\frac{3\times6}{8\times6}=\frac{18}{48}$
$\left(\frac{1}{6}, \frac{3}{8}\right) \Rightarrow \left(\frac{8}{48}, \frac{18}{48}\right)$
(2) $\frac{5}{9}=\frac{5\times3}{9\times3}=\frac{15}{27}$, $\frac{2}{3}=\frac{2\times9}{3\times9}=\frac{18}{27}$
$\left(\frac{5}{9}, \frac{2}{3}\right) \Rightarrow \left(\frac{15}{27}, \frac{18}{27}\right)$
2 (1) $\frac{7}{10}=\frac{7\times2}{10\times2}=\frac{14}{20}$, $\frac{1}{4}=\frac{1\times5}{4\times5}=\frac{5}{20}$
$\left(\frac{7}{10}, \frac{1}{4}\right) \Rightarrow \left(\frac{14}{20}, \frac{5}{20}\right)$
(2) $\frac{5}{6}=\frac{5\times5}{6\times5}=\frac{25}{30}$, $\frac{8}{15}=\frac{8\times2}{15\times2}=\frac{16}{30}$
$\left(\frac{5}{6}, \frac{8}{15}\right) \Rightarrow \left(\frac{25}{30}, \frac{16}{30}\right)$

2 (1) 10과 4의 최소공배수인 20을 공통분모로 하여 통분합니다.
(2) 6과 15의 최소공배수인 30을 공통분모로 하여 통분합니다.

### 84쪽 개념 학습 5

1 8, 24 / 5, 25 / < 2 7, 7 / 2, 6 / >
3 (1) 4, 3 / 9, 10 / 6, 5 / >, <, >
(2) $\frac{3}{8}$, $\frac{5}{12}$, $\frac{1}{2}$

3 (2) $\frac{1}{2}>\frac{3}{8}$, $\frac{3}{8}<\frac{5}{12}$, $\frac{1}{2}>\frac{5}{12}$이므로 $\frac{3}{8}<\frac{5}{12}<\frac{1}{2}$입니다.

### 85쪽 개념 학습 6

1 (1) 3, 0.3 / < (2) 8, 0.8 / <
(3) > / 35, 0.35 (4) < / 22, 0.22
2 (1) 2, 4 / > (2) < / 52, 13 (3) 6 / < / 7
(4) 5 / > / 3

1 (1) $\frac{6}{20}=0.3$이고, $0.3<0.4$이므로 $\frac{6}{20}<0.4$입니다.

2 (1) $0.2=\frac{4}{20}$이고, $\frac{4}{20}>\frac{3}{20}$이므로 $0.2>\frac{3}{20}$입니다.

## 86쪽~87쪽 문제 학습 1

1 $\frac{3}{4}$, $\frac{6}{8}$

2 $\frac{2}{5}$, $\frac{4}{10}$, $\frac{6}{15}$ / 같은

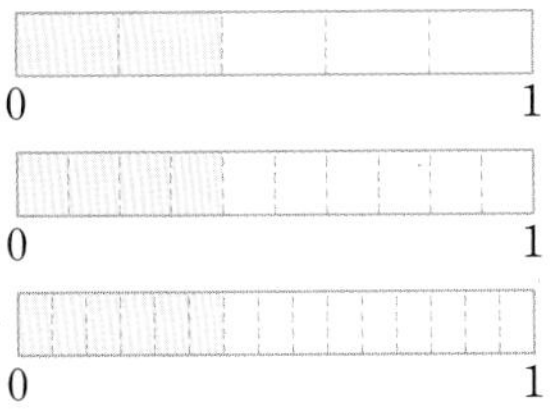

3 예 $\frac{6}{14}$, $\frac{4}{14}$, $\frac{2}{7}$ / $\frac{4}{14}$, $\frac{2}{7}$

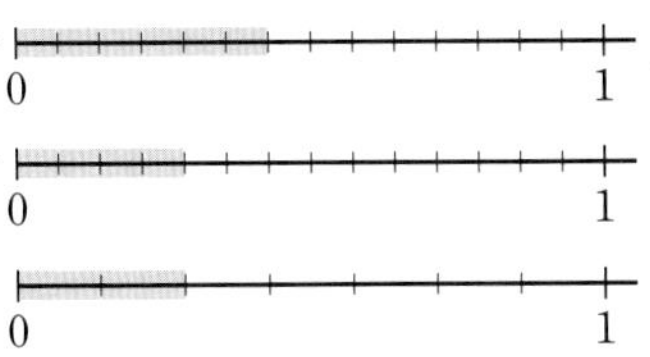

4 예 / $\frac{3}{5}$, $\frac{6}{10}$

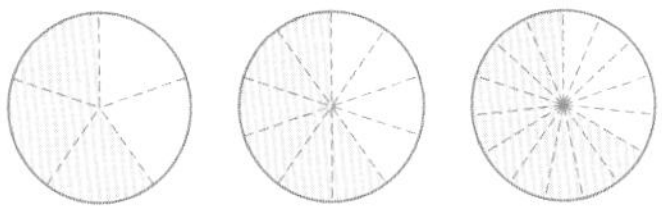

5 / $\frac{2}{3}$, $\frac{4}{6}$, $\frac{6}{9}$

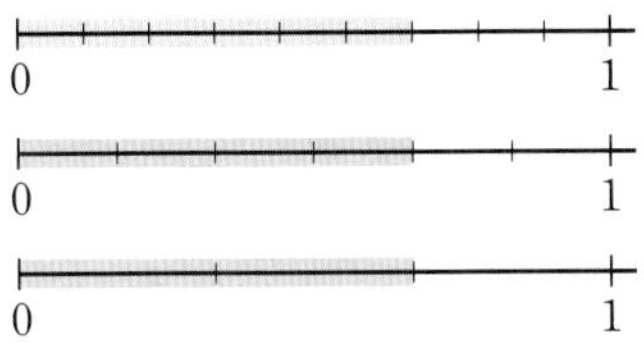

6 예 / 8

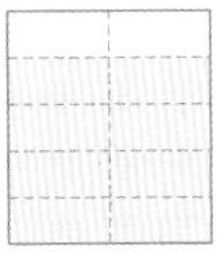

7 $\frac{4}{6}$, $\frac{8}{12}$

8 2조각

9 수박주스, 오렌지주스

10 예 / $\frac{12}{21}$

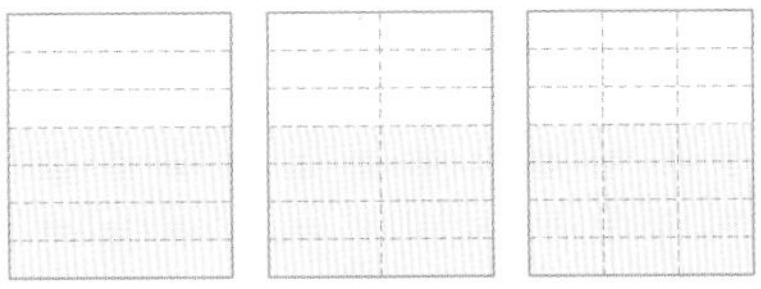

11 예 / 6조각

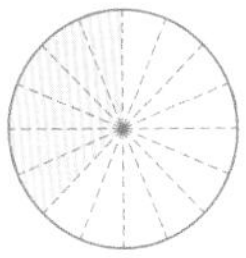

1 색칠한 부분의 크기가 같은 $\frac{3}{4}$과 $\frac{6}{8}$은 크기가 같은 분수입니다.

3 수직선에 나타낸 부분의 크기가 같은 $\frac{4}{14}$와 $\frac{2}{7}$는 크기가 같은 분수입니다.

4 $\frac{3}{5}$은 5칸 중 3칸을, $\frac{6}{10}$은 10칸 중 6칸을, $\frac{10}{15}$은 15칸 중 10칸을 색칠합니다.
색칠한 부분의 크기가 같은 $\frac{3}{5}$과 $\frac{6}{10}$은 크기가 같은 분수입니다.

5 주어진 수직선은 전체를 똑같이 9칸으로 나눈 것 중의 6칸을 색칠한 것이므로 전체를 똑같이 6칸으로 나눈 것 중의 4칸을, 전체를 똑같이 3칸으로 나눈 것 중의 2칸을 수직선에 나타냅니다.
➡ $\frac{6}{9}=\frac{4}{6}=\frac{2}{3}$

7 $\frac{2}{3}$ 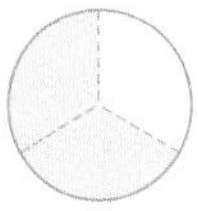 $\frac{4}{6}$ 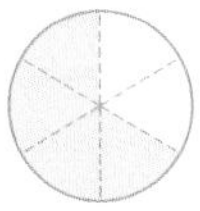 $\frac{8}{12}$

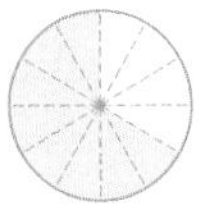

8 민주가 12조각으로 나눈 케이크 중 2조각의 크기가 윤지가 먹은 한 조각의 크기와 같으므로 2조각을 먹어야 합니다.

9 수박주스는 $\frac{1}{2}$, 알로에주스는 $\frac{3}{5}$, 포도주스는 $\frac{2}{3}$, 오렌지주스는 $\frac{3}{6}$이 담겨 있습니다.

11 고구마 피자 전체의 $\frac{3}{8}$을 먹었으므로 불고기 피자는 $\frac{3}{8}$과 같은 크기인 $\frac{6}{16}$을 먹어야 합니다.

## 88쪽~89쪽 문제 학습 2

1 (왼쪽에서부터) (1) 6, 24, 12 (2) 5, 3, 2

2

3 예 $\frac{9}{21}=\frac{9\times2}{21\times2}=\frac{18}{42}$ / $\frac{9}{21}=\frac{9\div3}{21\div3}=\frac{3}{7}$

4 (1) 예 $\frac{4}{18}$, $\frac{6}{27}$ (2) 예 $\frac{16}{20}$, $\frac{8}{10}$

5 ㉣

6 $\frac{2}{8}$, $\frac{3}{12}$, $\frac{5}{20}$

7 $\frac{6}{8}$, $\frac{18}{24}$

8 $\frac{2}{5}$

9 $\frac{21}{36}$

10 $\frac{20}{36}$

11 윤석, 세아

12 4조각

1 (1) $\frac{3}{8}=\frac{3\times2}{8\times2}=\frac{3\times3}{8\times3}=\frac{3\times4}{8\times4}$
(2) $\frac{15}{30}=\frac{15\div3}{30\div3}=\frac{15\div5}{30\div5}=\frac{15\div15}{30\div15}$

**3** 분모와 분자를 0이 아닌 같은 수로 나눌 때는 분모와 분자의 공약수 중 1을 제외한 수로 나눕니다.

**4** (1) 예 $\frac{2}{9}=\frac{2\times2}{9\times2}=\frac{4}{18}$, $\frac{2}{9}=\frac{2\times3}{9\times3}=\frac{6}{27}$

(2) 예 $\frac{32}{40}=\frac{32\div2}{40\div2}=\frac{16}{20}$, $\frac{32}{40}=\frac{32\div4}{40\div4}=\frac{8}{10}$

**5** ㉣ $\frac{30}{54}=\frac{30\div6}{54\div6}=\frac{5}{9}$

**6** 분모와 분자에 각각 0이 아닌 같은 수를 곱해서 만들 수 있는 분수를 찾습니다.

$\frac{1}{4}=\frac{1\times2}{4\times2}=\frac{2}{8}$, $\frac{1}{4}=\frac{1\times3}{4\times3}=\frac{3}{12}$,

$\frac{1}{4}=\frac{1\times5}{4\times5}=\frac{5}{20}$

**7** 분모와 분자를 각각 0이 아닌 같은 수로 나누어 만들 수 있는 분수를 찾습니다.

$\frac{36}{48}=\frac{36\div6}{48\div6}=\frac{6}{8}$, $\frac{36}{48}=\frac{36\div2}{48\div2}=\frac{18}{24}$

**8** $\frac{8}{20}$과 크기가 같은 분수 중에서 분모가 5인 분수를 $\frac{\square}{5}$라 하면 $\frac{8}{20}=\frac{\square}{5}$에서 $20\div4=5$이므로 $8\div4=\square$, $\square=2$입니다.

**9** 분모와 분자에 각각 0이 아닌 같은 수를 곱하면 크기가 같은 분수를 만들 수 있습니다.

➡ $\frac{7}{12}=\frac{7\times3}{12\times3}=\frac{21}{36}$

**10** $\frac{5}{9}$와 크기가 같은 분수는

$\frac{5}{9}=\frac{10}{18}=\frac{15}{27}=\frac{20}{36}=\frac{25}{45}=\cdots$입니다.

이 중에서 분모와 분자의 합이 56인 분수는 $\frac{20}{36}$입니다.

**11** 윤석: $\frac{12}{18}=\frac{12\div6}{18\div6}=\frac{2}{3}$

지민: $\frac{6}{16}=\frac{6\times3}{16\times3}=\frac{18}{48}$

세아: $\frac{18}{40}=\frac{18\div2}{40\div2}=\frac{9}{20}$

윤석이와 세아는 분모와 분자를 각각 0이 아닌 같은 수로 나누어 크기가 같은 분수를 만들었습니다.
지민이는 분모와 분자에 각각 0이 아닌 같은 수를 곱하여 크기가 같은 분수를 만들었습니다.

**12** $\frac{1}{2}=\frac{1\times4}{2\times4}=\frac{4}{8}$이므로 정민이는 4조각을 먹어야 수영이가 먹은 양과 같습니다.

## 90쪽~91쪽 문제 학습 ③

1 ②
2 (1) $\frac{30}{45}=\frac{30\div15}{45\div15}=\frac{2}{3}$
(2) $\frac{12}{42}=\frac{12\div6}{42\div6}=\frac{2}{7}$
3 $\frac{8}{12}$, $\frac{4}{6}$, $\frac{2}{3}$
4 (1) $\frac{5}{9}$ (2) $\frac{2}{7}$ (3) $\frac{1}{2}$ (4) $\frac{1}{3}$
5 $\frac{6}{10}$
6 $\frac{6}{7}$, $\frac{3}{11}$
7 진영
8 12
9 $\frac{4}{5}$시간
10 $\frac{36}{63}$
11 $\frac{42}{77}$
12 지혜
13 1, 3, 7, 9

**1** $\frac{32}{48}$를 약분할 수 있는 수는 48과 32의 공약수인 1, 2, 4, 8, 16 중에서 1을 제외한 2, 4, 8, 16입니다.

**2** (1) 45와 30의 최대공약수인 15로 분모와 분자를 각각 나눕니다.

(2) 42와 12의 최대공약수인 6으로 분모와 분자를 각각 나눕니다.

**3** 24와 16의 공약수는 1, 2, 4, 8이므로 분모와 분자를 각각 2, 4, 8로 나눕니다.

$\frac{\overset{8}{\cancel{16}}}{\underset{12}{\cancel{24}}}=\frac{8}{12}$, $\frac{\overset{4}{\cancel{16}}}{\underset{6}{\cancel{24}}}=\frac{4}{6}$, $\frac{\overset{2}{\cancel{16}}}{\underset{3}{\cancel{24}}}=\frac{2}{3}$

**4** (1) $\frac{\overset{10}{\cancel{20}}}{\underset{18}{\cancel{36}}}=\frac{\overset{5}{\cancel{10}}}{\underset{9}{\cancel{18}}}=\frac{5}{9}$ (2) $\frac{\overset{6}{\cancel{18}}}{\underset{21}{\cancel{63}}}=\frac{\overset{2}{\cancel{6}}}{\underset{7}{\cancel{21}}}=\frac{2}{7}$

(3) $\frac{\overset{7}{\cancel{14}}}{\underset{14}{\cancel{28}}}=\frac{\overset{1}{\cancel{7}}}{\underset{2}{\cancel{14}}}=\frac{1}{2}$ (4) $\frac{\overset{5}{\cancel{25}}}{\underset{15}{\cancel{75}}}=\frac{\overset{1}{\cancel{5}}}{\underset{3}{\cancel{15}}}=\frac{1}{3}$

**5** 70과 42의 공약수는 1, 2, 7, 14이므로 분모와 분자를 각각 2, 7, 14로 나눌 수 있습니다.

➡ $\frac{\overset{21}{\cancel{42}}}{\underset{35}{\cancel{70}}}=\frac{21}{35}$, $\frac{\overset{6}{\cancel{42}}}{\underset{10}{\cancel{70}}}=\frac{6}{10}$, $\frac{\overset{3}{\cancel{42}}}{\underset{5}{\cancel{70}}}=\frac{3}{5}$ 중에서 분모가 10인 분수는 $\frac{6}{10}$입니다.

**6** $\frac{\overset{3}{\cancel{9}}}{\underset{4}{\cancel{12}}}=\frac{3}{4}$, $\frac{\overset{3}{\cancel{15}}}{\underset{5}{\cancel{25}}}=\frac{3}{5}$, $\frac{\overset{2}{\cancel{4}}}{\underset{10}{\cancel{20}}}=\frac{\overset{1}{\cancel{2}}}{\underset{5}{\cancel{10}}}=\frac{1}{5}$이므로 $\frac{9}{12}$, $\frac{15}{25}$, $\frac{4}{20}$는 기약분수가 아닙니다.

**7** 진영: $\frac{16}{36}=\frac{16\div4}{36\div4}=\frac{4}{9}$이므로 기약분수로 잘못 나타낸 사람은 진영입니다.

**8** $\frac{48}{84}=\frac{48\div□}{84\div□}=\frac{▲}{7}$에서 $84\div□=7$, $□=12$입니다. 따라서 분모와 분자를 12로 나누었습니다.

**9** $\frac{36}{45}=\frac{36\div9}{45\div9}=\frac{4}{5}$이므로 민혁이가 매일 운동하는 시간은 $\frac{4}{5}$시간입니다.

**10** $\frac{□}{63}=\frac{□\div9}{63\div9}=\frac{4}{7}$이므로 $□\div9=4$, $□=36$입니다.
따라서 분모가 63인 진분수 중에서 기약분수로 나타내면 $\frac{4}{7}$가 되는 분수는 $\frac{36}{63}$입니다.

**11** 어떤 분수를 $\frac{▲}{■}$라 하면 $\frac{▲\div7}{■\div7}=\frac{6}{11}$이므로
$▲\div7=6$, $▲=42$이고,
$■\div7=11$, $■=77$입니다.
따라서 어떤 분수는 $\frac{42}{77}$입니다.

**12** • 수민: 56과 40의 공약수는 1, 2, 4, 8이므로 $\frac{40}{56}$을 약분하여 만들 수 있는 분수는 $\frac{40\div2}{56\div2}=\frac{20}{28}$, $\frac{40\div4}{56\div4}=\frac{10}{14}$, $\frac{40\div8}{56\div8}=\frac{5}{7}$로 모두 3개입니다.
• 수지: $\frac{40}{56}$을 약분한 분수 중 분모와 분자가 가장 큰 분수는 $\frac{20}{28}$입니다.

**13** $\frac{□}{10}$가 진분수이므로 □ 안에는 1부터 9까지의 수가 들어갈 수 있습니다.
이 중에서 10과 □의 공약수가 1뿐인 수는 1, 3, 7, 9입니다.

## 92쪽~93쪽 문제 학습 ④

1 (1) 6, 10 (2) 27, 16
2 $\frac{10}{12}$, $\frac{15}{18}$, $\frac{20}{24}$, $\frac{25}{30}$, $\frac{30}{36}$ / $\frac{14}{16}$, $\frac{21}{24}$, $\frac{28}{32}$, $\frac{35}{40}$, $\frac{42}{48}$ / $\frac{20}{24}$, $\frac{21}{24}$
3 ③
4 (1) $\frac{7}{35}$, $\frac{10}{35}$ (2) $\frac{40}{48}$, $\frac{30}{48}$
5 (1) $\frac{9}{12}$, $\frac{10}{12}$ (2) $\frac{33}{48}$, $\frac{28}{48}$
6 ㉡
7 17
8 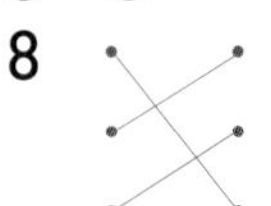
9 ㉡, ㉢
10 ㉡
11 $\frac{3}{8}$, $\frac{5}{12}$
12 45, 90, 135, 180

**1** (1) $\left(\frac{1}{7}, \frac{5}{21}\right)$ ➡ $\left(\frac{1\times6}{7\times6}, \frac{5\times2}{21\times2}\right)$ ➡ $\left(\frac{6}{42}, \frac{10}{42}\right)$
(2) $\left(\frac{3}{4}, \frac{4}{9}\right)$ ➡ $\left(\frac{3\times9}{4\times9}, \frac{4\times4}{9\times4}\right)$ ➡ $\left(\frac{27}{36}, \frac{16}{36}\right)$

**2** 분모와 분자에 2, 3, 4, 5, 6을 차례대로 곱해서 크기가 같은 분수를 만들고, 그중에서 분모가 같은 것을 찾습니다.

**3** 공통분모가 될 수 있는 수는 6과 8의 공배수인 24, 48, 72, 96, ...입니다.
60은 6과 8의 공배수가 아닙니다.

**4** (1) $\left(\frac{1}{5}, \frac{2}{7}\right)$ ➡ $\left(\frac{1\times7}{5\times7}, \frac{2\times5}{7\times5}\right)$ ➡ $\left(\frac{7}{35}, \frac{10}{35}\right)$
(2) $\left(\frac{5}{6}, \frac{5}{8}\right)$ ➡ $\left(\frac{5\times8}{6\times8}, \frac{5\times6}{8\times6}\right)$ ➡ $\left(\frac{40}{48}, \frac{30}{48}\right)$

**5** (1) 4와 6의 최소공배수: 12
$\left(\frac{3}{4}, \frac{5}{6}\right)$ ➡ $\left(\frac{3\times3}{4\times3}, \frac{5\times2}{6\times2}\right)$ ➡ $\left(\frac{9}{12}, \frac{10}{12}\right)$
(2) 16과 12의 최소공배수: 48
$\left(\frac{11}{16}, \frac{7}{12}\right)$ ➡ $\left(\frac{11\times3}{16\times3}, \frac{7\times4}{12\times4}\right)$ ➡ $\left(\frac{33}{48}, \frac{28}{48}\right)$

6 ㉠ 분모 20과 15의 최소공배수는 60이므로 공통분모는 60입니다.
㉡ 분모 18과 24의 최소공배수는 72이므로 공통분모는 72입니다.

7 $\left(\frac{3}{4}, \frac{5}{18}\right) \Rightarrow \left(\frac{3\times9}{4\times9}, \frac{5\times2}{18\times2}\right) \Rightarrow \left(\frac{27}{36}, \frac{10}{36}\right)$
$\Rightarrow 27-10=17$

8 두 분모의 최소공배수는 각각 다음과 같습니다.
$\left(\frac{7}{8}, \frac{5}{12}\right) \Rightarrow 24$　$\left(\frac{1}{4}, \frac{11}{18}\right) \Rightarrow 36$
$\left(\frac{7}{12}, \frac{2}{9}\right) \Rightarrow 36$　$\left(\frac{17}{30}, \frac{4}{15}\right) \Rightarrow 30$
$\left(\frac{5}{6}, \frac{8}{15}\right) \Rightarrow 30$　$\left(\frac{1}{6}, \frac{3}{8}\right) \Rightarrow 24$

9 공통분모가 될 수 있는 수는 8과 10의 공배수인 40, 80, 120, ...입니다.
㉠ 공통분모가 20이므로 주어진 분수를 통분한 것이 아닙니다.
㉡ $\left(\frac{3}{8}, \frac{9}{10}\right) \Rightarrow \left(\frac{3\times5}{8\times5}, \frac{9\times4}{10\times4}\right) \Rightarrow \left(\frac{15}{40}, \frac{36}{40}\right)$
㉢ $\left(\frac{3}{8}, \frac{9}{10}\right) \Rightarrow \left(\frac{3\times10}{8\times10}, \frac{9\times8}{10\times8}\right) \Rightarrow \left(\frac{30}{80}, \frac{72}{80}\right)$
㉣ $\left(\frac{3}{8}, \frac{9}{10}\right) \Rightarrow \left(\frac{3\times15}{8\times15}, \frac{9\times12}{10\times12}\right) \Rightarrow \left(\frac{45}{120}, \frac{108}{120}\right)$
따라서 주어진 분수를 통분한 것은 ㉡, ㉢입니다.

10 ㉠ 5와 40의 최소공배수: 40
㉡ 4와 10의 최소공배수: 20
㉢ 8과 20의 최소공배수: 40

11 분모가 다른 두 분수를 통분하면 분모가 같아지므로 □ 안에 알맞은 수는 24입니다.
• $\frac{9}{24}=\frac{9\div3}{24\div3}=\frac{3}{8}$
• $\frac{10}{24}=\frac{10\div2}{24\div2}=\frac{5}{12}$

12 공통분모가 될 수 있는 수는 15와 9의 공배수인 45, 90, 135, 180, 225, ...입니다. 이 중에서 200보다 작은 수를 모두 찾으면 45, 90, 135, 180입니다.

## 94쪽~95쪽 문제 학습 ⑤

1 25, 28 / <　2 (1) < (2) >
3 $\frac{11}{14}$　4 >, <, < / $\frac{5}{8}$
5 $\frac{7}{9}$ / $\frac{7}{9}, \frac{5}{12}$　6 ㉢
7 $\frac{7}{15}$　8 $\frac{4}{9}, \frac{5}{12}, \frac{7}{18}$
9 $\frac{1}{3}$　10 1, 2, 3
11 강우　12 세영
13 사과

2 (1) $\left(\frac{2}{3}, \frac{5}{7}\right) \Rightarrow \left(\frac{14}{21}, \frac{15}{21}\right) \Rightarrow \frac{2}{3}<\frac{5}{7}$
(2) $\left(1\frac{3}{8}, 1\frac{1}{6}\right) \Rightarrow \left(1\frac{9}{24}, 1\frac{4}{24}\right) \Rightarrow 1\frac{3}{8}>1\frac{1}{6}$

3 $\left(\frac{3}{4}, \frac{11}{14}\right) \Rightarrow \left(\frac{21}{28}, \frac{22}{28}\right) \Rightarrow \frac{3}{4}<\frac{11}{14}$

4 • $\left(\frac{3}{5}, \frac{1}{4}\right) \Rightarrow \left(\frac{12}{20}, \frac{5}{20}\right) \Rightarrow \frac{3}{5}>\frac{1}{4}$
• $\left(\frac{1}{4}, \frac{5}{8}\right) \Rightarrow \left(\frac{2}{8}, \frac{5}{8}\right) \Rightarrow \frac{1}{4}<\frac{5}{8}$
• $\left(\frac{3}{5}, \frac{5}{8}\right) \Rightarrow \left(\frac{24}{40}, \frac{25}{40}\right) \Rightarrow \frac{3}{5}<\frac{5}{8}$
따라서 $\frac{5}{8}>\frac{3}{5}>\frac{1}{4}$입니다.

5 • $\left(\frac{7}{9}, \frac{5}{7}\right) \Rightarrow \left(\frac{49}{63}, \frac{45}{63}\right) \Rightarrow \frac{7}{9}>\frac{5}{7}$
• $\left(\frac{5}{12}, \frac{3}{10}\right) \Rightarrow \left(\frac{25}{60}, \frac{18}{60}\right) \Rightarrow \frac{5}{12}>\frac{3}{10}$
• $\left(\frac{7}{9}, \frac{5}{12}\right) \Rightarrow \left(\frac{28}{36}, \frac{15}{36}\right) \Rightarrow \frac{7}{9}>\frac{5}{12}$

6 ㉠ $\left(\frac{5}{6}, \frac{3}{4}\right) \Rightarrow \left(\frac{10}{12}, \frac{9}{12}\right) \Rightarrow \frac{5}{6}>\frac{3}{4}$
㉡ $\left(\frac{5}{7}, \frac{4}{5}\right) \Rightarrow \left(\frac{25}{35}, \frac{28}{35}\right) \Rightarrow \frac{5}{7}<\frac{4}{5}$
㉢ $\left(\frac{9}{16}, \frac{11}{24}\right) \Rightarrow \left(\frac{27}{48}, \frac{22}{48}\right) \Rightarrow \frac{9}{16}>\frac{11}{24}$
㉣ $\left(\frac{5}{9}, \frac{5}{12}\right) \Rightarrow \left(\frac{20}{36}, \frac{15}{36}\right) \Rightarrow \frac{5}{9}>\frac{5}{12}$

7 • $\left(\frac{5}{9}, \frac{3}{4}\right) \Rightarrow \left(\frac{20}{36}, \frac{27}{36}\right) \Rightarrow \frac{5}{9}<\frac{3}{4}$
• $\left(\frac{5}{9}, \frac{7}{15}\right) \Rightarrow \left(\frac{25}{45}, \frac{21}{45}\right) \Rightarrow \frac{5}{9}>\frac{7}{15}$
• $\left(\frac{5}{9}, \frac{19}{30}\right) \Rightarrow \left(\frac{50}{90}, \frac{57}{90}\right) \Rightarrow \frac{5}{9}<\frac{19}{30}$

8 • $\left(\frac{7}{18}, \frac{4}{9}\right) \Rightarrow \left(\frac{7}{18}, \frac{8}{18}\right) \Rightarrow \frac{7}{18}<\frac{4}{9}$
• $\left(\frac{4}{9}, \frac{5}{12}\right) \Rightarrow \left(\frac{16}{36}, \frac{15}{36}\right) \Rightarrow \frac{4}{9}>\frac{5}{12}$
• $\left(\frac{7}{18}, \frac{5}{12}\right) \Rightarrow \left(\frac{14}{36}, \frac{15}{36}\right) \Rightarrow \frac{7}{18}<\frac{5}{12}$

**9** • $\left(\frac{1}{3}, \frac{7}{10}\right) \Rightarrow \left(\frac{10}{30}, \frac{21}{30}\right) \Rightarrow \frac{1}{3} < \frac{7}{10}$

• $\left(\frac{7}{10}, \frac{5}{6}\right) \Rightarrow \left(\frac{21}{30}, \frac{25}{30}\right) \Rightarrow \frac{7}{10} < \frac{5}{6}$

**10** $\frac{\square}{5} = \frac{\square \times 3}{5 \times 3} = \frac{\square \times 3}{15}$, $\frac{2}{3} = \frac{2 \times 5}{3 \times 5} = \frac{10}{15}$이므로 $\frac{\square \times 3}{15} < \frac{10}{15}$입니다.

따라서 $\square \times 3 < 10$에서 $\square$ 안에 들어갈 수 있는 자연수는 1, 2, 3입니다.

**11** $\left(1\frac{8}{11}, 1\frac{5}{6}\right) \Rightarrow \left(1\frac{48}{66}, 1\frac{55}{66}\right) \Rightarrow 1\frac{8}{11} < 1\frac{5}{6}$

따라서 더 무거운 가방을 들고 있는 사람은 강우입니다.

**12** $\left(\frac{13}{16}, \frac{3}{4}\right) \Rightarrow \left(\frac{13}{16}, \frac{12}{16}\right) \Rightarrow \frac{13}{16} > \frac{3}{4}$

따라서 물을 더 적게 마신 사람은 세영입니다.

**13** • $\left(\frac{11}{15}, \frac{2}{3}\right) \Rightarrow \left(\frac{11}{15}, \frac{10}{15}\right) \Rightarrow \frac{11}{15} > \frac{2}{3}$

• $\left(\frac{2}{3}, \frac{7}{10}\right) \Rightarrow \left(\frac{20}{30}, \frac{21}{30}\right) \Rightarrow \frac{2}{3} < \frac{7}{10}$

• $\left(\frac{11}{15}, \frac{7}{10}\right) \Rightarrow \left(\frac{22}{30}, \frac{21}{30}\right) \Rightarrow \frac{11}{15} > \frac{7}{10}$

$\frac{11}{15} > \frac{7}{10} > \frac{2}{3}$이므로 무게가 가장 무거운 과일은 사과입니다.

## 96쪽~97쪽 문제 학습 6

**1** (1) 3, 2 / > (2) 6, 4 / 0.6, 0.4 / >
**2** (1) 0.5 / > (2) 0.125 / >
**3** (1) 6, 5 / > (2) 17, 22 / <
**4** (1) < (2) >
**5** 지혜
**6** 도넛
**7** ③
**8** (1.7) △$\frac{13}{25}$ $1\frac{11}{20}$
**9** $3\frac{3}{4}$, 3.7, $3\frac{3}{5}$, 3.36
**10** 준서
**11** 서훈, 민준, 수연
**12** 파란색 테이프

**2** (1) $\frac{1}{2} = \frac{5}{10} = 0.5$, $0.5 > 0.45 \Rightarrow \frac{1}{2} > 0.45$

(2) $\frac{1}{8} = \frac{125}{1000} = 0.125$, $0.2 > 0.125 \Rightarrow 0.2 > \frac{1}{8}$

**3** (1) $\frac{3}{5} = \frac{6}{10}$, $0.5 = \frac{5}{10}$이고, $\frac{6}{10} > \frac{5}{10}$이므로 $\frac{3}{5} > 0.5$입니다.

(2) $0.17 = \frac{17}{100}$, $\frac{11}{50} = \frac{22}{100}$이고, $\frac{17}{100} < \frac{22}{100}$이므로 $0.17 < \frac{11}{50}$입니다.

**4** (1) $\frac{2}{5} = \frac{4}{10} = 0.4$ (<) $0.7$

(2) $0.27$ (>) $\frac{1}{4} = \frac{25}{100} = 0.25$

**5** $\frac{17}{25}$을 소수로 나타내면 $\frac{17}{25} = \frac{68}{100} = 0.68$입니다.

$0.68 > 0.55$이므로 $\frac{17}{25} > 0.55$입니다.

**6** $\frac{18}{25} = \frac{72}{100} = 0.72$이고, $0.72 > 0.64$이므로 $\frac{18}{25} > 0.64$입니다.

**7** ① $\left(\frac{1}{6}, \frac{5}{12}\right) \Rightarrow \left(\frac{2}{12}, \frac{5}{12}\right) \Rightarrow \frac{1}{6} < \frac{5}{12}$

② $\left(\frac{3}{4}, \frac{5}{6}\right) \Rightarrow \left(\frac{9}{12}, \frac{10}{12}\right) \Rightarrow \frac{3}{4} < \frac{5}{6}$

③ $\left(\frac{5}{8}, 0.65\right) \Rightarrow \left(\frac{5}{8}, \frac{13}{20}\right) \Rightarrow \left(\frac{25}{40}, \frac{26}{40}\right)$

$\Rightarrow \frac{5}{8} < 0.65$

④ $\left(2.7, 2\frac{8}{15}\right) \Rightarrow \left(2\frac{7}{10}, 2\frac{8}{15}\right) \Rightarrow \left(2\frac{21}{30}, 2\frac{16}{30}\right)$

$\Rightarrow 2.7 > 2\frac{8}{15}$

⑤ $\left(1\frac{11}{12}, 1\frac{7}{16}\right) \Rightarrow \left(1\frac{44}{48}, 1\frac{21}{48}\right) \Rightarrow 1\frac{11}{12} > 1\frac{7}{16}$

**8** $\frac{13}{25} = \frac{52}{100} = 0.52$, $1\frac{11}{20} = 1\frac{55}{100} = 1.55$

$1.7 > 1.55 > 0.52$이므로 $1.7 > 1\frac{11}{20} > \frac{13}{25}$입니다.

**9** $3\frac{3}{4} = 3.75$, $3\frac{3}{5} = 3.6$입니다.

$3.75 > 3.7 > 3.6 > 3.36$이므로

$3\frac{3}{4} > 3.7 > 3\frac{3}{5} > 3.36$입니다.

**10** $40\frac{3}{8} = 40\frac{375}{1000} = 40.375$이므로 $40.36 < 40\frac{3}{8}$입니다. 시소는 더 무거운 쪽이 내려가므로 준서가 앉은 쪽으로 내려갑니다.

**11** $\frac{3}{10}$을 소수로 나타내면 $\frac{3}{10}=0.3$이고, $0.28<0.3<0.4$이므로 $0.28<\frac{3}{10}<0.4$입니다.

**12** $1\frac{1}{4}=1.25$, $1\frac{7}{10}=1.7$이고, $1.7>1.58>1.25$이므로 $1\frac{7}{10}>1.58>1\frac{1}{4}$입니다.

**98쪽 응용 학습 ①**

1단계 $\frac{12}{36}$, $\frac{16}{36}$
2단계 13, 14, 15
3단계 3개
**1·1** 5개
**1·2** 2개

1단계 $\frac{1}{3}$과 $\frac{4}{9}$의 분모를 □가 있는 분수의 분모인 36으로 통분하면 $\frac{12}{36}<\frac{□}{36}<\frac{16}{36}$입니다.

2단계 분자의 크기를 비교하면 12<□<16이므로 □ 안에 들어갈 수 있는 자연수는 13, 14, 15입니다.

3단계 13, 14, 15 ➡ 3개

**1·1** $\frac{3}{14}$과 $\frac{3}{7}$의 분모를 □가 있는 분수의 분모인 28로 통분하면 $\frac{6}{28}<\frac{□}{28}<\frac{12}{28}$입니다.
분자의 크기를 비교하면 6<□<12이므로 □ 안에 들어갈 수 있는 자연수는 7, 8, 9, 10, 11로 모두 5개입니다.

**1·2** $\left(\frac{1}{4}, \frac{□}{6}, \frac{5}{8}\right)$ ➡ $\left(\frac{6}{24}, \frac{4\times□}{24}, \frac{15}{24}\right)$
$\frac{6}{24}<\frac{4\times□}{24}<\frac{15}{24}$이므로 분자의 크기를 비교하면 6<4×□<15입니다. 따라서 □ 안에 들어갈 수 있는 자연수는 2, 3으로 2개입니다.

**99쪽 응용 학습 ②**

1단계 $\frac{6}{10}$, $\frac{9}{15}$, $\frac{12}{20}$, $\frac{15}{25}$
2단계 $\frac{9}{15}$, $\frac{12}{20}$
**2·1** $\frac{20}{24}$, $\frac{25}{30}$
**2·2** 4개

2단계 분모와 분자의 합은 5+3=8, 10+6=16, 15+9=24, 20+12=32, 25+15=40, ... 이므로 분모와 분자의 합이 20보다 크고 40보다 작은 분수는 $\frac{9}{15}$, $\frac{12}{20}$입니다.

**2·1** $\frac{5}{6}=\frac{10}{12}=\frac{15}{18}=\frac{20}{24}=\frac{25}{30}=\frac{30}{36}=\cdots$
분모와 분자의 합은 6+5=11, 12+10=22, 18+15=33, 24+20=44, 30+25=55, 36+30=66, ...입니다. ➡ $\frac{20}{24}$, $\frac{25}{30}$

**2·2** $\frac{3}{7}=\frac{6}{14}=\frac{9}{21}=\frac{12}{28}=\frac{15}{35}=\frac{18}{42}=\frac{21}{49}=\cdots$
분모와 분자의 차는 7−3=4, 14−6=8, 21−9=12, 28−12=16, 35−15=20, 42−18=24, 49−21=28, ...입니다.
➡ $\frac{9}{21}$, $\frac{12}{28}$, $\frac{15}{35}$, $\frac{18}{42}$로 모두 4개

**100쪽 응용 학습 ③**

1단계 11
2단계 9배
3단계 $\frac{45}{54}$
**3·1** $\frac{42}{70}$
**3·2** $\frac{6}{21}$

3단계 $\frac{5}{6}$의 분모와 분자에 각각 9를 곱하면 어떤 분수는 $\frac{5\times9}{6\times9}=\frac{45}{54}$입니다.

**3·1** $\frac{3}{5}$의 분모와 분자의 합은 5+3=8이고, 어떤 분수의 분모와 분자의 합은 $\frac{3}{5}$의 분모와 분자의 합의 112÷8=14(배)입니다.
따라서 $\frac{3}{5}$의 분모와 분자에 각각 14를 곱하면 어떤 분수는 $\frac{3\times14}{5\times14}=\frac{42}{70}$입니다.

**3·2** 약분하기 전의 분수의 분모와 분자의 최대공약수를 □라고 하면 약분하기 전의 분수는 $\frac{2\times□}{7\times□}$입니다.
7×□×2×□=126, 14×□×□=126,
□×□=9, 3×3=9에서 □=3입니다.
따라서 약분하기 전의 분수는 $\frac{2\times3}{7\times3}=\frac{6}{21}$입니다.

**101쪽 응용 학습 ❹**

1단계 $\frac{30}{54}$
2단계 3
**4·1** 5
**4·2** 24

1단계 6으로 나누어 약분한 분수가 $\frac{5}{9}$이므로 약분하기 전의 분수는 $\frac{5\times6}{9\times6}=\frac{30}{54}$입니다.

2단계 $\frac{27}{50}$의 분모에 4를 더하고 분자에 ♣를 더한 분수가 $\frac{30}{54}$이므로 27+♣=30, ♣=30−27=3입니다.

**4·1** 5로 나누어 약분한 분수가 $\frac{3}{8}$이므로 약분하기 전의 분수는 $\frac{3\times5}{8\times5}=\frac{15}{40}$입니다.
$\frac{13}{35}$의 분모에 ♠를 더하고 분자에 2를 더한 분수가 $\frac{15}{40}$이므로 35+♠=40, ♠=40−35=5입니다.

**4·2** 분자에서 뺀 수를 □라고 하면
$\frac{32}{72}=\frac{32-\square}{72-54}=\frac{32-\square}{18}$입니다. (÷4)
72÷4=18이므로 분자는 32÷4=8이 됩니다.
➡ 32−□=8, □=24

**102쪽 응용 학습 ❺**

1단계 $\frac{16}{36}$, $\frac{21}{36}$
2단계 $\frac{17}{36}$, $\frac{18}{36}$, $\frac{19}{36}$, $\frac{20}{36}$
3단계 $\frac{17}{36}$, $\frac{19}{36}$
**5·1** $\frac{37}{48}$
**5·2** 2개

1단계 $\frac{4}{9}=\frac{4\times4}{9\times4}=\frac{16}{36}$, $\frac{7}{12}=\frac{7\times3}{12\times3}=\frac{21}{36}$
3단계 $\frac{18}{36}=\frac{1}{2}$, $\frac{20}{36}=\frac{5}{9}$

**5·1** $\frac{3}{4}=\frac{3\times12}{4\times12}=\frac{36}{48}$, $\frac{5}{6}=\frac{5\times8}{6\times8}=\frac{40}{48}$
$\frac{3}{4}$보다 크고 $\frac{5}{6}$보다 작은 분수 중에서 분모가 48인 분수는 $\frac{37}{48}$, $\frac{38}{48}$, $\frac{39}{48}$이고 $\frac{38}{48}=\frac{19}{24}$, $\frac{39}{48}=\frac{13}{16}$이므로 기약분수는 $\frac{37}{48}$입니다.

**5·2** $0.5=\frac{5}{10}=\frac{5\times9}{10\times9}=\frac{45}{90}$, $\frac{5}{9}=\frac{5\times10}{9\times10}=\frac{50}{90}$
0.5보다 크고 $\frac{5}{9}$보다 작은 분수 중에서 분모가 90인 분수는 $\frac{46}{90}$, $\frac{47}{90}$, $\frac{48}{90}$, $\frac{49}{90}$이고 $\frac{46}{90}=\frac{23}{45}$, $\frac{48}{90}=\frac{8}{15}$이므로 기약분수는 $\frac{47}{90}$, $\frac{49}{90}$입니다.

**103쪽 응용 학습 ❻**

1단계 $\frac{1}{3}$, $\frac{1}{4}$, $\frac{3}{4}$, $\frac{1}{8}$, $\frac{3}{8}$, $\frac{4}{8}$
2단계 $\frac{3}{4}$
3단계 0.75
**6·1** 0.8
**6·2** 1.25

2단계 $\frac{1}{8}<\frac{1}{4}<\frac{1}{3}<\frac{3}{8}<\frac{4}{8}<\frac{3}{4}$
3단계 $\frac{3}{4}=\frac{75}{100}=0.75$

**6·1** 만들 수 있는 진분수는 $\frac{3}{4}$, $\frac{3}{5}$, $\frac{4}{5}$, $\frac{3}{8}$, $\frac{4}{8}$, $\frac{5}{8}$입니다.
$\frac{3}{8}<\frac{4}{8}<\frac{3}{5}<\frac{5}{8}<\frac{3}{4}<\frac{4}{5}$이므로 만들 수 있는 진분수 중 가장 큰 수는 $\frac{4}{5}=\frac{8}{10}=0.8$입니다.

**6·2** 만들 수 있는 가분수는 $\frac{3}{2}$, $\frac{4}{2}$, $\frac{5}{2}$, $\frac{4}{3}$, $\frac{5}{3}$, $\frac{5}{4}$입니다.
$\frac{5}{4}<\frac{4}{3}<\frac{3}{2}<\frac{5}{3}<\frac{4}{2}<\frac{5}{2}$이므로 만들 수 있는 가분수 중 가장 작은 수는 $\frac{5}{4}=\frac{125}{100}=1.25$입니다.

**104쪽 교과서 통합 핵심 개념**

1 12, 16, 35, 42 / 8, 6, 10, 5
2 3, 6 / 3, 3 / 6, 6
3 48, 45 / 16, 15
4 예 $\frac{15}{20}$, $\frac{14}{20}$ / > / 0.4 / <

## 105쪽~107쪽 단원 평가

1 10, 15

2 2, 7, 14

3 $\frac{28}{36}=\frac{28\div4}{36\div4}=\frac{7}{9}$

4 30, 60, 90

5 ( )(○)

6 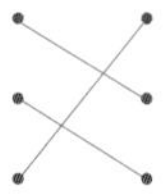

7 $\frac{4}{9}$, $\frac{8}{18}$, $\frac{32}{72}$

8 3개

9 3개

10 ❶ 분모가 8인 진분수는 $\frac{1}{8}$, $\frac{2}{8}$, $\frac{3}{8}$, $\frac{4}{8}$, $\frac{5}{8}$, $\frac{6}{8}$, $\frac{7}{8}$입니다.

❷ 이 중에서 기약분수는 $\frac{1}{8}$, $\frac{3}{8}$, $\frac{5}{8}$, $\frac{7}{8}$로 모두 4개입니다.

답 4개

11 $\frac{5}{8}$

12 $\frac{39}{52}$, $\frac{24}{52}$ / $\frac{21}{36}$, $\frac{20}{36}$

13 주스

14 1.4, $1\frac{4}{25}$, 0.96

15 ❶ $\left(\frac{1}{3}, 0.5\right) \Rightarrow \left(\frac{2}{6}, \frac{3}{6}\right) \Rightarrow \frac{1}{3}<0.5$

$\left(0.5, \frac{4}{15}\right) \Rightarrow \left(\frac{15}{30}, \frac{8}{30}\right) \Rightarrow 0.5>\frac{4}{15}$

$\left(\frac{1}{3}, \frac{4}{15}\right) \Rightarrow \left(\frac{5}{15}, \frac{4}{15}\right) \Rightarrow \frac{1}{3}>\frac{4}{15}$

❷ $0.5>\frac{1}{3}>\frac{4}{15}$이므로 찰흙을 가장 많이 사용한 사람은 규민입니다.

답 규민

16 1, 2, 3, 4

17 $\frac{3}{4}$, $\frac{2}{3}$

18 공원을 지나 가는 길

19 3개

20 ❶ 만들 수 있는 진분수는 $\frac{1}{3}$, $\frac{1}{5}$, $\frac{3}{5}$입니다.

❷ $\frac{1}{3}>\frac{1}{5}$이고, $\frac{1}{3}\left(=\frac{5}{15}\right)<\frac{3}{5}\left(=\frac{9}{15}\right)$이므로 가장 큰 수는 $\frac{3}{5}$입니다.

❸ 따라서 가장 큰 수를 소수로 나타내면 $\frac{3}{5}=\frac{6}{10}=0.6$입니다.

답 0.6

5 $\left(\frac{5}{8}, \frac{9}{14}\right) \Rightarrow \left(\frac{35}{56}, \frac{36}{56}\right) \Rightarrow \frac{5}{8}<\frac{9}{14}$

7 $\frac{16}{36}=\frac{16\div4}{36\div4}=\frac{4}{9}$, $\frac{16}{36}=\frac{16\div2}{36\div2}=\frac{8}{18}$,

$\frac{16}{36}=\frac{16\times2}{36\times2}=\frac{32}{72}$

8 $\frac{3}{8}=\frac{6}{16}=\frac{9}{24}=\frac{12}{32}=\frac{15}{40}=\frac{18}{48}=\frac{21}{56}=\cdots$

9 $\frac{6}{15}=\frac{6\div3}{15\div3}=\frac{2}{5}$, $\frac{18}{27}=\frac{18\div9}{27\div9}=\frac{2}{3}$

10

| 채점 기준 | | | |
|---|---|---|---|
| | ❶ 분모가 8인 진분수를 모두 구한 경우 | 2점 | 5점 |
| | ❷ 기약분수는 모두 몇 개인지 구한 경우 | 3점 | |

11 안경을 쓴 학생이 15명, 안경을 쓰지 않은 학생이 24명이므로 안경을 쓴 학생은 안경을 쓰지 않은 학생의 $\frac{15}{24}=\frac{15\div3}{24\div3}=\frac{5}{8}$입니다.

12 • $\left(\frac{3}{4}, \frac{6}{13}\right) \Rightarrow \left(\frac{3\times13}{4\times13}, \frac{6\times4}{13\times4}\right) \Rightarrow \left(\frac{39}{52}, \frac{24}{52}\right)$

• $\left(\frac{7}{12}, \frac{5}{9}\right) \Rightarrow \left(\frac{7\times3}{12\times3}, \frac{5\times4}{9\times4}\right) \Rightarrow \left(\frac{21}{36}, \frac{20}{36}\right)$

13 $\left(\frac{3}{8}, \frac{7}{20}\right) \Rightarrow \left(\frac{15}{40}, \frac{14}{40}\right) \Rightarrow \frac{3}{8}>\frac{7}{20}$

14 $1\frac{4}{25}=1\frac{16}{100}=1.16$, $1.4>1.16>0.96$이므로 $1.4>1\frac{4}{25}>0.96$입니다.

15

| 채점 기준 | | | |
|---|---|---|---|
| | ❶ 찰흙의 무게를 두 수씩 비교한 경우 | 3점 | 5점 |
| | ❷ 찰흙을 가장 많이 사용한 사람을 구한 경우 | 2점 | |

16 $\frac{\square}{6}=\frac{\square\times7}{6\times7}=\frac{\square\times7}{42}$, $\frac{5}{7}=\frac{5\times6}{7\times6}=\frac{30}{42}$이므로 $\frac{\square\times7}{42}<\frac{30}{42}$입니다.

따라서 $\square\times7<30$에서 $\square$ 안에 들어갈 수 있는 자연수는 1, 2, 3, 4입니다.

17 분모가 다른 두 분수를 통분하면 분모가 같아지므로 $\frac{24}{\square}$의 $\square$ 안에 알맞은 수는 36입니다.

• $\frac{27}{36}=\frac{27\div9}{36\div9}=\frac{3}{4}$ • $\frac{24}{36}=\frac{24\div12}{36\div12}=\frac{2}{3}$

18 (집~공원~은행)$=\frac{7}{15}+1\frac{4}{15}=1\frac{11}{15}$ (km)

$\left(1\frac{11}{15}, 1\frac{4}{5}\right) \Rightarrow \left(1\frac{11}{15}, 1\frac{12}{15}\right) \Rightarrow 1\frac{11}{15}<1\frac{4}{5}$

19 $\frac{1}{6}=\frac{2}{12}=\frac{3}{18}=\frac{4}{24}=\frac{5}{30}=\frac{6}{36}=\cdots$

$6+1=7$, $12+2=14$, $18+3=21$, $24+4=28$, $30+5=35$, $36+6=42$, ...이므로 분모와 분자의 합이 20보다 크고 40보다 작은 분수는 $\frac{3}{18}$, $\frac{4}{24}$, $\frac{5}{30}$로 모두 3개입니다.

20

| 채점 기준 | | | |
|---|---|---|---|
| | ❶ 만들 수 있는 진분수를 모두 구한 경우 | 2점 | 5점 |
| | ❷ 가장 큰 분수를 구한 경우 | 2점 | |
| | ❸ 가장 큰 분수를 소수로 나타낸 경우 | 1점 | |

# 5 분수의 덧셈과 뺄셈

## 110쪽 개념 학습 1

**1** (1) 8, 3 / $\frac{2}{3}+\frac{1}{4}=\frac{8}{12}+\frac{3}{12}=\frac{11}{12}$

(2) 5, 12 / $\frac{1}{3}+\frac{4}{5}=\frac{5}{15}+\frac{12}{15}=\frac{17}{15}=1\frac{2}{15}$

**2** $\frac{5}{8}+\frac{5}{12}=\frac{5\times12}{8\times12}+\frac{5\times8}{12\times8}=\frac{60}{96}+\frac{40}{96}$

$=\frac{100}{96}=1\frac{4}{96}=1\frac{1}{24}$

**3** $\frac{7}{12}+\frac{13}{18}=\frac{7\times3}{12\times3}+\frac{13\times2}{18\times2}=\frac{21}{36}+\frac{26}{36}$

$=\frac{47}{36}=1\frac{11}{36}$

1 (1) $\frac{2}{3}$와 $\frac{1}{4}$을 12를 공통분모로 하여 통분하면 $\frac{8}{12}$과 $\frac{3}{12}$이 됩니다.

➡ $\frac{2}{3}+\frac{1}{4}=\frac{8}{12}+\frac{3}{12}=\frac{11}{12}$

2 8과 12의 곱인 96을 공통분모로 하여 통분합니다.

3 12와 18의 최소공배수 36을 공통분모로 하여 통분합니다.

## 111쪽 개념 학습 2

**1** (1) 2 / $1\frac{1}{5}+1\frac{1}{10}=(1+1)+\left(\frac{2}{10}+\frac{1}{10}\right)$

$=2+\frac{3}{10}=2\frac{3}{10}$

(2) 3, 10 / $1\frac{1}{4}+1\frac{5}{6}=(1+1)+\left(\frac{3}{12}+\frac{10}{12}\right)$

$=2+\frac{13}{12}=2+1\frac{1}{12}=3\frac{1}{12}$

**2** $2\frac{3}{4}+1\frac{3}{5}=2\frac{15}{20}+1\frac{12}{20}$

$=(2+1)+\left(\frac{15}{20}+\frac{12}{20}\right)=3+\frac{27}{20}$

$=3+1\frac{7}{20}=4\frac{7}{20}$

**3** $1\frac{7}{9}+1\frac{2}{3}=\frac{16}{9}+\frac{5}{3}=\frac{16}{9}+\frac{15}{9}=\frac{31}{9}=3\frac{4}{9}$

2 4와 5의 최소공배수인 20으로 통분했습니다.

3 9와 3의 최소공배수인 9로 통분했습니다.

## 112쪽 개념 학습 3

**1** (1) 9, 4 / $\frac{3}{4}-\frac{1}{3}=\frac{9}{12}-\frac{4}{12}=\frac{5}{12}$

(2) 8, 5 / $\frac{4}{5}-\frac{1}{2}=\frac{8}{10}-\frac{5}{10}=\frac{3}{10}$

**2** (1) $\frac{4}{7}-\frac{3}{8}=\frac{4\times8}{7\times8}-\frac{3\times7}{8\times7}=\frac{32}{56}-\frac{21}{56}=\frac{11}{56}$

(2) $\frac{1}{3}-\frac{2}{15}=\frac{1\times15}{3\times15}-\frac{2\times3}{15\times3}=\frac{15}{45}-\frac{6}{45}$

$=\frac{9}{45}=\frac{1}{5}$

**3** (1) $\frac{5}{8}-\frac{5}{14}=\frac{5\times7}{8\times7}-\frac{5\times4}{14\times4}=\frac{35}{56}-\frac{20}{56}$

$=\frac{15}{56}$

(2) $\frac{3}{10}-\frac{1}{6}=\frac{3\times3}{10\times3}-\frac{1\times5}{6\times5}=\frac{9}{30}-\frac{5}{30}$

$=\frac{4}{30}=\frac{2}{15}$

1 (1) $\frac{3}{4}$과 $\frac{1}{3}$을 12를 공통분모로 하여 통분하면 $\frac{9}{12}$와 $\frac{4}{12}$가 됩니다.

➡ $\frac{3}{4}-\frac{1}{3}=\frac{9}{12}-\frac{4}{12}=\frac{5}{12}$

3 (1) 8과 14의 최소공배수 56을 공통분모로 하여 통분합니다.

(2) 10과 6의 최소공배수 30을 공통분모로 하여 통분합니다.

## 113쪽 개념 학습 4

**1** (1) 9, 8 / $1\frac{3}{4}-1\frac{2}{3}=1\frac{9}{12}-1\frac{8}{12}$

$=(1-1)+\left(\frac{9}{12}-\frac{8}{12}\right)=\frac{1}{12}$

(2) 3, 4 / $2\frac{1}{2}-1\frac{2}{3}=2\frac{3}{6}-1\frac{4}{6}=1\frac{9}{6}-1\frac{4}{6}$

$=(1-1)+\left(\frac{9}{6}-\frac{4}{6}\right)=\frac{5}{6}$

**2** $3\frac{4}{15}-1\frac{4}{9}=3\frac{12}{45}-1\frac{20}{45}=2\frac{57}{45}-1\frac{20}{45}$

$=(2-1)+\left(\frac{57}{45}-\frac{20}{45}\right)=1+\frac{37}{45}=1\frac{37}{45}$

**3** $4\frac{2}{7}-2\frac{2}{3}=\frac{30}{7}-\frac{8}{3}=\frac{90}{21}-\frac{56}{21}=\frac{34}{21}=1\frac{13}{21}$

2 $3\frac{12}{45}-1\frac{20}{45}$에서 $\frac{12}{45}-\frac{20}{45}$을 계산할 수 없으므로 $3\frac{12}{45}$에서 1을 받아내림합니다.

BOOK 1 개념북 5 단원

## 114쪽~115쪽 문제 학습 1

1 $\frac{5\times3}{12\times3}+\frac{2\times4}{9\times4}=\frac{15}{36}+\frac{8}{36}=\frac{23}{36}$

2 (1) $\frac{11}{15}$ (2) $\frac{17}{24}$ (3) $1\frac{26}{63}$ (4) $1\frac{19}{30}$

3 $1\frac{13}{45}$

4 $\frac{19}{24}$

5 ( )(○)

6 $1\frac{1}{24}$ kg

7 $\frac{5}{6}+\frac{3}{8}=\frac{5\times4}{6\times4}+\frac{3}{8\times3}=\frac{20}{24}+\frac{3}{24}=\frac{23}{24}$

/ $\frac{5\times4}{6\times4}+\frac{3\times3}{8\times3}=\frac{20}{24}+\frac{9}{24}=\frac{29}{24}=1\frac{5}{24}$

8 $\frac{4}{15}$

9 ㉠

10 $\frac{19}{20}$

11 1, 2, 3, 4

12 혜수

2 (1) $\frac{2}{5}+\frac{1}{3}=\frac{6}{15}+\frac{5}{15}=\frac{11}{15}$

(2) $\frac{7}{12}+\frac{1}{8}=\frac{14}{24}+\frac{3}{24}=\frac{17}{24}$

(3) $\frac{6}{7}+\frac{5}{9}=\frac{54}{63}+\frac{35}{63}=\frac{89}{63}=1\frac{26}{63}$

(4) $\frac{11}{15}+\frac{9}{10}=\frac{22}{30}+\frac{27}{30}=\frac{49}{30}=1\frac{19}{30}$

3 $\frac{8}{9}+\frac{2}{5}=\frac{40}{45}+\frac{18}{45}=\frac{58}{45}=1\frac{13}{45}$

4 $\frac{3}{8}+\frac{5}{12}=\frac{9}{24}+\frac{10}{24}=\frac{19}{24}$

5 • $\frac{1}{7}+\frac{3}{4}=\frac{4}{28}+\frac{21}{28}=\frac{25}{28}$

• $\frac{5}{7}+\frac{9}{14}=\frac{10}{14}+\frac{9}{14}=\frac{19}{14}=1\frac{5}{14}$

6 $\frac{2}{3}+\frac{3}{8}=\frac{16}{24}+\frac{9}{24}=\frac{25}{24}=1\frac{1}{24}$

7 통분할 때 $\frac{3}{8}$의 분모에는 3을 곱하고 분자에는 3을 곱하지 않아서 잘못 계산했습니다.

8 단위분수는 분모가 작을수록 큰 수이므로 $\frac{1}{6}>\frac{1}{8}>\frac{1}{10}$입니다.

➡ $\frac{1}{6}+\frac{1}{10}=\frac{5}{30}+\frac{3}{30}=\frac{8}{30}=\frac{4}{15}$

9 ㉠ $\frac{2}{3}+\frac{4}{5}=\frac{10}{15}+\frac{12}{15}=\frac{22}{15}=1\frac{7}{15}\left(=1\frac{28}{60}\right)$

㉡ $\frac{3}{4}+\frac{3}{10}=\frac{15}{20}+\frac{6}{20}=\frac{21}{20}=1\frac{1}{20}\left(=1\frac{3}{60}\right)$

10 $\square-\frac{3}{4}=\frac{1}{5}$ ➡ $\square=\frac{1}{5}+\frac{3}{4}=\frac{4}{20}+\frac{15}{20}=\frac{19}{20}$

11 $\frac{3}{10}+\frac{1}{4}=\frac{6}{20}+\frac{5}{20}=\frac{11}{20}$

$\frac{11}{20}>\frac{\square}{8}$, $\frac{22}{40}>\frac{\square\times5}{40}$, $22>\square\times5$입니다.

따라서 □ 안에 들어갈 수 있는 자연수는 1, 2, 3, 4입니다.

12 (혜수가 가는 길)

$=\frac{9}{10}+\frac{3}{4}=\frac{18}{20}+\frac{15}{20}=\frac{33}{20}=1\frac{13}{20}$(km)

➡ $1\frac{13}{20}<2\frac{7}{20}$

## 116쪽~117쪽 문제 학습 2

1 $3\frac{3}{4}+2\frac{5}{6}=3\frac{9}{12}+2\frac{10}{12}$

$=(3+2)+\left(\frac{9}{12}+\frac{10}{12}\right)$

$=5+\frac{19}{12}=5+1\frac{7}{12}=6\frac{7}{12}$

/ $3\frac{3}{4}+2\frac{5}{6}=\frac{15}{4}+\frac{17}{6}$

$=\frac{45}{12}+\frac{34}{12}=\frac{79}{12}=6\frac{7}{12}$

2 (1) $3\frac{11}{15}$ (2) $5\frac{5}{24}$

3 $6\frac{19}{30}$

4 $6\frac{7}{24}$ kg

5 (위에서부터) $8\frac{1}{18}$, $5\frac{19}{24}$

6 >

7 $6\frac{13}{20}$ cm

8 3, 1, 2

9 18

10 $8\frac{7}{12}$

11 $4\frac{1}{10}$ m

12 $5\frac{3}{20}$시간

2 (1) $2\frac{2}{5}+1\frac{1}{3}=2\frac{6}{15}+1\frac{5}{15}=3\frac{11}{15}$

(2) $1\frac{7}{12}+3\frac{5}{8}=1\frac{14}{24}+3\frac{15}{24}=4\frac{29}{24}=5\frac{5}{24}$

3 $2\frac{1}{6}+4\frac{7}{15}=2\frac{5}{30}+4\frac{14}{30}=6\frac{19}{30}$

4 $3\frac{7}{8}+2\frac{5}{12}=3\frac{21}{24}+2\frac{10}{24}=5\frac{31}{24}=6\frac{7}{24}$

5 • $3\frac{1}{6}+4\frac{8}{9}=3\frac{3}{18}+4\frac{16}{18}=7\frac{19}{18}=8\frac{1}{18}$

• $3\frac{1}{6}+2\frac{5}{8}=3\frac{4}{24}+2\frac{15}{24}=5\frac{19}{24}$

6 • $2\frac{5}{6}+2\frac{5}{9}=2\frac{15}{18}+2\frac{10}{18}=4\frac{25}{18}=5\frac{7}{18}$

• $1\frac{1}{3}+3\frac{1}{2}=1\frac{2}{6}+3\frac{3}{6}=4\frac{5}{6}$

➡ $5\frac{7}{18}>4\frac{5}{6}$

7 $4\frac{2}{5}+2\frac{1}{4}=4\frac{8}{20}+2\frac{5}{20}=6\frac{13}{20}$

8 • $4\frac{5}{12}+3\frac{1}{3}=4\frac{5}{12}+3\frac{4}{12}=7\frac{9}{12}=7\frac{3}{4}$

• $2\frac{1}{2}+5\frac{13}{18}=2\frac{9}{18}+5\frac{13}{18}=7\frac{22}{18}=8\frac{4}{18}=8\frac{2}{9}$

• $3\frac{4}{9}+4\frac{3}{4}=3\frac{16}{36}+4\frac{27}{36}=7\frac{43}{36}=8\frac{7}{36}$

➡ $8\frac{2}{9}\left(=8\frac{8}{36}\right)>8\frac{7}{36}>7\frac{3}{4}$

9 $4\frac{7}{8}+1\frac{5}{6}=4\frac{21}{24}+1\frac{20}{24}=5\frac{41}{24}=6\frac{17}{24}$

$6\frac{17}{24}<6\frac{\square}{24}$에서 □ 안에 들어갈 수 있는 자연수 중에서 가장 작은 수는 18입니다.

10 $4\frac{5}{12}★2\frac{2}{3}=4\frac{5}{12}+2\frac{2}{3}+1\frac{1}{2}$

$4\frac{5}{12}+2\frac{2}{3}=4\frac{5}{12}+2\frac{8}{12}=6\frac{13}{12}=7\frac{1}{12}$

➡ $7\frac{1}{12}+1\frac{1}{2}=7\frac{1}{12}+1\frac{6}{12}=8\frac{7}{12}$

11 $1\frac{1}{2}+2\frac{3}{5}=1\frac{5}{10}+2\frac{6}{10}=3\frac{11}{10}=4\frac{1}{10}$

12 $2\frac{1}{4}+2\frac{9}{10}=2\frac{5}{20}+2\frac{18}{20}=4\frac{23}{20}=5\frac{3}{20}$

**118쪽~119쪽 문제 학습 ③**

1 (1) $\frac{11}{21}$ (2) $\frac{11}{24}$

2 $\frac{7\times4}{12\times4}-\frac{1\times12}{4\times12}=\frac{28}{48}-\frac{12}{48}=\frac{16}{48}=\frac{1}{3}$

3 $\frac{5\times3}{6\times3}-\frac{4\times2}{9\times2}=\frac{15}{18}-\frac{8}{18}=\frac{7}{18}$

/ 예 분모의 최소공배수를 공통분모로 하여 통분한 후 계산했습니다.

4 $\frac{1}{10}$

5 (1) $\frac{5}{18}$ (2) $\frac{7}{48}$

6 ③, ⑤

7 ㉠

8 서준, 지수, 연우

9 $\frac{1}{15}$ L

10 $\frac{17}{24}$ m

11 $\frac{19}{45}$

12 $\frac{8}{35}$

1 (1) $\frac{6}{7}-\frac{1}{3}=\frac{6\times3}{7\times3}-\frac{1\times7}{3\times7}=\frac{18}{21}-\frac{7}{21}=\frac{11}{21}$

(2) $\frac{5}{6}-\frac{3}{8}=\frac{5\times4}{6\times4}-\frac{3\times3}{8\times3}=\frac{20}{24}-\frac{9}{24}=\frac{11}{24}$

3 **[평가 기준]** 방법에서 '분모의 최소공배수로 통분한다.'라는 표현이 있으면 정답으로 인정합니다.

4 $\frac{4}{15}-\frac{1}{6}=\frac{8}{30}-\frac{5}{30}=\frac{3}{30}=\frac{1}{10}$

5 (1) $\frac{13}{18}-\frac{4}{9}=\frac{13}{18}-\frac{8}{18}=\frac{5}{18}$

(2) $\frac{9}{16}-\frac{5}{12}=\frac{27}{48}-\frac{20}{48}=\frac{7}{48}$

6 ① $\frac{3}{5}-\frac{1}{3}=\frac{9}{15}-\frac{5}{15}=\frac{4}{15}$

② $\frac{4}{7}-\frac{1}{6}=\frac{24}{42}-\frac{7}{42}=\frac{17}{42}$

③ $\frac{7}{15}-\frac{3}{20}=\frac{28}{60}-\frac{9}{60}=\frac{19}{60}$

④ $\frac{7}{9}-\frac{7}{12}=\frac{28}{36}-\frac{21}{36}=\frac{7}{36}$

⑤ $\frac{7}{12}-\frac{1}{4}=\frac{7}{12}-\frac{3}{12}=\frac{4}{12}=\frac{1}{3}$

7 ㉠ $\frac{7}{9}-\frac{1}{6}=\frac{14}{18}-\frac{3}{18}=\frac{11}{18}$

㉡ $\frac{2}{3}-\frac{5}{12}=\frac{8}{12}-\frac{5}{12}=\frac{3}{12}=\frac{1}{4}$

➡ $\frac{11}{18}\left(=\frac{22}{36}\right)>\frac{1}{4}\left(=\frac{9}{36}\right)$

8 지수: $\frac{2}{15}-\frac{1}{10}=\frac{4}{30}-\frac{3}{30}=\frac{1}{30}$

연우: $\frac{8}{11}-\frac{5}{7}=\frac{56}{77}-\frac{55}{77}=\frac{1}{77}$

서준: $\frac{25}{27}-\frac{8}{9}=\frac{25}{27}-\frac{24}{27}=\frac{1}{27}$

➡ $\frac{1}{27}>\frac{1}{30}>\frac{1}{77}$

9 $\frac{2}{5}-\frac{1}{3}=\frac{6}{15}-\frac{5}{15}=\frac{1}{15}$

10 $\frac{7}{8}-\frac{1}{6}=\frac{21}{24}-\frac{4}{24}=\frac{17}{24}$

11 어떤 수를 □라 하면
$□+\frac{4}{9}=\frac{13}{15}$, $□=\frac{13}{15}-\frac{4}{9}=\frac{39}{45}-\frac{20}{45}=\frac{19}{45}$

12 만들 수 있는 진분수는 $\frac{4}{5}$, $\frac{4}{7}$, $\frac{5}{7}$이고
$\frac{4}{5}\left(=\frac{28}{35}\right)>\frac{5}{7}\left(=\frac{25}{35}\right)>\frac{4}{7}$입니다.
➡ $\frac{4}{5}-\frac{4}{7}=\frac{28}{35}-\frac{20}{35}=\frac{8}{35}$

**120쪽~121쪽 문제 학습 4**

1 $3\frac{5}{12}-1\frac{7}{8}=3\frac{10}{24}-1\frac{21}{24}$
$=2\frac{34}{24}-1\frac{21}{24}=1\frac{13}{24}$
/ $3\frac{5}{12}-1\frac{7}{8}=\frac{41}{12}-\frac{15}{8}$
$=\frac{82}{24}-\frac{45}{24}=\frac{37}{24}=1\frac{13}{24}$

2 (1) $3\frac{2}{3}$ (2) $3\frac{11}{20}$

3 $3\frac{32}{45}$

4 (선 잇기)

5 (○)( )

6 $1\frac{11}{20}$, $4\frac{5}{6}$

7 $\frac{43}{48}$ m

8 $6\frac{3}{8}-3\frac{7}{12}=2\frac{19}{24}$ / $2\frac{19}{24}$ L

9 $1\frac{29}{36}$ kg

10 $1\frac{8}{15}$

11 $7\frac{1}{6}$, $4\frac{11}{15}$, $2\frac{13}{30}$

12 4, 5, 6

13 $2\frac{29}{36}$

2 (1) $4\frac{4}{5}-1\frac{2}{15}=4\frac{12}{15}-1\frac{2}{15}=3\frac{10}{15}=3\frac{2}{3}$
(2) $6\frac{1}{4}-2\frac{7}{10}=6\frac{5}{20}-2\frac{14}{20}=5\frac{25}{20}-2\frac{14}{20}$
$=3\frac{11}{20}$

3 $5\frac{4}{15}-1\frac{5}{9}=5\frac{12}{45}-1\frac{25}{45}=4\frac{57}{45}-1\frac{25}{45}=3\frac{32}{45}$

4 • $1\frac{1}{2}-\frac{1}{8}=1\frac{4}{8}-\frac{1}{8}=1\frac{3}{8}$
• $3\frac{5}{8}-2\frac{1}{6}=3\frac{15}{24}-2\frac{4}{24}=1\frac{11}{24}$
• $2\frac{5}{12}-1\frac{3}{8}=2\frac{10}{24}-1\frac{9}{24}=1\frac{1}{24}$

5 • $3\frac{7}{10}-1\frac{1}{6}=3\frac{21}{30}-1\frac{5}{30}=2\frac{16}{30}=2\frac{8}{15}$
• $6\frac{4}{9}-4\frac{2}{5}=6\frac{20}{45}-4\frac{18}{45}=2\frac{2}{45}$
➡ $2\frac{8}{15}\left(=2\frac{24}{45}\right)>2\frac{2}{45}$

6 • $4\frac{1}{4}-2\frac{7}{10}=3\frac{25}{20}-2\frac{14}{20}=1\frac{11}{20}$
• $7\frac{8}{15}-2\frac{7}{10}=6\frac{46}{30}-2\frac{21}{30}=4\frac{25}{30}=4\frac{5}{6}$

7 $2\frac{9}{16}-1\frac{2}{3}=1\frac{75}{48}-1\frac{32}{48}=\frac{43}{48}$

8 $6\frac{3}{8}-3\frac{7}{12}=5\frac{33}{24}-3\frac{14}{24}=2\frac{19}{24}$

9 $3\frac{13}{18}-1\frac{11}{12}=2\frac{62}{36}-1\frac{33}{36}=1\frac{29}{36}$

10 $□=3-1\frac{7}{15}=2\frac{15}{15}-1\frac{7}{15}=1\frac{8}{15}$

11 분수의 차가 가장 크게 되려면 가장 큰 수에서 가장 작은 수를 빼야 합니다.
➡ $7\frac{1}{6}-4\frac{11}{15}=6\frac{35}{30}-4\frac{22}{30}=2\frac{13}{30}$

12 $4\frac{2}{3}-1\frac{2}{7}=4\frac{14}{21}-1\frac{6}{21}=3\frac{8}{21}$
➡ $3\frac{8}{21}<□<7$에서 □ 안에 들어갈 수 있는 자연수는 4, 5, 6입니다.

13 $6\frac{8}{9}-1\frac{5}{6}=6\frac{16}{18}-1\frac{15}{18}=5\frac{1}{18}$
➡ ㉠$=5\frac{1}{18}-2\frac{1}{4}=4\frac{38}{36}-2\frac{9}{36}=2\frac{29}{36}$

**122쪽 응용 학습 1**

1단계 $8\frac{2}{3}$, $2\frac{3}{8}$

1·1 $10\frac{4}{35}$

2단계 $11\frac{1}{24}$

1·2 $5\frac{11}{20}$

2단계 $8\frac{2}{3}+2\frac{3}{8}=8\frac{16}{24}+2\frac{9}{24}=10\frac{25}{24}=11\frac{1}{24}$

**1·1** 가장 큰 대분수: $7\frac{2}{5}$, 가장 작은 대분수: $2\frac{5}{7}$

➡ $7\frac{2}{5}+2\frac{5}{7}=7\frac{14}{35}+2\frac{25}{35}=9\frac{39}{35}=10\frac{4}{35}$

**1·2** • 강우가 만들 수 있는 가장 큰 대분수: $8\frac{1}{4}$

• 지혜가 만들 수 있는 가장 작은 대분수: $2\frac{7}{10}$

➡ $8\frac{1}{4}-2\frac{7}{10}=7\frac{25}{20}-2\frac{14}{20}=5\frac{11}{20}$

## 123쪽 응용 학습 ②

| | | | |
|---|---|---|---|
| 1단계 | $\square+3\frac{1}{2}=8\frac{1}{3}$ | **2·1** | $1\frac{23}{24}$ |
| 2단계 | $4\frac{5}{6}$ | **2·2** | $7\frac{4}{5}$ |
| 3단계 | $1\frac{1}{3}$ | | |

2단계 $\square=8\frac{1}{3}-3\frac{1}{2}=8\frac{2}{6}-3\frac{3}{6}=7\frac{8}{6}-3\frac{3}{6}=4\frac{5}{6}$

3단계 $4\frac{5}{6}-3\frac{1}{2}=4\frac{5}{6}-3\frac{3}{6}=1\frac{2}{6}=1\frac{1}{3}$

**2·1** 어떤 수를 □라 하면 $\square+2\frac{5}{6}=7\frac{5}{8}$,

$\square=7\frac{5}{8}-2\frac{5}{6}=6\frac{39}{24}-2\frac{20}{24}=4\frac{19}{24}$입니다.

따라서 바르게 계산하면

$4\frac{19}{24}-2\frac{5}{6}=3\frac{43}{24}-2\frac{20}{24}=1\frac{23}{24}$입니다.

**2·2** 어떤 수를 □라 하면 $\square-1\frac{2}{3}=4\frac{7}{15}$,

$\square=4\frac{7}{15}+1\frac{2}{3}=4\frac{7}{15}+1\frac{10}{15}=5\frac{17}{15}=6\frac{2}{15}$

입니다. 따라서 바르게 계산하면

$6\frac{2}{15}+1\frac{2}{3}=6\frac{2}{15}+1\frac{10}{15}=7\frac{12}{15}=7\frac{4}{5}$입니다.

## 124쪽 응용 학습 ③

| | | | |
|---|---|---|---|
| 1단계 | $\frac{11}{30}$, $\frac{71}{90}$ | **3·1** | 4 |
| 2단계 | 33, 71 | **3·2** | 3개 |
| 3단계 | 4, 5, 6, 7 | | |

1단계 • $\frac{4}{15}+\frac{1}{10}=\frac{8}{30}+\frac{3}{30}=\frac{11}{30}$

• $\frac{2}{5}+\frac{7}{18}=\frac{36}{90}+\frac{35}{90}=\frac{71}{90}$

2단계 $\frac{11}{30}<\frac{\square}{9}<\frac{71}{90}$ ➡ $\frac{33}{90}<\frac{\square\times10}{90}<\frac{71}{90}$

3단계 $33<\square\times10<71$이므로

□ 안에 들어갈 수 있는 자연수는 4, 5, 6, 7입니다.

**3·1** • $\frac{3}{16}+\frac{1}{4}=\frac{3}{16}+\frac{4}{16}=\frac{7}{16}$

• $\frac{1}{8}+\frac{5}{12}=\frac{3}{24}+\frac{10}{24}=\frac{13}{24}$

➡ $\frac{7}{16}<\frac{\square}{8}<\frac{13}{24}$, $\frac{21}{48}<\frac{\square\times6}{48}<\frac{26}{48}$,

$21<\square\times6<26$이므로 □ 안에 들어갈 수 있는 자연수는 4입니다.

**3·2** • $5\frac{9}{20}-4\frac{3}{4}=4\frac{29}{20}-4\frac{15}{20}=\frac{14}{20}=\frac{7}{10}$

• $3\frac{8}{15}-2\frac{13}{20}=2\frac{92}{60}-2\frac{39}{60}=\frac{53}{60}$

➡ $\frac{7}{10}<\frac{\square}{20}<\frac{53}{60}$, $\frac{42}{60}<\frac{\square\times3}{60}<\frac{53}{60}$,

$42<\square\times3<53$이므로 □ 안에 들어갈 수 있는 자연수는 15, 16, 17로 모두 3개입니다.

## 125쪽 응용 학습 ④

| | | | |
|---|---|---|---|
| 1단계 | $4\frac{7}{8}$ m | **4·1** | $3\frac{19}{21}$ m |
| 2단계 | $\frac{7}{10}$ m | **4·2** | $\frac{2}{3}$ |
| 3단계 | $4\frac{7}{40}$ m | | |

1단계 $1\frac{5}{8}+1\frac{5}{8}+1\frac{5}{8}=3\frac{15}{8}=4\frac{7}{8}$

2단계 $\frac{7}{20}+\frac{7}{20}=\frac{14}{20}=\frac{7}{10}$

3단계 $4\frac{7}{8}-\frac{7}{10}=4\frac{35}{40}-\frac{28}{40}=4\frac{7}{40}$

**4·1** • (색 테이프 3장의 길이의 합)

$=1\frac{3}{7}+1\frac{3}{7}+1\frac{3}{7}=3\frac{9}{7}=4\frac{2}{7}$ (m)

• (겹쳐진 부분의 길이의 합)$=\frac{4}{21}+\frac{4}{21}=\frac{8}{21}$ (m)

➡ (이어 붙인 색 테이프의 전체 길이)

=(색 테이프 3장의 길이의 합)

−(겹쳐진 부분의 길이의 합)

$=4\frac{2}{7}-\frac{8}{21}=3\frac{27}{21}-\frac{8}{21}=3\frac{19}{21}$ (m)

**4·2** • (색 테이프 3장의 길이의 합)

$=1\frac{3}{4}+1\frac{3}{4}+2\frac{1}{6}=4\frac{20}{12}=5\frac{8}{12}=5\frac{2}{3}$ (m)

• (이어 붙인 색 테이프의 전체 길이)

=(색 테이프 3장의 길이의 합)

−(겹쳐진 부분의 길이의 합)이므로

(겹쳐진 부분의 길이의 합)

$=5\frac{2}{3}-4\frac{3}{5}=5\frac{10}{15}-4\frac{9}{15}=1\frac{1}{15}$ (m)입니다.

➡ $\frac{2}{5}+\square=1\frac{1}{15}$, $\square=1\frac{1}{15}-\frac{2}{5}=\frac{10}{15}=\frac{2}{3}$

## 126쪽 교과서 통합 핵심 개념

1 15, 10, 25, 1

2 $1\frac{4}{5}+3\frac{1}{2}=1\frac{8}{10}+3\frac{5}{10}=(1+3)+\left(\frac{8}{10}+\frac{5}{10}\right)$

$=4+\frac{13}{10}=4+1\frac{3}{10}=5\frac{3}{10}$

/ $1\frac{4}{5}+3\frac{1}{2}=\frac{9}{5}+\frac{7}{2}=\frac{18}{10}+\frac{35}{10}=\frac{53}{10}=5\frac{3}{10}$

3 15, 12, 3

4 $4\frac{1}{6}-1\frac{3}{4}=4\frac{2}{12}-1\frac{9}{12}=3\frac{14}{12}-1\frac{9}{12}$

$=(3-1)+\left(\frac{14}{12}-\frac{9}{12}\right)=2+\frac{5}{12}=2\frac{5}{12}$

/ $4\frac{1}{6}-1\frac{3}{4}=\frac{25}{6}-\frac{7}{4}=\frac{50}{12}-\frac{21}{12}=\frac{29}{12}$

$=2\frac{5}{12}$

## 127쪽~129쪽 단원 평가

1 $\frac{3}{5}+\frac{5}{6}=\frac{3\times6}{5\times6}+\frac{5\times5}{6\times5}=\frac{18}{30}+\frac{25}{30}=\frac{43}{30}$

$=1\frac{13}{30}$

2 $3\frac{7}{9}-2\frac{3}{4}=3\frac{28}{36}-2\frac{27}{36}$

$=(3-2)+\left(\frac{28}{36}-\frac{27}{36}\right)=1+\frac{1}{36}=1\frac{1}{36}$

3 $\frac{5}{9}+\frac{7}{12}=\frac{60}{108}+\frac{63}{108}=\frac{123}{108}$

$=1\frac{15}{108}=1\frac{5}{36}$

/ $\frac{5}{9}+\frac{7}{12}=\frac{20}{36}+\frac{21}{36}=\frac{41}{36}=1\frac{5}{36}$

4 ④

5 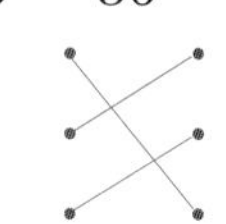

6 $1\frac{5}{6}$, $\frac{11}{12}$

7 $1\frac{19}{36}$ m

8 (위에서부터) $6\frac{1}{18}$, $1\frac{8}{21}$, $2\frac{5}{42}$, $2\frac{5}{9}$

9 $\frac{25}{6}-\frac{17}{12}=\frac{50}{12}-\frac{17}{12}=\frac{33}{12}=2\frac{9}{12}=2\frac{3}{4}$

10 $7\frac{5}{24}$, $4\frac{1}{24}$

11 >

12 ❶ $5\frac{1}{8}>4\frac{6}{7}>3\frac{11}{14}$이므로 가장 긴 변은 $5\frac{1}{8}$ cm, 가장 짧은 변은 $3\frac{11}{14}$ cm입니다.

❷ 가장 긴 변과 가장 짧은 변의 길이의 합은

$5\frac{1}{8}+3\frac{11}{14}=5\frac{7}{56}+3\frac{44}{56}=8\frac{51}{56}$ (cm)입니다.

답 $8\frac{51}{56}$ cm

13 $\frac{7}{15}$컵

14 7

15 $1\frac{7}{18}$

16 $4\frac{19}{24}$

17 ❶ 어떤 수를 □라 하면 $\square+1\frac{3}{4}=4\frac{1}{3}$,

$\square=4\frac{1}{3}-1\frac{3}{4}=4\frac{4}{12}-1\frac{9}{12}=3\frac{16}{12}-1\frac{9}{12}=2\frac{7}{12}$

이므로 어떤 수는 $2\frac{7}{12}$입니다.

❷ 어떤 수에 $2\frac{1}{6}$을 더하면 $2\frac{7}{12}+2\frac{1}{6}=2\frac{7}{12}+2\frac{2}{12}$

$=4\frac{9}{12}=4\frac{3}{4}$입니다.

답 $4\frac{3}{4}$

18 $\frac{9}{10}$ m

19 ❶ (동생의 몸무게)

$=42\frac{7}{9}-4\frac{1}{6}=42\frac{14}{18}-4\frac{3}{18}=38\frac{11}{18}$ (kg)

❷ (두 사람의 몸무게의 합)=(준기의 몸무게)+(동생의 몸무게)

$=42\frac{7}{9}+38\frac{11}{18}=42\frac{14}{18}+38\frac{11}{18}=80\frac{25}{18}$

$=81\frac{7}{18}$ (kg)

답 $81\frac{7}{18}$ kg

20 $1\frac{5}{12}$ kg

4 ① $\frac{34}{35}$ ② $\frac{19}{20}$ ③ $\frac{14}{15}$ ④ $1\frac{1}{28}$ ⑤ $\frac{51}{56}$

➡ 계산 결과가 1보다 큰 것은 ④입니다.

6 • $\frac{23}{24}+\frac{7}{8}=\frac{23}{24}+\frac{21}{24}=\frac{44}{24}=1\frac{20}{24}=1\frac{5}{6}$

• $1\frac{5}{6}-\frac{11}{12}=1\frac{10}{12}-\frac{11}{12}=\frac{22}{12}-\frac{11}{12}=\frac{11}{12}$

7 $\frac{7}{12}+\frac{17}{18}=\frac{21}{36}+\frac{34}{36}=\frac{55}{36}=1\frac{19}{36}$

8 • $2\frac{5}{6}+3\frac{2}{9}=2\frac{15}{18}+3\frac{4}{18}=5\frac{19}{18}=6\frac{1}{18}$

• $\frac{5}{7}+\frac{2}{3}=\frac{15}{21}+\frac{14}{21}=\frac{29}{21}=1\frac{8}{21}$

• $2\frac{5}{6}-\frac{5}{7}=2\frac{35}{42}-\frac{30}{42}=2\frac{5}{42}$

• $3\frac{2}{9}-\frac{2}{3}=3\frac{2}{9}-\frac{6}{9}=2\frac{11}{9}-\frac{6}{9}=2\frac{5}{9}$

10 합: $1\frac{7}{12}+5\frac{5}{8}=1\frac{14}{24}+5\frac{15}{24}=6\frac{29}{24}=7\frac{5}{24}$

차: $5\frac{5}{8}-1\frac{7}{12}=5\frac{15}{24}-1\frac{14}{24}=4\frac{1}{24}$

11 • $1\frac{5}{6}+2\frac{5}{9}=1\frac{15}{18}+2\frac{10}{18}=3\frac{25}{18}=4\frac{7}{18}$

• $7\frac{1}{3}-3\frac{1}{2}=7\frac{2}{6}-3\frac{3}{6}=6\frac{8}{6}-3\frac{3}{6}=3\frac{5}{6}$

12

| 채점 기준 | | | |
|---|---|---|---|
| | ❶ 가장 긴 변과 가장 짧은 변을 구한 경우 | 2점 | 5점 |
| | ❷ 가장 긴 변과 가장 짧은 변의 길이의 합을 구한 경우 | 3점 | |

14 $3\frac{2}{9}+3\frac{1}{6}=6\frac{7}{18}$, $6\frac{7}{18}<\square$이므로 □ 안에 들어갈 수 있는 가장 작은 자연수는 7입니다.

15 $●=4\frac{5}{12}-1\frac{4}{9}=3\frac{51}{36}-1\frac{16}{36}=2\frac{35}{36}$

$★+1\frac{7}{12}=2\frac{35}{36}$, $★=2\frac{35}{36}-1\frac{7}{12}=1\frac{7}{18}$

16 $\square=7\frac{5}{8}-2\frac{5}{6}=6\frac{39}{24}-2\frac{20}{24}=4\frac{19}{24}$

17

| 채점 기준 | | | |
|---|---|---|---|
| | ❶ 어떤 수를 구한 경우 | 3점 | 5점 |
| | ❷ 어떤 수에 $2\frac{1}{6}$을 더한 값을 구한 경우 | 2점 | |

18 (ㄴ~ㄷ)=(ㄱ~ㄷ)+(ㄴ~ㄹ)−(ㄱ~ㄹ)

$=4\frac{1}{5}+4\frac{2}{3}-7\frac{29}{30}=8\frac{13}{15}-7\frac{29}{30}=\frac{9}{10}$ (m)

19

| 채점 기준 | | | |
|---|---|---|---|
| | ❶ 동생의 몸무게를 구한 경우 | 2점 | 5점 |
| | ❷ 두 사람의 몸무게의 합을 구한 경우 | 3점 | |

20 • (물의 반의 무게)

=(물이 가득 들어 있는 병의 무게)

−(물이 반만큼 들어 있는 병의 무게)

$=3\frac{5}{6}-2\frac{5}{8}=3\frac{20}{24}-2\frac{15}{24}=1\frac{5}{24}$ (kg)

• (빈 병의 무게)

=(물이 반만큼 들어 있는 병의 무게)

−(물의 반의 무게)

$=2\frac{5}{8}-1\frac{5}{24}=2\frac{15}{24}-1\frac{5}{24}=1\frac{10}{24}=1\frac{5}{12}$ (kg)

# 6 다각형의 둘레와 넓이

## 132쪽 개념 학습 ❶

1 (1) 3, 12 (2) 5, 15 (3) 6, 12
2 (1) 4, 2, 20 (2) 4, 2, 22 (3) 6, 24

1 (1) (정삼각형의 둘레)$=4\times3=12$(cm)
(2) (정오각형의 둘레)$=3\times5=15$(cm)
(3) (정육각형의 둘레)$=2\times6=12$(cm)

2 (1) (직사각형의 둘레)$=(6+4)\times2=20$(cm)
(2) (평행사변형의 둘레)$=(7+4)\times2=22$(cm)
(3) (마름모의 둘레)$=6\times4=24$(cm)

## 133쪽 개념 학습 ❷

1 (1) 8, 6 (2) 9, 7 (3) 6, 7
2 (1) 50000 (2) 7 (3) 4000000 (4) 23
(5) 160000 (6) 90 (7) 61000000 (8) 85

1 (1) • 왼쪽 도형: $1\,cm^2$가 8개 ➡ $8\,cm^2$
• 오른쪽 도형: $1\,cm^2$가 6개 ➡ $6\,cm^2$
(2) • 왼쪽 도형: $1\,m^2$가 9개 ➡ $9\,m^2$
• 오른쪽 도형: $1\,m^2$가 7개 ➡ $7\,m^2$
(3) • 왼쪽 도형: $1\,km^2$가 6개 ➡ $6\,km^2$
• 오른쪽 도형: $1\,km^2$가 7개 ➡ $7\,km^2$

2 (4) $1000000\,m^2=1\,km^2$이므로
$23000000\,m^2=23\,km^2$입니다.
(5) $1\,m^2=10000\,cm^2$이므로
$16\,m^2=160000\,cm^2$입니다.

## 134쪽 개념 학습 ❸

1 (1) 예 (2) 예 (3) 예

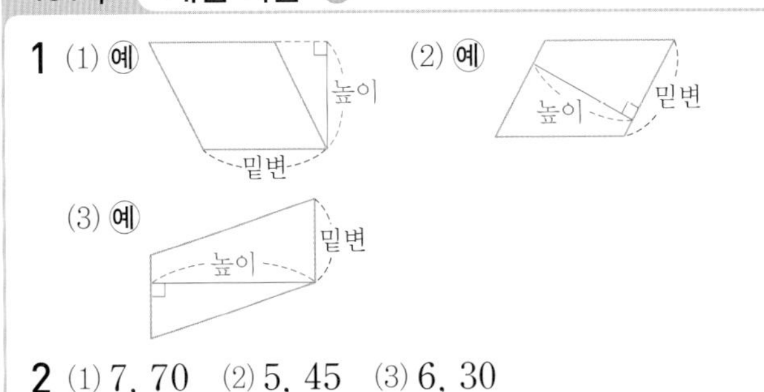


2 (1) 7, 70 (2) 5, 45 (3) 6, 30

BOOK 1 개념북
6 단원

2 (1) (직사각형의 넓이)$=10\times7=70(cm^2)$
(2) (평행사변형의 넓이)$=9\times5=45(cm^2)$

## 135쪽 개념 학습 ④

1 (1) 예 (2) 예
(3) 예

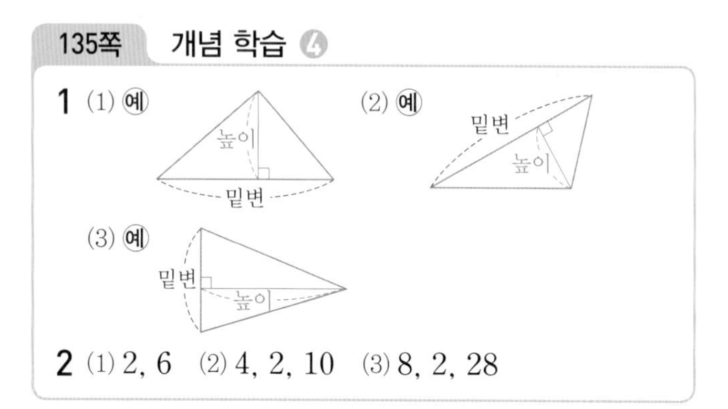


2 (1) 2, 6 (2) 4, 2, 10 (3) 8, 2, 28

2 (1) (삼각형의 넓이)$=6\times2\div2=6(cm^2)$

## 136쪽 개념 학습 ⑤

1 (1) 6, 3 (2) 10, 8 (3) 14, 18
2 (1) 14, 91 (2) 10, 90 (3) 6, 30

1 (3) $7\times2=14(cm)$, $9\times2=18(cm)$

2 (1) (마름모의 넓이)$=13\times14\div2=91(cm^2)$
(3) 한 대각선의 길이: $5\times2=10(cm)$
다른 대각선의 길이: $3\times2=6(cm)$

## 137쪽 개념 학습 ⑥

1 (1) (2)
(3)

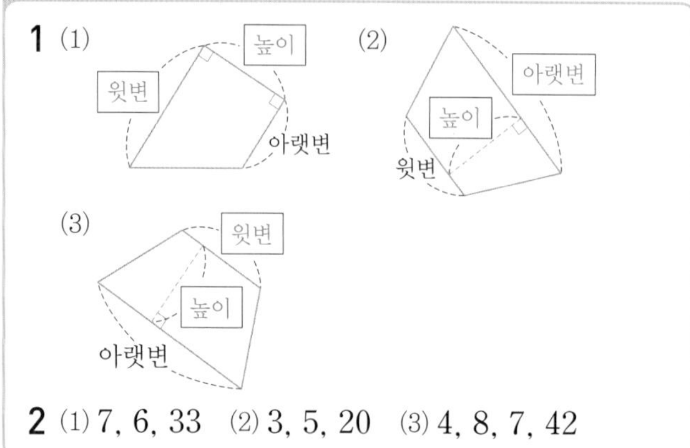


2 (1) 7, 6, 33 (2) 3, 5, 20 (3) 4, 8, 7, 42

1 사다리꼴의 윗변과 아랫변은 위치가 정해져 있지 않습니다.

## 138쪽~139쪽 문제 학습 ①

1 (1) 42 cm (2) 24 cm
2 72 cm
3 $(7+4)\times2=22$ / 22 cm
4 지혜
5 44 cm
6 가
7 ㉡
8 56 cm
9 예 1 cm 1 cm
10 6 cm
11 6
12 4 cm
13 15 cm

1 (1) (정육각형의 둘레)$=7\times6=42(cm)$
(2) (정팔각형의 둘레)$=3\times8=24(cm)$

2 (정십이각형의 둘레)$=6\times12=72(cm)$

3 (초콜릿의 둘레)$=(7+4)\times2=22(cm)$

4 (마름모의 둘레)=(한 변의 길이)$\times4$입니다.
마름모의 둘레는 $5\times4=20(cm)$이므로 바르게 구한 사람은 지혜입니다.

5 (수첩의 둘레)$=(10+12)\times2=44(cm)$

6 (직사각형 가의 둘레)$=(7+13)\times2=40(cm)$
(직사각형 나의 둘레)$=(16+6)\times2=44(cm)$
➡ 둘레가 더 짧은 직사각형은 가입니다.

7 ㉠ (평행사변형의 둘레)$=(9+4)\times2=26(cm)$
㉡ (정칠각형의 둘레)$=4\times7=28(cm)$
㉢ (정사각형의 둘레)$=6\times4=24(cm)$
➡ $28>26>24$이므로 둘레가 가장 긴 것은 ㉡입니다.

8 (평행사변형의 둘레)$=(6+4)\times2=20(cm)$
(마름모의 둘레)$=9\times4=36(cm)$
➡ $20+36=56(cm)$

10 (타일의 한 변의 길이)=(둘레)$\div4=24\div4=6(cm)$

11 $(9+\square)\times2=30$, $9+\square=15$, $\square=6$

12 서윤이는 정사각형을, 지훈이는 정오각형을 그렸습니다.
(정사각형의 한 변의 길이)$=80\div4=20(cm)$
(정오각형의 한 변의 길이)$=80\div5=16(cm)$
➡ $20-16=4(cm)$

13 (직사각형의 둘레)$=(27+18)\times 2=90$ (cm)
정육각형의 둘레는 90 cm입니다.
➡ (정육각형의 한 변의 길이)$=90\div 6=15$ (cm)

## 140쪽~141쪽 문제 학습 ②

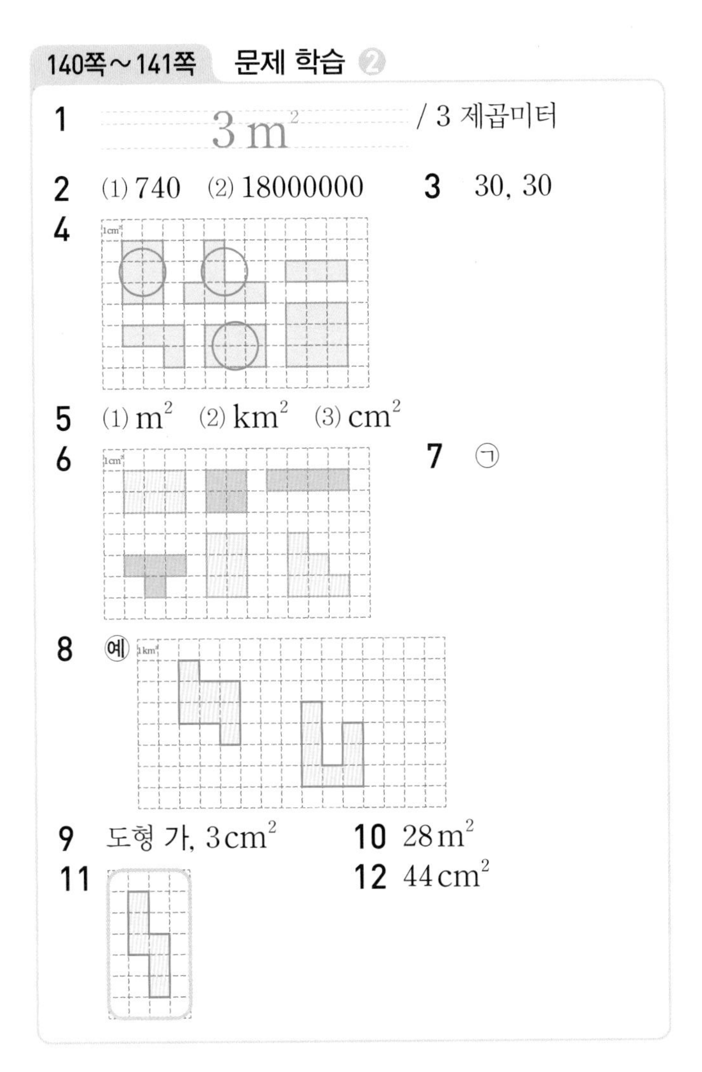


2 (1) $10000\,cm^2=1\,m^2$이므로
$7400000\,cm^2=740\,m^2$입니다.
(2) $1\,km^2=1000000\,m^2$이므로
$18\,km^2=18000000\,m^2$입니다.

3 6000 m$=$6 km, 5000 m$=$5 km입니다.
두 도형 모두 $1\,km^2$가 한 줄에 6개씩 5줄 들어가므로 $6\times 5=30$(개) 들어갑니다.

5 장소나 물건의 가로와 세로를 생각하여 넓이를 추측하고, 적절한 넓이 단위를 찾습니다.

6 $1\,cm^2$의 수가 같은 도형끼리 같은 색으로 색칠합니다.

7 ㉠ $1.4\,km^2=1400000\,m^2$
➡ $1400000>900000$

8 $1\,km^2$가 8개인 여러 가지 모양의 도형을 그립니다.

9 도형 가는 $1\,cm^2$가 16개이므로 $16\,cm^2$입니다.
도형 나는 $1\,cm^2$가 13개이므로 $13\,cm^2$입니다.
➡ 도형 가의 넓이가 $16-13=3\,(cm^2)$ 더 넓습니다.

10 700 cm$=$7 m이고 나무 판에는 $1\,m^2$가 한 줄에 4개씩 7줄 들어갑니다.
➡ (나무 판의 넓이)$=4\times 7=28\,(m^2)$

11 가로 두 칸을 기준으로 오른쪽 아래와 왼쪽 위에 한 칸씩 번갈아 늘리는 규칙입니다. 빈칸에 알맞은 도형은 세 번째 도형의 왼쪽 위에 한 칸을 늘린 모양입니다.

12 그림에서 모양 조각이 차지하는 부분은 $1\,cm^2$가 44개이므로 $44\,cm^2$입니다.

## 142쪽~143쪽 문제 학습 ③

1 (1) $30\,cm^2$ (2) $24\,cm^2$
2 10 cm
3 (1) $35\,cm^2$ (2) $24\,cm^2$
4 24, 24000000
5 $460\,cm^2$
6 $51\,cm^2$
7 예 $9\times 4=36\,(cm^2)$ / 예 $6\times 6=36\,(cm^2)$
8 (위에서부터) 2, 3, 4 / 3 / 6, 9, 12
9 ㉡
10 나
11 6
12 9 cm
13 $64\,cm^2$

1 (1) (직사각형의 넓이)$=6\times 5=30\,(cm^2)$
(2) (직사각형의 넓이)$=3\times 8=24\,(cm^2)$

2 높이와 수직인 선분의 길이는 10 cm입니다.

3 (1) (평행사변형의 넓이)$=$(밑변의 길이)$\times$(높이)
$=7\times 5=35\,(cm^2)$
(2) (평행사변형의 넓이)$=6\times 4=24\,(cm^2)$

4 1000 m$=$1 km이므로 3000 m$=$3 km입니다.
(직사각형의 넓이)$=8\times 3=24\,(km^2)$
➡ $24\,km^2=24000000\,m^2$

5 (액자의 넓이)$=23\times 20=460\,(cm^2)$

6 (가의 넓이)$=10\times 10=100\,(cm^2)$
(나의 넓이)$=7\times 7=49\,(cm^2)$
➡ $100-49=51\,(cm^2)$

BOOK 1 개념북 6단원

7 평행사변형의 밑변의 길이가 9 cm일 때 높이는 4 cm이고, 밑변의 길이가 6 cm일 때 높이는 6 cm입니다.
두 가지 방법으로 구한 평행사변형의 넓이는 36 $cm^2$로 같습니다.

8 (첫째 직사각형의 넓이)$=2\times3=6\,(cm^2)$
(둘째 직사각형의 넓이)$=3\times3=9\,(cm^2)$
(셋째 직사각형의 넓이)$=4\times3=12\,(cm^2)$

9 ㉠ 가로가 1 cm 커지면 넓이는 3 $cm^2$만큼 커집니다.
㉡ 직사각형의 가로는 1 cm씩 커지고 세로는 3 cm로 같은 규칙입니다.
㉢ 일곱째 직사각형의 가로는 8 cm, 세로는 3 cm입니다.
➡ (일곱째 직사각형의 넓이)$=8\times3=24\,(cm^2)$

10 각 평행사변형의 높이는 모눈 5칸으로 같고, 밑변의 길이가 가, 다, 라는 모눈 3칸, 나는 모눈 4칸입니다.
따라서 넓이가 다른 하나는 나입니다.
참고 (평행사변형의 넓이)=(밑변의 길이)×(높이)이므로 모양이 달라도 밑변의 길이와 높이가 각각 같으면 넓이가 같습니다.

11 밑변의 길이가 10 cm이고 높이가 □cm일 때, 넓이가 60 $cm^2$이므로
(평행사변형의 넓이)$=10\times\square=60$, $\square=6$입니다.

12 (정사각형의 넓이)$=12\times12=144\,(cm^2)$
직사각형의 세로를 □cm라 하면 $16\times\square=144$,
$\square=144\div16=9$입니다.
따라서 직사각형의 세로는 9 cm입니다.

13 (정사각형의 한 변의 길이)$=32\div4=8\,(cm)$
(정사각형의 넓이)$=8\times8=64\,(cm^2)$

## 144쪽~145쪽 문제 학습 4

1 (1) 63 $cm^2$ (2) 30 $cm^2$
2 같고, 반, 4, 2, 6
3 (위에서부터) 4 / 4, 4 / 8, 8, 8
4 민경　5 154 $cm^2$
6 25 $cm^2$
7 예

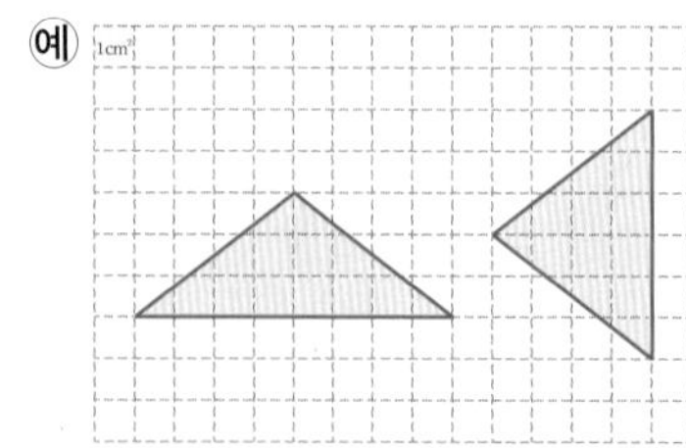

8 강우　9 9 cm
10 12　11 8 cm

1 (1) (삼각형의 넓이)$=14\times9\div2=63\,(cm^2)$
(2) (삼각형의 넓이)$=4\times15\div2=30\,(cm^2)$

2 삼각형을 잘라서 만든 평행사변형은 삼각형과 밑변의 길이가 같고 높이는 반으로 줄어듭니다.

3 (가의 넓이)$=4\times4\div2=8\,(cm^2)$
(나의 넓이)$=4\times4\div2=8\,(cm^2)$
(다의 넓이)$=4\times4\div2=8\,(cm^2)$

4 삼각형에서 밑변의 길이와 높이가 각각 같으면 넓이가 모두 같습니다.

5 (표지판의 넓이)$=22\times14\div2=154\,(cm^2)$

6 (가의 넓이)$=13\times8\div2=52\,(cm^2)$
(나의 넓이)$=6\times9\div2=27\,(cm^2)$
➡ $52-27=25\,(cm^2)$

7 넓이가 12 $cm^2$이므로 밑변의 길이와 높이를 곱한 값이 24가 되는 서로 다른 모양의 삼각형을 그립니다.

8 • (수민이가 그린 삼각형의 넓이)
$=23\times10\div2=115\,(cm^2)$
• (강우가 그린 삼각형의 넓이)
$=16\times17\div2=136\,(cm^2)$
➡ $115<136$이므로 넓이가 더 넓은 삼각형을 그린 사람은 강우입니다.

9 (삼각형의 넓이)=(밑변의 길이)×(높이)÷2이므로 높이를 □cm라 하면
$10\times\square\div2=45$, $10\times\square=90$, $\square=9$입니다.
따라서 밑변의 길이가 10 cm일 때, 높이는 9 cm입니다.

10 밑변의 길이가 20 cm, 높이가 9 cm일 때 삼각형의 넓이를 구합니다.
(삼각형의 넓이)$=20\times9\div2=90\,(cm^2)$
밑변의 길이가 15 cm일 때 높이를 □cm라 하면
$15\times\square\div2=90$, $15\times\square=180$, $\square=12$입니다.

11 (가의 넓이)$=12\times6\div2=36\,(cm^2)$이므로 나의 넓이도 36 $cm^2$입니다.
나의 밑변의 길이가 9 cm일 때, 높이를 □cm라 하면 $9\times\square\div2=36$, $9\times\square=72$, $\square=8$입니다.
따라서 나의 밑변의 길이가 9 cm일 때, 높이는 8 cm입니다.

## 146쪽~147쪽 문제 학습 5

1 (1) 같습니다 (2) $60\,cm^2$
2 (위에서부터) 8, 6 / $48\,cm^2$
3 (1) $72\,cm^2$ (2) $44\,cm^2$
4 $60\,cm^2$　　5 $9\,cm^2$
6 $70\,cm^2$　　7 15
8 예

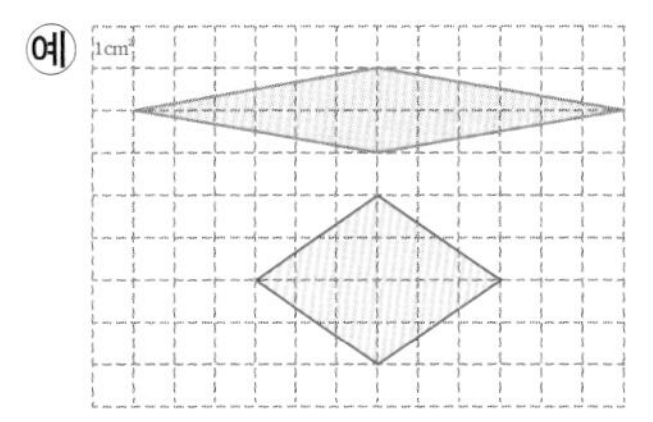

9 $8\,cm^2$　　10 $10\,cm$
11 $72\,cm^2$

1 (마름모의 넓이)=(만든 평행사변형의 넓이)
$=12\times5=60\,(cm^2)$

2 (마름모의 넓이)=(만들어진 직사각형의 넓이)
$=6\times8=48\,(cm^2)$

3 (마름모의 넓이)
=(한 대각선의 길이)×(다른 대각선의 길이)÷2
(1) (마름모의 넓이)$=16\times9\div2=72\,(cm^2)$
(2) (마름모의 넓이)$=11\times8\div2=44\,(cm^2)$

4 (마름모의 넓이)=(삼각형 가의 넓이)×4
$=15\times4=60\,(cm^2)$

5 한 대각선의 길이: 6 cm, 다른 대각선의 길이: 3 cm
➡ (마름모의 넓이)$=6\times3\div2=9\,(cm^2)$

6 (색칠한 부분의 넓이)
=(직사각형의 넓이)−(마름모의 넓이)
$=14\times10-14\times10\div2=140-70=70\,(cm^2)$

7 마름모의 넓이가 $180\,cm^2$이므로
$24\times\square\div2=180$, $24\times\square=360$, $\square=15$입니다.

8 (주어진 마름모의 넓이)$=12\times2\div2=12\,(cm^2)$

9 가의 두 대각선의 길이는 $7\times2=14\,(cm)$,
$6\times2=12\,(cm)$입니다.
(가의 넓이)$=14\times12\div2=84\,(cm^2)$
(나의 넓이)$=19\times8\div2=76\,(cm^2)$
➡ (두 마름모의 넓이의 차)$=84-76=8\,(cm^2)$

10 정사각형의 한 변의 길이를 □cm라 하면 그린 마름모의 두 대각선의 길이도 각각 □cm입니다.
$\square\times\square\div2=50$, $\square\times\square=100$, $\square=10$입니다.

11 마름모의 두 대각선의 길이는 원의 지름과 같으므로 각각 $6\times2=12\,(cm)$입니다.
➡ (마름모의 넓이)$=12\times12\div2=72\,(cm^2)$

## 148쪽~149쪽 문제 학습 6

1 (1) $33\,cm^2$ (2) $21\,cm^2$ (3) $54\,cm^2$
2 $56\,cm^2$　　3 $440\,m^2$
4 ㉡　　5 $35\,cm^2$
6 예
7 $88\,cm^2$　　8 $72\,cm^2$
9 10　　10 나, $7\,cm^2$
11 17　　12 $48\,cm^2$

1 (1) (㉮의 넓이)$=11\times6\div2=33\,(cm^2)$
(2) (㉯의 넓이)$=7\times6\div2=21\,(cm^2)$
(3) (사다리꼴의 넓이)=(㉮의 넓이)+(㉯의 넓이)
$=33+21=54\,(cm^2)$

2 (사다리꼴의 넓이)
=((윗변의 길이)+(아랫변의 길이))×(높이)÷2
$=(12+4)\times7\div2=56\,(cm^2)$

3 (정원의 넓이)$=(35+20)\times16\div2=440\,(m^2)$

4 ㉡ 가, 나, 다는 윗변의 길이와 아랫변의 길이가 다른 모양입니다.

5 (만든 평행사변형의 넓이)$=10\times7=70\,(cm^2)$
사다리꼴의 넓이는 만든 평행사변형의 넓이의 반입니다.

6 (주어진 사다리꼴의 넓이)
$=(5+3)\times4\div2=16\,(cm^2)$

7 (사다리꼴의 넓이)
=((윗변의 길이)+(아랫변의 길이))×(높이)÷2
$=22\times8\div2=88\,(cm^2)$

8 (아랫변의 길이)$=7-2=5\,(cm)$
➡ (사다리꼴의 넓이)$=(7+5)\times12\div2=72\,(cm^2)$

9 (평행사변형의 넓이)$=6\times10=60\,(cm^2)$
평행사변형과 사다리꼴의 넓이가 같으므로
$(4+8)\times\square\div2=60$, $12\times\square=120$, $\square=10$입니다.

BOOK 1 개념북 6 단원

**10** (가의 넓이)$=(5+8)\times10\div2=65$ (cm$^2$)
(나의 넓이)$=(7+11)\times8\div2=72$ (cm$^2$)
➡ 나의 넓이가 $72-65=7$ (cm$^2$) 더 넓습니다.

**11** (사다리꼴의 넓이)$=(10+\square)\times6\div2=81$,
$(10+\square)\times6=162$, $10+\square=27$, $\square=17$

**12** (윗변의 길이)+(아랫변의 길이)
$=31-9-6=16$ (cm)
➡ (사다리꼴의 넓이)
=((윗변의 길이)+(아랫변의 길이))×(높이)÷2
$=16\times6\div2=48$ (cm$^2$)

**150쪽 응용 학습 ①**

| | | | |
|---|---|---|---|
| 1단계 | 6 cm | 1·1 | 32 cm |
| 2단계 | 60 cm | 1·2 | 10 cm |

1단계 (한 변의 길이)$=24\div4=6$ (cm)
2단계 만든 도형의 둘레에는 길이가 6 cm인 변이 10개 있으므로 (도형의 둘레)$=6\times10=60$ (cm)입니다.

**1·1** (마름모의 한 변의 길이)$=16\div4=4$ (cm)
만든 도형의 둘레에는 길이가 4 cm인 변이 8개 있으므로 (도형의 둘레)$=4\times8=32$ (cm)입니다.

**1·2** (정사각형 모양 색종이의 한 변의 길이)
$=20\div4=5$ (cm)
• (지수가 만든 도형의 둘레)$=5\times12=60$ (cm)
• (민영이가 만든 도형의 둘레)$=5\times10=50$ (cm)
➡ $60-50=10$ (cm)

**151쪽 응용 학습 ②**

| | | | |
|---|---|---|---|
| 1단계 | 36 cm | 2·1 | 225 cm$^2$ |
| 2단계 | 9 cm | 2·2 | 375 cm$^2$ |
| 3단계 | 81 cm$^2$ | | |

1단계 (정육각형의 둘레)$=6\times6=36$ (cm)
2단계 (정사각형의 한 변의 길이)$=36\div4=9$ (cm)
3단계 (정사각형의 넓이)$=9\times9=81$ (cm$^2$)

**2·1** (정오각형의 둘레)$=12\times5=60$ (cm)
(정사각형의 한 변의 길이)$=60\div4=15$ (cm)
➡ (정사각형의 넓이)$=15\times15=225$ (cm$^2$)

**2·2** (정팔각형의 둘레)$=10\times8=80$ (cm)
직사각형의 세로를 $\square$ cm라 하면
$(25+\square)\times2=80$, $25+\square=40$, $\square=15$입니다.
➡ (직사각형의 넓이)$=25\times15=375$ (cm$^2$)

**152쪽 응용 학습 ③**

| | | | |
|---|---|---|---|
| 1단계 | 60 cm$^2$ | 3·1 | 216 cm$^2$ |
| 2단계 | 16 cm$^2$ | 3·2 | 168 cm$^2$ |
| 3단계 | 44 cm$^2$ | | |

1단계 (사다리꼴의 넓이)$=(8+12)\times6\div2=60$ (cm$^2$)
2단계 (삼각형의 넓이)$=8\times4\div2=16$ (cm$^2$)
3단계 (색칠한 부분의 넓이)
=(사다리꼴의 넓이)−(삼각형의 넓이)
$=60-16=44$ (cm$^2$)

**3·1** (평행사변형의 넓이)$=21\times15=315$ (cm$^2$)
(사다리꼴의 넓이)$=(15+7)\times9\div2=99$ (cm$^2$)
➡ (색칠한 부분의 넓이)
=(평행사변형의 넓이)−(사다리꼴의 넓이)
$=315-99=216$ (cm$^2$)

**3·2** 사다리꼴의 윗변의 길이는 14 cm이고,
아랫변의 길이는 $5+14+5=24$ (cm)입니다.
(사다리꼴의 넓이)$=(14+24)\times14\div2$
$=266$ (cm$^2$)
(마름모의 넓이)$=14\times14\div2=98$ (cm$^2$)
➡ (색칠한 부분의 넓이)
=(사다리꼴의 넓이)−(마름모의 넓이)
$=266-98=168$ (cm$^2$)

**153쪽 응용 학습 ④**

| | | | |
|---|---|---|---|
| 1단계 | 60 cm$^2$ | 4·1 | 144 cm$^2$ |
| 2단계 | 135 cm$^2$ | 4·2 | 2 cm |
| 3단계 | 195 cm$^2$ | | |

1단계 (삼각형 ㄱㄴㅁ의 넓이)$=15\times8\div2=60$ (cm$^2$)
2단계 (평행사변형 ㄴㄷㄹㅁ의 넓이)$=15\times9$
$=135$ (cm$^2$)
3단계 (다각형의 넓이)
=(삼각형 ㄱㄴㅁ의 넓이)
+(평행사변형 ㄴㄷㄹㅁ의 넓이)
$=60+135=195$ (cm$^2$)

**4·1** 밑변의 길이가 18 cm, 높이가 7 cm인 삼각형 ㉮와 밑변의 길이가 18 cm, 높이가 9 cm인 삼각형 ㉯로 나누어 넓이를 구합니다.
(㉮의 넓이)$=18\times7\div2=63(\text{cm}^2)$
(㉯의 넓이)$=18\times9\div2=81(\text{cm}^2)$
➡ (다각형의 넓이)$=63+81=144(\text{cm}^2)$

**4·2** • (다각형의 넓이)
=(사다리꼴 ㄱㄴㄷㅁ의 넓이)
+(삼각형 ㅁㄷㄹ의 넓이)
• (사다리꼴 ㄱㄴㄷㅁ의 넓이)
$=(4+9)\times8\div2=52(\text{cm}^2)$
➡ (삼각형 ㅁㄷㄹ의 넓이)$=56-52=4(\text{cm}^2)$
(선분 ㄷㄹ의 길이)=□cm라 하면 삼각형 ㅁㄷㄹ의 넓이가 $4\text{cm}^2$이므로 $4\times\square\div2=4$, $4\times\square=8$, $\square=2$입니다.

## 154쪽 응용 학습 ❺

| | | | |
|---|---|---|---|
| 1단계 | $72\text{cm}^2$ | **5·1** | 8 |
| 2단계 | $216\text{cm}^2$ | **5·2** | 16 |
| 3단계 | 12 | | |

1단계 (삼각형 ㄹㅁㄷ의 넓이)$=9\times16\div2=72(\text{cm}^2)$
2단계 (사다리꼴 ㄱㄴㅁㄹ의 넓이)$=72\times3=216(\text{cm}^2)$
3단계 $(\square+15)\times16\div2=216$,
$(\square+15)\times16=432$, $\square+15=27$, $\square=12$

**5·1** (삼각형 ㅁㄷㄹ의 넓이)$=6\times14\div2=42(\text{cm}^2)$
(사다리꼴 ㄱㄴㄷㅁ의 넓이)$=42\times3=126(\text{cm}^2)$
➡ $(10+\square)\times14\div2=126$,
$(10+\square)\times14=252$, $10+\square=18$, $\square=8$

**5·2** (평행사변형 ㄱㄴㄷㅂ의 넓이)$=10\times15$
$=150(\text{cm}^2)$
(사다리꼴 ㅂㄷㄹㅁ의 넓이)$=150\times2=300(\text{cm}^2)$
➡ $(\square+24)\times15\div2=300$,
$(\square+24)\times15=600$, $\square+24=40$, $\square=16$

## 155쪽 응용 학습 ❻

| | | | |
|---|---|---|---|
| 1단계 | $150\text{cm}^2$ | **6·1** | $185\text{cm}^2$ |
| 2단계 | 12 cm | **6·2** | 18 cm |
| 3단계 | $342\text{cm}^2$ | | |

1단계 (삼각형 ㄱㅂㄹ의 넓이)
$=15\times20\div2=150(\text{cm}^2)$
2단계 선분 ㄱㄹ, 선분 ㅁㅂ을 밑변과 높이로 하여 넓이를 구해도 $150\text{cm}^2$이므로 선분 ㅁㅂ의 길이를 □cm라 하면 $25\times\square\div2=150$, $25\times\square=300$, $\square=12$입니다.
3단계 사다리꼴의 높이는 선분 ㅁㅂ의 길이와 같습니다.
(사다리꼴 ㄱㄴㄷㄹ의 넓이)
$=(25+32)\times12\div2=342(\text{cm}^2)$

**6·1** (삼각형 ㄱㄷㄹ의 넓이)$=26\times5\div2=65(\text{cm}^2)$
삼각형 ㄱㄷㄹ의 밑변을 13 cm로 하면 높이는 변 ㄱㄴ의 길이와 같습니다.
변 ㄱㄴ의 길이를 □cm라 하면
(삼각형 ㄱㄷㄹ의 넓이)$=13\times\square\div2=65$,
$13\times\square=130$, $\square=10$입니다.
➡ (사다리꼴 ㄱㄴㄷㄹ의 넓이)
$=(13+24)\times10\div2=185(\text{cm}^2)$

**6·2** 사다리꼴 ㄱㄴㄷㄹ의 높이를 □cm라 하면
$(21+9)\times\square\div2=180$, $30\times\square=360$,
$\square=12$입니다.
삼각형 ㄴㄷㄹ의 밑변을 9 cm라 하면 높이는 사다리꼴 ㄱㄴㄷㄹ의 높이와 같으므로 12 cm입니다.
(삼각형 ㄴㄷㄹ의 넓이)$=9\times12\div2=54(\text{cm}^2)$이고, 삼각형 ㄴㄷㄹ의 밑변을 선분 ㄴㄹ이라 하면 높이는 6 cm입니다.
➡ (선분 ㄴㄹ의 길이)$=54\times2\div6=18(\text{cm})$

## 156쪽 교과서 통합 핵심 개념

| | | | |
|---|---|---|---|
| **1** | 35, 30, 50, 56 | **2** | 10000, 1000000 |
| **3** | 65, 100, 132 | **4** | 20, 42, 34 |

## 157쪽~159쪽 단원 평가

**1** 48 cm **2** $\text{m}^2$, $\text{cm}^2$, $\text{km}^2$
**3** $63\text{m}^2$
**4** 13 cm, 12 cm, 14 cm / $168\text{cm}^2$

BOOK ❶ 개념북 6단원

5 $48\,cm^2$　6 $42\,cm$

7

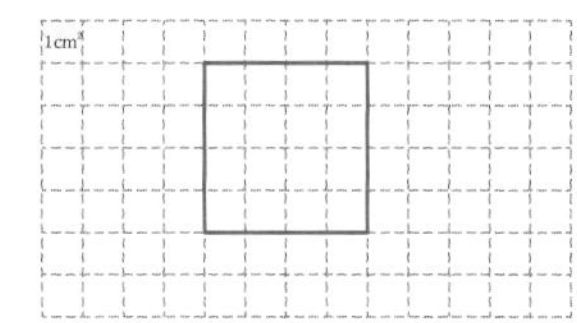

8 ㉢

9 ❶ (직사각형의 둘레)$=(8+6)\times 2=28\,(cm)$
❷ (마름모의 둘레)$=$(한 변의 길이)$\times 4=28\,(cm)$이므로
(한 변의 길이)$=28\div 4=7\,(cm)$입니다. 답 $7\,cm$

10 나, 가, 다　11 $28\,cm$

12 800장　13 15

14 $6\,cm$

15 ❶ (벽지 전체의 가로)$=30\times 20=600\,(cm)$
(벽지 전체의 세로)$=25\times 4=100\,(cm)$
❷ (벽지를 붙인 전체 넓이)$=600\times 100=60000\,(cm^2)$
❸ $1\,m^2=10000\,cm^2$이므로 벽지를 붙인 전체 넓이는 $6\,m^2$입니다. 답 $6\,m^2$

16 $272\,m^2$　17 $450\,cm^2$

18 ❶ (사다리꼴의 넓이)$=(9+15)\times 7\div 2=84\,(m^2)$
❷ (삼각형의 넓이)$=15\times 6\div 2=45\,(m^2)$
❸ (다각형의 넓이)$=$(사다리꼴의 넓이)$+$(삼각형의 넓이)
$=84+45=129\,(m^2)$ 답 $129\,m^2$

19 $80\,cm^2$　20 $42\,cm$, $74\,cm^2$

1 (정육각형의 둘레)$=8\times 6=48\,(cm)$

3 (직사각형의 넓이)$=9\times 7=63\,(m^2)$

4 (평행사변형의 넓이)$=14\times 12=168\,(cm^2)$

5 대각선의 길이는 $6\times 2=12\,(cm)$, $8\,cm$입니다.
(마름모의 넓이)$=12\times 8\div 2=48\,(cm^2)$

6 가: $(7+3)\times 2=20\,(cm)$
나: $(2+9)\times 2=22\,(cm)$
➡ $20+22=42\,(cm)$

7 모눈 한 칸의 길이는 $1\,cm$입니다.
둘레가 $16\,cm$인 정사각형의 한 변의 길이는 $16\div 4=4\,(cm)$이므로 네 변의 길이가 모두 모눈 4칸인 정사각형을 그립니다.

8 ㉠ (마름모의 둘레)$=10\times 4=40\,(m)$
㉡ (평행사변형의 둘레)$=(13+9)\times 2=44\,(m)$
㉢ (정칠각형의 둘레)$=7\times 7=49\,(m)$

9

| 채점 기준 | | | |
|---|---|---|---|
| | ❶ 직사각형의 둘레를 구한 경우 | 2점 | 5점 |
| | ❷ 마름모의 한 변의 길이를 구한 경우 | 3점 | |

10 가: $8\,cm^2$, 나: $10\,cm^2$, 다: $7\,cm^2$

11 (정사각형의 넓이)$=$(한 변의 길이)$\times$(한 변의 길이)이고, $7\times 7=49$이므로 (한 변의 길이)$=7\,cm$입니다.
➡ (정사각형의 둘레)$=7\times 4=28\,(cm)$

12 $4\,m=400\,cm$입니다.
타일은 가로 $10\,cm$, 세로 $20\,cm$이므로 가로로 $400\div 10=40$(장), 세로로 $400\div 20=20$(장) 들어갑니다.
➡ 필요한 타일은 모두 $40\times 20=800$(장)입니다.

13 (평행사변형의 넓이)$=20\times 12=240\,(cm^2)$
밑변의 길이가 □cm, 높이가 $16\,cm$일 때도 평행사변형의 넓이는 $240\,cm^2$입니다.
➡ □$\times 16=240$, □$=15$

14 (가의 넓이)$=8\times 12\div 2=48\,(cm^2)$이므로 나의 넓이도 $48\,cm^2$입니다.
나의 높이가 $16\,cm$일 때, 밑변을 □cm라 하면
□$\times 16\div 2=48$, □$\times 16=96$, □$=6$입니다.
따라서 밑변의 길이는 $6\,cm$입니다.

15

| 채점 기준 | | | |
|---|---|---|---|
| | ❶ 이어 붙인 벽지 전체의 가로와 세로를 구한 경우 | 1점 | 5점 |
| | ❷ 이어 붙인 벽지 전체의 넓이를 $cm^2$ 단위로 구한 경우 | 2점 | |
| | ❸ $cm^2$를 $m^2$ 단위로 바꾸어 나타낸 경우 | 2점 | |

16 (밭의 넓이)$=(12+20)\times 17\div 2=272\,(m^2)$

17 마름모의 두 대각선의 길이는 각각 원의 지름과 같으므로 $30\,cm$입니다.
➡ (마름모의 넓이)$=30\times 30\div 2=450\,(cm^2)$

18

| 채점 기준 | | | |
|---|---|---|---|
| | ❶ 사다리꼴의 넓이를 구한 경우 | 2점 | 5점 |
| | ❷ 삼각형의 넓이를 구한 경우 | 2점 | |
| | ❸ 다각형의 넓이를 구한 경우 | 1점 | |

19 • (정사각형 3개의 넓이의 합)
$=12\times 12+8\times 8+4\times 4=224\,(cm^2)$
• (색칠하지 않은 삼각형의 넓이)
$=(12+8+4)\times 12\div 2=144\,(cm^2)$
➡ (색칠한 부분의 넓이)$=224-144=80\,(cm^2)$

20 • 도형의 둘레는 가로가 $4+6=10\,(cm)$, 세로가 $8+3=11\,(cm)$인 직사각형의 둘레와 같습니다.
➡ (도형의 둘레)$=(10+11)\times 2=42\,(cm)$
• 도형의 넓이는 큰 직사각형의 넓이에서 색칠하지 않은 두 직사각형의 넓이를 뺀 것과 같습니다.
➡ (도형의 넓이)
$=10\times 11-6\times 3-6\times 3=74\,(cm^2)$

## 26쪽 쉬어가기

예

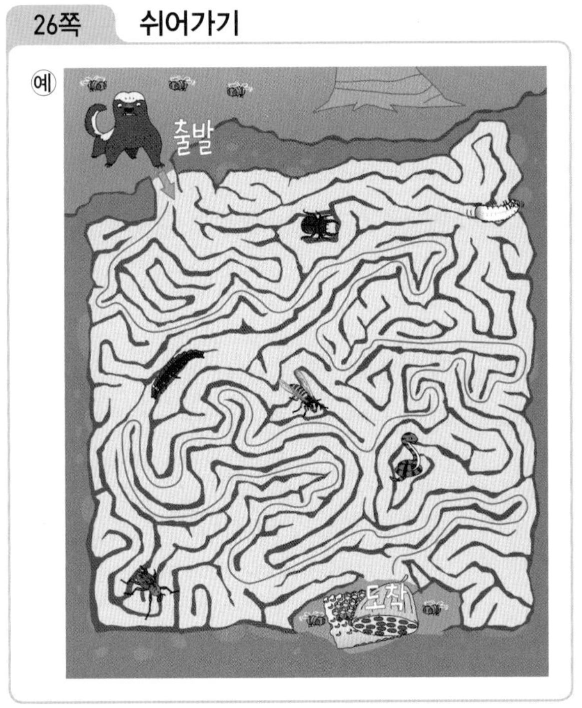

## 56쪽 쉬어가기

## 78쪽 쉬어가기

## 108쪽 쉬어가기

예

## 130쪽 쉬어가기

## 160쪽 쉬어가기

# ① 자연수의 혼합 계산

2쪽~4쪽 **단원 평가** 기본

1 $12+9\div3=15$

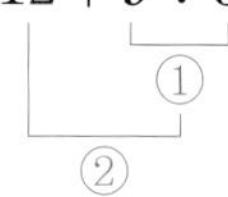

2 (위에서부터) 32, 8, 35, 43, 32
3 ( )(○)( )( )
4 153
5 3, 12 / 다릅니다
6 ㉡
7 ❶ 포도 맛 사탕과 딸기 맛 사탕 수의 합에서 친구에게 준 사탕 수를 빼면 되므로 $27+20-16$을 계산합니다.
❷ 따라서 남은 사탕은 $27+20-16=47-16=31$(개)입니다.
답 31개
8 ❶ 준서 / ❷ $36\div4-6+2=9-6+2$
$=3+2$
$=5$
9 (선 잇기)
10 ㉠
11 $21\times(15-12)=63$
12 26
13 $-$, $+$
14 $4\times12-5\times7=13$ / 13 km
15 3, 1, 2
16 예 $40-(3+4)\times3-2=17$ / 17개
17 $17+3\times(14-6)\div2=29$
18 9
19 63
20 ❶ 두 사람이 한 줄넘기 횟수를 하나의 식으로 나타내면 $40\times7+30\times(7-2)$입니다.
❷ 따라서 태우와 수지는 일주일 동안 줄넘기를 모두 $40\times7+30\times(7-2)=40\times7+30\times5$
$=280+150=430$(번) 했습니다.
답 430번

4 $12+29\times6-33=12+174-33=153$

5 $84\div(14\times2)=84\div28=3$
$84\div14\times2=6\times2=12$
➡ 두 식의 계산 순서가 다르고 계산 결과도 다릅니다.

6 ㉡ $23-7\times2+4$는 $7\times2$를 가장 먼저 계산합니다.

7

| 채점 기준 | | | |
|---|---|---|---|
| | ❶ 문제에 알맞은 하나의 식으로 나타낸 경우 | 2점 | 5점 |
| | ❷ 남은 사탕 수를 구한 경우 | 3점 | |

8

| 채점 기준 | | | |
|---|---|---|---|
| | ❶ 계산을 잘못한 사람을 찾아 이름을 쓴 경우 | 2점 | 5점 |
| | ❷ 바르게 계산한 경우 | 3점 | |

11 두 식에 공통으로 들어 있는 수는 3입니다.
$21\times3=63$에서 3 대신에 $15-12$를 넣습니다.
➡ $21\times(15-12)=63$

12 • $45\times8\div40=360\div40=9$
• $15\div3\times7=5\times7=35$
➡ $35-9=26$

13 덧셈과 뺄셈이 섞여 있는 식은 앞에서부터 차례로 계산합니다.
$31\oplus12\ominus27=43-27=16$(×)
$31\ominus12\oplus27=19+27=46$(○)

14 (준수가 12일 동안 달린 거리)
$-$(민기가 일주일 동안 달린 거리)
$=4\times12-5\times7=48-35=13$(km)

15 • $36\times3\div9=108\div9=12$
• $81\div9\times2=9\times2=18$
• $35\div7\times3=5\times3=15$

16 $40-(3+4)\times3-2=40-7\times3-2$
$=40-21-2$
$=19-2=17$(개)

다른 방법 여학생과 남학생에게 준 자두의 수를 각각 빼서 구해도 됩니다.
$40-3\times3-4\times3-2=40-9-12-2$
$=31-12-2$
$=19-2=17$(개)

17 ( )가 없이 계산하면
$17+3\times14-6\div2=17+42-6\div2$
$=17+42-3$
$=59-3=56$
( )로 묶었을 때 값이 더 작아져야 하므로 계산 순서가 달라지면서 값이 작아질 수 있는 부분을 ( )로 묶어 계산합니다.
➡ $17+3\times(14-6)\div2=17+3\times8\div2$
$=17+24\div2$
$=17+12=29$

18 $2\times6+54\div\square=18$, $12+54\div\square=18$,
$54\div\square=6$, $\square=9$

19 $24◆36=24\times3-36\div4$
$=72-36\div4=72-9=63$

20

| 채점 기준 | | | |
|---|---|---|---|
| | ❶ 문제에 알맞은 하나의 식으로 나타낸 경우 | 2점 | 5점 |
| | ❷ 두 사람이 일주일 동안 한 줄넘기 횟수를 구한 경우 | 3점 | |

## 5쪽~7쪽 단원 평가 심화

1 (위에서부터) 52, 69, 52
2 ( )(○)
3 60−8×7+16
4 ㉢, ㉡, ㉣, ㉠
5 10
6 91÷7+11−3×4=13+11−3×4
=13+11−12
=24−12
=12

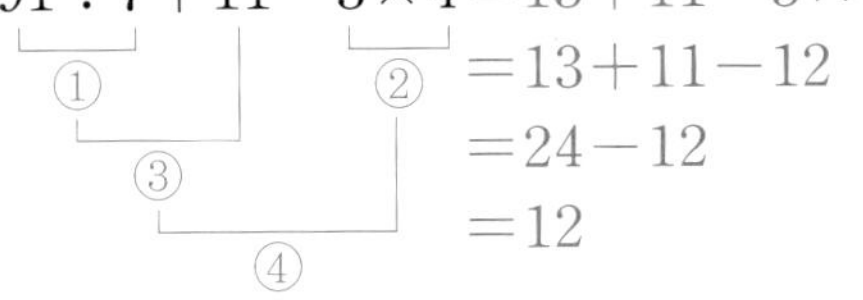

7 ❶ 예 덧셈, 뺄셈, 곱셈이 섞여 있는 식은 곱셈을 먼저 계산해야 하는데 앞에서부터 차례로 계산했으므로 잘못되었습니다.
/ ❷ 36+4×7−11=36+28−11
=64−11=53
8

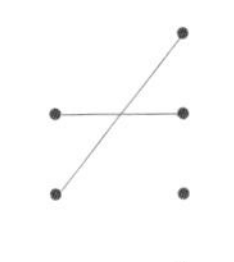

9 8명
10 <
11 32−(7+5)=20 / 20
12 ㉢
13 4
14 ❶ 연필 한 자루와 색연필 한 자루의 무게의 합에서 자 한 개의 무게를 빼면 되므로 10+60÷5−15를 계산합니다.
❷ 10+60÷5−15=10+12−15=22−15=7이므로 7 g 더 무겁습니다. 답 7 g
15 ❶ 4×7−72÷9+16=28−72÷9+16
=28−8+16
=20+16=36
25−4+63÷7×3=25−4+9×3
=25−4+27
=21+27=48
❷ 두 식의 계산 결과의 합은 36+48=84입니다. 답 84
16 69÷3+30−7=46 / 46 cm
17 24
18 3000원
19 22개
20 2, 5, 6 (또는 5, 2, 6) / 12

4 덧셈, 뺄셈, 곱셈, 나눗셈이 섞여 있고 ( )가 있는 식은 ( ) 안을 먼저 계산합니다.

5 12×5÷6=60÷6=10

7

| 채점 기준 | | | |
|---|---|---|---|
| | ❶ 계산이 잘못된 이유를 쓴 경우 | 3점 | 5점 |
| | ❷ 바르게 계산한 경우 | 2점 | |

[평가 기준] 이유에서 '곱셈을 먼저 계산한다.'라는 표현이 있으면 정답으로 인정합니다.

9 (안경을 쓰지 않은 학생 수)
=15+13−20=28−20=8(명)

10 70÷(5+2)×2−7=70÷7×2−7
=10×2−7=20−7=13

11 7과 5의 합 ➡ 7+5
32에서 7과 5의 합을 뺀 수 ➡ 32−(7+5)
따라서 32−(7+5)=32−12=20입니다.

12 ㉠ 31−(18+3)=31−21=10
31−18+3=13+3=16
㉡ 40−(23−5)=40−18=22
40−23−5=17−5=12
㉢ (51−32)+40=19+40=59
51−32+40=19+40=59

13 54÷(2+4)−4=54÷6−4=9−4=5
➡ 5>□이므로 □ 안에 들어갈 수 있는 자연수 중에서 가장 큰 수는 4입니다.

14

| 채점 기준 | | | |
|---|---|---|---|
| | ❶ 문제에 알맞은 하나의 식으로 나타낸 경우 | 2점 | 5점 |
| | ❷ 연필 한 자루와 색연필 한 자루를 같이 잰 무게는 자 한 개의 무게보다 몇 g 더 무거운지 구한 경우 | 3점 | |

15

| 채점 기준 | | | |
|---|---|---|---|
| | ❶ 두 식의 계산 결과를 각각 구한 경우 | 3점 | 5점 |
| | ❷ 두 식의 계산 결과의 합을 구한 경우 | 2점 | |

16 (이어 붙인 색 테이프의 전체 길이)
=69÷3+30−7=23+30−7
=53−7=46(cm)

17 어떤 수를 □라 하면
□÷2×4=48, □÷2=12, □=24입니다.

18 (남은 돈)=10000−2800−4200÷2−700×3
=10000−2800−2100−700×3
=10000−2800−2100−2100
=7200−2100−2100
=5100−2100=3000(원)

19 정사각형이 1개씩 늘어날 때마다 성냥개비는 3개씩 더 필요하므로 정사각형을 7개 만들 때 필요한 성냥개비의 수를 식으로 나타내면 4+3×6입니다.
따라서 성냥개비는 모두 4+3×6=4+18=22(개) 필요합니다.

20 계산 결과가 가장 크려면 60을 나누는 수가 가장 작아야 하므로 □×□는 2×5 또는 5×2가 되어야 합니다.
➡ 60÷(2×5)+6=60÷10+6=6+6=12
60÷(5×2)+6=60÷10+6=6+6=12

### 8쪽 수행 평가 ①회

1 (1) $17+8-9$ (2) $25-(10+3)$
2 (위에서부터) (1) 10, 21, 10 (2) 17, 13, 17
3 (1) 42 (2) 60　　4 75 km
5 $1000+2000-1600=1400$ / 1400원

**1** (1) 덧셈과 뺄셈이 섞여 있는 식은 앞에서부터 차례로 계산합니다.
(2) 덧셈과 뺄셈이 섞여 있고 ( )가 있는 식은 ( ) 안을 먼저 계산합니다.

**3** (1) $37-8+13=29+13=42$
(2) $48+(14-2)=48+12=60$

**4** (㉠에서 ㉡까지의 거리)
$=52+40-17=92-17=75$ (km)

**5** (남은 돈) $=1000+2000-1600$
$=3000-1600=1400$ (원)

### 9쪽 수행 평가 ②회

1 (위에서부터) (1) 4, 36, 4 (2) 2, 18, 2
2 $40\div(5\times2)=40\div10=4$
3 (1) 48 (2) 27　　4 ×
5 $16\times3\div8=6$ / 6개

**2** 곱셈과 나눗셈이 섞여 있고 ( )가 있는 식은 ( ) 안을 먼저 계산합니다.

**3** (1) $96\div4\times2=24\times2=48$
(2) $3\times(54\div6)=3\times9=27$

**4** • $45\div5\times3=9\times3=27$
• $45\div(5\times3)=45\div15=3$
➡ 두 식의 계산 결과가 다릅니다.

**5** (한 명이 먹은 사탕의 수)
$=16\times3\div8=48\div8=6$ (개)

### 10쪽 수행 평가 ③회

1 ㉠
2 (1) 6, 5, 10 (2) 5, 40, 56
3 (1) 5 (2) 17　　4 13
5 $15+10-60\div3=5$ / 5개

**1** ㉡ 덧셈, 뺄셈, 나눗셈이 섞여 있고 ( )가 있는 식은 ( ) 안을 가장 먼저 계산합니다.

**3** (1) $20+13-7\times4=20+13-28$
$=33-28=5$
(2) $24-(9+12)\div3=24-21\div3$
$=24-7=17$

**4** $45-(9+2)\times3=45-11\times3=45-33=12$이므로 $12<\square$입니다. 따라서 $\square$ 안에 들어갈 수 있는 자연수 중에서 가장 작은 수는 13입니다.

**5** $15+10-60\div3=15+10-20$
$=25-20=5$

### 11쪽 수행 평가 ④회

1 2, 4, 3, 1
2 (위에서부터) (1) 15, 19, 56, 4, 15
(위에서부터) (2) 2, 20, 6, 18, 2
3 (1) 29 (2) 16　　4 $<$
5 예 $(600+400)\times4-1500\div3=3500$ / 3500원

**1** 덧셈, 뺄셈, 곱셈, 나눗셈이 섞여 있고 ( )가 있는 식은 ( ) 안을 가장 먼저 계산합니다.

**3** (1) $26-8\times2\div4+7=26-16\div4+7$
$=26-4+7$
$=22+7=29$
(2) $7\times3-(27+3)\div6=7\times3-30\div6$
$=21-30\div6$
$=21-5=16$

**4** • $3\times8+18\div2-7=24+18\div2-7$
$=24+9-7$
$=33-7=26$
• $6+64\div(10-2)\times4=6+64\div8\times4$
$=6+8\times4$
$=6+32=38$
➡ $26<38$

**5** $(600+400)\times4-1500\div3$
$=1000\times4-1500\div3$
$=4000-1500\div3$
$=4000-500=3500$

# ② 약수와 배수

## 12쪽~14쪽 단원 평가 기본

1 1, 3, 9

2

| 1 | 2 | 3 | 4(○) | 5 | 6(△) | 7 | 8(○) | 9 | 10 |
|---|---|---|---|---|---|---|---|---|---|
| 11 | 12(○△) | 13 | 14 | 15 | 16(○) | 17 | 18(△) | 19 | 20(○) |
| 21 | 22 | 23 | 24(○△) | 25 | 26 | 27 | 28(○) | 29 | 30(△) |

3 배수, 약수 4 6개

5 2, 2, 4 6 24

7 ❶ 378은 7의 배수입니다. / ❷ 예 $7\times54=378$이므로 7을 54배 한 수가 378입니다. 따라서 378은 7의 배수입니다.

8 ( × )( ○ )( ○ ) 9 36, 54

10 ❶ 수지 / ❷ 예 20과 30의 최소공배수는 60, 최대공약수는 10이므로 최소공배수는 최대공약수보다 큽니다.

11 ③ 12 1, 2, 5, 10

13 < 14 9

15 15 16 15, 30, 45, 60

17 ❶ $6=2\times3$, $9=3\times3$이므로 6과 9의 최소공배수는 $3\times2\times3=18$. 태우와 지혜는 18일마다 수영장에서 만납니다.

❷ 따라서 바로 다음번에 만나는 날은 10월 1일에서 18일 후인 10월 19일입니다. 답 10월 19일

18 280 19 4자루, 7자루

20 16

7

| 채점 기준 | | | |
|---|---|---|---|
| | ❶ 378이 7의 배수라고 답한 경우 | 2점 | 5점 |
| | ❷ 이유를 쓴 경우 | 3점 | |

[평가 기준] 이유에서 '7을 54배 한 수가 378이다.'라는 표현이 있으면 정답으로 인정합니다.

9 2와 9의 공배수는 18, 36, 54, 72, ...이고 이 중에서 30부터 60까지의 수는 36, 54입니다.

10

| 채점 기준 | | | |
|---|---|---|---|
| | ❶ 잘못 말한 사람을 찾아 이름을 쓴 경우 | 2점 | 5점 |
| | ❷ 이유를 쓴 경우 | 3점 | |

[평가 기준] 이유에서 '최소공배수는 최대공약수보다 크다.'라는 표현이 있으면 정답으로 인정합니다.

11 남김없이 똑같이 나누어 담으려면 24를 나누어떨어지게 하는 수인 24의 약수를 구해야 합니다. 24의 약수는 1, 2, 3, 4, 6, 8, 12, 24이므로 한 봉지에 담을 수 있는 귤의 수가 아닌 것은 ③ 5개입니다.

12 두 수의 공약수는 최대공약수의 약수와 같으므로 10의 약수를 구하면 1, 2, 5, 10입니다.

13
2 ) 16 24
2 ) 8 12
2 ) 4 6
2 3 ➡ 최소공배수: $2\times2\times2\times2\times3=48$

2 ) 20 12
2 ) 10 6
5 3 ➡ 최소공배수: $2\times2\times5\times3=60$

14 27의 약수: 1, 3, 9, 27
- 1의 약수의 합: 1
- 3의 약수의 합: $1+3=4$
- 9의 약수의 합: $1+3+9=13$
- 27의 약수의 합: $1+3+9+27=40$

따라서 조건을 모두 만족하는 어떤 수는 9입니다.

15 3과 5의 최소공배수는 15이므로 15를 말하는 대신 손뼉을 치면서 동시에 제자리 뛰기를 합니다.

16 1부터 60까지의 수 중 3과 5의 공배수는 15, 30, 45, 60이므로 15, 30, 45, 60을 말하는 대신 손뼉을 치면서 제자리 뛰기를 합니다.

17

| 채점 기준 | | | |
|---|---|---|---|
| | ❶ 최소공배수를 이용하여 두 사람이 며칠마다 수영장에서 만나는지 구한 경우 | 2점 | 5점 |
| | ❷ 바로 다음번에 만나는 날을 구한 경우 | 3점 | |

18 10과 7의 최소공배수는 70이므로 10과 7의 공배수는 최소공배수의 배수인 70, 140, 210, 280, 350, ...입니다.
이 중에서 300에 가장 가까운 수는 280입니다.

19 연필 2상자는 $12\times2=24$(자루)입니다.
최대한 많은 학생에게 나누어 주어야 하므로 24와 42의 최대공약수를 구합니다.

2 ) 24 42
3 ) 12 21
4 7 ➡ 최대공약수: $2\times3=6$

최대 6명에게 똑같이 나누어 줄 수 있으므로 한 학생이 연필을 $24\div6=4$(자루), 색연필을 $42\div6=7$(자루)씩 받을 수 있습니다.

20 어떤 수는 48과 64의 공약수이고 그중에서 가장 큰 수는 최대공약수입니다.

2 ) 48 64
2 ) 24 32
2 ) 12 16
2 ) 6 8
3 4 ➡ 최대공약수: $2\times2\times2\times2=16$

BOOK 2 평가북 2 단원

15쪽~17쪽 **단원 평가** 심화

**1** 1, 3, 7, 21 **2** ③
**3** (선 잇기) **4** 1, 2, 4, 8 / 8
**5** 10, 20, 30 **6** 90
**7** ❶ ㉢ / ❷ 예 30과 18의 공배수 중에서 가장 작은 수가 90이고, 가장 큰 수는 구할 수 없습니다.
**8** 31 **9** 77
**10** 72, 9, 8 (또는 72, 8, 9)
**11** ㉡, ㉠, ㉢ **12** 6
**13** 9
**14** ❶ $6=2\times3$, $4=2\times2$이므로 6과 4의 최소공배수는 $2\times3\times2=12$, 두 사람은 12분마다 출발점에서 다시 만납니다.
❷ 따라서 출발하고 12분, 24분, 36분 후에 출발점에서 다시 만나므로 40분 동안 3번 다시 만납니다. 답 3번
**15** ❶ 30의 약수는 1, 2, 3, 5, 6, 10, 15, 30이고 이 중에서 24의 약수가 아닌 수는 5, 10, 15, 30입니다.
❷ 30의 약수이면서 24의 약수가 아닌 수인 5, 10, 15, 30 중에서 두 자리 수는 10, 15, 30으로 모두 3개입니다.
답 3개
**16** 16 cm **17** 오전 8시 30분
**18** 5번 **19** 48
**20** 10

**7**

| 채점 기준 | | | |
|---|---|---|---|
| | ❶ 잘못 설명한 것을 찾아 기호를 쓴 경우 | 2점 | 5점 |
| | ❷ 이유를 쓴 경우 | 3점 | |

[평가 기준] 이유에서 '공배수 중에서 가장 작은 수가 90이다.' 또는 '공배수 중에서 가장 큰 수는 구할 수 없다.'라는 표현이 있으면 정답으로 인정합니다.

**9** 7, 14, 21, 28, ...은 7의 배수입니다. 따라서 11번째 수는 7을 11배 한 수이므로 $7\times11=77$입니다.

**11** ㉠ 3 ) 27 36
3 ) 9 12
3 4 ➡ 최대공약수: $3\times3=9$
㉡ 2 ) 28 42
7 ) 14 21
2 3 ➡ 최대공약수: $2\times7=14$
㉢ 5 ) 10 75
2 15 ➡ 최대공약수: 5

**12** 4보다 크고 13보다 작은 수 중 3의 배수는 6, 9, 12입니다.
이 중에서 18의 약수는 6, 9이고, 짝수는 6입니다.

**13** 두 수의 공약수는 두 수의 최대공약수인 27의 약수와 같으므로 1, 3, 9, 27입니다.
따라서 두 수의 공약수 중에서 두 번째로 큰 수는 9입니다.

**14**

| 채점 기준 | | | |
|---|---|---|---|
| | ❶ 두 사람이 몇 분마다 다시 만나는지 구한 경우 | 3점 | 5점 |
| | ❷ 40분 동안 몇 번 다시 만나는지 구한 경우 | 2점 | |

**15**

| 채점 기준 | | | |
|---|---|---|---|
| | ❶ 30의 약수 중에서 24의 약수가 아닌 수를 구한 경우 | 3점 | 5점 |
| | ❷ ❶에서 구한 수 중 두 자리 수의 개수를 구한 경우 | 2점 | |

**16** 2 ) 80 32
2 ) 40 16
2 ) 20 8
2 ) 10 4
5 2 ➡ 최대공약수: $2\times2\times2\times2=16$
따라서 정사각형 모양의 한 변의 길이를 16 cm로 해야 합니다.

**17** 2 ) 10 18
5 9 ➡ 최소공배수: $2\times5\times9=90$
10과 18의 최소공배수는 90이므로 두 버스는 90분, 즉 1시간 30분마다 동시에 출발합니다. 따라서 바로 다음번에 두 버스가 동시에 출발하는 시각은 오전 7시에서 1시간 30분 후인 오전 8시 30분입니다.

**18** 빨간 구슬을 현수는 5의 배수, 민주는 2의 배수 자리마다 놓았으므로 같은 자리에 빨간 구슬이 놓이는 경우는 5와 2의 최소공배수인 10의 배수 자리입니다.
1부터 50까지의 수 중에서 10의 배수는 10, 20, 30, 40, 50이므로 같은 자리에 빨간 구슬을 놓는 경우는 모두 5번입니다.

**19** 9로 나누어도 3이 남고, 15로 나누어도 3이 남는 수 중에서 가장 작은 수는 9와 15의 최소공배수보다 3 큰 수입니다.
3 ) 9 15
3 5 ➡ 최소공배수: $3\times3\times5=45$
따라서 $45+3=48$입니다.

**20** 최대공약수를 ■라 하면 두 수는 ■×●, ■×▲로 나타낼 수 있습니다.
최소공배수가 60이므로 ■×●×▲=60,
두 수의 곱이 600이므로 ■×●×■×▲=600,
■×60=600, ■=10입니다.
참고 (두 수의 곱)=(두 수의 최소공배수)×(두 수의 최대공약수)

## 18쪽 수행 평가 1회

1 (1) 1, 2, 3, 6 (2) 1, 2, 4, 5, 10, 20
2 (1) 8, 16, 24 (2) 12, 24, 36
3 (1) 30 (2) 24 4 105
5 8번

2 (1) 8을 1배, 2배, 3배 한 수를 차례로 씁니다.
(2) 12를 1배, 2배, 3배 한 수를 차례로 씁니다.

3 (1) • 16의 약수: 1, 2, 4, 8, 16 → 5개
• 30의 약수: 1, 2, 3, 5, 6, 10, 15, 30 → 8개
➡ 약수의 개수가 더 많은 수는 30입니다.
(2) • 24의 약수: 1, 2, 3, 4, 6, 8, 12, 24 → 8개
• 45의 약수: 1, 3, 5, 9, 15, 45 → 6개
➡ 약수의 개수가 더 많은 수는 24입니다.

4 $7 \times 13 = 91$, $7 \times 14 = 98$, $7 \times 15 = 105$, ...
➡ 7의 배수 중 가장 작은 세 자리 수는 105입니다.

5 4의 배수를 이용하여 지하철이 도착하는 시각을 알아보면 4분 후, 8분 후, 12분 후, ...이므로
5시 30분, 5시 34분, 5시 38분, 5시 42분, 5시 46분, 5시 50분, 5시 54분, 5시 58분입니다.
따라서 오전 6시까지 지하철은 8번 도착합니다.

## 19쪽 수행 평가 2회

1 (1) 배수 (2) 약수
2 (1) ( × ) ( ○ ) (2) ( ○ ) ( × )
3 $54 = 6 \times 9$ (또는 $54 = 9 \times 6$)
4 2, 8, 16, 64 5 10개

1 ● = ▲ × ■
▲와 ■의 배수 → ●의 약수

2 (1) $35 = 5 \times 7$이므로 5는 35의 약수이고, 35는 5의 배수입니다.
(2) $39 = 3 \times 13$이므로 3은 39의 약수이고, 39는 3의 배수입니다.

4 2, 8, 16은 32의 약수이고, 64는 32의 배수입니다.

5 48이 ■의 배수이면 ■는 48의 약수입니다.
따라서 ■에 알맞은 수는 1, 2, 3, 4, 6, 8, 12, 16, 24, 48이므로 모두 10개입니다.

## 20쪽 수행 평가 3회

1 (1) 1, 7 / 7 (2) 1, 2, 5, 10 / 10
2 (1) 5 (2) 9 3 1, 5, 7, 35
4 4개 5 12명

3 두 수의 공약수는 두 수의 최대공약수의 약수와 같습니다. 따라서 두 수의 공약수는 35의 약수인 1, 5, 7, 35입니다.

4 어떤 수가 될 수 있는 수는 32와 24의 공약수입니다. 32와 24의 공약수는 1, 2, 4, 8이므로 모두 4개입니다.

5
2 ) 36 48
2 ) 18 24
3 ) 9 12
3 4 ➡ 최대공약수: $2 \times 2 \times 3 = 12$
따라서 최대 12명의 친구에게 나누어 줄 수 있습니다.

## 21쪽 수행 평가 4회

1 (1) 6, 12, 18 / 6 (2) 15, 30, 45 / 15
2 ㉠ 3 42
4 > 5 5월 25일

2
2 ) 18 36
3 ) 9 18
3 ) 3 6
1 2 ➡ 최소공배수: $2 \times 3 \times 3 \times 1 \times 2 = 36$

3 두 수의 공배수는 두 수의 최소공배수의 배수와 같습니다.
따라서 두 수의 공배수는 21의 배수인 21, 42, 63, ... 이고 이 중에서 두 번째로 작은 수는 42입니다.

4 • 32와 24의 최소공배수: 96
• 40과 16의 최소공배수: 80
➡ $96 > 80$

5
2 ) 8 12
2 ) 4 6
2 3 ➡ 최소공배수: $2 \times 2 \times 2 \times 3 = 24$
민규와 인호는 24일마다 같이 도서관에 가게 되므로 바로 다음번에 같이 도서관에 가게 되는 날은 5월 1일에서 24일 후인 5월 25일입니다.

# 3 규칙과 대응

## 22쪽~24쪽 단원 평가 기본

1 2

2 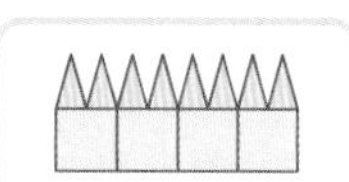

3 2

4 200개

5 3, 6, 9, 12, 15

6 예 의자의 수는 탁자의 수의 3배입니다.

7 예 색 테이프를 자른 횟수는 색 테이프 도막의 수보다 1만큼 더 작습니다.
/ 예 색 테이프 도막의 수는 색 테이프를 자른 횟수보다 1만큼 더 큽니다.

8 6, 12, 18, 24, 30

9 예 (달걀 묶음의 수) $\times$ 6 = (달걀의 수)

10 4, 8, 12, 16, 20

11 예 □ $\times$ 4 = △

12 12, 24, 36, 48, 60

13 ❶ 색연필의 수는 상자의 수의 12배입니다.
➡ (상자의 수) $\times$ 12 = (색연필의 수)
❷ 따라서 상자가 10개일 때, 색연필은 $10 \times 12 = 120$(자루)입니다.
답 120자루

14 19, 21 / 예 ○ + 15 = ☆

15 예 ♡ − 500 = ◇

16 5000원

17 89

18 52개

19 ❶ 탑의 층수와 성냥개비의 수 사이의 대응 관계를 식으로 나타내면 (성냥개비의 수) $\div$ 4 = (탑의 층수)입니다.
❷ 따라서 성냥개비 92개를 사용하여 만든 탑은 $92 \div 4 = 23$(층)입니다.
답 23층

20 7월 2일 오후 9시

2 사각형의 수는 1개씩, 삼각형의 수는 2개씩 늘어납니다. 따라서 다음에 이어질 모양은 사각형 4개, 삼각형 8개입니다.

3 사각형이 1개, 2개, 3개, ...일 때, 삼각형은 2개, 4개, 6개, ...이므로 사각형의 수를 2배 하면 삼각형의 수와 같습니다.

4 사각형이 100개일 때, 삼각형은 $100 \times 2 = 200$(개)입니다.

5 탁자 1개에 의자가 3개씩 있으므로 탁자의 수가 1개씩 늘어날 때, 의자의 수는 3개씩 늘어납니다.

6 '의자의 수를 3으로 나누면 탁자의 수와 같습니다.'라고 쓸 수도 있습니다.

7

| 채점 기준 | | |
|---|---|---|
| | 두 가지 방법으로 설명한 경우 | 5점 |
| | 한 가지 방법으로만 설명한 경우 | 3점 |

[평가 기준] '자른 횟수는 도막의 수보다 1만큼 더 작고, 도막의 수는 자른 횟수보다 1만큼 더 크다.'라는 표현이 있으면 정답으로 인정합니다.

8 달걀이 1묶음에 6개씩 있으므로 묶음의 수가 1묶음씩 늘어날 때, 달걀의 수는 6개씩 늘어납니다.

9 '(달걀의 수) $\div$ 6 = (달걀 묶음의 수)'라고 나타낼 수도 있습니다.

10 장난감 자동차의 수가 1개씩 늘어날 때, 건전지의 수는 4개씩 늘어납니다.

11 • 건전지의 수는 장난감 자동차의 수의 4배입니다.
➡ □ $\times$ 4 = △
• 건전지의 수를 4로 나누면 장난감 자동차의 수와 같습니다. ➡ △ $\div$ 4 = □

12 한 상자에 색연필이 12자루씩 들어 있으므로 상자의 수가 1개씩 늘어날 때, 색연필의 수는 12자루씩 늘어납니다.

13

| 채점 기준 | | | |
|---|---|---|---|
| | ❶ 상자의 수와 색연필의 수 사이의 대응 관계를 구한 경우 | 2점 | 5점 |
| | ❷ 상자가 10개일 때, 색연필의 수를 구한 경우 | 3점 | |

14 ○에 15를 더하면 ☆과 같습니다.
따라서 ○와 ☆ 사이의 대응 관계를 식으로 나타내면 ○ + 15 = ☆ 또는 ☆ − 15 = ○입니다.

15 (형이 모은 돈) − 500 = (동생이 모은 돈)
➡ ♡ − 500 = ◇
(동생이 모은 돈) + 500 = (형이 모은 돈)
➡ ◇ + 500 = ♡

16 (동생이 모은 돈) = (형이 모은 돈) − 500
= 5500 − 500
= 5000(원)

17 $56 \div 7 = 8$, $63 \div 7 = 9$, $77 \div 7 = 11$이므로 ◈와 ▣ 사이의 대응 관계를 식으로 나타내면 ◈ $\div$ 7 = ▣ 또는 ▣ $\times$ 7 = ◈입니다.
㉠ $= 49 \div 7 = 7$, ㉡ $= 10 \times 7 = 70$,
㉢ $= 84 \div 7 = 12$
➡ ㉠ + ㉡ + ㉢ $= 7 + 70 + 12 = 89$

**18** 탑의 층수와 성냥개비의 수 사이의 대응 관계를 식으로 나타내면 (탑의 층수)×4=(성냥개비의 수)입니다.
➡ 13×4=52(개)

**19**

| 채점 기준 | | | |
|---|---|---|---|
| | ❶ 탑의 층수와 성냥개비의 수 사이의 대응 관계를 구한 경우 | 2점 | 5점 |
| | ❷ 성냥개비 92개를 사용하여 만든 탑의 층수를 구한 경우 | 3점 | |

**20** 런던은 서울보다 10−2=8(시간) 느립니다.
(런던의 시각)=(서울의 시각)−8시간이므로
7월 3일 오전 5시−5시간−3시간=7월 2일 오후 9시입니다.

## 25쪽~27쪽 단원 평가 심화

**1** 5, 10, 15, 20, 25
**2** 예 꽃잎의 수는 꽃의 수의 5배입니다.
**3** 1, 2, 3 / 11, 12, 13
**4** 예 ☆+3=△
**5** ❶ 하은 / ❷ 예 □의 값은 항상 △의 값에 따라 변하기 때문입니다.
**6** 예 □×24=△ **7** 240권
**8** 예 ♡+4=☆ **9** 29살
**10** 예 자동차에 바퀴가 4개씩 있으므로 자동차 바퀴의 수(○)를 4로 나누면 자동차의 수(△)와 같습니다.
**11** 2, 4, 6, 8 **12** ㉡
**13** 100개 **14** 6, 4
**15** 예 ○−6=◇ **16** 29
**17** 49 **18** 30개
**19** ❶ 오이를 묶음으로만 판매하므로 오이 묶음의 수와 오이의 값 사이의 대응 관계를 식으로 나타내면 (오이 묶음의 수)×1000=(오이의 값)입니다.
❷ 오이 15개를 사려면 적어도 8묶음을 사야 합니다. 따라서 오이 15개를 사는 데 적어도 8×1000=8000(원)이 필요합니다.
답 8000원
**20** 14초

**1** 꽃 한 송이에 꽃잎이 5장씩 있으므로 꽃의 수가 1송이씩 늘어날 때, 꽃잎의 수는 5장씩 늘어납니다.

**2** '꽃잎의 수를 5로 나누면 꽃의 수와 같습니다.'라고 쓸 수도 있습니다.

**3** 1+7=8, 2+7=9, 3+7=10,
4+7=11, 5+7=12, 6+7=13

**4** ☆에 3을 더하면 △와 같습니다.
따라서 ☆과 △ 사이의 대응 관계를 식으로 나타내면 ☆+3=△ 또는 △−3=☆입니다.

**5**

| 채점 기준 | | | |
|---|---|---|---|
| | ❶ 잘못 말한 사람을 찾아 이름을 쓴 경우 | 3점 | 5점 |
| | ❷ 이유를 쓴 경우 | 2점 | |

[평가 기준] 이유에서 '□는 △에 따라 변한다.'라는 표현이 있으면 정답으로 인정합니다.

**6** (묶음의 수)×24=(공책의 수) ➡ □×24=△
(공책의 수)÷24=(묶음의 수) ➡ △÷24=□

**7** (묶음의 수)×24=(공책의 수)이므로 오늘 팔린 공책은 10×24=240(권)입니다.

**8** • 언니의 나이는 소영이의 나이보다 4살 더 많습니다.
➡ ♡+4=☆
• 소영이의 나이는 언니의 나이보다 4살 더 적습니다.
➡ ☆−4=♡

**9** 소영이가 25살이 되면 언니는 25+4=29(살)이 됩니다.

**10**

| 채점 기준 | | |
|---|---|---|
| | 식에 알맞은 상황을 쓴 경우 | 5점 |

[평가 기준] 한 양을 4로 나누면 다른 양과 같은 상황을 찾았으면 정답으로 인정합니다.

**11** 오른쪽에 있는 사각형 1개는 변하지 않고, 왼쪽 사각형의 수는 1개, 3개, 5개, 7개, ...로 2개씩 늘어납니다.

**12** 배열 순서가 1씩 커질 때, 사각형의 수는 2개씩 늘어납니다. 따라서 사각형의 수는 배열 순서의 2배입니다.

**13** (배열 순서)×2=(사각형의 수)
➡ 50×2=100(개)

**14** 넣는 수에서 6을 빼면 나오는 수가 됩니다.

**15** 넣는 수에서 6을 빼면 나오는 수가 되므로 넣는 수와 나오는 수 사이의 대응 관계를 식으로 나타내면 ○−6=◇ 또는 ◇+6=○입니다.

**16** 넣는 수에서 6을 빼면 나오는 수가 되므로 35가 적힌 수 카드를 넣으면 35−6=29가 적힌 수 카드가 나옵니다.

**17** (상자에 넣은 수 카드)=43+6=49

**18**

| 배열 순서 | 1 | 2 | 3 | 4 | … |
|---|---|---|---|---|---|
| 바둑돌의 수(개) | 3 | 6 | 9 | 12 | … |

(배열 순서)×3=(바둑돌의 수)이므로 열째에는 바둑돌이 10×3=30(개) 필요합니다.

**19**

| 채점 기준 | ❶ 오이 묶음의 수와 오이의 값 사이의 대응 관계를 구한 경우 | 2점 | 5점 |
|---|---|---|---|
| | ❷ 오이를 사는 데 필요한 돈은 적어도 얼마인지 구한 경우 | 3점 | |

**20**

| 자른 횟수(번) | 1 | 2 | 3 | 4 | … |
|---|---|---|---|---|---|
| 도막의 수(도막) | 2 | 3 | 4 | 5 | … |

(도막의 수)−1=(자른 횟수)이므로 밧줄을 8도막으로 자르려면 7번 잘라야 합니다.
따라서 걸리는 시간은 2×7=14(초)입니다.

## 28쪽 수행 평가 ①회

1 2
2 2, 4, 6, 8, 10
3 2
4 40개
5 6, 12, 18, 24, 30 / 예 송편의 수는 접시의 수의 6배입니다.

**3** 1×2=2, 2×2=4, 3×2=6, 4×2=8, 5×2=10이므로 의자의 수는 탁자의 수의 2배입니다.

**4** 탁자가 20개일 때, 의자는 20×2=40(개)입니다.

**5** '송편의 수를 6으로 나누면 접시의 수와 같습니다.'라고 쓸 수도 있습니다.

## 29쪽 수행 평가 ②회

1 2, 1
2 3, 4, 5, 6
3 (그림)
4 8개
5 2

**3** 다음에 이어질 모양은 파란색 사각형 5개, 빨간색 사각형 7개입니다.

**4** 빨간색 사각형의 수는 파란색 사각형의 수보다 2개 더 많습니다. 따라서 파란색 사각형이 6개일 때, 빨간색 사각형은 6+2=8(개)입니다.

## 30쪽 수행 평가 ③회

1 300, 600, 900, 1200, 1500
2 예 이동하는 거리는 이동하는 시간의 300배입니다.
3 예 ○×300=△
4 예 ◇+3=◉
5 예 □+10=△
6 예 □×5=△

**2** '이동하는 거리를 300으로 나누면 이동하는 시간과 같습니다.'라고 쓸 수도 있습니다.

**3**
- 이동하는 거리는 이동하는 시간의 300배입니다.
  ➡ ○×300=△
- 이동하는 거리를 300으로 나누면 이동하는 시간과 같습니다. ➡ △÷300=○

**4** 지호의 나이에 3을 더하면 형의 나이와 같으므로 대응 관계를 식으로 나타내면
◇+3=◉ 또는 ◉−3=◇입니다.

**5**
- □에 10을 더하면 △와 같습니다. ➡ □+10=△
- △에서 10을 빼면 □와 같습니다. ➡ △−10=□

**6**
- △는 □의 5배입니다. ➡ □×5=△
- △를 5로 나누면 □와 같습니다. ➡ △÷5=□

## 31쪽 수행 평가 ④회

1 21, 28, 35, 42
2 예 ○×7=♡
3 70 kcal
4 15분
5 예 두발자전거의 수(☆)는 두발자전거 바퀴의 수(◇)의 반입니다.

**2**
- 소모된 열량은 수영을 한 시간의 7배입니다.
  ➡ ○×7=♡
- 소모된 열량을 7로 나누면 수영을 한 시간과 같습니다.
  ➡ ♡÷7=○

**3** ○×7=♡
➡ (소모되는 열량)=10×7=70 (kcal)

**4** ♡÷7=○
➡ (수영을 해야 하는 시간)=105÷7=15(분)

**5** [평가 기준] 한 양을 2로 나누면 다른 양과 같은 상황을 찾았으면 정답으로 인정합니다.

# 4 약분과 통분

## 32쪽~34쪽 단원 평가 기본

**1** 예 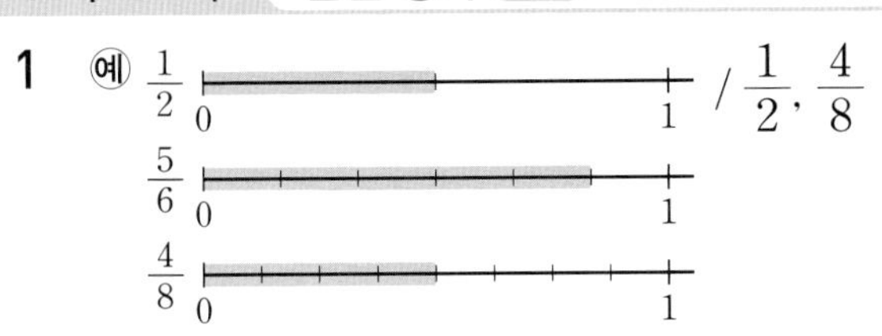 / $\frac{1}{2}$, $\frac{4}{8}$

**2** $\frac{2}{9}=\frac{4}{18}=\frac{6}{27}=\frac{8}{36}$

**3** $\frac{10}{28}=\frac{10\div2}{28\div2}=\frac{5}{14}$

**4** $\frac{25}{90}$, $\frac{84}{90}$

**5** 4, 5 / $<$

**6** $\frac{4}{10}$, $\frac{10}{25}$

**7** 2, 5, 10

**8** ❶ 수지, 강우 / ❷ 예 수지와 강우는 분모와 분자를 각각 0이 아닌 같은 수로 나누어 크기가 같은 분수를 구했습니다.

**9** ㉡

**10** 36, 72, 108

**11**

**12** 1.3

**13** ❶ $\left(\frac{5}{13}, \frac{3}{7}\right) \Rightarrow \left(\frac{35}{91}, \frac{39}{91}\right) \Rightarrow \frac{5}{13}<\frac{3}{7}$

❷ 따라서 물을 더 많이 넣은 사람은 석우입니다. 답 석우

**14** $\frac{1}{3}$, $\frac{3}{10}$, $\frac{4}{15}$

**15** $\frac{12}{39}$, $\frac{16}{52}$

**16** $\frac{28}{35}$

**17** ㉠ 11 ㉡ 60

**18** $\frac{12}{27}$

**19** ❶ 만들 수 있는 진분수는 $\frac{2}{4}$, $\frac{2}{5}$, $\frac{4}{5}$이고 이 중 가장 작은 수는 $\frac{2}{5}$입니다.

❷ $\frac{2}{5}$를 소수로 나타내면 $\frac{2}{5}=\frac{4}{10}=0.4$입니다. 답 0.4

**20** 14

**7** 70과 50의 공약수 중 1을 제외한 수로 나눌 수 있습니다.

**8**

| 채점 기준 | | | |
|---|---|---|---|
| | ❶ 같은 방법으로 구한 두 사람의 이름을 쓴 경우 | 2점 | 5점 |
| | ❷ 두 사람이 어떤 방법으로 구했는지 설명한 경우 | 3점 | |

[평가 기준] 방법에서 '분모와 분자를 각각 0이 아닌 같은 수로 나누었다.'라는 표현이 있으면 정답으로 인정합니다.

**12** $1\frac{1}{5}=1\frac{2}{10}=1.2$

$\Rightarrow$ $1.3>1.2$이므로 $1.3>1\frac{1}{5}$입니다.

**13**

| 채점 기준 | | | |
|---|---|---|---|
| | ❶ 두 분수의 크기를 비교한 경우 | 4점 | 5점 |
| | ❷ 물을 더 많이 넣은 사람을 구한 경우 | 1점 | |

**14** • $\left(\frac{4}{15}, \frac{3}{10}\right) \Rightarrow \left(\frac{8}{30}, \frac{9}{30}\right) \Rightarrow \frac{4}{15}<\frac{3}{10}$

• $\left(\frac{3}{10}, \frac{1}{3}\right) \Rightarrow \left(\frac{9}{30}, \frac{10}{30}\right) \Rightarrow \frac{3}{10}<\frac{1}{3}$

$\Rightarrow \frac{1}{3}>\frac{3}{10}>\frac{4}{15}$

**15** $\frac{4}{13}$와 크기가 같은 분수를 구하면

$\frac{4}{13}=\frac{8}{26}=\frac{12}{39}=\frac{16}{52}=\frac{20}{65}=\cdots$입니다.

이 중에서 분모가 35보다 크고 55보다 작은 분수를 찾으면 $\frac{12}{39}$, $\frac{16}{52}$입니다.

**16** 어떤 분수를 $\frac{▲}{■}$라 하면 $\frac{▲\div7}{■\div7}=\frac{4}{5}$이므로

$▲\div7=4$, $▲=28$, $■\div7=5$, $■=35$입니다.

따라서 어떤 분수는 $\frac{28}{35}$입니다.

**17** • $\frac{㉠}{15}=\frac{44}{60}$에서 $15\times4=60$이므로 $㉠\times4=44$, $㉠=11$입니다.

• $\frac{7}{12}=\frac{35}{㉡}$에서 $7\times5=35$이므로 $12\times5=㉡$, $㉡=60$입니다.

**18** $\frac{4}{9}=\frac{8}{18}=\frac{12}{27}=\frac{16}{36}=\cdots$

분모와 분자의 합은 $9+4=13$, $18+8=26$, $27+12=39$, $36+16=52$, ...이므로 분모와 분자의 합이 39인 분수는 $\frac{12}{27}$입니다.

**19**

| 채점 기준 | | | |
|---|---|---|---|
| | ❶ 만들 수 있는 가장 작은 진분수를 구한 경우 | 2점 | 5점 |
| | ❷ 구한 진분수를 소수로 나타낸 경우 | 3점 | |

**20** $1\frac{5}{6}=\frac{11}{6}$이므로 $\frac{□}{8}<\frac{11}{6}$입니다.

$\frac{□}{8}$와 $\frac{11}{6}$을 24를 공통분모로 하여 통분하면

$\frac{□}{8}=\frac{□\times3}{8\times3}=\frac{□\times3}{24}$, $\frac{11}{6}=\frac{11\times4}{6\times4}=\frac{44}{24}$이므로 $\frac{□\times3}{24}<\frac{44}{24}$입니다.

$□\times3<44$에서 $14\times3=42$, $15\times3=45$이므로 □ 안에 들어갈 수 있는 자연수 중에서 가장 큰 수는 14입니다.

## 35쪽~37쪽 단원 평가 심화

**1** 예 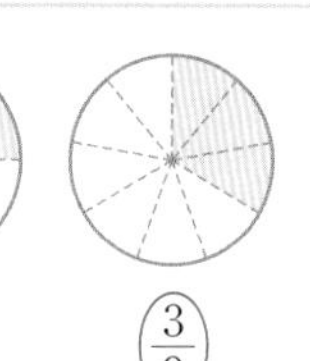

$\frac{1}{3}$ (○), $\frac{1}{4}$, $\frac{3}{9}$ (○)

**2** $\frac{5}{12}$ **3** $\frac{27}{42}$, $\frac{8}{42}$

**4** > **5** ③

**6** 예 분모와 분자를 각각 0이 아닌 같은 수로 나누어야 하는데 다른 수로 나누었으므로 잘못 약분했습니다.

**7** $\frac{1}{6}$, $\frac{5}{6}$ **8** 하은

**9** $\frac{16}{30}$ **10** 4개

**11** 예 분모의 곱인 96을 공통분모로 하여 통분합니다.

$\left(\frac{11}{12}, \frac{3}{8}\right) \Rightarrow \left(\frac{11\times8}{12\times8}, \frac{3\times12}{8\times12}\right) \Rightarrow \left(\frac{88}{96}, \frac{36}{96}\right)$

/ 예 분모의 최소공배수인 24를 공통분모로 하여 통분합니다.

$\left(\frac{11}{12}, \frac{3}{8}\right) \Rightarrow \left(\frac{11\times2}{12\times2}, \frac{3\times3}{8\times3}\right) \Rightarrow \left(\frac{22}{24}, \frac{9}{24}\right)$

**12** **13** (위에서부터) 2, 16

**14** (위에서부터) $\frac{13}{15}$ / $\frac{2}{3}$, $\frac{13}{15}$

**15** $\frac{15}{35}$ **16** $\frac{1}{2}$, 0.8, 1.2, $1\frac{4}{5}$

**17** $\frac{5}{13}$ **18** $\frac{45}{72}$

**19** ❶ $\left(\frac{3}{10}, \frac{5}{14}\right) \Rightarrow \left(\frac{3\times7}{10\times7}, \frac{5\times5}{14\times5}\right) \Rightarrow \left(\frac{21}{70}, \frac{25}{70}\right)$

❷ $\frac{21}{70}$보다 크고 $\frac{25}{70}$보다 작은 분수 중에서 분모가 70인 분수는 $\frac{22}{70}$, $\frac{23}{70}$, $\frac{24}{70}$이므로 모두 3개입니다.

답 3개

**20** 놀이터

**3** 14와 21의 최소공배수: 42

$\left(\frac{9}{14}, \frac{4}{21}\right) \Rightarrow \left(\frac{9\times3}{14\times3}, \frac{4\times2}{21\times2}\right) \Rightarrow \left(\frac{27}{42}, \frac{8}{42}\right)$

**6**

| 채점 기준 | | |
|---|---|---|
| | 잘못 약분한 이유를 쓴 경우 | 5점 |

[평가 기준] 이유에서 '분모와 분자를 각각 0이 아닌 같은 수로 나누어야 한다.'라는 표현이 있으면 정답으로 인정합니다.

**8** $\left(\frac{3}{8}, \frac{4}{9}\right) \Rightarrow \left(\frac{27}{72}, \frac{32}{72}\right) \Rightarrow \frac{3}{8} < \frac{4}{9}$

**10** 공통분모가 될 수 있는 수는 5와 4의 공배수인 20, 40, 60, 80, 100, ...입니다.

이 중에서 100보다 작은 수는 20, 40, 60, 80으로 모두 4개입니다.

**11**

| 채점 기준 | | |
|---|---|---|
| | 두 가지 방법으로 통분한 경우 | 5점 |
| | 한 가지 방법으로만 통분한 경우 | 3점 |

[평가 기준] 분모의 곱, 최소공배수, 공배수를 공통분모로 하여 통분했으면 정답으로 인정합니다.

**13** • $\frac{5}{\square}=\frac{15}{48}$에서 $5\times3=15$이므로 $\square\times3=48$, $\square=16$입니다.

• $\frac{\square}{3}=\frac{32}{48}$에서 $3\times16=48$이므로 $\square\times16=32$, $\square=2$입니다.

**15** $\frac{3}{7}=\frac{6}{14}=\frac{9}{21}=\frac{12}{28}=\frac{15}{35}=\cdots$

$7-3=4$, $14-6=8$, $21-9=12$, $28-12=16$, $35-15=20$, ...이므로 분모와 분자의 차가 20인 분수는 $\frac{15}{35}$입니다.

**16** $1\frac{4}{5}=1\frac{8}{10}=1.8$, $\frac{1}{2}=\frac{5}{10}=0.5$

**17** $\frac{25}{65}=\frac{25\div5}{65\div5}=\frac{5}{13}$이므로 수 카드를 사용하여 $\frac{25}{65}$와 크기가 같은 분수인 $\frac{5}{13}$를 만들 수 있습니다.

**18** 구하려는 분수의 분자를 □라 하면

$\frac{\square}{72}=\frac{\square\div9}{72\div9}=\frac{5}{8}$입니다.

⇒ $\square\div9=5$, $\square=45$이므로 구하려는 분수는 $\frac{45}{72}$입니다.

**19**

| 채점 기준 | | | |
|---|---|---|---|
| | ❶ $\frac{3}{10}$과 $\frac{5}{14}$를 분모가 70인 분수로 통분한 경우 | 3점 | 5점 |
| | ❷ $\frac{3}{10}$보다 크고 $\frac{5}{14}$보다 작은 분수 중 분모가 70인 분수는 모두 몇 개인지 구한 경우 | 2점 | |

**20** $0.6=\frac{6}{10}=\frac{3}{5}$

• $\left(\frac{3}{5}, \frac{4}{7}\right) \Rightarrow \left(\frac{21}{35}, \frac{20}{35}\right) \Rightarrow \frac{3}{5} > \frac{4}{7}$

• $\left(\frac{4}{7}, \frac{9}{14}\right) \Rightarrow \left(\frac{8}{14}, \frac{9}{14}\right) \Rightarrow \frac{4}{7} < \frac{9}{14}$

따라서 민주네 집에서 가장 가까운 곳은 놀이터입니다.

### 38쪽 수행 평가 ①회

1 예 (그림) / 2

2 (1) $\frac{3}{4}=\frac{6}{8}=\frac{9}{12}$ (2) $\frac{16}{28}=\frac{8}{14}=\frac{4}{7}$

3 (1) $\frac{2}{3}$, $\frac{16}{24}$ (2) $\frac{20}{36}$, $\frac{35}{63}$

4 $\frac{49}{56}$

5 2조각

3 분모와 분자에 0이 아닌 같은 수를 곱하거나 분모와 분자를 0이 아닌 같은 수로 나누어 만들 수 있는 분수를 찾습니다.

4 $7\times7=49$이므로 분모와 분자에 각각 7을 곱합니다.
➡ $\frac{7}{8}=\frac{7\times7}{8\times7}=\frac{49}{56}$

5 연아가 먹은 와플은 전체의 $\frac{1}{6}$입니다.
$\frac{1}{6}$과 크기가 같고 분모가 12인 분수는 $\frac{2}{12}$이므로 소희는 2조각을 먹어야 합니다.

### 39쪽 수행 평가 ②회

1 (1) $\frac{3}{5}$ (2) $\frac{4}{7}$

2 (1) $\frac{20}{32}=\frac{20\div4}{32\div4}=\frac{5}{8}$ (2) $\frac{12}{54}=\frac{12\div6}{54\div6}=\frac{2}{9}$

3 $\frac{11}{26}$, $\frac{13}{18}$, $\frac{7}{9}$

4 1, 3, 5, 7

5 $\frac{16}{28}$

3 $\frac{\overset{1}{2}}{\underset{4}{8}}=\frac{1}{4}$, $\frac{\overset{2}{6}}{\underset{5}{15}}=\frac{2}{5}$, $\frac{\overset{2}{6}}{\underset{13}{39}}=\frac{2}{13}$이므로
$\frac{2}{8}$, $\frac{6}{15}$, $\frac{6}{39}$은 기약분수가 아닙니다.

4 $\frac{\square}{8}$가 진분수가 되려면 □ 안에는 1부터 7까지의 수가 들어갈 수 있고, 기약분수가 되려면 □ 안에는 2, 4, 6이 들어갈 수 없습니다.
따라서 □ 안에 들어갈 수 있는 수는 1, 3, 5, 7입니다.

5 약분하기 전의 분수는 $\frac{4\times4}{7\times4}=\frac{16}{28}$입니다.
따라서 어떤 분수는 $\frac{16}{28}$입니다.

### 40쪽 수행 평가 ③회

1 (1) 36, 35 (2) 27, 11

2 (1) $\frac{14}{20}$, $\frac{15}{20}$ (2) $\frac{20}{32}$, $\frac{9}{32}$

3 36, 72, 108

4 성현

5 28

2 (1) 10과 4의 최소공배수: 20
$\left(\frac{7}{10}, \frac{3}{4}\right)$ ➡ $\left(\frac{7\times2}{10\times2}, \frac{3\times5}{4\times5}\right)$ ➡ $\left(\frac{14}{20}, \frac{15}{20}\right)$
(2) 8과 32의 최소공배수: 32
$\left(\frac{5}{8}, \frac{9}{32}\right)$ ➡ $\left(\frac{5\times4}{8\times4}, \frac{9}{32}\right)$ ➡ $\left(\frac{20}{32}, \frac{9}{32}\right)$

3 두 분모 9와 12의 최소공배수는 36이므로 공통분모가 될 수 있는 수는 36의 배수인 36, 72, 108, ...입니다.

4 주아: $\left(\frac{2}{5}, \frac{3}{13}\right)$ ➡ $\left(\frac{2\times13}{5\times13}, \frac{3\times5}{13\times5}\right)$
➡ $\left(\frac{26}{65}, \frac{15}{65}\right)$

5 $8\times$㉠$=56$이므로 ㉠$=7$입니다.
$3\times7=$㉡이므로 ㉡$=21$입니다.
따라서 ㉠+㉡$=7+21=28$입니다.

### 41쪽 수행 평가 ④회

1 28, 27 / >

2 6, 3 / >

3 (1) < (2) >

4 0.6, $\frac{1}{2}$, $\frac{6}{15}$

5 은희

3 (1) $\frac{2}{5}=\frac{4}{10}=0.4$
➡ $0.4<0.5$이므로 $\frac{2}{5}<0.5$입니다.
(2) $1\frac{1}{4}=1\frac{25}{100}=1.25$
➡ $1.4>1.25$이므로 $1.4>1\frac{1}{4}$입니다.

4 $\frac{1}{2}=\frac{5}{10}=0.5$, $\frac{6}{15}=\frac{2}{5}=\frac{4}{10}=0.4$
➡ $0.6>0.5>0.4$이므로 $0.6>\frac{1}{2}>\frac{6}{15}$입니다.

5 $\left(\frac{1}{4}, \frac{2}{7}\right)$ ➡ $\left(\frac{7}{28}, \frac{8}{28}\right)$ ➡ $\frac{1}{4}<\frac{2}{7}$
따라서 리본을 더 많이 사용한 사람은 은희입니다.

# 5 분수의 덧셈과 뺄셈

## 42쪽~44쪽 단원 평가 기본

1 5, 6 / 5, 6, 11

2 $\frac{5}{8}-\frac{3}{10}=\frac{5\times5}{8\times5}-\frac{3\times4}{10\times4}$
$=\frac{25}{40}-\frac{12}{40}=\frac{13}{40}$

3 $2\frac{1}{6}+1\frac{3}{4}=2\frac{2}{12}+1\frac{9}{12}$
$=(2+1)+\left(\frac{2}{12}+\frac{9}{12}\right)$
$=3+\frac{11}{12}=3\frac{11}{12}$

4 $1\frac{3}{14}$

5 $\frac{14}{3}-\frac{19}{18}=\frac{84}{18}-\frac{19}{18}=\frac{65}{18}=3\frac{11}{18}$

6 $\frac{14}{45}$

7 ❶ 예 분수를 통분할 때에는 분모와 분자에 같은 수를 곱해야 하는데 $\frac{3}{5}$의 분모에만 7을 곱해서 잘못 계산했습니다.
/ ❷ 예 $\frac{6}{7}-\frac{3}{5}=\frac{30}{35}-\frac{21}{35}=\frac{9}{35}$

8 

9 $\frac{13}{36}$ m

10 $1\frac{3}{10}+1\frac{2}{5}=2\frac{7}{10}$ / $2\frac{7}{10}$ L

11 $2\frac{31}{36}$

12 $\frac{40}{63}$ 컵

13 ❶ $\frac{11}{12}\left(=\frac{22}{24}\right)>\frac{17}{24}>\frac{5}{8}\left(=\frac{15}{24}\right)$이므로 가장 큰 수는 $\frac{11}{12}$, 가장 작은 수는 $\frac{5}{8}$입니다.
❷ (가장 큰 수)+(가장 작은 수)
$=\frac{11}{12}+\frac{5}{8}=\frac{22}{24}+\frac{15}{24}=\frac{37}{24}=1\frac{13}{24}$ 답 $1\frac{13}{24}$

14 영우, $\frac{1}{4}$ m

15 $5\frac{25}{56}$, $1\frac{39}{56}$

16 $1\frac{1}{6}$

17 ( ○ )(   )

18 $14\frac{16}{45}$

19 3, 4, 5

20 ❶ (㉯~㉰)=(㉮~㉰)+(㉯~㉱)−(㉮~㉱)이므로 $5\frac{1}{3}+5\frac{7}{9}-10\frac{2}{9}$를 계산합니다.
❷ (㉯~㉰)$=5\frac{1}{3}+5\frac{7}{9}-10\frac{2}{9}=5\frac{3}{9}+5\frac{7}{9}-10\frac{2}{9}$
$=10\frac{10}{9}-10\frac{2}{9}=\frac{8}{9}$(km) 답 $\frac{8}{9}$ km

4 $\frac{4}{7}+\frac{9}{14}=\frac{8}{14}+\frac{9}{14}=\frac{17}{14}=1\frac{3}{14}$

6 $\frac{13}{15}-\frac{5}{9}=\frac{39}{45}-\frac{25}{45}=\frac{14}{45}$

7

| 채점 기준 | | | |
|---|---|---|---|
| 채점 기준 | ❶ 잘못 계산한 이유를 쓴 경우 | 2점 | 5점 |
| | ❷ 바르게 계산한 경우 | 3점 | |

[평가 기준] 이유에서 '분모와 분자에 같은 수를 곱해야 한다.'라는 표현이 있으면 정답으로 인정합니다.

9 (가로)−(세로)$=\frac{7}{9}-\frac{5}{12}=\frac{28}{36}-\frac{15}{36}=\frac{13}{36}$(m)

10 (지금 어항에 들어 있는 물의 양)
=(처음 어항에 들어 있던 물의 양)+(더 부은 물의 양)
$=1\frac{3}{10}+1\frac{2}{5}=1\frac{3}{10}+1\frac{4}{10}=2\frac{7}{10}$(L)

11 $\square=1\frac{1}{9}+1\frac{3}{4}=1\frac{4}{36}+1\frac{27}{36}=2\frac{31}{36}$

12 (사용한 식용유의 양)
=(처음에 있던 식용유의 양)−(남은 식용유의 양)
$=\frac{7}{9}-\frac{1}{7}=\frac{49}{63}-\frac{9}{63}=\frac{40}{63}$(컵)

13

| 채점 기준 | | | |
|---|---|---|---|
| 채점 기준 | ❶ 가장 큰 수와 가장 작은 수를 각각 구한 경우 | 2점 | 5점 |
| | ❷ 가장 큰 수와 가장 작은 수의 합을 구한 경우 | 3점 | |

14 $1\frac{3}{4}>1\frac{1}{2}\left(=1\frac{2}{4}\right)$이므로 영우가
$1\frac{3}{4}-1\frac{1}{2}=1\frac{3}{4}-1\frac{2}{4}=\frac{1}{4}$(m) 더 큽니다.

16 $\square=\frac{4}{15}+\frac{9}{10}=\frac{8}{30}+\frac{27}{30}=\frac{35}{30}=1\frac{5}{30}=1\frac{1}{6}$

18 가장 큰 대분수: $9\frac{4}{5}$, 가장 작은 대분수: $4\frac{5}{9}$
➡ $9\frac{4}{5}+4\frac{5}{9}=9\frac{36}{45}+4\frac{25}{45}=13\frac{61}{45}=14\frac{16}{45}$

19 • $5\frac{1}{10}-2\frac{2}{5}=4\frac{11}{10}-2\frac{4}{10}=2\frac{7}{10}$
• $8\frac{8}{9}-3\frac{5}{12}=8\frac{32}{36}-3\frac{15}{36}=5\frac{17}{36}$
주어진 조건은 $2\frac{7}{10}<\square<5\frac{17}{36}$입니다.
따라서 □ 안에 들어갈 수 있는 자연수는 3, 4, 5입니다.

**20**

| 채점 기준 | | | |
|---|---|---|---|
| | ❶ ㉯에서 ㉱까지의 거리를 구하는 식을 세운 경우 | 2점 | 5점 |
| | ❷ ㉯에서 ㉱까지의 거리를 구한 경우 | 3점 | |

참고 세 분수의 덧셈과 뺄셈은 앞에서부터 차례대로 계산합니다.

## 45쪽~47쪽 단원 평가 심화

**1** $\frac{1}{6}+\frac{7}{10}=\frac{1\times5}{6\times5}+\frac{7\times3}{10\times3}$
$=\frac{5}{30}+\frac{21}{30}=\frac{26}{30}=\frac{13}{15}$

**2** $2\frac{1}{8}-1\frac{3}{4}=2\frac{1}{8}-1\frac{6}{8}=1\frac{9}{8}-1\frac{6}{8}=\frac{3}{8}$

**3** $1\frac{19}{45}$ **4** $\frac{41}{80}$

**5** $4\frac{2}{15}$

**6** 예 대분수를 가분수로 나타내어 계산했습니다.

**7** $1\frac{8}{9}+1\frac{1}{6}=3\frac{1}{18}$ / $3\frac{1}{18}$ L

**8** $\frac{13}{24}$ kg **9** $3\frac{5}{6}$

**10** $2\frac{1}{4}$ **11** 걸어가야 합니다.

**12** > **13** $2\frac{9}{20}$ cm

**14** ❶ (어제 줄넘기를 연습한 시간)
$=\frac{2}{5}+\frac{1}{6}=\frac{12}{30}+\frac{5}{30}=\frac{17}{30}$(시간)
❷ 따라서 오늘은 어제보다 줄넘기를
$\frac{5}{6}-\frac{17}{30}=\frac{25}{30}-\frac{17}{30}=\frac{8}{30}=\frac{4}{15}$(시간) 더 연습했습니다.

답 $\frac{4}{15}$시간

**15** 16 **16** 미주, $\frac{7}{20}$

**17** ㉡, ㉢, ㉠ **18** $2\frac{5}{7}$

**19** ❶ 어떤 수를 □라 하면 $□+1\frac{4}{7}=6\frac{1}{5}$이므로
$□=6\frac{1}{5}-1\frac{4}{7}=6\frac{7}{35}-1\frac{20}{35}=5\frac{42}{35}-1\frac{20}{35}=4\frac{22}{35}$
입니다.
❷ 따라서 바르게 계산하면
$4\frac{22}{35}-1\frac{4}{7}=4\frac{22}{35}-1\frac{20}{35}=3\frac{2}{35}$입니다. 답 $3\frac{2}{35}$

**20** 서점, $\frac{1}{36}$ km

**3** $\frac{8}{9}+\frac{8}{15}=\frac{40}{45}+\frac{24}{45}=\frac{64}{45}=1\frac{19}{45}$

**4** $\frac{7}{10}-\frac{3}{16}=\frac{56}{80}-\frac{15}{80}=\frac{41}{80}$

**5** $2\frac{5}{6}+1\frac{3}{10}=2\frac{25}{30}+1\frac{9}{30}=3\frac{34}{30}=4\frac{4}{30}=4\frac{2}{15}$

**6**

| 채점 기준 | | |
|---|---|---|
| | 계산한 방법을 쓴 경우 | 5점 |

[평가 기준] '대분수를 가분수로 나타내어 계산했다.'라는 표현이 있으면 정답으로 인정합니다.

**7** (오렌지주스의 양)+(포도주스의 양)
$=1\frac{8}{9}+1\frac{1}{6}=1\frac{16}{18}+1\frac{3}{18}=2\frac{19}{18}=3\frac{1}{18}$ (L)

**8** (쌀 빵의 무게)−(쌀 과자의 무게)
$=2\frac{3}{8}-1\frac{5}{6}=1\frac{33}{24}-1\frac{20}{24}=\frac{13}{24}$ (kg)

**9** $□=6\frac{11}{24}-2\frac{5}{8}=5\frac{35}{24}-2\frac{15}{24}=3\frac{20}{24}=3\frac{5}{6}$

**10** $6\frac{11}{12}-4\frac{2}{3}=6\frac{11}{12}-4\frac{8}{12}=2\frac{3}{12}=2\frac{1}{4}$

**11** (정우네 집~은행~서점)
$=\frac{9}{14}+\frac{1}{4}=\frac{18}{28}+\frac{7}{28}=\frac{25}{28}$ (km)
➡ 1 km보다 가까우므로 걸어가야 합니다.

**12** $3\frac{5}{7}+4\frac{2}{3}=3\frac{15}{21}+4\frac{14}{21}=7\frac{29}{21}=8\frac{8}{21}$
➡ $8\frac{8}{21}>8\frac{5}{21}$

**13** 가장 긴 변: $5\frac{3}{4}$ cm, 가장 짧은 변: $3\frac{3}{10}$ cm
➡ $5\frac{3}{4}-3\frac{3}{10}=5\frac{15}{20}-3\frac{6}{20}=2\frac{9}{20}$ (cm)

**14**

| 채점 기준 | | | |
|---|---|---|---|
| | ❶ 어제 연습한 시간을 구한 경우 | 2점 | 5점 |
| | ❷ 오늘은 어제보다 몇 시간 더 연습했는지 구한 경우 | 3점 | |

**15** $7\frac{3}{4}-2\frac{9}{10}=6\frac{35}{20}-2\frac{18}{20}=4\frac{17}{20}$
➡ $4\frac{□}{20}<4\frac{17}{20}$이므로 □ 안에 들어갈 수 있는 자연수 중에서 가장 큰 수는 16입니다.

**16** • 미주가 만든 진분수: $\frac{3}{4}$
• 다영이가 만든 진분수: $\frac{2}{5}$
➡ $\frac{3}{4}\left(=\frac{15}{20}\right)>\frac{2}{5}\left(=\frac{8}{20}\right)$이므로 미주가 만든 진분수가 $\frac{3}{4}-\frac{2}{5}=\frac{15}{20}-\frac{8}{20}=\frac{7}{20}$만큼 더 큽니다.

**17** ㉠ $\frac{13}{24}$ ㉡ $\frac{13}{15}$ ㉢ $\frac{13}{18}$

➡ 분자가 같을 때에는 분모가 작을수록 큰 분수이므로 $\frac{13}{15}>\frac{13}{18}>\frac{13}{24}$입니다.

참고 분모가 작을수록 전체를 똑같이 나누었을 때 한 부분의 크기가 큽니다. 따라서 분자가 같을 때 분모가 작을수록 큰 분수입니다.

**18** ㉠$+1\frac{3}{4}=$㉡, ㉡$-2\frac{5}{14}=2\frac{3}{28}$이라고 하면

㉡$=2\frac{3}{28}+2\frac{5}{14}=2\frac{3}{28}+2\frac{10}{28}=4\frac{13}{28}$입니다.

➡ ㉠$+1\frac{3}{4}=4\frac{13}{28}$,

㉠$=4\frac{13}{28}-1\frac{3}{4}=3\frac{41}{28}-1\frac{21}{28}=2\frac{20}{28}=2\frac{5}{7}$

**19**

| 채점 기준 | | |
|---|---|---|
| ❶ 어떤 수를 구한 경우 | 3점 | 5점 |
| ❷ 바르게 계산한 값을 구한 경우 | 2점 | |

**20** • (집~도서관~공원)

$=1\frac{1}{3}+\frac{5}{6}=1\frac{2}{6}+\frac{5}{6}=1\frac{7}{6}=2\frac{1}{6}$ (km)

• (집~서점~공원)

$=1\frac{2}{9}+\frac{11}{12}=1\frac{8}{36}+\frac{33}{36}=1\frac{41}{36}=2\frac{5}{36}$ (km)

➡ $2\frac{1}{6}\left(=2\frac{6}{36}\right)>2\frac{5}{36}$이므로 서점을 거쳐 가는 길이 $2\frac{1}{6}-2\frac{5}{36}=2\frac{6}{36}-2\frac{5}{36}=\frac{1}{36}$ (km) 더 가깝습니다.

### 48쪽 수행 평가 ❶회

**1** (1) 6, 5, 11 (2) 15, 6, 21, 1, 1

**2** (1) $\frac{23}{30}$ (2) $1\frac{1}{21}$

**3** $\frac{3}{5}+\frac{2}{15}=\frac{3}{5\times3}+\frac{2}{15}=\frac{3}{15}+\frac{2}{15}=\frac{5}{15}=\frac{1}{3}$

/ $\frac{3\times3}{5\times3}+\frac{2}{15}=\frac{9}{15}+\frac{2}{15}=\frac{11}{15}$

**4** > **5** $1\frac{1}{16}$ kg

**3** $\frac{3}{5}$의 분모와 분자에 각각 같은 수를 곱해야 하는데 분모에만 3을 곱해서 잘못 계산했습니다.

**5** $\frac{5}{8}+\frac{7}{16}=\frac{10}{16}+\frac{7}{16}=\frac{17}{16}=1\frac{1}{16}$

### 49쪽 수행 평가 ❷회

**1** (1) 4, 4, 4, 5, 4, 5 (2) 12, 35, 47, 5, 2

**2** $\frac{17}{5}+\frac{13}{10}=\frac{34}{10}+\frac{13}{10}=\frac{47}{10}=4\frac{7}{10}$

**3** (1) $3\frac{1}{2}$ (2) $6\frac{11}{24}$ **4** 8

**5** $2\frac{17}{20}$ L

**4** $4\frac{4}{7}+3\frac{3}{5}=4\frac{20}{35}+3\frac{21}{35}=7\frac{41}{35}=8\frac{6}{35}$이므로 $8\frac{6}{35}>\square$입니다. 따라서 □ 안에 들어갈 수 있는 자연수 중에서 가장 큰 수는 8입니다.

**5** $1\frac{1}{10}+1\frac{3}{4}=1\frac{2}{20}+1\frac{15}{20}=2\frac{17}{20}$

### 50쪽 수행 평가 ❸회

**1** (1) 7, 3, 4 (2) 35, 8, 27

**2** ㉡ **3** $\frac{3}{16}$

**4** $\frac{35}{78}$ **5** 준희, $\frac{13}{50}$ m

**4** 분자가 같을 때에는 분모가 작을수록 큰 분수이므로 $\frac{5}{6}>\frac{5}{9}>\frac{5}{13}$입니다.

➡ $\frac{5}{6}-\frac{5}{13}=\frac{65}{78}-\frac{30}{78}=\frac{35}{78}$

**5** $\frac{11}{25}\left(=\frac{22}{50}\right)<\frac{7}{10}\left(=\frac{35}{50}\right)$

➡ 리본을 준희가 $\frac{7}{10}-\frac{11}{25}=\frac{35}{50}-\frac{22}{50}=\frac{13}{50}$ (m) 더 많이 사용했습니다.

### 51쪽 수행 평가 ❹회

**1** (1) 15, 7, 15, 7, 2, 8 (2) 3, 10, 27, 10, 1, 17

**2** (1) $2\frac{2}{3}$ (2) $1\frac{45}{56}$ **3** (1) $1\frac{7}{15}$ (2) $1\frac{37}{48}$

**4** $2\frac{1}{20}$ **5** $2\frac{9}{40}$ kg

**4** $\square=3\frac{3}{4}-1\frac{7}{10}=3\frac{15}{20}-1\frac{14}{20}=2\frac{1}{20}$

**5** $7\frac{1}{8}-4\frac{9}{10}=6\frac{45}{40}-4\frac{36}{40}=2\frac{9}{40}$

# 6 다각형의 둘레와 넓이

**52쪽~54쪽 단원 평가 기본**

1 $m^2$, 제곱미터  2 40 cm

3 예

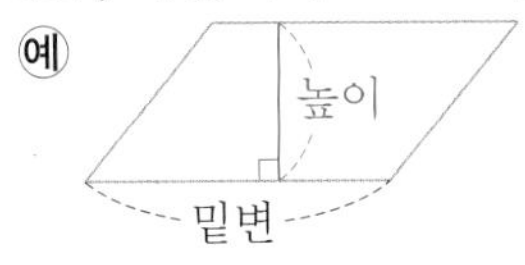


4 11, 2, 40  5 18 cm

6 ❶ 도형 가는 가 10개이므로 10 $cm^2$이고,

도형 나는 1 $cm^2$가 9개이므로 9 $cm^2$입니다.

❷ 도형 가는 도형 나보다 넓이가 $10-9=1(cm^2)$만큼 더 넓습니다.  답 도형 가, 1 $cm^2$

7 (위에서부터) 501, 884000000

8 121 $cm^2$

9 $13\times8=104$ / 104 $cm^2$

10 60 $cm^2$  11 560000 $cm^2$

12 ❶ ㉠ (마름모의 둘레)$=4\times4=16$(m)

㉡ (정팔각형의 둘레)$=1\times8=8$(m)

㉢ (평행사변형의 둘레)$=(6+2)\times2=16$(m)

❷ 따라서 둘레가 다른 도형은 ㉡입니다.  답 ㉡

13 나

14 예

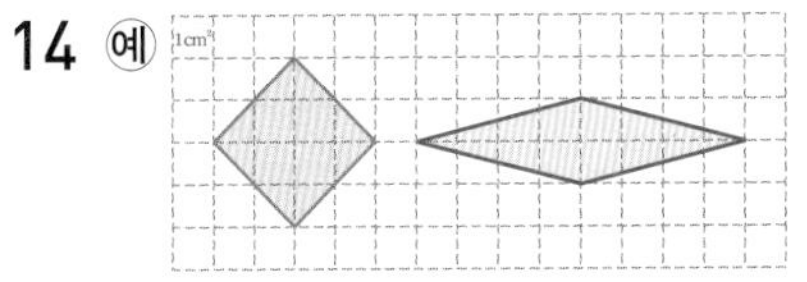

15 9 cm  16 5 cm

17 8 $m^2$  18 6

19 예 밑변의 길이가 6 cm인 삼각형은 높이가 1 cm일 때 넓이는 3 $cm^2$, 높이가 2 cm일 때 넓이는 6 $cm^2$, 높이가 3 cm일 때 넓이는 9 $cm^2$입니다. 따라서 삼각형의 높이가 1 cm씩 길어질 때마다 넓이는 3 $cm^2$씩 넓어집니다.

20 38 m, 42 $m^2$

---

2 (평행사변형의 둘레)$=(12+8)\times2=40$(cm)

3 평행사변형의 높이는 두 밑변 사이의 거리입니다.

4 (사다리꼴의 넓이)$=(9+11)\times4\div2=40(cm^2)$

5 이용권은 가로가 6 cm, 세로가 3 cm인 직사각형입니다.

➡ (이용권의 둘레)$=(6+3)\times2=18$(cm)

6

| 채점 기준 | | | |
|---|---|---|---|
| | ❶ 도형 가와 도형 나의 넓이를 각각 구한 경우 | 4점 | 5점 |
| | ❷ 어느 것의 넓이가 몇 $cm^2$ 더 넓은지 구한 경우 | 1점 | |

7 $1\,km^2=1000000\,m^2$

➡ $501000000\,m^2=501\,km^2$

$884\,km^2=884000000\,m^2$

8 (정사각형의 넓이)$=$(한 변의 길이)$\times$(한 변의 길이)

$=11\times11=121(cm^2)$

9 (평행사변형의 넓이)$=$(밑변의 길이)$\times$(높이)

$=13\times8=104(cm^2)$

10 (삼각형의 넓이)$=$(밑변의 길이)$\times$(높이)$\div2$

$=15\times8\div2=60(cm^2)$

11 (마름모의 넓이)$=16\times7\div2=56(m^2)$

➡ $1\,m^2=10000\,cm^2$이므로

$56\,m^2=560000\,cm^2$입니다.

12

| 채점 기준 | | | |
|---|---|---|---|
| | ❶ 도형의 둘레를 모두 구한 경우 | 3점 | 5점 |
| | ❷ 둘레가 다른 도형을 찾은 경우 | 2점 | |

13 (사다리꼴 가의 넓이)$=(4+9)\times8\div2=52(cm^2)$

(마름모 나의 넓이)$=12\times9\div2=54(cm^2)$

➡ $52<54$이므로 나의 넓이가 더 넓습니다.

14 (주어진 마름모의 넓이)$=4\times4\div2=8(cm^2)$

➡ 두 대각선의 길이를 곱하여 16이 되는 마름모를 그립니다.

15 (정다각형의 둘레)$=$(한 변의 길이)$\times$(변의 수)이므로 (한 변의 길이)$=$(정다각형의 둘레)$\div$(변의 수)입니다.

➡ (정육각형의 한 변의 길이)$=54\div6=9$(cm)

16 직사각형의 세로를 □ cm라 하면

$(7+\square)\times2=24$, $7+\square=12$, $\square=5$이므로

직사각형의 세로는 5 cm입니다.

17 (종이를 붙인 부분의 가로)$=80\times5=400$(cm)

(종이를 붙인 부분의 세로)$=50\times4=200$(cm)

(종이를 붙인 부분의 전체 넓이)

$=400\times200=80000(cm^2)$

➡ $1\,m^2=10000\,cm^2$이므로 $80000\,cm^2=8\,m^2$입니다.

18 $(12+\square)\times2\div2=18$, $(12+\square)\times2=36$,

$12+\square=18$, $\square=6$

19

| 채점 기준 | | |
|---|---|---|
| | 잘못된 이유를 쓴 경우 | 5점 |

[평가 기준] '높이가 1 cm씩 길어질 때마다 넓이는 3 $cm^2$씩 넓어진다.'라는 표현이 있으면 정답으로 인정합니다.

**20**

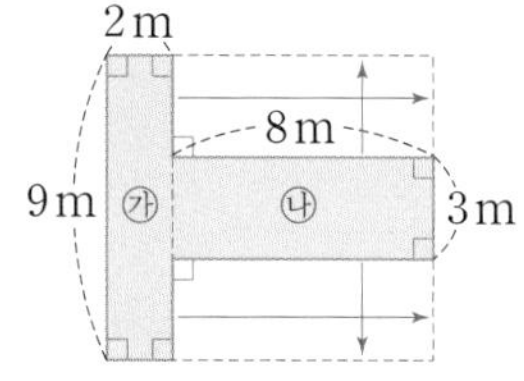


• 그림과 같이 변을 이동하면 도형의 둘레는 가로가 $2+8=10$ (m), 세로가 9 m인 직사각형의 둘레와 같습니다.

➡ (도형의 둘레)$=(10+9)\times2=38$ (m)

• 두 개의 직사각형으로 나누어 넓이를 구합니다.

➡ (도형의 넓이)$=$(㉮의 넓이)$+$(㉯의 넓이)

$=2\times9+8\times3$

$=18+24=42$ ($\text{m}^2$)

## 55쪽~57쪽 단원 평가 심화

**1** 8　**2** 35 cm

**3** ③, ⑤　**4** 다

**5** 24

**6** (6m, 14m, 11m) / 33 $\text{m}^2$

**7** 36 $\text{cm}^2$　**8** >

**9** ❶ 마 / ❷ 예 밑변의 길이와 높이가 각각 같으면 삼각형의 넓이가 같습니다. 밑변의 길이가 4 cm, 높이가 4 cm인 삼각형은 마입니다.

**10**

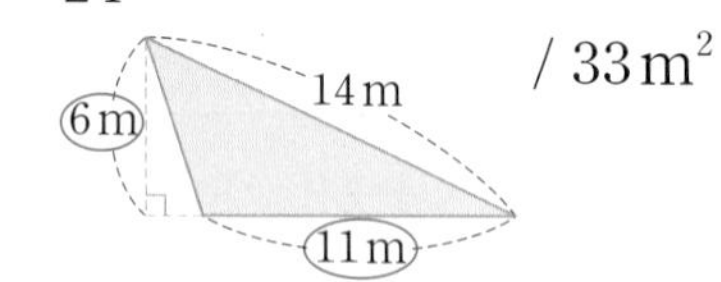


**11** 25 $\text{km}^2$　**12** 가

**13** ❶ 한 변의 길이가 12 cm인 정육각형의 둘레는 $12\times6=72$ (cm)입니다.

❷ 둘레가 72 cm인 정팔각형의 한 변의 길이는 $72\div8=9$ (cm)이므로 □ 안에 알맞은 수는 9입니다.

답 9

**14** 8 m

**15** ❶ 벽의 가로는 8 m$=$800 cm, 세로는 6 m$=$600 cm이므로 타일이 벽의 가로로 $800\div40=20$(장), 세로로 $600\div20=30$(장) 들어갑니다.

❷ 따라서 필요한 타일은 모두 $20\times30=600$(장)입니다.

답 600장

**16** 900 $\text{cm}^2$　**17** 6

**18** 70 cm　**19** 33 $\text{cm}^2$

**20** 33 $\text{cm}^2$

---

**1** 1 $\text{m}^2$$=$10000 $\text{cm}^2$이므로 80000 $\text{cm}^2$$=$8 $\text{m}^2$입니다.

**2** (정오각형의 둘레)$=7\times5=35$ (cm)

**3** 평행한 두 변에 수직인 선분을 찾습니다.
밑변이 ①일 때 높이는 ③이고, 밑변이 ④일 때 높이는 ⑤입니다.

**5** 넓이가 $6\times4=24$ ($\text{m}^2$)이므로 1 $\text{m}^2$가 24번 들어갑니다.

**6** (삼각형의 넓이)$=11\times6\div2=33$ ($\text{m}^2$)

**7** (마름모의 넓이)$=9\times8\div2=36$ ($\text{cm}^2$)

**8** 1 $\text{km}^2$$=$1000000 $\text{m}^2$이므로
1600000 $\text{m}^2$$=$1.6 $\text{km}^2$입니다.

**9**

| 채점 기준 | | | |
|---|---|---|---|
| | ❶ 삼각형 가와 넓이가 같은 삼각형을 찾은 경우 | 2점 | 5점 |
| | ❷ 넓이가 같은 이유를 쓴 경우 | 3점 | |

**[평가 기준]** 이유에서 '밑변의 길이와 높이가 각각 같으면 삼각형의 넓이가 같다.'라는 표현이 있으면 정답으로 인정합니다.

**10** 직사각형의 가로는 2 cm로 같고, 세로만 1 cm씩 길어지는 규칙입니다.

➡ 셋째에 알맞은 도형은 가로가 2 cm, 세로가 3 cm인 직사각형입니다.

**11** (사다리꼴 모양 땅의 넓이)
$=(3+2)\times10\div2=25$ ($\text{km}^2$)

**12** (직사각형 가의 넓이)$=11\times8=88$ ($\text{m}^2$)
(사다리꼴 나의 넓이)$=(9+15)\times7\div2=84$ ($\text{m}^2$)

➡ $88>84$이므로 넓이가 더 넓은 도형은 가입니다.

**13**

| 채점 기준 | | | |
|---|---|---|---|
| | ❶ 정육각형의 둘레를 구한 경우 | 2점 | 5점 |
| | ❷ □ 안에 알맞은 수를 구한 경우 | 3점 | |

**14** 마름모의 다른 대각선의 길이를 □ m라 하면
$13\times\square\div2=52$, $13\times\square=104$, $\square=8$이므로
다른 대각선의 길이는 8 m입니다.

**15**

| 채점 기준 | | | |
|---|---|---|---|
| | ❶ 벽의 가로와 세로에 들어가는 타일의 수를 각각 구한 경우 | 2점 | 5점 |
| | ❷ 필요한 타일의 수를 구한 경우 | 3점 | |

**16** (정사각형의 한 변의 길이)$=120\div4=30$ (cm)

➡ (정사각형의 넓이)$=30\times30=900$ ($\text{cm}^2$)

**17** (평행사변형 가의 넓이)$=6\times5=30$ ($\text{cm}^2$)
삼각형 나의 넓이는 평행사변형 가의 넓이와 같으므로 $10\times\square\div2=30$, $10\times\square=60$, $\square=6$입니다.

**18**

18 cm, 12 cm, 8 cm, 5 cm, 4 cm

도형의 둘레는 가로가 18 cm, 세로가 12 cm인 직사각형의 둘레에 5 cm를 두 번 더한 길이와 같습니다.

➡ (도형의 둘레)$=(18+12)\times2+5+5=70$ (cm)

**19** (도형의 넓이)=(사다리꼴의 넓이)−(삼각형의 넓이)

$=(5+12)\times6\div2-12\times3\div2$

$=51-18=33$ (cm²)

**20** • (정사각형 3개의 넓이의 합)

$=2\times2+5\times5+8\times8$

$=4+25+64=93$ (cm²)

• 색칠하지 않은 부분의 넓이는 밑변의 길이가 $2+5+8=15$ (cm), 높이가 8 cm인 삼각형의 넓이와 같습니다.

(색칠하지 않은 부분의 넓이)

$=15\times8\div2=60$ (cm²)

➡ (색칠한 부분의 넓이)$=93-60=33$ (cm²)

## 58쪽 수행 평가 1회

**1** (1) 24 cm (2) 18 cm **2** (1) 28 cm (2) 26 cm
**3** 40 m **4** 11 m

**1** (1) (정사각형의 둘레)$=6\times4=24$ (cm)
(2) (정육각형의 둘레)$=3\times6=18$ (cm)

**2** (1) (평행사변형의 둘레)$=(8+6)\times2=28$ (cm)
(2) (직사각형의 둘레)$=(7+6)\times2=26$ (cm)

**3** (배추밭의 둘레)$=10\times4=40$ (m)

**4** (정오각형의 둘레)$=10\times5=50$ (m)
직사각형의 가로를 □m라 하면
$(□+14)\times2=50$, $□+14=25$, $□=11$입니다.

## 59쪽 수행 평가 2회

**1** 2 **2** (1) 3 (2) 14000000
**3** (1) 40 cm² (2) 24 cm²
**4** ㉢, ㉡, ㉠ **5** 600 cm²

**3** (1) (직사각형의 넓이)$=8\times5=40$ (cm²)
(2) (평행사변형의 넓이)$=4\times6=24$ (cm²)

**4** ㉠ 100000 cm²=10 m²
㉡ 5 km²=5000000 m²
㉢ 70000000 m²
➡ 70000000>5000000>10이므로 넓이가 넓은 것부터 차례대로 쓰면 ㉢, ㉡, ㉠입니다.

**5** (스케치북 한 면의 넓이)$=30\times20=600$ (cm²)

## 60쪽 수행 평가 3회

**1** (1) 예

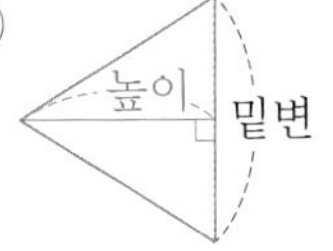


(2) 예

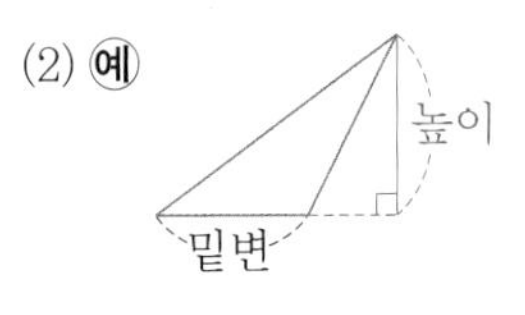


**2** (1) 32 cm² (2) 35 cm²
**3** 9, 9, 9 / 높이, 넓이 **4** 6 m

**2** (1) (삼각형의 넓이)$=8\times8\div2=32$ (cm²)
(2) (삼각형의 넓이)$=14\times5\div2=35$ (cm²)

**3** (삼각형의 넓이)$=3\times6\div2=9$ (cm²)

**4** 삼각형의 높이를 □m라 하면 $7\times□\div2=21$, $7\times□=42$, $□=6$이므로 삼각형의 높이는 6 m입니다.

## 61쪽 수행 평가 4회

**1** (1) 25 cm² (2) 27 cm²
**2** 14, 14, 14 / 아랫변, 높이
**3** (○)( ) **4** 6

**1** (1) (마름모의 넓이)$=10\times5\div2=25$ (cm²)
(2) (마름모의 넓이)$=9\times6\div2=27$ (cm²)

**3** • 마름모의 두 대각선의 길이는 각각 $3\times2=6$ (cm), $4\times2=8$ (cm)입니다.
➡ (마름모의 넓이)$=6\times8\div2=24$ (cm²)
• (사다리꼴의 넓이)$=(3+7)\times4\div2=20$ (cm²)

**4** $(5+11)\times□\div2=48$, $(5+11)\times□=96$, $16\times□=96$, $□=6$

62쪽~64쪽 1학기 총정리

1 $12\times(8-5)+16\div4$ (8−5에 ○표)
2 38
3 $>$
4 $9\times5\div3=15$ / 15모둠
5 ○, ×, ○
6 14, 42
7 ❶ $3\,)\,27\;\;18$, $3\,)\,9\;\;6$, $3\;\;2$ ➡ 최대공약수: $3\times3=9$
❷ 따라서 최대 9명에게 남김없이 똑같이 나누어 줄 수 있습니다. 답 9명
8 3, 4, 5, 6
9 예 그림의 수에 1을 더하면 누름 못의 수가 됩니다.
10 42, 56, 70 / 예 ○×14=◉
11 ❶ 강우 / ❷ 예 두 분수를 통분할 때 가장 작은 공통분모는 두 분모의 최소공배수이므로 24입니다.
12 $0.5, \frac{7}{15}, \frac{4}{9}$
13 0.8
14 $\frac{17}{40}$
15 $\frac{1}{10}$ m
16 ❶ $13\frac{5}{8}>12\frac{6}{7}$이므로 1분 동안 나오는 물의 양은 ㉮ 수도가 더 많습니다.
❷ 따라서 1분 동안 나오는 물의 양은 ㉮ 수도가
$13\frac{5}{8}-12\frac{6}{7}=13\frac{35}{56}-12\frac{48}{56}=12\frac{91}{56}-12\frac{48}{56}$
$=\frac{43}{56}$(L) 더 많습니다. 답 ㉮ 수도, $\frac{43}{56}$ L
17 9 cm
18 18 $km^2$
19 9
20 9 cm

2 $15-4+9\times3=15-4+27=11+27=38$

3 • $78-62+4=16+4=20$
• $84\div(4+3)-2=84\div7-2=12-2=10$
➡ $20>10$

4 $9\times5\div3=45\div3=15$

5 $6\times13=78$, $22\times2=44$

6 $2\,)\,14\;\;42$, $7\,)\,7\;\;21$, $1\;\;3$ ➡ 최대공약수: $2\times7=14$
최소공배수: $2\times7\times1\times3=42$

7

| 채점 기준 | | | |
|---|---|---|---|
| | ❶ 27과 18의 최대공약수를 구한 경우 | 3점 | 5점 |
| | ❷ 최대 몇 명에게 나누어 줄 수 있는지 구한 경우 | 2점 | |

8 그림이 1장씩 늘어날 때, 누름 못은 1개씩 늘어납니다.

10 • 샤워기를 사용한 시간(○)의 14배가 나온 물의 양(◉)이 됩니다. ➡ ○×14=◉
• 나온 물의 양(◉)을 14로 나누면 샤워기를 사용한 시간(○)이 됩니다. ➡ ◉÷14=○

11

| 채점 기준 | | | |
|---|---|---|---|
| | ❶ 잘못 말한 사람을 찾은 경우 | 2점 | 5점 |
| | ❷ 잘못된 이유를 쓴 경우 | 3점 | |

[평가 기준] 이유에서 '가장 작은 공통분모는 24이다.'라는 표현이 있으면 정답으로 인정합니다.

12 • $\left(\frac{7}{15}, 0.5\right)$ ➡ $\left(\frac{14}{30}, \frac{15}{30}\right)$ ➡ $\frac{7}{15}<0.5$
• $\left(0.5, \frac{4}{9}\right)$ ➡ $\left(\frac{9}{18}, \frac{8}{18}\right)$ ➡ $0.5>\frac{4}{9}$
• $\left(\frac{7}{15}, \frac{4}{9}\right)$ ➡ $\left(\frac{21}{45}, \frac{20}{45}\right)$ ➡ $\frac{7}{15}>\frac{4}{9}$
➡ $0.5>\frac{7}{15}>\frac{4}{9}$

13 만들 수 있는 진분수는 $\frac{1}{4}, \frac{1}{5}, \frac{4}{5}$이고 이 중에서 가장 큰 수는 $\frac{4}{5}$입니다.
➡ $\frac{4}{5}=\frac{8}{10}=0.8$

15 $\frac{17}{20}-\frac{3}{4}=\frac{17}{20}-\frac{15}{20}=\frac{2}{20}=\frac{1}{10}$

16

| 채점 기준 | | | |
|---|---|---|---|
| | ❶ 1분 동안 나오는 물의 양은 어느 수도가 더 많은지 구한 경우 | 2점 | 5점 |
| | ❷ 1분 동안 나오는 물의 양이 몇 L 더 많은지 구한 경우 | 3점 | |

17 (정육각형의 둘레)$=6\times6=36$(cm)
➡ (마름모의 한 변의 길이)$=36\div4=9$(cm)

18 1000 m=1 km이므로 3000 m=3 km입니다.
➡ (직사각형의 넓이)$=6\times3=18$($km^2$)

19 $12\times\square=108$, $\square=9$

20 (삼각형 ㅁㄷㄹ의 넓이)$=4\times6\div2=12$($cm^2$)
➡ (사다리꼴 ㄱㄴㄷㅁ의 넓이)
$=$(삼각형 ㅁㄷㄹ의 넓이)$\times4$
$=12\times4=48$($cm^2$)
변 ㄴㄷ의 길이를 □cm라 하면
$(7+\square)\times6\div2=48$, $(7+\square)\times6=96$,
$7+\square=16$, $\square=9$이므로 변 ㄴㄷ의 길이는 9 cm입니다.

# 친절한 해설북

백점 수학 5·1

초등학교 학년 반 번 이름

믿고 보는 동아출판
초등 교재
기초학습서부터 교과서 개념 다지기, 과목별 전문서까지!
초등학교 입학 전부터, 예비 중등까지!
초등학생에게 꼭 필요한 영역을 빠짐없이! 동아출판 초등 교재 라인업
BEST
초능력
맞춤법 + 받아쓰기
초등 국어 1·2
쉽고 빠른 맞춤법 학습
받아쓰기 단계별 연습
국어 교과서 어휘 학습
2022 개정 교육과정
초능력 비주얼씽킹 과학
초능력 비주얼씽킹
초능력 수학 연산
초능력 국어 독해
초능력 급수 한자
초등 영역별 기초학습서
초능력 국어/수학/과학/한국사/한자
초고필
비문학 독해 1
5~6학년 예비 중등
초고필 지금 국어 어휘를 해야 할 때
초고필 지금, 국어 문법을 해야 할 때
초고필 지금 유리수의 사칙연산을 해야 할 때
적중 반편성 배치고사 + 진단평가
초고필 지금 한국사를 해야 할 때
예비 중등
초고필 국어/수학/한국사
적중 반편성 배치고사 + 진단평가